工科应用数学

主　编　于　蛟　曹　勃
副主编　韩　麟　范嘉琪　卢滢宇

U0234882

北京理工大学出版社
BEIJING INSTITUTE OF TECHNOLOGY PRESS

图书在版编目(CIP)数据

工科应用数学 / 于蛟，曹勃主编. -- 北京：北京
理工大学出版社，2023.9
ISBN 978 - 7 - 5763 - 2864 - 6

Ⅰ. ①工… Ⅱ. ①于… ②曹… Ⅲ. ①应用数学 - 高
等职业教育 - 教材 Ⅳ. ①O29

中国国家版本馆 CIP 数据核字(2023)第 174303 号

责任编辑：钟　博　　　文案编辑：钟　博
责任校对：刘亚男　　　责任印制：施胜娟

出版发行 / 北京理工大学出版社有限责任公司
社　　址 / 北京市丰台区四合庄路 6 号
邮　　编 / 100070
电　　话 / (010) 68914026 (教材售后服务热线)
　　　　　　　(010) 68944437 (课件资源服务热线)
网　　址 / http：//www.bitpress.com.cn

版 印 次 / 2023 年 9 月第 1 版第 1 次印刷
印　　刷 / 涿州市新华印刷有限公司
开　　本 / 787 mm × 1092 mm　1/16
印　　张 / 19.75
字　　数 / 348 千字
定　　价 / 49.80 元

前　言

随着我国社会经济的快速发展，对高职毕业生的要求越来越高，高等职业教育改革势在必行，职教本科概念被提上建设日程．宁波职业技术学院近年来通过联合办学、校企合作的方式进行职教本科教育教学的模式探索，编者参与职教本科专业的教学工作多年，深入了解职教本科层次学生的现状．根据多年来对职教本科层次学生的教学工作，我们编写了适合职教本科教育中工科学生学习的《工科应用数学》新形态教材．本教材各章节知识点均以专业或生活的视角切入，融入人文、思政等因素，立足二十大精神，以习近平新时代中国特色社会主义理论为指导，秉持育人为本的理念，旨在以由浅入深、贴近专业和生活的方式向高等职业院校职教本科层次的同学介绍数学知识．本教材主要突出以下几方面的特色．

（1）将"育人为本"贯彻全书．本教材的各个章节均以读者熟悉的专业或生活案例作为切入点，对于专业或生活中的常见现象，以问题引入的方式引出其背后的数学原理．用数学的视角对这些常见现象进行分析，并结合一些例题和课后习题使读者深入了解利用相应的数学知识解决专业或生活中常见问题的方式方法．

（2）突出培养学生的对照互"译"能力．本教材各章节均以读者常见的现象作为问题引入点，通过对这些常见现象的分析，引出数学方法，将这些问题"译"成数学语言，进而培养学生能够"将专业或生活问题抽象化、数学化的思维方式"．

（3）突出"以生为本"的教学理念．职教本科层次的学生对数学的认知需求不仅包括专业课程对数学知识的需求、工作岗位创新思维的需求，还包括学历提升和研究性的需求．本教材立足职教本科层次学生的基本现状和专业需求，注重对学生发散思维的启发式培养，包含大量与专业相关的例题，各章节提供大量涉及工科专业和纯粹数学的问题供读者练习．习题中也提供了一些正文中未曾涉及的数学工具和方法，读者可以通过这些习题扩充自己的数学认知面．因此，本教材既可以作为职教本科层次的教材使用，也可以作为三年制高职学生提升学历的参考书．

（4）淡化数学理论的推导．本教材立足于高等职业教育，结合学生现状，将数学定位为学习专业知识的一种工具，因此将数学体系中的理论推导过程进行淡化处理，旨在突出利用数学方法解决专业或生活中的常见问题，突出创新能力和建模能力的培养．

（5）严格执行"因材施教"的教育理念．本教材淡化了数学理论的推导过程，重点培养数学知识的应用能力．有学历提升需求的学生，可以通过教材中的二维码了解相应定理、公式的由来．

（6）突出教材的趣味性．本教材包含大量的专业案例，在用数学方式分析和处

1

理问题时配有大量插图，使用通俗的生活化语言，以增加教材的趣味性和可读性.

　　本教材由宁波职业技术学院数学教研室结合多年来对职教本科层次学生和三年制有学历提升需求的学生的调查研究，深刻把握该层次学生的数学认知水平，并根据多年的教学改革经验和理论研究编写而成. 于蛟老师提出了本教材的整体编写架构，并完成全书的整理工作；曹勃老师在教材编写过程中提供了大量案例，给出了宝贵的建议，并参与了第3章的编写工作；顾央青、卢滢宇老师对本书的编写工作给出了指导性建议；范佳琪老师参与了第5章的编写工作；韩麟老师参与了第8章的编写工作.

　　由于编者水平有限，书中不妥之处在所难免，恳请广大专家、同行、读者批评指正.

编　者

2023 年 7 月

目　　录

第1章 函数、极限与连续

学习目标

【知识学习目标】

（1）理解数据的采集与分析方法；

（2）掌握对应的概念以及集合之间对应关系的建立；

（3）掌握基本初等函数的类型、初等函数的概念以及函数的性质；

（4）理解并掌握函数的运算规律.

【能力培养目标】

（1）会对工件进行测绘并能对采集的数据进行分析；

（2）会对离散数据进行拟合并进行连续性预测分析；

（3）会建立基本函数模型.

【技能培养目标】

（1）能对专业问题进行数学分析；

（2）能利用掌握的数学知识设计工科问题的分析方案；

（3）培养严谨的逻辑分析能力.

【素质培养目标】

（1）树立"从实践中来，到实践中去"的思想；

（2）掌握从"严谨分析"到"大胆求证"的学习方法；

（3）建立抛开表面看本质的哲学思维.

工作任务

　　加工精度是加工后零件表面的实际尺寸、形状、位置三种几何参数与图纸要求的理想几何参数的符合程度.理想的几何参数，对尺寸而言，就是平均尺寸；对表面几何形状而言，就是绝对的圆、圆柱、平面、锥面和直线等；对表面之间的相互位置而言，就是绝对的平行、垂直、同轴、对称等.工件实际几何参数与理想几何参数的偏离数值称为加工误差. 在加工制作高精度工件时, 需要对工件表面的光滑程度进行精准测量. 一般可以采用接触式轮廓仪进行测量.

在测量的过程中, 应该关注哪些因素? 谈谈你的想法.

▲ 工作分析

根据对工件的认知, 要完成对工件的精准测量, 需要完成对工件测量的完整数据采集, 对采集到的数据进行分析. 这里需要解决以下几个问题.

(1) 如何对采集到的数据进行量化分析, 并体现出工件测量的实际情况;

(2) 如何根据量化数据描述工件的表面光滑程度;

(3) 如何构建工件表面曲线的数学表述, 并进行预测性分析.

第一节　函数的基本特征

一、对应的概念

【问题引入】在加工制作高精度工件时, 需要对工件表面的光滑程度进行精准测量. 一般可以采用接触式轮廓仪进行测量 [图 1-1 (某型号接触式轮廓仪)、图 1-2 (接触式轮廓仪示意)].

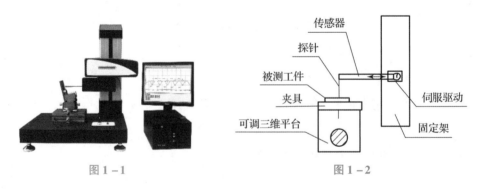

图 1-1　　　　　　　　　　　　图 1-2

接触式轮廓仪的工作原理是, 探针接触到被测工件表面并匀速滑行, 传感器感受到被测表面的几何变化 [图 1-3 (接触式轮廓仪测量示意)], 在水平方向 (x 方向) 和竖直方向 (z 方向) 上产生两个电流变化, 这样可以在 x 方向和 z 方向上分别采样, 并将采样数据转化成电信号. 该电信号经过放大处理, 转换成数字信号存储在数据文件中 [图 1-4 (数据文件中的数字信号)].

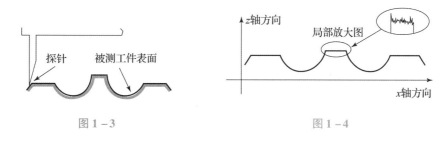

图 1 – 3　　　　　　　　　　　　　图 1 – 4

使用接触式轮廓仪对某个工件进行测量，采集到的部分数据见表 1 – 1.

【概念引入】

表 1 – 1 表明了探针在水平方向上移动（x 方向），采集到不同的数据点，在工件的平面上（z 方向）就会有不同的凹凸点的数据信息，它们之间呈现一种对应的关系．这本质上就说明了：x 方向上的任何一个点，在 z 方向上都存在一个点与它对应．

如果将 x 方向上的数据看成一个集合 D，将 z 方向上的数据看成一个集合 Y，那么在进行工件测量的过程中就形成了一种集合与集合之间的对应关系（Correspondence），如图 1 – 5 所示．

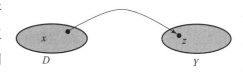

图 1 – 5

这种对应关系不仅存在于数字的集合之间，在生活中也有很多这种对应现象．例如：每天每个人的精神状态与每天的时间点之间呈现一种对应关系；水在不同温度下的密度是不同的，这样水温与水的密度之间也呈现一种对应关系（表 1 – 2）.

二、函数的概念

如果在一个集合 D 中任意选取一个元素 x，在另外一个集合 Y 中都存在唯一的一个元素 y 与它对应，而且对应关系遵从某个法则 f，则称集合 D 与集合 Y 之间存在对应关系 f.

如果两个集合都是数字的集合，则称它们之间的对应关系为函数（Function）．有时也称这个对应关系为数集 D 到数集 Y 之间的函数关系．记为 $y = f(x)$．其中，取自集合 D 中的元素 x 称为自变量，全体自变量构成的集合称为定义域（Definition Field），记为 D_f．y 称为因变量，所有函数值 $f(x)$ 放在一起构成的集合称为函数的值域（Range Field），记为 R_f.

函数的两个要素是：**定义域、表达式**.

表 1 - 1　工件水平位移与平面凹凸数据对应

mm

x	z	x	z	x	z	x	z
46.595 892 4	-1.770 860 65	46.604 884 0	-1.769 399 53	46.613 882 65	-1.769 877 89	46.620 890 98	-1.771 628 99
46.596 391	-1.770 755 966	46.605 884 0	-1.769 268 16	46.614 884 04	-1.770 076 31	46.621 392 37	-1.771 716 37
46.597 391	-1.770 642 492	46.606 882 6	-1.769 127 67	46.615 384 04	-1.770 264 64	46.621 893 76	-1.771 795 20
46.597 889 6	-1.770 531 847	46.607 382 6	-1.768 977 93	46.615 884 04	-1.770 443 05	46.622 395 15	-1.771 865 56
46.598 889 6	-1.770 418 373	46.608 382 6	-1.768 849 54	46.616 384 04	-1.770 611 75	46.622 896 54	-1.771 927 51
46.599 388 2	-1.770 307 728	46.609 381 2	-1.768 738 89	46.616 885 43	-1.770 770 89	46.623 397 93	-1.771 981 09
46.599 888 2	-1.770 194 254	46.610 381 2	-1.768 625 42	46.617 885 43	-1.770 920 63	46.623 899 32	-1.772 026 36
46.600 886 8	-1.770 071 89	46.610 881 2	-1.768 777 49	46.618 385 43	-1.771 061 12	46.624 400 71	-1.772 063 35
46.601 386 8	-1.769 940 524	46.611 381 2	-1.769 001 61	46.618 886 81	-1.771 192 48	46.624 902 10	-1.772 092 09
46.602 385 4	-1.769 800 036	46.612 382 6	-1.769 225 7	46.619 388 20	-1.771 314 85	46.625 403 49	-1.772 211 33
46.602 885 4	-1.769 650 293	46.612 882 6	-1.769 449 84	46.619 889 59	-1.771 428 32	46.625 904 89	-1.772 324 80
46.603 885 4	-1.769 521 897	46.613 382 5	-1.769 669 14	46.620 389 59	-1.771 533 01	46.626 406 28	-1.772 429 48

注:完整数据见全国大学生数学建模竞赛 2020 年 D 题.

表 1-2　不同温度下水的密度

温度/℃	密度/(g·cm⁻³)	温度/℃	密度/(g·cm⁻³)	温度/℃	密度/(g·cm⁻³)	温度/℃	密度/(g·cm⁻³)	温度/℃	密度/(g·cm⁻³)	温度/℃	密度/(g·cm⁻³)	温度/℃	密度/(g·cm⁻³)
0.0	0.999 841	2.2	0.999 947	4.4	0.999 972	6.6	0.999 920	8.8	0.999 796	11.0	0.999 605	13.2	0.999 352
0.2	0.999 854	2.4	0.999 953	4.6	0.999 970	6.8	0.999 911	9.0	0.999 781	11.2	0.999 585	13.4	0.999 326
0.4	0.999 866	2.6	0.999 953	4.8	0.999 968	7.0	0.999 902	9.2	0.999 766	11.4	0.999 564	13.6	0.999 299
0.6	0.999 878	2.8	0.999 962	5.0	0.999 965	7.2	0.999 893	9.4	0.999 751	11.6	0.999 542	13.8	0.999 272
0.8	0.999 889	3.0	0.999 965	5.2	0.999 961	7.4	0.999 883	9.6	0.999 734	11.8	0.999 520	14.0	0.999 244
1.0	0.999 900	3.2	0.999 968	5.4	0.999 952	7.6	0.999 872	9.8	0.999 717	12.0	0.999 498	14.2	0.999 216
1.2	0.999 909	3.4	0.999 970	5.6	0.999 947	7.8	0.999 861	10.0	0.999 700	12.2	0.999 475	14.4	0.999 188
1.4	0.999 918	3.6	0.999 972	5.8	0.999 941	8.0	0.999 849	10.2	0.999 682	12.4	0.999 451	14.6	0.999 159
1.6	0.999 927	3.8	0.999 973	6.0	0.999 935	8.2	0.999 837	10.4	0.999 664	12.6	0.999 427	14.8	0.999 129
1.8	0.999 934	4.0	0.999 973	6.2	0.999 927	8.4	0.999 824	10.6	0.999 645	12.8	0.999 402	15.0	0.999 099
2.0	0.999 941	4.2	0.999 973	6.4	0.999 920	8.6	0.999 810	10.8	0.999 625	13.0	0.999 377	15.2	0.999 069

当且仅当两个函数的定义域和表达式都相同时，这两个函数才相同.

有时候我们还会遇到几个变量与一个变量或几个变量与几个变量之间的对应关系. 例如：在一个三角形中，它的三条边的长度分别为 x，y，z，那么它的面积可以表示为 $s = \sqrt{p(p-x)(p-y)(p-z)}\left(\text{其中 } p = \dfrac{x+y+z}{2}\right)$，因此可以说，三角形的面积是它的三条边的函数. 这种自变量多于一个的函数称为**多元单值函数**，相应地，前面定义的只有一个自变量的函数称为**一元单值函数**. 这里之所以称为单值，是因为其函数值是唯一的. 如果函数值有多个，则称其为多值函数. 例如：在圆的方程 $(x-x_0)^2 + (y-y_0)^2 = r^2$ 中，任意给定一个自变量 x，都有两个 y 与它对应，因此圆的方程就是一个一元多值函数.

函数的表示法有：解析法（Analytic Method）、图像法（Image Method）、列表法（Tabular Method）.

在前面定义的函数 $y = f(x)$ 就使用了解析法. 用解析法表示一个函数，可以很容易地利用函数的解析式对函数的特性进行分析，但是它不能直观地表现函数的形态. 此时可以利用图像法来描述函数，例如对工件测量数据和不同温度下水的密度的测量数据可以用图 1-6 和图 1-7 分别表示.

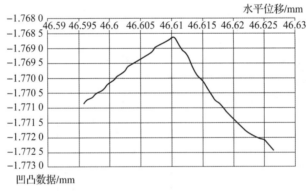

图 1-6

图像法在非数学专业应用非常广泛，例如在做心电图的时候，通过图像法就可以非常清楚地展现病人的心脏状况.

虽然函数的表示法有三种不同的形式，但是在很多情况下，它们是可以相互转化的. 在对工程问题进行数据分析的时候一般需要先进行数据的采集，数据的采集实际上就是函数的列表法的体现；解析法与图像法在数学上其实是一一对应的，任何一个解析式都能在坐标系中体现出图像，而每一个几何图像都有一个与它对应的解析式，这就是著名的"数形结合"的概念.

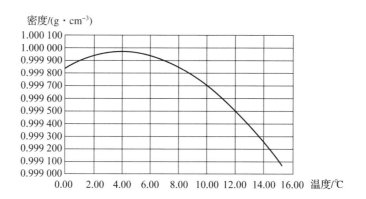

图 1－7

三、函数的类型

从图 1－8（工件拟合趋势图）可以发现，在不同的范围内，工件表面呈现出来的凹凸形状是不尽相同的．从前文中我们知道，不同的函数对应的图像是不一样的，这说明工件表面不同的长度范围内的函数表达式不同．在数学中，我们探究的对象是函数，函数具有基本单位，在数学上称为**基本初等函数**．为了对函数进行分类，首先需要清楚函数到底表达了什么．函数是由自变量通过对应法则得到另一个变量值的体现，据此，可以对函数进行如下分类．

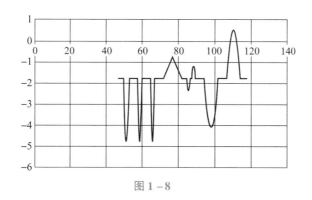

图 1－8

【常数函数】当函数值与自变量无关时，称这样的函数为常数函数（Constant），记为 $y = C$.

常数函数在图像上表现为一条与 x 轴平行的水平线，如图 1－9 所示．例如：$y = 0$，$y = 1$，$y = \sqrt{2}$ 等都是常数函数．常数函数的定义域为全体实数：$(-\infty, +\infty)$.

【幂函数】当函数的表达式为自变量的常数次幂时，称为幂函数（Power Function），记为 $y = x^{\alpha}$.

幂函数根据常数 α 的取值不同，它的定义域是不同的，其图像如图 1－10 所示.

7

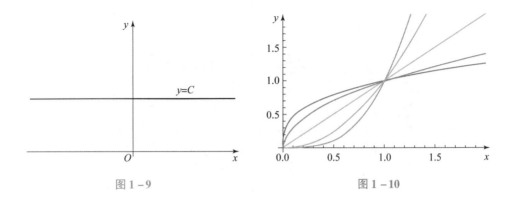

图 1 – 9   图 1 – 10

【指数函数】 当函数表达式为常数的自变量次幂时，称为指数函数（ Exponential Function ），记为 $y = a^x$.

其中，$a > 0$，且 $a \neq 1$. 如果 $a = e$（自然常数），则记为 $y = e^x$（计算机中表示为 Exp[x]）. 指数函数的定义域为 $(-\infty, +\infty)$，值域为 $(0, +\infty)$. 其图像如图 1 – 11 所示.

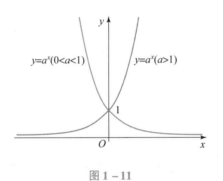

图 1 – 11

【对数函数】 指数函数 $y = a^x$ 的反函数（反函数的概念参看本节函数的运算）称为对数函数（ Logarithmic Function ），记为 $y = \log_a x$.

其中，$a > 0$，且 $a \neq 1$. 如果 $a = e$（自然常数），则记为 $y = \ln x$（计算机中表示为 Log [x]）. 其图像如图 1 – 12 所示.

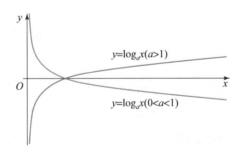

图 1 – 12

【三角函数】在直角三角形中（图 1 – 13），定义正弦函数：$\sin x = \dfrac{a}{c}$；余弦函数：$\cos x = \dfrac{b}{c}$；正切函数：$\tan x = \dfrac{a}{b}$；余切函数：$\cot x = \dfrac{b}{a} = \dfrac{1}{\tan x}$；正割函数：$\sec x = \dfrac{c}{b} = \dfrac{1}{\cos x}$；余割函数：$\csc x = \dfrac{c}{a} = \dfrac{1}{\sin x}$．一般地，可以将三角函数的定义域扩充如下．

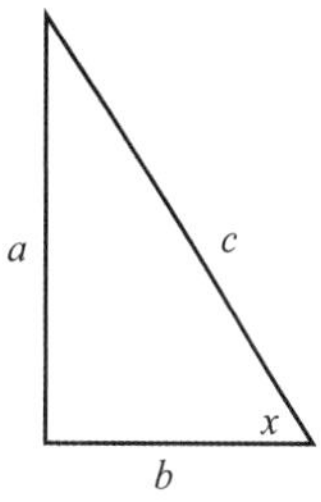

（1）正弦函数 $y = \sin x$：定义域为 $(-\infty, +\infty)$，值域为 $[-1, 1]$．

（2）余弦函数 $y = \cos x$：定义域为 $(-\infty, +\infty)$，值域为 $[-1, 1]$．

（3）正切函数 $y = \tan x$：定义域为 $\left(-\dfrac{\pi}{2} + k\pi, \dfrac{\pi}{2} + k\pi\right)$（$k = 0, \pm 1, \pm 2, \cdots$），值域为：$(-\infty, +\infty)$；

（4）余切函数 $y = \cot x$：定义域为 $(k\pi, \pi + k\pi)$（$k = 0, \pm 1, \pm 2, \cdots$），值域为：$(-\infty, +\infty)$．

图 1 – 13

（5）正割函数 $y = \sec x$：定义域为 $\left(-\dfrac{\pi}{2} + k\pi, \dfrac{\pi}{2} + k\pi\right)$（$k = 0, \pm 1, \pm 2, \cdots$），值域为 $(-\infty, +\infty)$．

（6）余割函数 $y = \csc x$：定义域为 $(k\pi, \pi + k\pi)$（$k = 0, \pm 1, \pm 2, \cdots$），值域为 $(-\infty, +\infty)$．

三角函数恒等式

【反三角函数】三角函数中的 $y = \sin x$，$y = \cos x$，$y = \tan x$，$y = \cot x$ 的反函数，称为反三角函数，分别记为 $y = \arcsin x$，$y = \arccos x$，$y = \arctan x$，$y = \text{arccot}\, x$．考虑到后续学习以及专业应用，对反三角函数的定义域化为值域作表 1 – 3 所示的规定.

表 1 – 3 反三角函数的定义域与值域

函数	定义域	值域
$\arcsin x$	$[-1, 1]$	$\left[-\dfrac{\pi}{2}, \dfrac{\pi}{2}\right]$
$\arccos x$	$[-1, 1]$	$[0, \pi]$
$\arctan x$	$(-\infty, +\infty)$	$\left(-\dfrac{\pi}{2}, \dfrac{\pi}{2}\right)$
$\text{arccot}\, x$	$(-\infty, +\infty)$	$(0, \pi)$

一般地，反三角函数在其定义域上满足如下关系．

（1）$\arcsin x \pm \arcsin y = \arcsin(x\sqrt{1 - y^2} \pm y\sqrt{1 - x^2})$．

（2）$\arccos x \pm \arccos y = \arcsin(xy \mp \sqrt{1 - x^2} \cdot \sqrt{1 - y^2})$．

反三角函数恒等式

（3）$\arctan x \pm \arctan y = \arctan \dfrac{x \pm y}{1 \mp xy}$．

以上六大类函数在数学中统称为**基本初等函数**，它们是一切函数的基本形式，即无论多么复杂的函数，基本上都是由这六类函数构成的. 那么复杂函数是如何由基本初等函数构成的呢？

四、函数的运算

【函数的四则运算】 假设函数 $y = f(x)$ 与函数 $y = g(x)$ 的定义域分别为 D_f 和 D_g，如果 $D_f \cap D_g \neq \varnothing$，则它们可以进行四则运算：$f(x) \pm g(x)$，$f(x) \cdot g(x)$，$\dfrac{f(x)}{g(x)}$. 这些函数是新的函数，且它们的定义域为 $D_f \cap D_g$（分母不能为零）.

例如：函数 $y = x + \sin x$ 是由基本初等函数 $y = x$ 和 $y = \sin x$ 相加得到的新的函数，且它的定义域为两个基本初等函数定义域的交集：$(-\infty, +\infty)$. 其图像如图 1-14 所示.

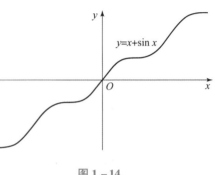

图 1-14

【函数的复合运算】 假设函数 $y = f(x)$ 的定义域为 D_f，函数 $y = g(x)$ 的值域为 R_g，如果 $D_f \cap R_g \neq \varnothing$，则存在部分的 $g(x) \in D_f$，此时可以将 $y = g(x)$ 当作自变量代入函数 $y = f(x)$ 求函数值 $f(g(x))$，由于此处的函数值还是含有自变量 x 的函数，因此称其为由**外函数** $y = f(x)$ 与**内函数** $y = g(x)$ **复合而成**的复合函数（Complex Function），记为 $(f \circ g)(x) = f[g(x)]$.

例如：正弦函数的标准式 $y = A\sin(\omega x + \varphi)$ 就是由常数函数 $y = A$ 乘以正弦函数 $y = \sin(\omega x + \varphi)$ 得到的，而正弦函数 $y = \sin(\omega x + \varphi)$ 是由外函数 $y = \sin x$ 与内函数 $y = \omega x + \varphi$ 复合而成的.

读者需要注意的是，要清楚复合函数的复合过程. 例如：$y = \ln \sin x$ 可以看成由函数 $y = \ln u$，$u = \sin x$ 复合而成. 再如：$y = \arcsin \ln(1 + x^2)$ 可以看成由 $y = \arcsin u$，$u = \ln v$，$v = 1 + x^2$ 复合而成. 复合函数的每一次复合都是由基本初等函数或基本初等函数的四则运算构成的.

由基本初等函数经过有限次的四则运算或复合运算得到的函数统称为**初等函数**.

【反函数的概念】 如果能够从函数 $y = f(x)$ 的表达式中计算出 $x = \varphi(y)$，则称函数 $y = f(x)$ 存在反函数，记为 $x = f^{-1}(y)$. 根据习惯，一般将其表示为 $y = f^{-1}(x)$. 相应于反函数 $y = f^{-1}(x)$，称函数 $y = f(x)$ 为原函数.

例如：如果有 $y = \sin x$，则 $x = \arcsin y$，因此正弦函数的反函数为 $y = \arcsin x (x \in [-1, 1])$.

【例 1-1】 求函数 $y = \dfrac{e^x - e^{-x}}{2}$ 的反函数.

反函数的概念

解　由于 $y = \dfrac{e^x - e^{-x}}{2}$，从而有 $(e^x)^2 - 2ye^x - 1 = 0$，所以 $e^x = \dfrac{2y \pm \sqrt{4 + 4y^2}}{2}$（负值舍去），则 $e^x = y + \sqrt{1 + y^2}$，$x = \ln e^x = \ln(y + \sqrt{1 + y^2})$，因此反函数为 $y = \ln(x + \sqrt{1 + x^2})$.

在后续的学习过程中，我们还会遇到一些非初等函数.

【**分段函数**】如果某个函数在其定义域上的不同区间上表达式不同，则称其为分段函数（Piecewise Function），记为 $f(x) = \begin{cases} \varphi(x), & x \in I_1 \\ \psi(x), & x \in I_2 \end{cases}$，这类函数的定义域为 $D = I_1 \cup I_2$.

例如：函数 $f(x) = \begin{cases} 2x - 1, & x < 0 \\ x + \sin x, & x \geqslant 0 \end{cases}$ 是分段函数，它的定义域为 $(-\infty, +\infty)$，如图 1-15 所示.

【**绝对值函数**】形如 $y = |x|$ 的函数称为绝对值函数（Absolution Function），其图像如图 1-16 所示.

$$y = |x| = \begin{cases} x, & x \geqslant 0 \\ -x, & x < 0 \end{cases}.$$

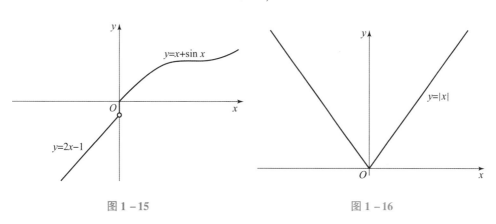

图 1-15　　　　　　　　　　　　　　　　图 1-16

【**符号函数**】当自变量为正时函数值取 1，当自变量为 0 时函数值取 0，当自变量为负时函数值取 -1，称这样的函数为**符号函数**，记为 $y = \operatorname{sgn} x$. 其图像如图 1-17 所示.

$$\operatorname{sgn} x = \begin{cases} 1, & x > 0 \\ 0, & x = 0 \\ -1, & x < 0 \end{cases}.$$

显然有 $y = |x| = x\operatorname{sgn} x$.

绝对值函数与符号函数本质上都属于分段函数. 分段函数虽然不属于初等函数, 但是在每一个区间段内它都是初等函数. 值得注意的是, 分段函数是一个完整的函数, 不能将它理解成几个函数.

【幂指函数】 形如 $y = u(x)^{v(x)}$ 的函数称为幂指函数 (Power Exponential Function). 其中, $u(x)$ 和 $v(x)$ 都是初等函数.

【取整函数】 设 x 是任一实数, 不超过 x 的最大整数称为 x 的整数部分, 记为 $y = [x]$, 称为取整函数 (Integer Function), 如 $[2.9] = 2$, $[3] = 3$, $[-2.9] = -3$ 等. 其图像如图 1 - 18 所示.

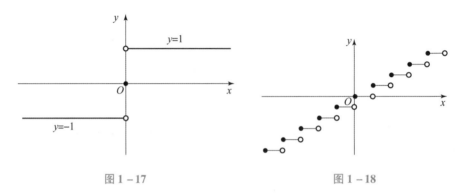

图 1 - 17　　　　　　　　　　图 1 - 18

以上几种常见的非初等函数是后续课程中常见的函数.

五、函数的几种特性

从对工件的测量数据的拟合图可以发现, 工件的表面出现了凹凸不平的现象, 有的区间上工件表面出现了凸起的现象, 有的区间上工件表面出现了下凹的现象, 但是总体上工件的表面变化都是有一定的范围的. 这些现象都说明了函数具有某些特定的性质.

【有界性】 假设函数 $y = f(x)$ 的定义域为 D_f.

(1) 如果存在常数 M_1, 对于任意的 $x \in D_f$, 都有 $f(x) \leqslant M_1$, 则称函数 $y = f(x)$ 在其定义域 D_f 上有上界;

(2) 如果存在常数 M_2, 对于任意的 $x \in D_f$, 都有 $f(x) \geqslant M_2$, 则称函数 $y = f(x)$ 在其定义域 D_f 上有下界;

(3) 如果函数 $y = f(x)$ 既有上界又有下界, 则称函数 $y = f(x)$ 在其定义域上有界.

函数的有界性说明函数在其定义域上的波动范围是有限的. 函数的有界性在生活和专业中有很多体现, 例如: 我们每个人的社会行为是有界的, 行为的上界是道德, 行为的下界是法律, 因此我们常说道德红线和法律底线不可逾越.

【单调性】假设函数 $y = f(x)$ 的定义域为 D_f，区间 $I \subset D_f$，任意的 x_1，$x_2 \in I$，且 $x_1 < x_2$，如果：

函数的单调性

（1）$f(x_1) \leqslant f(x_2)$，则称函数 $y = f(x)$ 在区间 I 上**单调递增**；

（2）$f(x_1) \geqslant f(x_2)$，则称函数 $y = f(x)$ 在区间 I 上**单调递减**.

上述单调性的定义中，如果符号"$\leqslant$"和"$\geqslant$"变成"$<$"和"$>$"则称函数是**严格单调**. 单调性在生活和学习中的应用也是非常普遍的. 例如：同学们在一节 40 分钟的课堂上，注意力强度从开始上课到下课这个过程中随着时间的变化近似服从函数 $f(t) = t^3 - 7t^2 + 11t + 6$，其中 t 表示时间（单位：10 分钟），$t \in [0, 4]$，其图像如图 1 - 19 所示.

从图像上可以看出，从开始上课到课程进行 10 分钟时，同学们的注意力强度是单调递增的，且在第 10 分钟时注意力强度最高，此后一直到 36 分钟 40 秒时，注意力强度都是单调递减的，且在第 36 分钟 40 秒时注意力强度达到最低，此后开始有所缓解直至本次课结束.

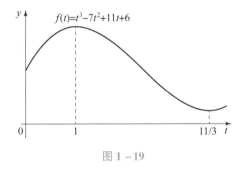

图 1 - 19

【奇偶性】设函数 $y = f(x)$ 的定义域 D_f 是关于坐标原点对称的，即 $D_f = (-l, l)$ 或 $D_f = [-l, l]$.

（1）如果 $f(-x) = f(x)$，则称函数 $y = f(x)$ 是偶函数；

（2）如果 $f(-x) = -f(x)$，则称函数 $y = f(x)$ 是奇函数.

函数的奇偶性

读者需要注意，一个函数是否具有奇偶性，首先需要看其定义域是否关于坐标原点对称，否则即使 $x \in D_f$，也不能保证 $-x \in D_f$，此时 $f(-x)$ 是无意义的. 偶函数的图像关于 y 轴对称，奇函数的图像关于坐标原点对称. 如果函数 $y = f(x)$ 是奇函数，且在坐标原点有定义，则其图像必然经过坐标原点，即 $f(0) = 0$.

【例 1 - 2】　验证函数 $f(x) = \ln(x + \sqrt{1 + x^2})$ 是奇函数.

解　由于对于任意的 $x \in (-\infty, +\infty)$，都有 $x + \sqrt{1 + x^2} > x + \sqrt{x^2} = x + |x| \geqslant 0$，所以对于一切实数 x，都有 $x + \sqrt{1 + x^2} > 0$，因此函数 $f(x)$ 的定义域为 $(-\infty, +\infty)$，于

是 $f(-x) = \ln(-x + \sqrt{1+x^2}) = \ln \dfrac{1}{x + \sqrt{1+x^2}} = -f(x)$. 由此得函数 $f(x) = \ln(x +$

$\sqrt{1+x^2}\,)$ 是奇函数.

【周期性】 设函数 $y = f(x)$ 的定义域为 D_f, 对于任意的 $x \in D_f$, 如果存在常数 T, 且 $x + T \in D_f$, 有 $f(x+T) = f(x)$, 则称函数 $y = f(x)$ 是以 T 为周期的周期函数.

这里说的周期一般是指最小正周期.

想一想，练一练

1. 设有集合 $A = \{1, 2, 3, 4, 5\}$, $B = \{0, 3, 8, 15, 24\}$, 试建立集合 A 与集合 B 之间的对应关系.

2. 某玩具公司生产 x 件玩具将花费 $400 + 5\sqrt{x(x-4)}$ 元, 如果每件玩具卖 48 元, 试求该公司生产 x 件玩具获得的净利润.

3. 铁路线上 AB 段的距离为 100 km, 如图 1 – 20 所示, 工厂 C 距 A 处为 20 km, AC 垂直于 AB. 为了运输需要, 要在 AB 段上选定一点 D 向工厂修筑一条公路. 已知铁路每千米货运的运费与公路上每千米货运的运费之比为 $3 : 5$, 假设 D 点距离 A 点 x km, 试确定总运费 y 与 x 之间的函数关系.

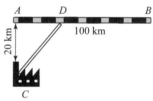

图 1 – 20

4. 求下列函数的定义域.

（1）$y = \ln(2 - x)$;

（2）$y = \lg(3 - x) + \arcsin \dfrac{x-1}{2}$;

（3）$y = \sqrt{x + \sqrt{1-x^2}}$;

（4）$y = \sqrt{\sin x}$;

（5）$y = \dfrac{1}{x} - \sqrt{1-x^2}$;

（6）$y = \arcsin \sqrt{1-x^2}$.

5. 判断下列函数是否相同, 并说明原因.

（1）$y = \ln x^2$ 与 $y = 2\ln x$;

（2）$y = \sqrt[3]{x^3}$ 与 $y = x$;

（3）$y = \sqrt[3]{x^4 - x^3}$ 与 $y = x\sqrt[3]{x-1}$;

（4）$y = x$ 与 $y = \sin(\arcsin x)$;

（5）$y = 1$ 与 $y = \sin^2 x + \cos^2 x$;

（6）$y = 1$ 与 $y = \sec^2 x - \tan^2 x$.

6. 试确定函数 $f(x) = \dfrac{x}{1+x}$, $x \in [0, +\infty)$ 的单调性, 并由此证明: 对于任意实数 a, b, 以下不等式成立:

$$\dfrac{|a+b|}{1+|a+b|} \leqslant \dfrac{|a|}{1+|a|} + \dfrac{|b|}{1+|b|}.$$

7. 试判断函数 $f(x) = \sin x$，$f(x) = \cos x$，$f(x) = \ln \dfrac{1-x}{1+x}$，$f(x) = x^3 - x^2$，$f(x) = \dfrac{e^x + e^{-x}}{2}$ 的奇偶性.

8. 试确定下列函数哪些是周期函数，如果是周期函数，则求出其最小正周期.

（1）$y = \sin 2x$；

（2）$y = \sin x - \cos x + 1$；

（3）$y = x\cos x$；

（4）$y = 2 + \sin \pi x$；

（5）$y = |\sin x|$；

（6）$y = \sin \dfrac{x}{2} + \cos \dfrac{x}{3}$.

9. 设函数 $f(x)$ 满足：$f(0) = 0$，且 $x \neq 0$ 时，$af(x) + bf\left(\dfrac{1}{x}\right) = \dfrac{c}{x}$，其中，$a$，$b$，$c$ 均为非零常数，且 $|a| \neq |b|$. 试验证 $f(x)$ 是奇函数.

10. 求下列函数的反函数.

（1）$y = \sqrt[3]{x+1}$；

（2）$y = \dfrac{1+x}{1-x}$；

（3）$y = \dfrac{e^x + e^{-x}}{2}$；

（4）$y = \dfrac{2^x - 1}{2^x + 1}$；

（5）$y = 1 + \ln(x+2)$；

（6）$y = 2\sqrt{x}$.

11. 设函数 $f(x) = \begin{cases} 3x+1, & x < 1 \\ x, & x \geqslant 1 \end{cases}$，求函数 $f(f(x))$ 的表达式.

12. 函数 $f(x) = \dfrac{\sin(1+x)}{1+x^4}$ 在其定义域 $(-\infty, +\infty)$ 上是（　　）.

A. 有界函数　　　　B. 奇函数　　　　C. 偶函数　　　　D. 周期函数

13. 函数 $f(x) = \sin\cos 2^x$ 在其定义域 $(-\infty, +\infty)$ 上是（　　）.

A. 有界函数　　　　B. 奇函数　　　　C. 偶函数　　　　D. 周期函数

14. 函数 $f(x) = x - [x]$ 在其定义域 $(-\infty, +\infty)$ 上是（　　）.

A. 有界函数　　　　B. 奇函数　　　　C. 偶函数　　　　D. 周期函数

15. 已知函数 $f(x)$ 的定义域为 $(0, 1)$，则函数 $f(2^x)$ 的定义域为 _____ .

16. 设函数 $f(x) = \begin{cases} 1+x, & x < 0 \\ 1, & x \geqslant 0 \end{cases}$，求函数 $f(f(x))$ 的表达式.

17. 设函数 $f\left(x + \dfrac{1}{x}\right) = \dfrac{x^2}{1+x^4}$ $(x \neq 0)$，求函数 $f(x)$ 的表达式.

18. 证明：定义在对称区间 $(-l, l)$ 的任意函数 $f(x)$，可以写成一个奇函数与一个偶函数之和的形式.

第二节　数列极限

一、离散的概念

【问题回顾】在第一节的工件测量问题中，通过接触式轮廓仪测得的数据体现了一种对应关系. 它表示了与起点距离不同的位置上工件表面凹凸的数据. 如果将采集到的数据从起点开始做标记，依次取 1，2，3，…，则表 1-1 可表示为表 1-4.

表 1-4　工件表面部分凹凸数据　　　　　　　　　　　　mm

x	z	x	z	x	z	x	z
1	− 1.770 860 65	13	− 1.769 399 53	25	− 1.769 877 89	37	− 1.771 628 99
2	− 1.770 755 966	14	− 1.769 268 16	26	− 1.770 076 31	38	− 1.771 716 37
3	− 1.770 642 492	15	− 1.769 127 67	27	− 1.770 264 64	39	− 1.771 795 20
4	− 1.770 531 847	16	− 1.768 977 93	28	− 1.770 443 05	40	− 1.771 865 56
5	− 1.770 418 373	17	− 1.768 849 54	29	− 1.770 611 75	41	− 1.771 927 51
6	− 1.770 307 728	18	− 1.768 738 89	30	− 1.770 770 89	42	− 1.771 981 09
7	− 1.770 194 254	19	− 1.768 625 42	31	− 1.770 920 63	43	− 1.772 026 36
8	− 1.770 071 89	20	− 1.768 777 49	32	− 1.771 061 12	44	− 1.772 063 35
9	− 1.769 940 524	21	− 1.769 001 61	33	− 1.771 192 48	45	− 1.772 092 09
10	− 1.769 800 036	22	− 1.769 225 7	34	− 1.771 314 85	46	− 1.772 211 33
11	− 1.769 650 293	23	− 1.769 449 84	35	− 1.771 428 32	47	− 1.772 324 80
12	− 1.769 521 897	24	− 1.769 669 14	36	− 1.771 533 01	48	− 1.772 429 48

此时 x 方向就表示采点的序数，z 方向就表示对应采点序数的凹凸数据，依次将这些点列出来就形成了一个由数字构成的序列：

$$a_1，a_2，a_3，\cdots，a_n.$$

这样排序之后的一系列点构成的序列称为**数列**，记为 $\{a_n\}$. 其中，a_n 称为数列 $\{a_n\}$ 的**一般项**或**通项**. 如果数列有无穷多项，则称数列是无穷数列；如果数列只有有限项，则称数列为有限数列或有穷数列. 数列 $\{a_n\}$ 的所有项呈现出一种由 n 个实数点分布在数轴上的现象，这种现象在数学上称为**离散型的分布**.

公元 263 年，我国数学家刘徽在给《九章算术》作注时利用商高和墨子的思想对圆进行了作内接正多边形的处理，刘徽在注中如此说："割之弥细，所失弥小，割之又割，以至于不可割，则与圆合体而无所失矣."刘徽的方法是作圆内接正 n 边形，将正 n 边形的每个顶点与圆心相连就可以形成 n 个等腰三角形，这样可以计算出每个等腰三角形的面积，进而可以求出圆内接正 n 边形的面积，那么随着边数 n 的增加，正 n 边形的面积就与圆的面积不断接近（图 1 - 21）.

根据刘徽的思想，当圆内接正 n 边形时，得到这个正 n 边形的面积为 s_n，这样随着边数 n 取不同的值，可以得到一个数列：

$$s_3,\ s_4,\ s_5,\ \cdots,\ s_n.$$

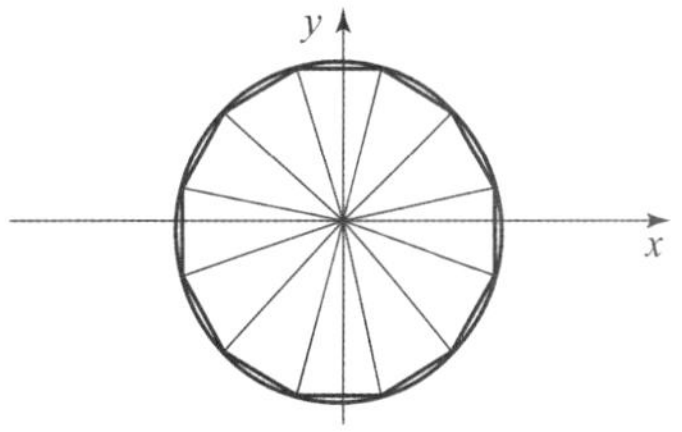

它表示的是内接正三角形、正四边形、$\cdots$、正 n 边形的面积. 根据刘徽的描述，随着边数 n 的增大，内接正 n 边形的面积 s_n 会不断接近圆的面积.

图 1 - 21

在《庄子·天下》篇中，庄周与惠施（时任魏国宰相）辩论时说了一句话："一尺之棰，日取其半，万世不竭." 它的意思是：一根一尺长的木棒，第一天拿走它的一半，第二天在第一天剩余的基础上再拿走一半，如此继续下去，30 万年（古时一世指代 30 年，这里庄子的意思是永远）也拿不完.

按照庄子的思想，一根一尺长的木棒，第一天拿走 $\dfrac{1}{2}$ 尺，剩余 $\dfrac{1}{2}$ 尺；第二天拿走 $\dfrac{1}{2^2}$ 尺，剩余 $\dfrac{1}{2^2}$ 尺；依此类推，第 n 天拿走 $\dfrac{1}{2^n}$ 尺，剩余 $\dfrac{1}{2^n}$ 尺；如此继续下去，可以得到一个剩余木棒长度的数列：

$$\frac{1}{2},\ \frac{1}{2^2},\ \cdots,\ \frac{1}{2^n},\ \cdots.$$

上述两个案例都体现了我国古代先贤们对事物发展变化的理解. 它们都属于随着一个变量的变化，求另一个变量的变化趋势的问题. 这种关于数列趋势的问题在数学上称为**数列极限**问题.

二、数列极限的概念

【**数列极限的定义**】　如果数列 $\{a_n\}$ 中的一般项 a_n 随着项数 n 的增大而不断接近某个固定的数字 a，则称数列 $\{a_n\}$ 以常数 a 为极限，记为

$$\lim_{n\to\infty} a_n = a.$$

此时也称数列 $\{a_n\}$ 收敛，即数列 $\{a_n\}$ 收敛到 a；如果不存在这样的常数 a，则称数列 $\{a_n\}$ 发散.

刘徽的"割圆术"中的内接正 n 边形的面积数列 $\{s_n\}$ 收敛，且 $\lim\limits_{n\to\infty} s_n = \pi r^2$.

17

需要注意的是，数列极限中自主变动的是项数 n，而项数 n 是自然数，因此项数 n 趋向于无穷大 $n \to \infty$ 仅代表 $n \to +\infty$.

【例 1 – 3】 验证极限 $\lim\limits_{n \to \infty} \dfrac{1}{2^n} = 0$.

解 由于 n 是正整数，数列 $a_n = \dfrac{1}{2^n}$ 随着项数 n 的增大其值会越来越小，所以当 $n \to \infty$ 时，$a_n = \dfrac{1}{2^n} \to 0$，于是有 $\lim\limits_{n \to \infty} \dfrac{1}{2^n} = 0$.

【例 1 – 4】 验证极限 $\lim\limits_{n \to \infty} \dfrac{1}{n} = 0$.

解 由于项数 n 是正整数，所以当项数 n 增大时，数列的一般项 $\dfrac{1}{n}$ 越来越小，于是有 $\lim\limits_{n \to \infty} \dfrac{1}{n} = 0$.

一般地，对于数列极限，有 $\begin{cases} \lim\limits_{n \to \infty} q^n = 0 \Leftrightarrow |q| < 1 \\ \lim\limits_{n \to \infty} \dfrac{1}{n^\alpha} = 0 \Leftrightarrow \alpha > 0 \end{cases}$.

在计算数列极限时，一般需要考虑将数列极限化简为这两种形式以得到极限值，即需要考虑数列是常数的 n 次幂型 "q^n"，还是 n 的常数次幂型 "$\dfrac{1}{n^\alpha}$".

【**数列极限的四则运算法则**】 假设数列 $\{a_n\}$，$\{b_n\}$ 均是收敛数列，且 $\lim\limits_{n \to \infty} a_n = a$，$\lim\limits_{n \to \infty} b_n = b$，则：

（1） $\lim\limits_{n \to \infty} (a_n \pm b_n) = \lim\limits_{n \to \infty} a_n \pm \lim\limits_{n \to \infty} b_n = a \pm b$；

（2） $\lim\limits_{n \to \infty} (a_n \cdot b_n) = \lim\limits_{n \to \infty} a_n \cdot \lim\limits_{n \to \infty} b_n = a \cdot b$；

（3） $\lim\limits_{n \to \infty} \dfrac{a_n}{b_n} = \dfrac{\lim\limits_{n \to \infty} a_n}{\lim\limits_{n \to \infty} b_n} = \dfrac{a}{b}$.

一般地，任意有限个数列的和差、积、商（分母不为零）的极限都等于极限的和、差、积、商. 如果数列的一般项是一个与项数 n 无关的常数 $b_n = k$，则有 $\lim\limits_{n \to \infty} k = k$，因此

$$\lim\limits_{n \to \infty} ka_n = k \lim\limits_{n \to \infty} a_n = ka.$$

【例 1 – 5】 计算下列数列的极限.

（1） $\lim\limits_{n \to \infty} \dfrac{2n + 1}{3n - 2}$；（2） $\lim\limits_{n \to \infty} \dfrac{1 + 2 + 3 + \cdots + n}{n^2}$.

解　（1）$\lim\limits_{n\to\infty}\dfrac{2n+1}{3n-2}=\lim\limits_{n\to\infty}\dfrac{2+\dfrac{1}{n}}{3-2\cdot\dfrac{1}{n}}=\dfrac{2+\lim\limits_{n\to\infty}\dfrac{1}{n}}{3-2\cdot\lim\limits_{n\to\infty}\dfrac{1}{n}}=\dfrac{2}{3}$.

（2）$\lim\limits_{n\to\infty}\dfrac{1+2+3+\cdots+n}{n^2}=\lim\limits_{n\to\infty}\dfrac{\dfrac{1}{2}n(n+1)}{n^2}=\dfrac{1}{2}\lim\limits_{n\to\infty}\left(1+\dfrac{1}{n}\right)=\dfrac{1}{2}$.

【例 1-6】 某城市用燃烧生活垃圾的方式进行发电，每年能够处理上一年剩余生活垃圾的 20%. 当前该城市有 100 万吨生活垃圾，每年还会以 5 万吨的量产生新的生活垃圾. 请你用所学数学知识分析该城市的生活垃圾最终能否完全处理，如果能请说明理由，如果不能请确定该城市最终会剩余多少生活垃圾.

解　假设每年剩余生活垃圾为 $\{a_n\}$，则每年剩余量 $a_1=100\times0.8+5$，$a_2=100\times0.8^2+5\times0.8+5$，$\cdots$，$a_n=0.8a_{n-1}+5$，从而有 $a_n=0.8a_{n-1}+5=100\times0.8^n+5\times0.8^{n-1}+\cdots+5\times0.8+5=100\times0.8^n+5\times\dfrac{1-0.8^n}{1-0.8}=100\times0.8^n+25\,(1-0.8^n)$，所以最终剩余垃圾总量应稳定在 $\lim\limits_{n\to\infty}a_n=100\times\lim\limits_{n\to\infty}0.8^n+25\,(1-\lim\limits_{n\to\infty}0.8^n)=25$（万吨）左右. 因此，该城市的生活垃圾最终是处理不完的，只会稳定在 25 万吨左右.

【例 1-7】 某位同学大学毕业后想自主创业，由于启动资金不足，所以需要向银行借贷，银行采用连续复利和单利两种形式进行放贷，请你给这位同学规划本次借贷的形式.

分析　在社会经济活动中，计算利息需要三个基本因素：本金、利率和时间周期. 贷（存）款人相对于放（存）款机构的资金额称为本金，使用本金的时间称为时间周期，单位时间周期（如年、季、天等）内单位本金（如每百元、每千元或每万元等）所产生的利息称为利率. 计算利息有单利计算和复利计算两种方式，获得的利息不计入下次计算周期本金的方式称为单利；获得的利息计入下次计算周期本金的方式称为复利. 在采用连续复利计算时，利率并不一定是年利率，如果年利率为 r，一年结算 m 次，则每次结算时的利率就是 r/m.

解　假设该同学贷款本金为 A 万元，年利率为 r，贷款年限为 n 年，则：

（1）按单利方式，到期后需要还款 $s=A(1+nr)$；

（2）按复利方式，第一年的本息和为 $s_1=A(1+r)$，第二年的本息和为 $s_2=s_1+rs_1=A(1+r)^2$，$\cdots$，还款时需要归还的本息和为 $s_n=s_{n-1}+rs_{n-1}=A(1+r)^n$.

如果该同学贷款时银行采用连续复利方式计息，每年结算 m 次，则到期需还款

$$s_n=A\left(1+\dfrac{r}{m}\right)^{n\cdot m}.$$

如果该同学贷款时银行采用单利方式计息，每年结算 m 次，则到期需还款

$$s_n = A\left(1 + \frac{r}{m} \times mn\right) = A\ (1 + nr).$$

如果该同学贷款 10 万元，年利率为 4%，每年结算 n 次，10 年后一次性还本付息，则该同学需要还款金额应该与每年计算次数有关：

$$s_n = 10\left(1 + \frac{0.04}{n}\right)^{10n}\ （万元）.$$

随着计算次数的增加，该同学最终还款金额应该为

$$s = \lim_{n \to \infty} s_n = 10 \lim_{n \to \infty}\left(1 + \frac{0.04}{n}\right)^{10n}.$$

由于

$$s_n = 10\left(1 + \frac{0.04}{n}\right)^{10n} = 10\left[\left(1 + \frac{0.04}{n}\right)^{\frac{n}{0.04}}\right]^{0.4},$$

所以只需考虑极限

$$\lim_{n \to \infty}\left(1 + \frac{1}{n}\right)^{n}$$

的值，即可得到最终的还款金额.

现在考察数列 $a_n = \left(1 + \dfrac{1}{n}\right)^{n}$ 的极限，如图 1-22 所示，从图像上可以看出这个数列随着项数的增加不断稳定在某个值附近，这说明数列 $\{a_n\}$ 是收敛的. 事实上，有：

$$\lim_{n \to \infty}\left(1 + \frac{1}{n}\right)^{n} = \mathrm{e}.$$

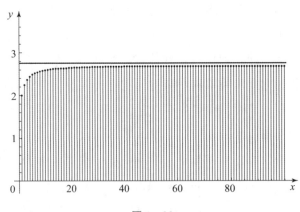

图 1-22

其中，$\mathrm{e} = 2.718\ 281\ 828\ 459\cdots$，是一个与 π 类似的用字母表示的无理数，它们都是自然界中存在的常数. e 最早是由瑞士数学家欧拉（Leonhard Euler）在研究贷款时计算出来的. 这个极限形式在数学上也称为**第二个重要的极限**.

由上可知，该同学 10 年后连本带息的还款金额不超过

$$s = \lim_{n \to \infty} s_n = 10 \lim_{n \to \infty} \left(1 + \frac{0.04}{n}\right)^{10n} = 10\mathrm{e}^{0.4} \approx 14.918\,25 \text{（万元）}.$$

三、收敛数列的性质

【收敛数列的性质】 数列极限具有如下几条性质.

数列极限
的性质

（1）**唯一性** 如果数列 $\{a_n\}$ 收敛，即 $\lim\limits_{n \to \infty} a_n = a$，则其值 a 是唯一的.

（2）**保号性** 如果数列 $\{a_n\}$ 收敛，且 $\lim\limits_{n \to \infty} a_n = a > 0$（$<0$），则存在某个项数 N，从 N 项之后的数列 $\{a_n\}$ 的所有项都满足 $a_n > 0$（<0）.

（3）**保序性** 如果数列 $\{a_n\}$，$\{b_n\}$ 都是收敛数列，且从 N 项之后满足 $a_n > b_n$，则必有 $\lim\limits_{n \to \infty} a_n > \lim\limits_{n \to \infty} b_n$.

（4）**有界性** 如果数列 $\{a_n\}$ 收敛，且 $\lim\limits_{n \to \infty} a_n = a$，则数列 $\{a_n\}$ 有界.

【例 1-8】 某车间接到一项加工某种矩形艺术品雕刻工件的任务，需要对工件的长和宽进行反复打磨. 为了追求美观，要求工件的长和宽的比例满足黄金分割比例，经过测量，每次打磨时工件的长是数列 $\{a_{n+1}\}$，宽是数列 $\{a_n\}$，其中 $a_n = \dfrac{1}{c_n}$，而数列 $\{c_n\}$ 的一般项满足 $c_1 = 1$，$c_2 = 1$，$c_n = c_{n-1} + c_{n-2}$.

试通过计算确定此工件打磨后能否达到黄金分割比例的要求，从而确定该车间能否承接这项任务.

解 依题可知长宽比为 $\dfrac{a_{n+1}}{a_n} = \dfrac{c_n}{c_{n+1}}$，通过不断打磨，需要考虑 $\lim\limits_{n \to \infty} \dfrac{a_{n+1}}{a_n}$ 是否能够等于黄金分割比例，因此只需计算出 $\lim\limits_{n \to \infty} \dfrac{c_n}{c_{n+1}}$ 即可. 由于 $c_n = c_{n-1} + c_{n-2}$，所以两边同时除以 c_{n-1} 得

$$\frac{c_n}{c_{n-1}} = 1 + \frac{c_{n-2}}{c_{n-1}}.$$

根据数列极限的性质，可假设 $\lim\limits_{n \to \infty} \dfrac{c_n}{c_{n+1}} = c$，则有 $\lim\limits_{n \to \infty} \dfrac{c_n}{c_{n-1}} = 1 + \lim\limits_{n \to \infty} \dfrac{c_{n-2}}{c_{n-1}}$，即 $c = 1 + \dfrac{1}{c}$，亦即 $c^2 - c - 1 = 0$，这是一元二次方程，所以

$$c = \frac{1 \pm \sqrt{5}}{2}.$$

由于工件长度不可能为负，所以舍去负值，得

$$c = \frac{1 + \sqrt{5}}{2}.$$

因此，长宽比为

$$\frac{1}{c} = \frac{2}{1+\sqrt{5}} = \frac{\sqrt{5}-1}{2} \approx 0.618,$$

恰好符合黄金分割比例．因此，只需要不断改进工艺，经过反复打磨是可以满足任务要求的，该车间可以承接这个任务．

例 1 – 8 中的数列 $\{c_n\}$ 就是著名的斐波那契数列，它在生物、化学、工程等领域都有重要的应用．

想一想，练一练

1. 指出下列数列的一般项．

(1) $1, 2, 3, \cdots n$;

(2) $\dfrac{1}{1 \times 2}, \dfrac{1}{2 \times 3}, \cdots, \dfrac{1}{n(n+1)}$;

(3) $\dfrac{1}{2}, \dfrac{3}{2^2}, \dfrac{5}{2^3} \cdots$;

(4) $1, \dfrac{1}{2}, \dfrac{1}{3!}, \dfrac{1}{4!}, \cdots, \dfrac{1}{n!}$;

(5) $\dfrac{1}{1+2}, \dfrac{1}{1+2+3}, \dfrac{1}{1+2+3+4} \cdots$;

(6) $1\sin 1, \dfrac{1}{2}\sin \dfrac{1}{2}, \cdots, \dfrac{1}{n}\sin \dfrac{1}{n}$.

2. 求下列数列的极限．

(1) $\lim\limits_{n\to\infty} \dfrac{n}{\sqrt{n^2+2}}$;

(2) $\lim\limits_{n\to\infty} \dfrac{2n^3 - 3n^2 + 2}{7n^3 + 2n - 3}$;

(3) $\lim\limits_{n\to\infty} (\sqrt{n+1} - \sqrt{n})$;

(4) $\lim\limits_{n\to\infty} (\sqrt{n^2 + n} - n)$;

(5) $\lim\limits_{n\to\infty} \dfrac{1}{1+2+3+\cdots+n}$;

(6) $\lim\limits_{n\to\infty} \dfrac{1+2+2^2+\cdots+2^{n-1}}{1+3+3^2+\cdots+3^{n-1}}$;

(7) $\lim\limits_{n\to\infty} \sqrt[n]{2^n + 3^n - 5^n}$;

(8) $\lim\limits_{n\to\infty} \dfrac{(-1)^n + n^2}{n^2 + 3n + 1}$.

3. 在数列 $\{a_n\}$ 中，选取其中的一部分构成一个新的数列，称为数列 $\{a_n\}$ 的子列．将数列 $\{a_n\}$ 中的所有奇数项放在一起构成的新数列 $\{a_{2n-1}\}$ 称为数列 $\{a_n\}$ 的奇子列．将数列 $\{a_n\}$ 中的所有偶数项放在一起构成的新数列 $\{a_{2n}\}$ 称为数列 $\{a_n\}$ 的偶子列．试验证：极限 $\lim\limits_{n\to\infty} a_n = a$ 的充要条件是 $\lim\limits_{n\to\infty} a_{2n-1} = \lim\limits_{n\to\infty} a_{2n} = a$，并由此判断极限 $\lim\limits_{n\to\infty} (-1)^n$ 是否存在．

4. 如果数列 $\{a_n\}$ 满足 $\lim\limits_{n\to\infty} a_n = 0$，则称数列 $\{a_n\}$ 是无穷小数列（收敛到 0 的数列）．如果数列 $\{b_n\}$ 是一个有界数列，试验证：必有 $\lim\limits_{n\to\infty} a_n b_n = 0$．

5. 利用第 4 题的结果计算下列数列的极限．

（1）$\lim\limits_{n\to\infty}\dfrac{\sin n}{n}$；

（2）$\lim\limits_{n\to\infty}\dfrac{\arctan n}{1+n^n}$；

（3）$\lim\limits_{n\to\infty}\dfrac{1-\cos n}{n}$；

（4）$\lim\limits_{n\to\infty}\big[\arctan(n+1)-\arctan n\big]$；

（5）$\lim\limits_{n\to\infty}\dfrac{\sin n}{\mathrm{e}^n}$；

（6）$\lim\limits_{n\to\infty}\dfrac{\operatorname{arccot} n}{2^n}$；

（7）$\lim\limits_{n\to\infty}\dfrac{1\,000n}{n^2+1}$；

（8）$\lim\limits_{n\to\infty}\dfrac{2^n\arcsin n}{\mathrm{e}^n}$.

6. 如果数列 $\{a_n\}$ 的一般项 $a_n>0$，则有 $\lim\limits_{n\to\infty}\dfrac{a_{n+1}}{a_n}=\lim\limits_{n\to\infty}\sqrt[n]{a_n}$ 成立，据此计算下列数列的极限.

（1）$\lim\limits_{n\to\infty}\sqrt[n]{n}$；

（2）$\lim\limits_{n\to\infty}\dfrac{\sqrt[n]{n!}}{n}$；

（3）$\lim\limits_{n\to\infty}\dfrac{n}{2^n}$；

（4）$\lim\limits_{n\to\infty}\sqrt[n]{n^2+n}$；

（5）$\lim\limits_{n\to\infty}\sqrt[n]{2^n+3^n-5^n}$；

（6）$\lim\limits_{n\to\infty}\dfrac{\sqrt[n]{(n+1)(n+2)\cdots(n+n)}}{n}$.

7. 如果数列 $\{a_n\}$，$\{b_n\}$，$\{c_n\}$ 从 N 项开始满足 $b_n\leqslant a_n\leqslant c_n$，且极限 $\lim\limits_{n\to\infty}b_n=\lim\limits_{n\to\infty}c_n=a$，则必有 $\lim\limits_{n\to\infty}a_n=a$，这个结论称为数列极限的两边夹准则. 利用数列极限的两边夹准则计算下列数列的极限.

（1）$\lim\limits_{n\to\infty}\left(\dfrac{1}{\sqrt{n^2+1}}+\dfrac{1}{\sqrt{n^2+2}}+\cdots+\dfrac{1}{\sqrt{n^2+n}}\right)$；（2）$\lim\limits_{n\to\infty}\left(\dfrac{1}{n^2}+\dfrac{1}{(n+1)^2}+\cdots+\dfrac{1}{(2n)^2}\right)$；

（3）$\lim\limits_{n\to\infty}\sqrt[n]{1+\dfrac{1}{2}+\dfrac{1}{3}+\cdots+\dfrac{1}{n}}$；

（4）$\lim\limits_{n\to\infty}\sqrt[n]{1^n+2^n+\cdots+10^n}$.

8. 对于任意正整数 k，都有 $(k+1)^3-k^3=3k^2+3k+1$，试利用这个结论验证：

$$1^2+2^2+\cdots+n^2=\dfrac{n(n+1)(2n+1)}{6}.$$

9. 已知 $\lim\limits_{n\to\infty}\left(\dfrac{1}{1^2}+\dfrac{1}{2^2}+\cdots+\dfrac{1}{n^2}\right)=\dfrac{\pi^2}{6}$，试求 $\lim\limits_{n\to\infty}\left(\dfrac{1}{1^2}+\dfrac{1}{3^2}+\cdots+\dfrac{1}{(2n-1)^2}\right)$.

10. 如果数列 $\{a_n\}$ 是单调且有界的，则极限 $\lim\limits_{n\to\infty}a_n$ 必定存在. 试利用此结论验证数列 $\{x_n\}$ 收敛并计算其极限，其中，$x_1=\sqrt{2}$，$x_n=\sqrt{2+x_{n-1}}$.

11. 已知数列 $\{a_n\}$ 的一般项为 $a_n=\dfrac{9\,801}{\sqrt{8}}\cdot\dfrac{(n!)^2\cdot(396)^{4n}}{(4n)!\cdot(1\,103+26\,390n)}$，试计算 a_0，a_1，a_2，并观察说明 $\{a_n\}$ 的规律，进而预测 $\lim\limits_{n\to\infty}a_n$ 的值.

12. 求下列数列的极限.

（1）$\lim\limits_{n\to\infty}\dfrac{(-2)^n+3^n}{(-2)^{n+1}+3^{n+1}}$；　　　　（2）$\lim\limits_{n\to\infty}\left(\dfrac{1}{n^2}+\dfrac{2}{n^2}+\cdots+\dfrac{n-1}{n^2}\right)$；

（3）$\lim\limits_{n\to\infty}\left(\dfrac{1^2}{n^3}+\dfrac{2^2}{n^3}+\cdots+\dfrac{(n-1)^2}{n^3}\right)$；（4）$\lim\limits_{n\to\infty}\left(\dfrac{1}{1\times2}+\dfrac{1}{2\times3}+\cdots+\dfrac{1}{n(n+1)}\right)$.

13. 已知 $\sin n\pi=0$，$\cos n\pi=(-1)^n$，求极限：$\lim\limits_{n\to\infty}\sin\left(\pi\sqrt{n^2+1}\right)$.

14. 求极限：$\lim\limits_{n\to\infty}\left(1-\dfrac{1}{2^2}\right)\left(1-\dfrac{1}{3^2}\right)\cdots\left(1-\dfrac{1}{n^2}\right)$.

第三节　函数极限

一、函数极限的概念

【问题引入】某工厂采用接触式轮廓仪在工件表面进行测量，通过电信号的传递对数据信息进行采集. 如果工件表面都是平滑的，那么数据的变化应该是均匀的；如果工件表面出现尖点，那么部分数据会突然出现异常增大或减小.

如果将工件表面曲线函数记为 $y=f(x)$，第一个尖点位置记为 x_0，则在探针进行测量的时候，可以看作探针从工件的一端开始采集数据，这些数据都是平滑出现的，那么随着探针在 x 轴方向上不断移动，采集到的数据就会不断靠近尖点的位置，从而出现数据异常的现象（图 1-23）.

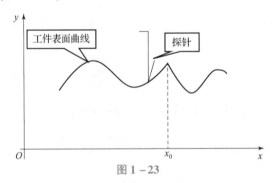

图 1-23

将工件表面曲线理解成函数曲线的图像，则上述现象就可以理解为：随着自变量 x 不断接近某个点 x_0，函数值会不断接近某个特定的值. 这种现象在数学上称为函数在一个固定点处有极限.

【函数在固定点处极限的定义】假设函数 $y=f(x)$ 在点 x_0 附近（无论函数在点 x_0 处是否有定义）有定义，如果当自变量 x 无限靠近 x_0 时，函数 $y=f(x)$ 的值都无限接近某个特定的数值 A，则称函数 $y=f(x)$ 在点 x_0 处存在极限（Limit），记为

$$\lim_{x\to x_0}f(x)=A.$$

正如在工件表面测量过程中，既可以从工件左端开始测量，也可以从工件右端开始测量．如果当自变量 x 从点 x_0 的左侧趋近 x_0 时，函数值无限靠近数值 A，则称函数 $y = f(x)$ 在点 x_0 处存在左极限（Left – hand Limit），记为

$$\lim_{x \to x_0^-} f(x) = A.$$

同理，如果当自变量 x 从点 x_0 的右侧趋近 x_0 时，函数值无限靠近数值 A，则称函数 $y = f(x)$ 在点 x_0 处存在右极限（Right – hand Limit），记为

$$\lim_{x \to x_0^+} f(x) = A.$$

在工件表面测量过程中，无论从工件的哪一端开始测量，得到的尖点在工件表面上的位置应该都是一样的，除非这样的尖点不存在．因此，如果函数在一个点处的极限存在，那么它在该点处的左、右极限都应该存在且相等，即**函数在一个点处极限存在的充要条件是函数在该点处左、右极限都存在且相等**，亦即

$$\lim_{x \to x_0} f(x) = A \Leftrightarrow \lim_{x \to x_0^-} f(x) = \lim_{x \to x_0^+} f(x) = A.$$

注 （1）所谓函数在一个点处的极限，本质上是随着自变量 x 在横轴上移动到 x_0 时，函数值沿着它的图像曲线不断接近某个固定数值的现象．

（2）函数在一个点处的极限是否存在，与函数在这个点处是否有定义没有关系．即使函数在点 x_0 处没有定义，函数 $y = f(x)$ 在该点处的极限依然有可能存在．

（3）对于函数在一个点处的极限存在的充要条件是它在该点处的左、右极限都存在且相等这个结论，使用的比较多的是它的逆否命题：如果函数在一个点处的左、右极限如果不相等（或至少有一个不存在），那么函数在该点处的极限不存在．

（4）根据函数在固定点处极限的定义，显然有 $\lim\limits_{x \to x_0} C = C$，$\lim\limits_{x \to x_0} x = x_0$．

【**例 1 – 9**】分析下列函数极限：（1）$\lim\limits_{x \to 0} x^2$；（2）$\lim\limits_{x \to 1}(2x + 1)$．

解 （1）如图 1 – 24 所示，易知 $\lim\limits_{x \to 0} x^2 = 0$．

（2）如图 1 – 25 所示，有 $\lim\limits_{x \to 1}(2x + 1) = 3$．

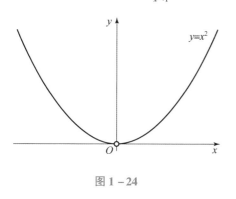

图 1 – 24

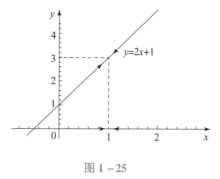

图 1 – 25

通常，在解决极限问题时，由于函数图像并不容易画出，所以需要考虑能否使用代数计算的方法计算函数极限呢. 结论显然是可以，由于自变量在固定点处的极限有 x_0，x_0^-，x_0^+ 三种情况，为了简便，用 Θ 表示 x_0，x_0^-，x_0^+ 三种情况，故有以下结论.

【函数极限的四则运算法则】 如果存在 $\lim\limits_{x\to\Theta}f(x)=A$，$\lim\limits_{x\to\Theta}g(x)=B$，那么必有：

（1） $\lim\limits_{x\to\Theta}[f(x)\pm g(x)]=\lim\limits_{x\to\Theta}f(x)\pm\lim\limits_{x\to\Theta}g(x)=A\pm B$；

（2） $\lim\limits_{x\to\Theta}[f(x)\cdot g(x)]=\lim\limits_{x\to\Theta}f(x)\cdot\lim\limits_{x\to\Theta}g(x)=A\cdot B$；

（3） $\lim\limits_{x\to\Theta}[f(x)/g(x)]=\lim\limits_{x\to\Theta}f(x)/\lim\limits_{x\to\Theta}g(x)=A/B(B\neq 0)$.

一般地，根据函数极限的四则运算法则（2），有以下特殊情况：

（1） $\lim\limits_{x\to\Theta}[f(x)]^n=[\lim\limits_{x\to\Theta}f(x)]^n=A^n$；

（2） $\lim\limits_{x\to\Theta}k\cdot f(x)=k\lim\limits_{x\to\Theta}f(x)=k\cdot A$ （k 是常数）.

注 （1） 函数极限的四则运算法则成立的前提条件是这两个函数的在点 Θ 处的极限都存在.

（2） 函数极限的四则运算法则可以推广到任意有限个函数的极限.

（3） 即使 $\lim\limits_{x\to\Theta}f(x)$ 与 $\lim\limits_{x\to\Theta}g(x)$ 都不存在， $\lim\limits_{x\to\Theta}[f(x)\pm g(x)]$ 也有可能存在.

【例 1-10】 计算下列函数的极限.

（1） $\lim\limits_{x\to 0}x^2$；（2） $\lim\limits_{x\to 1}(2x+1)$；（3） $\lim\limits_{x\to 0}\dfrac{x^2+2}{x-1}$；（4） $\lim\limits_{x\to 1}\dfrac{x^2-1}{x-1}$.

解 （1） $\lim\limits_{x\to 0}x^2=0$；　　　　（2） $\lim\limits_{x\to 1}(2x+1)=2\times 1+1=3$；

（3） $\lim\limits_{x\to 0}\dfrac{x^2+2}{x-1}=\dfrac{0^2+2}{0-1}=-2$；　（4） $\lim\limits_{x\to 1}\dfrac{x^2-1}{x-1}=\lim\limits_{x\to 1}\dfrac{(x-1)(x+1)}{x-1}=\lim\limits_{x\to 1}(x+1)=2$.

【例 1-11】 假设函数 $f(x)=\begin{cases} x+2, & x\geq 1 \\ x^2, & x<1 \end{cases}$ ，试计算极限： $\lim\limits_{x\to 1^-}f(x)$，$\lim\limits_{x\to 1^+}f(x)$，$\lim\limits_{x\to 1}f(x)$.

解 $\lim\limits_{x\to 1^-}f(x)=\lim\limits_{x\to 1^-}x^2=1$；$\lim\limits_{x\to 1^+}f(x)=\lim\limits_{x\to 1^+}(x+2)=3$；由于 $\lim\limits_{x\to 1^-}f(x)\neq\lim\limits_{x\to 1^+}f(x)$，所以 $\lim\limits_{x\to 1}f(x)$ 不存在.

【例 1-12】 某个工件经过测定，其内表面形状曲线近似服从函数 $f(x)=\dfrac{\sin x}{1+x^2}$ 的轨迹，现需要对其内表面形状曲线在坐标原点处的光滑程度进行测定，试分析其在坐标原点处的光滑程度.

分析 曲线在某个点处的光滑程度是通过曲线函数在该点处的变化率衡量的，而函数在一个点处的变化率是无法直接表示的，因此可以考虑函数在某个区间段内的变化率：

$$\frac{f(x)-f(x_0)}{x-x_0}.$$

此时，如果自变量 x 与点 x_0 之间的距离变得越来越小，则可以认为这个区间段内的变化率不断地接近函数在点 x_0 处的变化率，即函数在点 x_0 处的变化率可以认为是

$$\lim_{x \to x_0} \frac{f(x) - f(x_0)}{x - x_0}.$$

因此，本题中需要解决的问题就是确定极限

$$\lim_{x \to 0} \frac{f(x) - f(0)}{x} = \lim_{x \to 0} \frac{\sin x}{x(1 + x^2)}$$

的值问题. 在这个极限中，极限 $\lim\limits_{x \to 0} \dfrac{1}{1 + x^2}$ 的值是非常容易确定的，但是极限 $\lim\limits_{x \to 0} \dfrac{\sin x}{x}$ 的值却不容易确定. 因此，如果能够计算出 $\lim\limits_{x \to 0} \dfrac{\sin x}{x}$ 的值，则可以确定工件内表面形状曲线在坐标原点处的光滑程度.

观察图 1-26，它是一个单位圆的上半部分，它与 x 轴的交点为 A，过坐标原点 O 作一条与 x 轴正方向夹角为 x 的直线并与圆周相交于点 B，过 B 点作 OA 的垂线，垂足为 C，过 A 点作 x 轴的垂线与 OB 相交于点 D，连接 AB，则在三角形 AOB 中，$|BC| = \sin x$，在扇形 AOB 中，弧 $\overset{\frown}{AB}$ 的长为 $l_{\overset{\frown}{AB}} = x$，在三角形 OAD 中，$|AD| = \tan x$，因此，三角形 AOB 的面积为

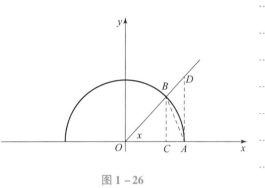

图 1-26

$$S_{\triangle AOB} = \frac{1}{2} |BC| = \frac{1}{2} \sin x,$$

扇形 AOB 的面积为 $S_{扇AOB} = \dfrac{1}{2} l_{\overset{\frown}{AB}} = \dfrac{1}{2} x$，三角形 OAD 的面积为 $S_{\triangle OAD} = \dfrac{1}{2} |AD| = \dfrac{1}{2} \tan x$.
易知

$$S_{\triangle AOB} < S_{扇AOB} < S_{\triangle OAD},$$

所以

$$\frac{1}{2} \sin x < \frac{1}{2} x < \frac{1}{2} \tan x,$$

即 $\sin x < x < \tan x$，由于 x 是第一象限的锐角，故化简有

$$1 < \frac{x}{\sin x} < \frac{1}{\cos x},$$

于是 $\cos x < \dfrac{\sin x}{x} < 1$，由于 $\lim\limits_{x \to 0^+} \cos x = 1$，$\lim\limits_{x \to 0^+} 1 = 1$，所以 $\lim\limits_{x \to 0^+} \dfrac{\sin x}{x} = 1$. 同理可以得到

$$\lim_{x \to 0^-} \frac{\sin x}{x} = 1.$$

综上，有 $\lim\limits_{x \to 0} \dfrac{\sin x}{x} = 1$. 这个结论在数学上称为**第一个重要的极限**.

解 工件内表面形状曲线在坐标原点处的光滑程度可以用极限

$$\lim_{x \to 0} \frac{f(x) - f(0)}{x} = \lim_{x \to 0} \frac{\sin x}{x(1 + x^2)}$$

来表示，因此光滑度为

$$\lim_{x \to 0} \frac{\sin x}{x(1 + x^2)} = \lim_{x \to 0} \frac{\sin x}{x} \cdot \lim_{x \to 0} \frac{1}{1 + x^2} = 1.$$

2019 年年末，一场突如其来的新冠疫情给人们的工作和生活都带来了重大的影响. 在以习近平同志为核心的党中央的坚强领导下，全国人民团结一致，共同抗疫，我国疫情快速得到控制，人们的生活逐渐回到正常水平，充分体现了我国社会主义制度的优越性. 一般地，某种瘟疫从出现到开始在人群中的传播服从

$$p(t) = \frac{1}{1 + m_0 \cdot e^{-kt}}.$$

其中，$p(t)$ 表示在 t 时刻人群感染病毒的比例，m_0 表示 $t = 0$（即瘟疫出现的时刻）时刻感染病毒的人数，k 表示病毒的传播力度.

从人群感染率函数的图像（图 1 – 27）可以清晰地发现，当疫情出现后，如果不采取人为的管理措施，最终会导致人群感染率逐渐接近 100%，即所有人都会感染病毒. 由于新冠病毒的传播速度极快且毒性极大，所以我国在以习近平同志为核心的党中央的坚强领导下，以"人民至上，生命至上"的理念保障了人民群众的生命和财产安全.

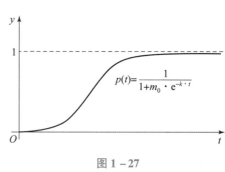

图 1 – 27

像这种随着自变量的增大，函数值无限接近某个固定数值的现象，在数学上称为**函数在无穷远处的极限**，记为

$$\lim_{x \to \infty} f(x) = A.$$

如果不存在这样的固定数值，则称函数在无穷远处不存在极限或发散.

从函数在无穷远处极限的定义可以看出，此种类型的极限与数列极限极其相似. 不同的是，数列极限表示的是随着项数 n 的增大，一般项的变化趋势，而函数在无穷远处的极限则表示随着自变量 x 的增大函数值的变化趋势. 项数 n 只能是自然数，自变量 x 却可以是一切实数，这说明极限

$$\lim_{x\to\infty}f(x)=A$$

蕴含了极限

$$\lim_{n\to\infty}f(n)=A.$$

如果自变量是趋于无穷大的，那么就有两种可能，即沿着数轴的正方向和负方向变化到距离坐标原点无穷远处．因此，如果当 $x\to+\infty$ 时，函数值无限接近某个固定数值 A，则称函数 $f(x)$ 在正无穷远处存在极限，记为

$$\lim_{x\to+\infty}f(x)=A.$$

如果当 $x\to-\infty$ 时，函数值无限接近某个固定数值 A，则称函数 $f(x)$ 在负无穷远处存在极限，记为

$$\lim_{x\to-\infty}f(x)=A.$$

一般地，

$$\lim_{x\to\infty}f(x)=A\Leftrightarrow\lim_{x\to-\infty}f(x)=\lim_{x\to+\infty}f(x)=A,$$

即函数在无穷远（∞）处的极限存在当且仅当函数在负无穷远处（$-\infty$）和正无穷远处（$+\infty$）的极限都存在且相等，如果函数在正无穷远处和负无穷远处的极限不相等，则 $\lim\limits_{x\to\infty}f(x)$ 必然不存在.

至此，自变量的变化共有 6 种情况，即 $x\to x_0^-$，$x\to x_0^+$，$x\to x_0$，$x\to-\infty$，$x\to+\infty$，$x\to\infty$，我们已经全部了解．函数极限的四则运算法则对无穷远处的极限依然是成立的.

【例 1 - 13】 求极限 $\lim\limits_{t\to+\infty}\dfrac{1}{1+m_0\cdot\mathrm{e}^{-kt}}$，其中 m_0 和 k 是正常数.

解　$\lim\limits_{t\to+\infty}\dfrac{1}{1+m_0\cdot\mathrm{e}^{-kt}}=\dfrac{1}{1+m_0\cdot\lim\limits_{t\to+\infty}\mathrm{e}^{-kt}}=\dfrac{1}{1+m_0\cdot(\lim\limits_{t\to+\infty}\mathrm{e}^{-t})^k}=1.$

二、函数极限的性质

函数极限分为函数在固定点处的极限和在无穷远处的极限，它们具有以下性质.

（1）**唯一性**　如果极限 $\lim\limits_{x\to\Theta}f(x)$（$\Theta$ 表示自变量的 6 种变化趋势中的某一个）存在，则这个极限是唯一的.

（2）**有界性**　如果极限 $\lim\limits_{x\to\infty}f(x)=A$，则存在一个正数 X，当 $|x|>X$ 时，函数 $y=f(x)$ 是有界的；如果极限 $\lim\limits_{x\to x_0}f(x)=A$，则存在一个正数 δ，当 $x\in(x_0-\delta,x_0)\cup(x_0,x_0+\delta)$ 时，函数 $f(x)$ 有界的.

函数极限
的性质

注　函数在固定点处的极限存在的有界性称为**函数极限的局部有界性**.

（3）**保号性**　如果极限 $\lim\limits_{x\to\infty}f(x)=A$，且 $A>0$（或 $A<0$），则存在正数 X，当 $|x|>X$ 时，有 $f(x)>0$（或 $f(x)<0$）；如果极限 $\lim\limits_{x\to x_0}f(x)=A$，且 $A>0$（或 $A<0$），则存在

正数 δ，当 $x \in (x_0 - \delta, x_0) \cup (x_0, x_0 + \delta)$ 时，有 $f(x) > 0$（或 $f(x) < 0$）.

注 函数在固定点处的极限存在的保号性称为函数极限的局部保号性.

（4）**归结性** 如果极限 $\lim\limits_{x \to +\infty} f(x) = A$，则必有数列 $\{f(n)\}$ 满足：$\lim\limits_{n \to \infty} f(n) = A$；如果极限 $\lim\limits_{x \to x_0} f(x) = A$，数列 $\{x_n\}$ 为函数 $f(x)$ 的定义域内的任一收敛于 x_0 的数列，且满足 $x_n \neq x_0$（$n \in \mathrm{N}^+$），则必有 $\lim\limits_{n \to \infty} f(x_n) = \lim\limits_{x \to x_0} f(x)$.

函数极限的性质本书不予证明，在后续课程的学习过程中会经常用到这些结论. 性质（4）又称为函数极限与数列极限的关系、归结原则、海涅定理等. 它是由德国数学家海因里希·爱德华·海涅（Heinrich Eduard Heine）首先发现的.

想一想，练一练

1. 根据图 1-28，求下列极限.

（1）$\lim\limits_{x \to -2} f(x)$；（2）$\lim\limits_{x \to -1} f(x)$；（3）$\lim\limits_{x \to 0} f(x)$；（4）$\lim\limits_{x \to 1} f(x)$；（5）$\lim\limits_{x \to 2} f(x)$.

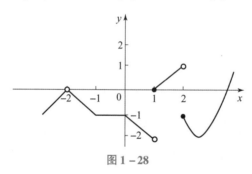

图 1-28

2. 计算下列函数的极限.

（1）$\lim\limits_{x \to 1} (3x - 2)$；

（2）$\lim\limits_{x \to 1} \dfrac{x^3 - 1}{x - 1}$；

（3）$\lim\limits_{x \to 0} \dfrac{\sqrt{x + 1} - 1}{x}$；

（4）$\lim\limits_{x \to -2} \dfrac{x^2 - 4}{x + 2}$；

（5）$\lim\limits_{x \to +\infty} (\sqrt{x^2 + x} - x)$；

（6）$\lim\limits_{x \to 0} \dfrac{2x^3 + x^2 - x}{3x^3 + 2x}$；

（7）$\lim\limits_{x \to 0} \dfrac{1 - \cos x}{x^2}$；

（8）$\lim\limits_{x \to 0} \dfrac{\tan x - \sin x}{x^3}$；

（9）$\lim\limits_{x \to a} \dfrac{\sin x - \sin a}{x - a}$.

3. 在新药试验过程中，不仅要关注药物的疗效，还要关注药物的毒副作用. 某种新药的试验数据表明，试验对象的血液中药物含量 Q 随时间 t（单位：小时）的变化关系为

$$Q(t) = \begin{cases} \dfrac{8}{3}t, & 0 < t \leq 3 \\ -\dfrac{8}{11}t + \dfrac{112}{11}, & 3 < t \leq 14 \end{cases} .$$

试分析试验对象血液中药物含量 Q 在 $t \to 3$ 时的变化趋势.

4. 某个零件从安装运行开始就有磨损,其磨损程度是时间 t 的函数: $f(t) = t(\sqrt{1+t^2} - t)$. 试确定该零件随着使用时间的推移最终的磨损程度.

5. 根据下列极限确定式中的常数 a, b.

(1) $\lim\limits_{x \to \infty} \left(\dfrac{2x^2 - 1}{x - 1} + ax + b \right) = 1$;

(2) $\lim\limits_{x \to -\infty} \left(\sqrt{ax^2 + 1} + 2x - b \right) = -1$;

(3) $\lim\limits_{x \to \infty} \dfrac{x^2 + ax + b}{x^2 - 3x + 2} = 1$;

(4) $\lim\limits_{x \to 1} \dfrac{x^2 + ax + b}{\ln x} = -1$;

(5) $\lim\limits_{x \to \infty} \left(\dfrac{2x^2 + 5}{x - 1} + ax + b \right) = 3$;

(6) $\lim\limits_{x \to +\infty} \left(\sqrt{4x^2 + 1} - ax - b \right) = 2$.

6. 如果函数 $y = f(x)$ 随着自变量 x 的增大,其图像无限接近某条直线 $y = kx + b$,即 $\lim\limits_{x \to \infty} [f(x - kx - b)] = 0$,则称直线 $y = kx + b$ 是函数 $y = f(x)$ 曲线的斜渐近线. 验证 $k = \lim\limits_{x \to \infty} \dfrac{f(x)}{x}$,$b = \lim\limits_{x \to \infty} [f(x) - kx]$,并说明渐近线的现实意义.

7. 求下列函数的极限.

(1) $\lim\limits_{x \to 0} \dfrac{x^2 - 1}{2x^2 - x - 1}$;

(2) $\lim\limits_{x \to 1} \dfrac{x^2 - 1}{2x^2 - x - 1}$;

(3) $\lim\limits_{x \to \infty} \dfrac{x^2 - 1}{2x^2 - x - 1}$;

(4) $\lim\limits_{x \to 0} \dfrac{(1 + x)(1 + 2x)(1 + 3x) - 1}{x}$;

(5) $\lim\limits_{x \to 0} \dfrac{(1 + x)^5 - (1 + 5x)}{x^2 + x^5}$;

(6) $\lim\limits_{x \to 3} \dfrac{x^2 - 5x + 6}{x^2 - 8x + 15}$;

(7) $\lim\limits_{x \to 1} \dfrac{x^3 - 3x + 2}{x^4 - 4x + 3}$;

(8) $\lim\limits_{x \to 1} \dfrac{x^3 - 3x + 2}{x^4 - x^3 - x + 1}$.

8. 求下列函数的极限.

(1) $\lim\limits_{x \to 4} \dfrac{\sqrt{1 + 2x} - 3}{\sqrt{x} - 2}$;

(2) $\lim\limits_{x \to -8} \dfrac{\sqrt{1 - x} - 3}{2 + \sqrt[3]{x}}$;

(3) $\lim\limits_{x \to a} \dfrac{\sqrt{x} - \sqrt{a} + \sqrt{x - a}}{\sqrt{x^2 - a^2}}$;

(4) $\lim\limits_{x \to 3} \dfrac{\sqrt{x + 13} - 2\sqrt{x + 1}}{x^2 - 9}$;

(5) $\lim\limits_{x \to -2} \dfrac{\sqrt[3]{x - 6} + 2}{x^3 + 8}$;

(6) $\lim\limits_{x \to 16} \dfrac{\sqrt[4]{x} - 2}{\sqrt{x} - 4}$.

9. 根据下列极限确定式中的常数 a, b.

(1) $\lim\limits_{x \to -\infty} \left(\sqrt{x^2 - x + 1} - ax - b \right) = 0$;

(2) $\lim\limits_{x \to +\infty} \left(\sqrt{x^2 - x + 1} - ax - b \right) = 0$;

(3) $\lim\limits_{x \to -\infty} \left(\sqrt{2x^2 - 3x + 1} + ax - b \right) = 1$;

(4) $\lim\limits_{x \to +\infty} \left(\sqrt{2x^2 - 3x + 1} + ax - b \right) = 1$.

10. 下列陈述中,哪些是对的?哪些是错的?如果是对的,说明理由;如果是错的，给出反例.

（1）如果 $\lim\limits_{x \to x_0} f(x)$ 存在，但 $\lim\limits_{x \to x_0} g(x)$ 不存在，那么 $\lim\limits_{x \to x_0}[f(x)+g(x)]$ 不存在.

（2）如果 $\lim\limits_{x \to x_0} f(x)$ 和 $\lim\limits_{x \to x_0} g(x)$ 都不存在，那么 $\lim\limits_{x \to x_0}[f(x)+g(x)]$ 不存在.

（3）如果 $\lim\limits_{x \to x_0} f(x)$ 存在，但 $\lim\limits_{x \to x_0} g(x)$ 不存在，那么 $\lim\limits_{x \to x_0} f(x) \cdot g(x)$ 不存在.

第四节　无穷小量的概念与性质

一、无穷小量的概念

【问题引入】 变频器（Variable – Frequency Drive，VFD）是常用的交流电流或电压调制器，它的工作原理是应用变频技术与微电子技术，通过改变电动机工作电源频率的方式来控制交流电. 为了测试变频器，现将一个灯泡与其输出线进行连接，通过变频器旋钮的旋转观察灯泡的明暗变化（单位：cd）. 当将变频器的旋钮从小往大调节时，灯泡由暗变亮，反之，灯泡由亮变暗. 当将变频器的电流不断调小，以致电流大小无限接近 0 A 时（即变频器内部电阻无限大，导致电流无法通过），灯泡的亮度逐渐接近 0 cd.

【问题分析】 仅探究电流的大小与灯泡明暗之间的关系，可以将电流的大小看作自变量 x，将灯泡的亮度看作因变量 y，它们之间存在某种函数关系 $y=f(x)$，因此，电流与灯泡亮度之间的关系就是 $y=f(x)$. 随着电流不断减小，在数学上就是 $x \to 0$，灯泡的亮度值 $f(x)$ 也趋于 0（cd）. 如果把变频器内部的电阻看作自变量，不管电流还是电压，只探究灯泡的亮度，那么变频器内部电阻 r 是自变量，灯泡的亮度是因变量 y，它们之间也存在函数关系 $y=g(r)$，随着内部电阻的增大，输出的电流不断减小，因此灯泡的亮度也是不断降低的，即当电阻 $r \to +\infty$ 时，必然有灯泡的亮度 $g(r) \to 0$（cd）的现象.

像这样，当函数（数列）的自变量（项数）发生变化时，因变量如果趋于 0，则称函数（数列）在自变量（项数）的这种变化下是无穷小量.

【无穷小的概念】 如果有极限 $\lim\limits_{x \to \Theta} f(x)=0$，则称函数 $y=f(x)$ 是当 $x \to \Theta$ 时的无穷小量. 其中 Θ 表示 "x_0，x_0^-，x_0^+，$-\infty$，$+\infty$，∞" 自变量的 6 种变化趋势中的任意一种.

注意　无穷小量与很小的数是有本质区别的. 无穷小量是随着自变量的变化，函数值无限接近数值 0 的函数，而很小的数只要不是 0，它都不存在无限接近 0 的现象. 特别地，**数字 0 是唯一一个以常数形式存在的无穷小量**.

【例 1 - 14】 通过计算以下极限，判断相应的函数在自变量的此种趋势下是否是无穷小量.

（1）$\lim\limits_{x\to 1}(x^2-1)$；（2）$\lim\limits_{x\to 2}(x^2-1)$；（3）$\lim\limits_{x\to\infty}\dfrac{1}{x}$；（4）$\lim\limits_{x\to 0}\sin x$；（5）$\lim\limits_{x\to\frac{\pi}{2}}\sin x$；

（6）$\lim\limits_{x\to\infty}\left(1-\cos\dfrac{1}{x}\right)$.

解 （1）由于$\lim\limits_{x\to 1}(x^2-1)=1-1=0$，所以函数$f(x)=x^2-1$是$x\to 1$时的无穷小量.

（2）由于$\lim\limits_{x\to 2}(x^2-1)=4-1=3\neq 0$，所以函数$f(x)=x^2-1$在$x\to 2$时不是无穷小量.

（3）由于$\lim\limits_{x\to\infty}\dfrac{1}{x}=0$，所以函数$f(x)=\dfrac{1}{x}$是$x\to\infty$时的无穷小量（图$1-29$）.

（4）由于$\lim\limits_{x\to 0}\sin x=\sin 0=0$，所以函数$f(x)=\sin x$是$x\to 0$时的无穷小量.

（5）由于$\lim\limits_{x\to\frac{\pi}{2}}\sin x=\sin\dfrac{\pi}{2}=1\neq 0$，所以函数$f(x)=\sin x$在$x\to\dfrac{\pi}{2}$时不是无穷小量.

（6）由于$\lim\limits_{x\to\infty}\left(1-\cos\dfrac{1}{x}\right)=1-\cos 0=0$，所以函数$f(x)=1-\cos\dfrac{1}{x}$是$x\to\infty$时的无穷小量（图$1-30$）.

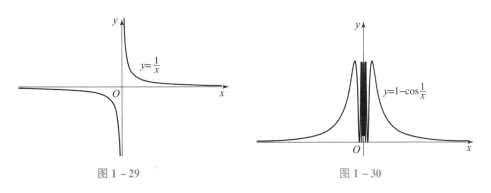

图 1 - 29 　　　　　　　　　　　图 1 - 30

由例 1 - 14 可以看出，一个函数是不是无穷小量需要根据自变量的变化趋势下函数的极限值是不是 0 来判断. 同一个函数在不同的自变量的变化趋势下有时候是无穷小量，有时候不是无穷小量.

相应于无穷小量，还有无穷大量的概念. 如果有极限$\lim\limits_{x\to\Theta}f(x)=\infty$（无论正无穷还是负无穷），则称函数$y=f(x)$是当$x\to\Theta$时的无穷大量. 从图$1-29$中，可以看到$\lim\limits_{x\to 0^+}\dfrac{1}{x}=+\infty$，$\lim\limits_{x\to 0^-}\dfrac{1}{x}=-\infty$，因此函数$f(x)=\dfrac{1}{x}$是$x\to 0$时的无穷大量. 由于$\lim\limits_{x\to\infty}x=\infty$，因此容易发现，$f(x)=x$取倒数是一个无穷小量.

一般地,有如下结论:如果 $\lim\limits_{x\to\Theta}f(x)=\infty$,则 $\lim\limits_{x\to\Theta}\dfrac{1}{f(x)}=0$;如果 $\lim\limits_{x\to\Theta}f(x)=0$,且

$f(x)\neq0$,则 $\lim\limits_{x\to\Theta}\dfrac{1}{f(x)}=\infty$.

也就是说,**无穷大的倒数是无穷小,非零的无穷小的倒数是无穷大**. 这就是无穷小与无穷大的关系. 这个关系为计算函数的极限提供了非常好的方法,即当 $x\to\infty$时,可以将所有 x 都倒过来变成无穷小量.

【**例 1 – 15**】计算下列函数的极限.

(1) $\lim\limits_{x\to\infty}\dfrac{2x^2+3x}{4x^2-2x+1}$; (2) $\lim\limits_{x\to\infty}\dfrac{x^2+2x-1}{x^4+2x^2+2}$; (3) $\lim\limits_{x\to\infty}\dfrac{x^2-3x+2}{x+1}$.

解 (1) $\lim\limits_{x\to\infty}\dfrac{2x^2+3x}{4x^2-2x+1}=\lim\limits_{x\to\infty}\dfrac{2+\dfrac{3}{x}}{4-\dfrac{2}{x}+\dfrac{1}{x^2}}=\dfrac{1}{2}$.

(2) $\lim\limits_{x\to\infty}\dfrac{x^2+2x-1}{x^4+2x^2+2}=\lim\limits_{x\to\infty}\dfrac{\dfrac{1}{x^2}+\dfrac{1}{x^3}-\dfrac{1}{x^4}}{1+\dfrac{2}{x^2}+\dfrac{2}{x^4}}=0$.

(3) 由于 $\lim\limits_{x\to\infty}\dfrac{x+1}{x^2-3x+2}=\lim\limits_{x\to\infty}\dfrac{\dfrac{1}{x}+\dfrac{1}{x^2}}{1-\dfrac{3}{x}+\dfrac{2}{x^2}}=0$,且函数 $f(x)=\dfrac{x+1}{x^2-3x+2}\neq0$,所以

$$\lim\limits_{x\to\infty}\dfrac{x^2-3x+2}{x+1}=\lim\limits_{x\to\infty}\dfrac{1}{\dfrac{x+1}{x^2-3x+2}}=\infty.$$

观察例 1 – 15 中第(1)、(2)小题的图像(图 1 – 31、图 1 – 32).

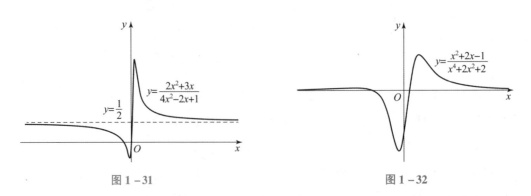

图 1 – 31   图 1 – 32

可以发现,随着自变量的增大,函数值的极限如果存在(比如等于数值 A),则函数曲线无限接近由这个常数所形成的水平线. 这种水平线在数学上称为函数的**水平渐近线**,即如果 $\lim\limits_{x\to\Theta}f(x)=A$(此时的 Θ 表示 ∞,$-\infty$,$+\infty$中的任一个),则称直线 $y=A$

是函数曲线 $y = f(x)$ 的水平渐近线. 由例 1 – 15 中第（3）小题的图像易知, 函数曲线还可能有垂直渐近线, 即如果有 $\lim\limits_{x \to \Theta} f(x) = \infty$（此时 Θ 表示 x_0, x_0^-, x_0^+ 中的任意一个）, 则称直线 $x = \Theta$ 是函数曲线 $y = f(x)$ 的垂直渐近线（或称铅直渐近线）.

二、无穷小量的性质

无穷小量一般具有以下几条性质, 它们在计算函数的极限时具有重要的意义.

（1）有限个无穷小量的和、差、乘积还是无穷小量.

（2）无穷小量与有界函数的乘积还是无穷小量.

（3）无穷小量与常数的乘积还是无穷小量.

注　这里强调有限个无穷小量的和、差、乘积是因为两边的堆积会导致质变, 例如:

$$\frac{1}{n+1}, \ \frac{1}{n+2}, \ \frac{1}{n+3}, \ \cdots, \ \frac{1}{n+n},$$

当 $n \to \infty$ 时都是无穷小量, 但

$$\frac{1}{n+1} + \frac{1}{n+2} + \frac{1}{n+3} + \cdots + \frac{1}{n+n} > \frac{1}{n+n} + \frac{1}{n+n} + \frac{1}{n+n} + \cdots + \frac{1}{n+n} = \frac{1}{2},$$

就不再是无穷小量了.

【例 1 – 16】计算下列极限.

（1）$\lim\limits_{x \to \infty} \dfrac{\sin x}{x}$;　　　（2）$\lim\limits_{x \to 0} x \sin \dfrac{1}{x}$.

解　（1）$\lim\limits_{x \to \infty} \dfrac{\sin x}{x} = \lim\limits_{x \to \infty} \dfrac{1}{x} \cdot \sin x = 0$.　　　（2）$\lim\limits_{x \to 0} x \sin \dfrac{1}{x} = 0$.

我们知道形如 $\lim\limits_{x \to 0} \dfrac{\sin x}{x} = 1$ 的极限称为第一个重要的极限. 由于 $\lim\limits_{x \to 0} \sin x = 0$, 所以这个极限属于分子、分母都是无穷小量的极限. 这说明, 如果函数 $f(x)$ 和 $g(x)$ 都是无穷小量, 则它们的商不一定是无穷小量.

例如, 函数 $f(x) = x - 1$, $g(x) = x^2 - 1$, $h(x) = (x - 1)^2$ 都是 $x \to 1$ 时的无穷小量, 但是,

$$\lim\limits_{x \to 1} \frac{x^2 - 1}{x - 1} = 2, \quad \lim\limits_{x \to 1} \frac{x - 1}{x^2 - 1} = \frac{1}{2}, \quad \lim\limits_{x \to 1} \frac{x^2 - 1}{(x - 1)^2} = \infty.$$

这说明, 三个函数在自变量的同一种趋势下虽然都是无穷小量, 但它们趋于 0 的速度并不相同.

三、无穷小量阶的比较

无穷小量阶
的比较

假设有极限 $\lim\limits_{x\to\Theta}f(x)=0$，$\lim\limits_{x\to\Theta}g(x)=0$，如果有：

（1）$\lim\limits_{x\to\Theta}\dfrac{f(x)}{g(x)}=0$，则称 $x\to\Theta$ 时，函数 $f(x)$ 是函数 $g(x)$ 的高阶无穷小量，记为 $f(x)=o(g(x))$；

（2）$\lim\limits_{x\to\Theta}\dfrac{f(x)}{g(x)}=l\,(l\neq0)$，则称 $x\to\Theta$ 时，函数 $f(x)$ 是函数 $g(x)$ 的同阶无穷小量，记为 $f(x)=O(g(x))$；

（3）$\lim\limits_{x\to\Theta}\dfrac{f(x)}{g(x)}=1$，则称 $x\to\Theta$ 时，函数 $f(x)$ 是函数 $g(x)$ 的等价无穷小量，记为 $f(x)\sim g(x)$.

其中，Θ 表示"x_0，x_0^-，x_0^+，$-\infty$，$+\infty$，∞"自变量的 6 种变化趋势中的任意一个种.

【定理 1-1】 假设函数 $f(x)$，$F(x)$，$g(x)$，$G(x)$ 都是 $x\to\Theta$ 时的无穷小量，且 $f(x)\sim F(x)$，$g(x)\sim G(x)$，则必有

$$\lim\limits_{x\to\Theta}\frac{f(x)}{g(x)}=\lim\limits_{x\to\Theta}\frac{F(x)}{G(x)}.$$

证 由于 $x\to\Theta$ 时，$f(x)\sim F(x)$，$g(x)\sim G(x)$，所以

$$\lim\limits_{x\to\Theta}\frac{f(x)}{F(x)}=\lim\limits_{x\to\Theta}\frac{g(x)}{G(x)}=1,$$

因此

$$\lim\limits_{x\to\Theta}\frac{f(x)}{g(x)}=\lim\limits_{x\to\Theta}\frac{f(x)}{F(x)}\cdot\frac{F(x)}{G(x)}\cdot\frac{G(x)}{g(x)}=\lim\limits_{x\to\Theta}\frac{f(x)}{F(x)}\cdot\lim\limits_{x\to\Theta}\frac{F(x)}{G(x)}\cdot\lim\limits_{x\to\Theta}\frac{G(x)}{g(x)}=\lim\limits_{x\to\Theta}\frac{F(x)}{G(x)}.$$

注 定理 1-1 称为等价无穷小量代换定理，它在计算极限的过程中具有重要的意义.

根据第一个重要的极限 $\lim\limits_{x\to0}\dfrac{\sin x}{x}=1$，易知当 $x\to0$ 时，$\sin x\sim x$. 一般地，如果有 $\lim\limits_{x\to\Theta}f(x)=0$，则当 $x\to\Theta$ 时，依然有 $\sin f(x)\sim f(x)$.

【例 1-17】 假设 $\lim\limits_{x\to\Theta}f(x)=0$，验证当 $x\to\Theta$ 时，下列等价无穷小量是成立的.

（1）$\tan f(x)\sim f(x)$；（2）$\arcsin f(x)\sim f(x)$；（3）$\arctan f(x)\sim f(x)$；（4）$1-\cos f(x)\sim\dfrac{1}{2}f^2(x)$.

解（1）$\lim\limits_{x\to\Theta}\dfrac{\tan f(x)}{f(x)}=\lim\limits_{x\to\Theta}\dfrac{\sin f(x)}{f(x)}\cdot\lim\limits_{x\to\Theta}\dfrac{1}{\cos f(x)}=1.$

（2）由于 $\lim\limits_{x\to\Theta}\dfrac{\arcsin f(x)}{f(x)}$ 的直接计算不容易，所以考虑换元，令 $\arcsin f(x)=u$，则

$f(x)=\sin u$，由于 $\lim\limits_{x\to\Theta}f(x)=0$，所以当 $x\to\Theta$ 时，$u\to0$，从而有 $\lim\limits_{x\to\Theta}\dfrac{\arcsin f(x)}{f(x)}=$

$\lim\limits_{u\to0}\dfrac{u}{\sin u}=1$.

（3）同（2），令 $\arctan f(x)=u$，则 $f(x)=\tan u$，因此当 $x\to\Theta$ 时，$u\to0$，从而有

$\lim\limits_{x\to\Theta}\dfrac{\arctan f(x)}{f(x)}=\lim\limits_{u\to0}\dfrac{u}{\tan u}=1$.

（4）$\lim\limits_{x\to\Theta}\dfrac{1-\cos f(x)}{\dfrac{1}{2}f^2(x)}=\lim\limits_{x\to\Theta}\dfrac{1-\cos^2 f(x)}{\dfrac{1}{2}f^2(x)}\cdot\lim\limits_{x\to\Theta}\dfrac{1}{1+\cos f(x)}=\lim\limits_{x\to\Theta}\dfrac{\sin^2 f(x)}{\dfrac{1}{2}f^2(x)}\cdot\lim\limits_{x\to\Theta}\dfrac{1}{1+\cos f(x)}=1$.

【例 1-18】求下列函数的极限.

（1）$\lim\limits_{x\to0}\dfrac{\sin2x}{\tan3x}$；（2）$\lim\limits_{x\to a}\dfrac{\sin x-\sin a}{x-a}$；（3）$\lim\limits_{x\to0}\dfrac{\tan x-\sin x}{x^2\tan x}$.

解　（1）由于 $x\to0$ 时，$\sin2x\sim2x$，$\tan3x\sim3x$，所以 $\lim\limits_{x\to0}\dfrac{\sin2x}{\tan3x}=\lim\limits_{x\to0}\dfrac{2x}{3x}=\dfrac{2}{3}$.

（2）$\lim\limits_{x\to a}\dfrac{\sin x-\sin a}{x-a}=\lim\limits_{x\to a}\dfrac{2\sin\dfrac{x-a}{2}\cos\dfrac{x+a}{2}}{x-a}=\lim\limits_{x\to a}\dfrac{2\cdot\dfrac{x-a}{2}\cos\dfrac{x+a}{2}}{x-a}=\cos a$.

（3）$\lim\limits_{x\to0}\dfrac{\tan x-\sin x}{x^2\tan x}=\lim\limits_{x\to0}\dfrac{\tan x(1-\cos x)}{x^3}=\lim\limits_{x\to0}\dfrac{x\cdot\dfrac{1}{2}x^2}{x^3}=\dfrac{1}{2}$.

在第二节中，根据银行连续复利贷款的问题，我们了解到了第二个重要的极限

$\lim\limits_{n\to\infty}\left(1+\dfrac{1}{n}\right)^n=\mathrm{e}$，这种类型的极限不仅存在于数列

极限中，对于函数极限依然成立：$\lim\limits_{x\to\infty}\left(1+\dfrac{1}{x}\right)^x=\mathrm{e}$.

这是因为任何函数都可以看成从离散的数列拟合

而来，即函数 $y=\left(1+\dfrac{1}{x}\right)^x$ 的曲线是以 $y=\mathrm{e}$ 为水

平渐近线的（图 1-33）.

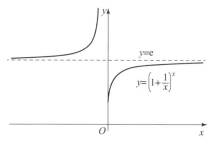

图 1-33

注意　第二个重要的极限形式属于"1^∞"型，而且括号里面需要用"+"连接，因此第二个重要的极限有如下等价形式：$\lim\limits_{x\to0}(1+x)^{\frac{1}{x}}=\mathrm{e}$.

【例 1-19】计算下列函数的极限.

（1）$\lim\limits_{x\to0}\dfrac{\ln(1+x)}{x}$；（2）$\lim\limits_{x\to0}\dfrac{\log_a(1+x)}{x}$；（3）$\lim\limits_{x\to0}\dfrac{\mathrm{e}^x-1}{x}$；（4）$\lim\limits_{x\to0}\dfrac{a^x-1}{x\ln a}$.

解 （1） $\lim\limits_{x\to 0}\dfrac{\ln(1+x)}{x}=\lim\limits_{x\to 0}\dfrac{1}{x}\ln(1+x)=\lim\limits_{x\to 0}\ln(1+x)^{\frac{1}{x}}=\ln\mathrm{e}=1$. 这说明当 $x\to 0$ 时，$\ln(1+x)\sim x$.

（2） $\lim\limits_{x\to 0}\dfrac{\log_a(1+x)}{x}=\lim\limits_{x\to 0}\dfrac{\ln(1+x)}{x\ln a}=\dfrac{1}{\ln a}$. 这说明当 $x\to 0$ 时，$\log_a(1+x)\sim\dfrac{1}{\ln a}x$.

（3） 令 $\mathrm{e}^x-1=u$，则 $x=\ln(1+u)$，当 $x\to 0$ 时，$u\to 0$，因此，$\lim\limits_{x\to 0}\dfrac{\mathrm{e}^x-1}{x}=\lim\limits_{u\to 0}\dfrac{u}{\ln(1+u)}=1$. 这说明当 $x\to 0$ 时，$\mathrm{e}^x-1\sim x$.

（4） $\lim\limits_{x\to 0}\dfrac{a^x-1}{x\ln a}=\lim\limits_{x\to 0}\dfrac{\mathrm{e}^{x\ln a}-1}{x\ln a}=\lim\limits_{x\to 0}\dfrac{x\ln a}{x\ln a}=1$. 这说明当 $x\to 0$ 时，$a^x-1\sim x\ln a$.

【例 1-20】 计算下列函数的极限.

（1） $\lim\limits_{x\to 0}\dfrac{\sqrt[n]{1+x}-1}{x}$; （2） $\lim\limits_{x\to 0}\dfrac{(1+x)^{\alpha}-1}{x}$; （3） $\lim\limits_{x\to 0}\dfrac{\sqrt{1+\sin^2 x}-1}{x\tan x}$.

解 （1） $\lim\limits_{x\to 0}\dfrac{\sqrt[n]{1+x}-1}{x}=\lim\limits_{x\to 0}\dfrac{(1+x)^{\frac{1}{n}}-1}{x}=\lim\limits_{x\to 0}\dfrac{\mathrm{e}^{\frac{1}{n}\ln(1+x)}-1}{x}=\lim\limits_{x\to 0}\dfrac{\frac{1}{n}\ln(1+x)}{x}=\dfrac{1}{n}$.

这说明当 $x\to 0$ 时，$\sqrt[n]{1+x}-1\sim\dfrac{1}{n}x$.

（2） $\lim\limits_{x\to 0}\dfrac{(1+x)^{\alpha}-1}{x}=\lim\limits_{x\to 0}\dfrac{\mathrm{e}^{\alpha\ln(1+x)}-1}{x}=\lim\limits_{x\to 0}\dfrac{\alpha\ln(1+x)}{x}=\alpha$. 这说明当 $x\to 0$ 时，$(1+x)^{\alpha}-1\sim\alpha x$.

（3） $\lim\limits_{x\to 0}\dfrac{\sqrt{1+\sin^2 x}-1}{x\tan x}=\lim\limits_{x\to 0}\dfrac{\frac{1}{2}\sin^2 x}{x^2}=\dfrac{1}{2}$.

一般地，如果 $\lim\limits_{x\to\Theta}f(x)=0$，则当 $x\to\Theta$ 时，下列等价无穷小量是成立的.

（1） $\tan f(x)\sim f(x)$; 　　　　　　　（2） $\arcsin f(x)\sim f(x)$;

（3） $\arctan f(x)\sim f(x)$; 　　　　　　（4） $1-\cos f(x)\sim\dfrac{1}{2}f^2(x)$;

（5） $\ln(1+f(x))\sim f(x)$; 　　　　　　（6） $\mathrm{e}^{f(x)}-1\sim f(x)$;

（7） $\log_a(1+f(x))\sim\dfrac{1}{\ln a}f(x)$; 　　（8） $a^{f(x)}-1\sim f(x)\ln a$;

（9） $\sqrt[n]{1+f(x)}-1\sim\dfrac{1}{n}f(x)$; 　　（10） $[1+f(x)]^{\alpha}-1\sim\alpha f(x)$.

【例 1-21】 某种类型的离心机在提纯某种材料时，其提纯精度是时间 t 的函数 $f(t)=\left(1+\dfrac{1}{2t}-\dfrac{3}{t^2}\right)^t-1$. 试确定随着时间的推移，该种材料的提纯精度能否达到 100%.

解　确定该种材料的提纯精度，只需要对精度函数当时间 $t \to +\infty$ 时求极限即可.

由于 $\lim\limits_{t \to +\infty} f(t) = \lim\limits_{t \to +\infty} \left(1 + \dfrac{1}{2t} - \dfrac{3}{t^2}\right)^t - 1 = e^{\lim\limits_{t \to +\infty} t \ln\left(1 + \frac{1}{2t} - \frac{3}{t^2}\right)} - 1 = e^{\lim\limits_{t \to +\infty} t\left(\frac{1}{2t} - \frac{3}{t^2}\right)} - 1 = \sqrt{e} -$

$1 \approx 0.648\ 7$，即随着时间的推移，该离心机对该种材料的提纯精度不会超过 64.87%，达不到 100%.

一般地，如果 $\lim\limits_{x \to \Theta} f(x) = 0$，$\lim\limits_{x \to \Theta} g(x) = 0$，则形如 $\lim\limits_{x \to \Theta} [1 + f(x)]^{\frac{1}{g(x)}}$ 的极限可以通过以下方式进行求解：

$$\lim\limits_{x \to \Theta} [1 + f(x)]^{\frac{1}{g(x)}} = e^{\lim\limits_{x \to \Theta} \frac{\ln[1 + f(x)]}{g(x)}} = e^{\lim\limits_{x \to \Theta} \frac{f(x)}{g(x)}}.$$

这种计算幂指型极限的方法，可以在计算此种类型的极限时快速得到结果，例如：

$$\lim\limits_{x \to \infty} \left(1 - \dfrac{2}{x}\right)^{3x} = e^{\lim\limits_{x \to \infty} 3x \cdot \ln\left(1 - \frac{2}{x}\right)} = e^{-6}.$$

想一想，练一练

1. 判断下列函数在 $x \to 1$ 时是否是无穷小量.

（1）$f(x) = x^2 - 2x + 1$；

（2）$f(x) = x^3 - 3x^2 + 3x - 1$；

（3）$f(x) = \dfrac{x^2 - 1}{x - 1}$；

（4）$f(x) = e^x - e$.

2. 当 $x \to 0$ 时比较下列无穷小量的阶.

（1）$x - x^2$ 与 $x^2 - x^3$；

（2）$(1 - \cos x)^2$ 与 $(\sin x)^2$；

（3）$\sec x - 1$ 与 $\dfrac{1}{2}x^2$；

（4）$\ln(x + \sqrt{1 + x^2})$ 与 x.

3. 计算下列函数的极限（a，b，c 均为正常数）.

（1）$\lim\limits_{x \to 0} \dfrac{\ln\ (x + e^x)}{\sin x}$；

（2）$\lim\limits_{x \to 0} \dfrac{e^{3x} - e^{2x} - e^x + 1}{\sin^2 x}$；

（3）$\lim\limits_{x \to 0} \dfrac{\sqrt[3]{1 + \tan^2 x} - 1}{\arcsin\ (\sqrt{1 + \sin^2 x} - 1)}$；

（4）$\lim\limits_{x \to 1} \dfrac{x^m - 1}{x^n - 1}$；

（5）$\lim\limits_{x \to 0} (x + e^{2x})^{\frac{1}{x}}$；

（6）$\lim\limits_{x \to \infty} \left(\dfrac{x - 2}{x + 3}\right)^{2x}$；

（7）$\lim\limits_{x \to 0} \dfrac{\tan x - \sin x}{x^3}$；

（8）$\lim\limits_{x \to \infty} \left(\dfrac{1 - 3x}{4 - 3x}\right)^x$.

4. 电瓶车的工作原理是利用电瓶蓄电/放电带动电动机运转. 某种型号的电瓶，经过测定其蓄电能力与充放电每 10 次的次数 x 之间近似满足关系：$f(x) = \arctan \dfrac{1}{0.15x^2 + 0.005}$.

试确定随着充放电次数的增加，该电瓶蓄电量的衰减趋势，并计算该电瓶充放电大约多少次之后蓄电能力降为出厂时的一半.

5. 求下列函数的极限.

（1）$\lim\limits_{x \to 0} \dfrac{\sin 3x}{x}$；

（2）$\lim\limits_{x \to 0} \dfrac{\sin 5x}{\tan 2x}$；

（3）$\lim\limits_{x \to 0} \dfrac{\sin 5x - \sin 3x}{\tan x}$；

（4）$\lim\limits_{x \to 0} \dfrac{\cos x - \cos 3x}{x^2}$；

（5）$\lim\limits_{x \to 0} \dfrac{1 + \sin x - \cos x}{1 + \sin px - \cos px}$；

（6）$\lim\limits_{x \to 2} \dfrac{\tan x - \tan 2}{x - 2}$.

6. 求下列函数的极限.

（1）$\lim\limits_{x \to \frac{\pi}{6}} \dfrac{2 \sin^2 x + \sin x - 1}{2 \sin^2 x - 3 \sin x + 1}$；

（2）$\lim\limits_{x \to 0} \dfrac{1 - \cos x \cos 2x \cos 3x}{1 - \cos x}$；

（3）$\lim\limits_{x \to 0} \dfrac{\tan(a + x)\tan(a - x) - \tan^2 a}{x^2}$；

（4）$\lim\limits_{x \to \frac{\pi}{4}} \dfrac{1 - \cot^3 x}{2 - \cot x - \cot^3 x}$；

（5）$\lim\limits_{x \to 0} \dfrac{\sqrt{1 + \tan x} - \sqrt{1 + \sin x}}{x^3}$；

（6）$\lim\limits_{x \to 0} \dfrac{x^2}{\sqrt{1 + x \sin x} - \sqrt{\cos x}}$；

（7）$\lim\limits_{x \to 0} \dfrac{\sqrt{1 - \cos x^2}}{1 - \cos x}$；

（8）$\lim\limits_{x \to 0} \sqrt[x]{1 - 2x}$.

7. 已知函数 $f(x) = \lim\limits_{n \to \infty} \dfrac{\ln(e^n + x^n)}{n}$（$x > 0$），试确定函数 $f(x)$ 的表达式.

8. 求极限：$\lim\limits_{n \to \infty} \sqrt[n]{x^n + x^{2n} + \dfrac{x^{3n}}{2^n}}$ （$x > 0$）.

9. 已知 $f(x) = \lim\limits_{n \to \infty} \dfrac{x^2 e^{n(x+1)} + 2x + 3}{e^{n(x+1)} + 1}$，试确定函数 $f(x)$ 的表达式.

10. 求极限：$\lim\limits_{x \to 0} \left(\dfrac{2 + e^{\frac{1}{x}}}{1 + e^{\frac{4}{x}}} + \dfrac{\sin x}{|x|} \right)$.

11. 函数 $f(x)$ 满足 $\lim\limits_{x \to 0} f(x) = f(0)$，且 $\lim\limits_{x \to 0} \left(\dfrac{f(x) - 1}{x} - \dfrac{\sin x}{x^2} \right) = 3$，求 $f(0)$.

第五节　函数的连续性

一、连续性的概念

【问题引入】交流电的输出电流随着时间的变化发生周期性的变化，其变化规律一般呈现正弦式：$I = I_0 \sin(\omega t + \varphi)$. 其中，$I_0$ 是电流的最大值，ω 影响交流电的周期，t

表示时间，I_0，ω，φ 都是常数. 这就是发电机的原理，当发电机持续不断地运转时，电流也持续地输出，但是在交流电中，电流的输出是不断变化的，如图 1 – 34 所示.

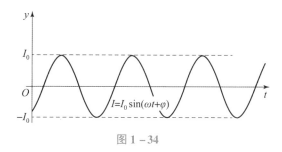

图 1 – 34

这说明电流在一个周期内虽然持续输出，但是它的值却在 $\left[-I_0，I_0 \right]$ 内不断变化. 事实上，只要接通电源，电流在任意时间点上都存在确切的值，即任意两个时间点内（无论这两个时间点的间隔多么小）都存在唯一的电流值与这个时间点对应.

这种现象还有很多，比如温度随时间的变化、身高随时间的变化、体重随时间的变化等. 这种现象反映在数学上就是，如果函数 $y = f(x)$ 的定义域为 D，任意的两个点 x_1，$x_2 \in D$，无论 x_1，x_2 之间的距离 $x_2 - x_1$ 多么小，这两个点之间都存在函数值，或者当自变量在某个点的附近的改变量趋于 0 时，函数值的改变量也趋于 0. 通常称这种现象为函数的连续性（Continuity of Function），具有这种特性的函数称为连续函数（Continuous Function）. 为了描述函数的连续性，需要引入如下概念.

【有限增量】对于函数 $y = f(x)$，当自变量从 x_0 变到终值 x 时，把其改变量 $x - x_0$ 称为自变量在点 x_0 处的**有限增量**，记为 $\Delta x = x - x_0$. 这时对应的函数值也从 $f(x_0)$ 改变到 $f(x)$，改变量为 $f(x) - f(x_0)$，将其称为函数值在点 x_0 处的**有限增量**，记为 $\Delta y = f(x) - f(x_0)$. 由 $\Delta x = x - x_0$ 易知，$x = \Delta x + x_0$，因此函数值的有限增量亦可表示为 $\Delta y = f(\Delta x + x_0) - f(x_0)$，如图 1 – 35 所示.

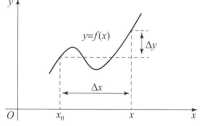

图 1 – 35

注意　有限增量只代表改变量的多少，可正可负可为 0. Δx 和 Δy 都是不可分割的整体，它们只是表示改变量的符号.

【函数在固定点处的连续性】假设函数 $y = f(x)$ 在点 x_0 附近有定义，如果当自变量在点 x_0 处获得增量 Δx 趋于 0，函数值获得的增量 Δy 也趋于 0，即

$$\lim_{\Delta x \to 0} \Delta y = \lim_{\Delta x \to 0} \left[f(x_0 + \Delta x) - f(x_0) \right] = 0,$$

则称函数 $y = f(x)$ 在点 x_0 处连续，相应的点 x_0 称为函数的连续点. 如果上式不成立，则称函数 $y = f(x)$ 在点 x_0 处间断（不连续），此时称点 x_0 为函数的间断点（Discontinuity Point）.

由于 $\lim\limits_{\Delta x \to 0}[f(x_0 + \Delta x) - f(x_0)] = 0$，所以 $\lim\limits_{\Delta x \to 0}[f(x_0 + \Delta x) - f(x_0)] = 0$，即 $\lim\limits_{\Delta x \to 0} f(x_0 + \Delta x) = f(x_0)$，如果将 $x_0 + \Delta x$ 记为 x，则当 $\Delta x \to 0$ 时，有 $x \to x_0$，因此函数 $y = f(x)$ 在点 x_0 处的连续性还可以表示为

$$\lim_{x \to x_0} f(x) = f(x_0),$$

即当函数 $y = f(x)$ 在点 x_0 处的极限恰好等于其在该点处的函数值时，函数在该点处连续. 函数 $y = f(x)$ 在点 x_0 处连续，意味着

$$\lim_{x \to x_0} f(x) = f(\lim_{x \to x_0} x) = f(x_0),$$

即极限符号可以进到函数表达式内部.

从第三节我们知道，函数在一个点处极限存在的充要条件是：左、右极限都存在且相等. 因此，函数的连续性也有左、右之分，称为单侧连续. 如果

$$\lim_{x \to x_0^-} f(x) = f(x_0),$$

则称函数 $y = f(x)$ 在点 x_0 处左连续（Left Continuous）；如果

$$\lim_{x \to x_0^+} f(x) = f(x_0),$$

函数的连续性

则称函数 $y = f(x)$ 在点 x_0 处右连续（Right Continuous）. 因此，如果函数 $y = f(x)$ 在点 x_0 处连续，当且仅当其在点 x_0 处既左连续又右连续.

根据函数连续性的定义，函数在一个点处的连续性需要满足：

（1）函数 $y = f(x)$ 在点 x_0 处有定义；

（2）极限 $\lim\limits_{x \to x_0} f(x)$ 必须存在；

（3）极限值等于函数值，即 $\lim\limits_{x \to x_0} f(x) = f(x_0)$.

如果这三个条件有一个不满足，则函数 $y = f(x)$ 在点 x_0 处不连续.

如果点 $x = x_0$ 是函数 $y = f(x)$ 的间断点，那么根据连续性的三个条件可知，要么函数在该点处没有定义，即没有函数值；要么函数在该点处有定义，但是极限不存在（左、右极限中至少有一个不存在或者都存在，但是不相等）；要么函数在该点处既有定义，极限也存在，但是极限值和函数值不相等. 下面以几个例子对间断点进行分类.

【例 1-22】 讨论函数 $y = x\sin\dfrac{1}{x}$ 在点 $x = 0$ 处的连续性.

解 因为函数 $y = x\sin\dfrac{1}{x}$ 在点 $x = 0$ 处没有定义，所以 $x = 0$ 是函数 $y = x\sin\dfrac{1}{x}$ 的间断点. 由于 $\lim\limits_{x \to 0} x\sin\dfrac{1}{x} = 0$，所以可以补充定义——当 $x = 0$ 时，$y = 0$，得

$$y = \begin{cases} x\sin\dfrac{1}{x}, & x \neq 0 \\ x, & x = 0 \end{cases},$$

从而使函数在点 $x=0$ 处连续（图 1 - 36）. 像这样通过补充定义使函数连续的间断点称为可去间断点. 可去间断点的特点是：函数在该点处没有定义，但是函数在该点处的极限存在，即左、右极限都存在且相等.

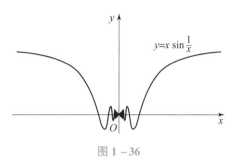

图 1 - 36

【例 1 - 23】 将一个冰块从 - 40 ℃ 加热到 100 ℃ 时，温度每升高 10 ℃ 冰块所吸收的热量（单位：J ）满足

$$f(t) = \begin{cases} 2.1t + 84, & -4 \leqslant t \leqslant 0 \\ 4.2t + 420, & t > 0 \end{cases}.$$

试确定冰块升温过程中，在冰水混合物的状态两侧吸热是否连续变化.

解　由于冰水混合物的温度为 0 ℃，所以本题讨论的是函数 $f(t)$ 在 $t=0$ 处的连续性. 由于函数在 $t=0$ 的左、右两侧表达式不同，所以需要讨论左、右连续. 因为 $\lim\limits_{t \to 0^-} f(t) = \lim\limits_{t \to 0^-} (2.1t + 84) = 84$，$f(t) = 84$，$\lim\limits_{t \to 0^+} f(t) = \lim\limits_{t \to 0^+} (4.2t + 420) = 420$，所以函数在点 $t=0$ 处左连续而不右连续，故 $t=0$ 是函数的间断点. 这说明冰块在升温的过程中，吸热过程在 0 ℃ 附近出现了跳跃式的变化.

这种左、右极限都存在但不相等的间断点为**跳跃间断点**.

【例 1 - 24】 二极管是用半导体材料（硅、硒、锗等）制成的一种电子器件. 它具有单向导电性，即通过二极管的正向电流具有有限的电阻，而反向电阻无穷大，导致电流无法通过，其电阻与电流的方向满足函数 $\delta(i) = \begin{cases} 1, & i > 0 \\ \infty, & i < 0 \end{cases}$，其中 i 表示电流的方向，$i > 0$ 表示电流为正向，$i < 0$ 表示电流为反向. 试确定二极管在电流正、反向切换时电阻变化的连续性.

解　显然 $\lim\limits_{i \to 0^+} \delta(i) = 1$，$\lim\limits_{i \to 0^-} \delta(i) = \infty$，因此电阻的变化不连续. 像这样左、右极限至少有一个不存在的间断点，称为第二类间断点.

【**间断点的分类**】可去间断与跳跃间断点统称为第一类间断点，第一类间断点之外的间断点统称为第二类间断点. 第一类间断点的特点是：左、右极限都存在；第二类间断点的特点是：左、右极限至少有一个不存在.

【例 1 - 25】判断函数 $y = \sin\dfrac{1}{x}$ 的连续性，如果有间断点，指出其类型.

解 显然函数的定义域为 $(-\infty, 0) \cup (0, +\infty)$，因此 $x = 0$ 是函数的间断点. 由于极限 $\lim\limits_{x \to 0} \sin\dfrac{1}{x}$ 不存在，所以 $x = 0$ 是函数的第二类间断点. 从图 1 - 37 可知，函数 $y = \sin\dfrac{1}{x}$ 在点 $x = 0$ 附近无限振荡，因此有时也称这个间断点为振荡间断点.

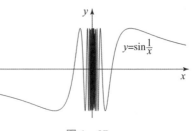

图 1 - 37

【连续函数的概念】 如果函数 $y = f(x)$ 的定义域为 (a, b)，则当函数在开区间 (a, b) 内的所有点处都连续时，称函数是其定义域内的连续函数. 如果函数 $y = f(x)$ 的定义域为 $[a, b]$，其在 (a, b) 内连续，且在区间的左端点处满足

$$\lim_{x \to a^+} f(x) = f(a),$$

则称其在左端点 $x = a$ 处连续；如果在右端点处满足

$$\lim_{x \to b^-} f(x) = f(b),$$

连续函数的概念

则称其在右端点 $x = b$ 处连续，此时称函数 $y = f(x)$ 在 $[a, b]$ 上连续. 区间上连续的函数在图像上表现为一条连续不中断的曲线.

【连续函数的四则运算】 如果函数 $y = f(x)$，$y = g(x)$ 在区间 I 上均是连续的，那么它们的和、差、积、商（分母不为零）$f(x) \pm g(x)$，$f(x) \cdot g(x)$，$f(x)/g(x)$ 在区间 I 上也是连续的.

连续函数的四则运算成立是因为函数极限的四则运算是成立的. 根据连续的定义易知，**基本初等函数在其定义域内都是连续的**，因此由基本初等函数的四则运算得到的初等函数也是连续的.

【复合函数的连续性】 如果函数 $y = f(u)$ 在点 u_0 处连续，即 $\lim\limits_{u \to u_0} f(u) = f(u_0)$，而函数 $u = g(x)$ 在点 x_0 处连续，且 $\lim\limits_{x \to x_0} g(x) = g(x_0) = u_0$，那么复合函数 $y = f(g(x))$ 在点 x_0 处也是连续的，即

$$\lim_{x \to x_0} f[g(x)] = f\left[\lim_{x \to x_0} g(x)\right] = f[g(x_0)].$$

复合函数的连续性说明，如果外函数连续，那么极限符号可以进到函数表达式内部.

根据连续函数的四则运算与复合运算易知：**一切初等函数在其定义域内都是连续的**.

【例 1 - 26】计算下列函数的极限.

（1）$\lim\limits_{x \to 0}\left(\dfrac{a^x + b^x + c^x}{3}\right)^{\frac{1}{x}}$ $(a, b, c > 0)$；

（2）$\lim\limits_{x \to 0}(1 + 3x)^{\frac{2}{\sin x}}$.

解 （1）$\lim\limits_{x \to 0}\left(\dfrac{a^x + b^x + c^x}{3}\right)^{\frac{1}{x}} = e^{\lim\limits_{x \to 0}\frac{1}{x}\ln\left(1 + \frac{a^x+b^x+c^x}{3} - 1\right)} = e^{\lim\limits_{x \to 0}\frac{a^x-1+b^x-1+c^x-1}{3x}} = e^{\lim\limits_{x \to 0}\frac{a^x-1}{3x} + \lim\limits_{x \to 0}\frac{b^x-1}{3x} + \lim\limits_{x \to 0}\frac{c^x-1}{3x}}$

$$= e^{\lim\limits_{x \to 0}\frac{x\ln a}{3x} + \lim\limits_{x \to 0}\frac{x\ln b}{3x} + \lim\limits_{x \to 0}\frac{x\ln c}{3x}} = e^{\frac{1}{3}\ln(abc)} = \sqrt[3]{abc}.$$

（2）$\lim\limits_{x \to 0}(1 + 3x)^{\frac{2}{\sin x}} = e^{\lim\limits_{x \to 0}\frac{2\ln(1+3x)}{\sin x}} = e^{\lim\limits_{x \to 0}\frac{6x}{x}} = e^6$.

二、闭区间上连续函数的性质

如果函数 $y = f(x)$ 在闭区间 $[a, b]$ 上连续，那么根据连续的定义可知，函数在闭区间 $[a, b]$ 上任意点处的函数值都是存在的．这些函数值中必定有一个最大值和一个最小值，因此有如下结论．

最值定理

【最值定理与有界性】 函数 $y = f(x)$ 在闭区间 $[a, b]$ 上连续，那么必定存在 x_1，$x_2 \in [a, b]$，则对定义域上任意的 $x \in [a, b]$ 都有 $f(x_1) \leqslant f(x) \leqslant f(x_2)$，**即闭区间上的连续函数必定存在最大值和最小值或必定有界**．

前文分析过将冰块加热并融化成水的现象．在将 $-40\ ℃$ 的冰块加热到 $100\ ℃$ 的过程中，水温是连续变化的，中间会经历一个既有冰又有水，即冰水混合物的状态．在一个标准大气压下，冰水混合物的温度为 $0\ ℃$．如果将 $0\ ℃$ 以下的温度认定为负值（事实上温度是没有负值的），$0\ ℃$ 以上的温度为正值，那么这个过程就是水温从 $-40\ ℃$ 连续变化到 $100\ ℃$ 的过程，在这个过程中，水温必定经过 $0\ ℃$ 这个状态．这种现象用数学语言进行表述就是：对于连续函数 $f(t)$ $(t \in [a, b])$，如果 $f(a) = -40 < 0$，$f(b) = 100 > 0$，那么在 (a, b) 内必定存在一个点 t_0，使 $f(t_0) = 0$．

【零点定理】 假设函数 $y = f(x)$ 在 $[a, b]$ 上连续，且 $f(a) \cdot f(b) < 0$，那么至少存在一点 $\xi \in (a, b)$，使 $f(\xi) = 0$，如图 1 - 38 所示．

零点定理

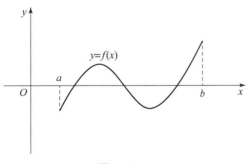

图 1 - 38

【例 1 - 27】 试验证方程 $x^3 - 3x^2 + 1 = 0$ 在区间 $(0, 1)$ 内至少有一个实数根．

解 令 $f(x) = x^3 - 3x^2 + 1$，$x \in [0, 1]$，显然函数 $f(x)$ 在 $[0, 1]$ 上连续，且 $f(0) = 1 > 0$，$f(1) = -1 < 0$，由零点定理可知，至少存在一点 $\xi \in (0, 1)$，使 $f(\xi) = 0$，即 $\xi^3 - 3\xi^2 + 1 = 0$。这说明将点 ξ 代入方程 $x^3 - 3x^2 + 1 = 0$ 可以使方程成立，因此方程在 $(0, 1)$ 内至少存在一个实数根。

【例 1-28】 某种型号的离心机从启动开始到全功率运转的过程中，它的运转频率是随着时间 t 不断变化的，当它的运转频率接近它的固有频率时，会发生共振现象。已知该离心机的运转频率与时间 t 的关系满足函数 $h(t) = 2\sin t + 3$，该离心机的固有频率为 $f = 2$（单位：kHz），试问该离心机从启动到全功率运转的过程中是否会发生共振现象？

解 从该离心机的运转频率函数可知，其运转频率函数是连续的，且频率波动范围是 $[1, 5]$（单位：kHz）。由于当运转频率与离心机的固有频率相等时才会发生共振现象，所以本题可以转化为，在区间 $[0, +\infty)$ 上是否存在点 ξ，使 $h(\xi) = 2$ 的问题，或 $H(t) = h(t) - 2 = 2\sin t + 1$ 是否存在零点的问题。由于 $H(t)$ 是连续的，且其值域为 $[-1, 3]$，所以这个结论是必然的，即必定存在时间点 ξ，使 $H(\xi) = 0$，即 $h(\xi) = 2$。因此，该离心机从启动到全功率运转的过程中必定会发生共振现象，且由于它的运转频率周期性地变化，所以它的共振现象也是周期性地出现的（图 1-39）。

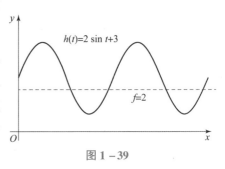

图 1-39

从例 1-28 可以看出，这种问题即连续函数 $y = f(x)$ 在其定义域上能否取到其值域范围内的某个值的问题。这个结论是显然的。

【介值定理】 假设函数 $y = f(x)$ 在 $[a, b]$ 上连续，那么必定存在最大值 M 和最小值 m，对于一切介于最小值 m 与最大值 M 之间的数 c，即 $m < c < M$，至少存在一点 $\xi \in [a, b]$，使 $f(\xi) = c$。

介值定理可以认为是零点定理的推广（图 1-40），或者说零点定理就是介值定理的特例。与零点定理一样，介值定理只是指出了这种点的存在性，并没有给出这种点的具体位置的求法。

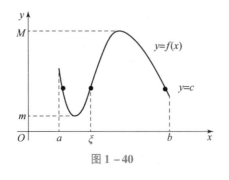

图 1-40

介值定理

【例 1-29】 传输带以额定功率运行时，其运行速度是一个恒定值，将物件放到传输带上进行传输时，会影响传输带的传送速度. 假设传输带的运行速度 $f(x)$ 在 $[a, b]$ 上是连续变化的，x 表示传输带上承载的工件的质量，记 n 个物件的总质量为 x_n，将 n 个工件放到传输带上时，其运行的平均速度为

$$\frac{f(x_1) + f(x_2) + \cdots + f(x_n)}{n}.$$

试确定是否有这种情况出现，即在 (x_1, x_n) 之间存在某个质量值的物件，将其放上传输带后会导致传输带的运行速度与这 n 个物件放上去之后的平均速度相等.

解 由于传输带运行速度 $f(x)$ 在 $[x_1, x_n]$ 上是连续函数，所以必定存在 m 和 M 使任意的 $x \in [x_1, x_n]$ 都有 $m \leqslant f(x) \leqslant M$，从而必然有 $m \leqslant f(x_i) \leqslant M$（$i = 1, 2, \cdots, n$），于是

$$m < \frac{f(x_1) + f(x_2) + \cdots + f(x_n)}{n} < M.$$

由介值定理可知，至少存在一点 $\xi \in [x_1, x_n]$，使

$$f(\xi) = \frac{f(x_1) + f(x_2) + \cdots + f(x_n)}{n}.$$

由于传输带上承载物件的质量是递增的，所以 $\xi \in (x_1, x_n)$，可知这种现象必定会出现.

想一想，练一练

1. 求下列函数的连续区间.

（1）$f(x) = \dfrac{1}{x-2} + \sqrt{x^2 - 4}$；

（2）$f(x) = \begin{cases} 2\sin x, & 0 \leqslant x < 1 \\ 2 + 3x, & 1 \leqslant x \leqslant 4 \end{cases}$；

（3）$y = \ln(x^2 - 3x - 4)$；

（4）$y = \dfrac{x^2 - 3x - 4}{x + 1}$.

2. 假设 $f(x)$ 是连续函数，且 $\lim\limits_{x \to 0}\left[\dfrac{f(x)}{x} - \dfrac{\sin x}{x^2}\right] = 2$，求 $f(0)$.

3. 讨论函数 $f(x) = \lim\limits_{n \to \infty} \dfrac{\ln(\mathrm{e}^n + x^n)}{n}$ 在 $[0, +\infty)$ 上的连续性.

4. 讨论函数 $f(x) = \dfrac{1}{1 - \mathrm{e}^{\frac{x}{x-1}}}$ 的间断点，并判断其类型.

5. 已知正常数 p，q 满足 $p + q = 1$，函数 $f(x)$ 在 $[a, b]$ 上连续，试问是否必定存在 $\xi \in [a, b]$，使 $f(\xi) = pf(a) + qf(b)$？

6. 假设 $\alpha > \dfrac{1}{2}$，$f(x) = x^\alpha$，$g(x) = \dfrac{2\alpha}{2\alpha - 1}x^{\alpha+1}$，函数 $f(x)$ 与 $g(x)$ 的图像在 $(0, +\infty)$

内的交点为 x_α，求极限 $\lim\limits_{\alpha \to +\infty} f(x^\alpha)$.

7. 验证绝对值函数 $y = |x|$ 在 $(-\infty, +\infty)$ 上是连续函数.

8. 假设函数 $f(x)$，$g(x)$ 在点 x_0 处连续，试问函数 $\varphi(x) = \max\{f(x), g(x)\}$，$\varphi(x) = \min\{f(x), g(x)\}$ 在点 x_0 处是否连续?

9. 判断题. 设 $f(x)$ 在 (a, b) 上连续，且 $\lim\limits_{x \to a^+} f(x) = A$，$\lim\limits_{x \to b^-} f(x) = B$，当 $AB < 0$ 时，必定存在 $\xi \in (a, b)$，使 $f(\xi) = 0$. $\qquad$ ( )

10. 设函数 $f(x)$ 在 $[a, b]$ 上连续，且 $a < f(x) < b$，求证：存在点 $x_0 \in (a, b)$，使 $f(x_0) = x_0$.

11. 求函数 $f(x) = \lim\limits_{n \to \infty} \dfrac{x + x^2 \mathrm{e}^{nx}}{1 + \mathrm{e}^{nx}}$ 的表达式，并确定它的连续区间.

12. 若函数 $f(x)$ 为连续函数，是验证函数 $F(x) = |f(x)|$ 也是连续函数.

13. 探究下列函数 $f[g(x)]$ 与 $g[f(x)]$ 的连续性.

（1）$f(x) = \operatorname{sgn} x$ 与 $g(x) = 1 + x^2$；

（2）$f(x) = \operatorname{sgn} x$ 与 $g(x) = x(1 - x^2)$；

（3）$f(x) = \operatorname{sgn} x$ 与 $g(x) = 1 + x - [x]$.

14. 设函数 $f(x)$ 在区间 $[0, 2a]$（$a > 0$）上连续，且 $f(0) = f(2a) \neq f(a)$，求证：存在 $\xi \in (0, a)$，使 $f(\xi) = f(a + \xi)$.

15. 设函数 $f(x) = \begin{cases} \dfrac{\sin ax}{x} + (1 + ax)^{\frac{1}{x}}, & x \neq 0 \\ a + 2, & x = 0 \end{cases}$，确定 a 的值，使函数 $f(x)$ 在 $x = 0$ 处连续.

16. 求函数 $f(x) = \sin\sqrt{x + \sqrt{1 - x^2}}$ 的连续区间.

17. 求函数 $f(x) = \dfrac{\ln x}{x^2 - 3x + 2}$ 的连续区间以及间断点.

18. 如果函数 $f(x)$ 对任意实数 x，y 均满足方程 $f(x + y) = f(x)f(y)$，且 $f(x) \neq 0$，试求函数 $f(x)$ 的表达式.

19. 如果函数 $f(x)$ 对任意正实数 x，y 均满足方程 $f(xy) = f(x) + f(y)$，且 $f(1) = 0$，试求函数 $f(x)$ 的表达式.

20. 如果函数 $f(x)$ 对任意正实数 x，y 均满足方程 $f(xy) = f(x)f(y)$，且 $f(1) = 1$，试求函数 $f(x)$ 的表达式.

第2章 导数及其应用

学习目标

【知识学习目标】

(1) 理解导数、微分、曲率、单调性、凹凸性、极值与最值等概念；

(2) 掌握导数的运算法则；

(3) 掌握函数的单调性、极值与最值的求法；

(4) 理解并掌握导数在工科方面的应用.

【能力培养目标】

(1) 会将实际问题中的概念与数学概念互"译"；

(2) 会利用导数的概念分析计算具体问题中的变化率和曲率；

(3) 会利用单调性、极值与最值解决工程计算中的最优化问题.

【技能培养目标】

(1) 能在分析专业问题时建立瞬时态分析的思维；

(2) 能利用掌握的数学知识设计工科问题的分析方案；

(3) 培养严谨的逻辑分析能力.

【素质培养目标】

(1) 树立"从实践中来，到实践中去"的思想；

(2) 掌握从"严谨分析"到"大胆求证"的学习方法；

(3) 建立探究事物发展规律的动态思维.

工作任务

在工件进行精密加工后，需要对工件的局部进行测量检验. 如何衡量一个工件的表面光滑程度或弯曲程度？例如，在衡量一个平直工件时，可以利用直线的斜率来阐明其倾斜程度，那么对于非直线型的工件的弯曲程度该如何数据化衡量？如果需要打磨某种表面弯曲的工件，如何衡量它的弯曲程度？如何度量工件表面的光滑程度是否达标?

带着上述问题,思考如何成功地制作符合要求的工件. 谈谈你的想法.

◢ 工作分析

根据对工件的认知,要完成对工件的精准测量,需要完成对工件测量的完整数据采集,对采集到的数据进行分析. 这里需要解决以下几个问题.

(1) 若要考察工件的弯曲程度,需要考虑工件表面某个小范围内的曲线变化情况;

(2) 工件表面某个固定点处的变化率是无法直接计算的,可以通过不断缩小变化范围进行计算;

(3) 工件的弯曲程度可以用工件表面曲线函数的变化率来衡量.

第一节　导数的概念

一、瞬时变化率的概念

【问题 2 – 1】某工厂需要加工某种工件,该种工件由采购商提供. 经过测量,工件表面形状是一条连续平滑的曲线且满足函数关系 $y = f(x)$. 该工件需要批量生产,现在需要对其表面的光滑程度进行测量,进而设定参数开始加工生产. 如何确定工件表面的光滑程度呢?在工件表面形状曲线 $y = f(x)$ 上任意选取一点 x_0,从该点出发得到任意的点 x,那么函数在区间 $[x_0, x]$ 或 $[x, x_0]$ 上的变化率为

$$\frac{f(x) - f(x_0)}{x - x_0}.$$

当自变量的改变量 $x - x_0$ 非常小的时候,区间段 $[x_0, x]$ 内曲线的变化率就会非常接近点 x_0 处的变化率,即可以用线段长度的缩小来达到某个固定点处的形态. 因此,工件表面曲线在某个点处的光滑程度可以定义为

$$\lim_{x \to x_0} \frac{f(x) - f(x_0)}{x - x_0}.$$

由于这个点 x_0 是从工件表面任意选取的,所以这样就可以表示工件表面形状曲线上所有点处的光滑程度.

【问题 2 – 2】电容器是储存电荷的装置,当通电时它会储存电荷,当断电时它会释放电荷产生电流,从而使电路中有恒定电流通过. 某根导线中电荷 Q 的变化是时间 t 的函数 $Q(t)$,那么在从时间 t 开始经过 Δt 的时间的变化中,电路中通过的平均电流为

$$\overline{I} = \frac{Q(t + \Delta t) - Q(t)}{\Delta t}.$$

当 $\Delta t \to 0$ 时，这个平均电流为

$$I = \lim_{\Delta t \to 0} \frac{Q(t + \Delta t) - Q(t)}{\Delta t},$$

称为电路中的瞬时电流.

上述两个问题有一个共同点，即它们都是关于平均变化率转变为瞬时变化率（Instantaneous Rate of Change）的问题. 这种问题用数学语言描述就是：如果函数 $y = f(x)$ 在点 x_0 处获得增量 Δx 时，函数值获得增量 $\Delta y = f(x_0 + \Delta x) - f(x_0)$，那么在自变量获得这个增量 Δx 时，函数值获得的增量 Δy 与自变量获得的增量 Δx 之间的比值就是函数值在自变量这种变化过程中的平均变化率.

当 $\Delta x \to 0$ 时，如果极限

$$\lim_{\Delta x \to 0} \frac{\Delta y}{\Delta x} = \lim_{\Delta x \to 0} \frac{f(x_0 + \Delta x) - f(x_0)}{\Delta x}$$

存在，则称其为函数在点 x_0 处的**瞬时变化率**.

二、导数的概念

【**导数的定义**】假设函数 $y = f(x)$ 在点 x_0 及其附近连续，如果极限

$$\lim_{\Delta x \to 0} \frac{\Delta y}{\Delta x} = \lim_{\Delta x \to 0} \frac{f(x_0 + \Delta x) - f(x_0)}{\Delta x}$$

存在，则称函数 $y = f(x)$ 在点 x_0 处可导（Derivable），记为 $y'|_{x = x_0}$ 或 $f'(x_0)$ 或 $\dfrac{\mathrm{d}y}{\mathrm{d}x}\Big|_{x = x_0}$.

函数在点 x_0 处的导数定义，说明了函数值在点 x_0 处的瞬时变化率. 在运动学上位移的瞬时变化率称为速度，路程的瞬时变化率称为速率. 在电学上，电荷关于时间的瞬时变化率称为电流. 在经济学上，成本关于产量的瞬时变化率称为边际成本. 在测量学中，质量相对于体积、面积、长度的导数称为体密度、面密度、线密度等. 可见导数在不同的领域都有重要的科学和现实意义.

假设函数 $y = f(x)$ 的曲线为 C，点 x_0 是 C 上的一个点，在 x_0 附近使自变量获得一个增量 Δx，则函数曲线上有两个点 $A(x_0, f(x_0))$ 和 $B(x_0 + \Delta x, f(x_0 + \Delta x))$. 点 A 和 B 确定了一条直线 l，称为函数曲线的**割线**. 割线的斜率为

$$k_{割} = \frac{f(x_0 + \Delta x) - f(x_0)}{\Delta x}.$$

当自变量的增量 Δx 逐渐减小时，点 B 会沿着曲线路径逐渐接近点 A，这样割线 l 就会逐渐与过点 A 处的切线 T 重合，从而随着 $\Delta x \to 0$，割线斜率的极限

$$\lim_{\Delta x \to 0} k_{割} = \lim_{\Delta x \to 0} \frac{f(x_0 + \Delta x) - f(x_0)}{\Delta x} = k_{切}$$

就是过 A 点处的切线斜率. 这说明函数 $y = f(x)$ 在点 x_0 处的导数 $f'(x_0)$ 就是其曲线在点 x_0 处切线的斜率. 这就是函数在固定点处导数的几何意义（图 $2-1$）.

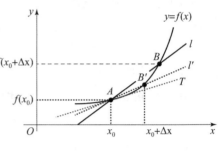

图 $2-1$

由于 Δx 可正可负，因此 $\Delta x \to 0$ 就包含了 $\Delta x \to 0^-$ 和 $\Delta x \to 0^+$ 两种情况，从而有了单侧导数的概念. 如果极限:

$$\lim_{\Delta x \to 0^-} \frac{f(x_0 + \Delta x) - f(x_0)}{\Delta x}$$

存在，则称函数 $y = f(x)$ 在点 x_0 处存在左导数（Left Derivative），记为 $f'_-(x_0)$，即

$$f_-(x_0) = \lim_{\Delta x \to 0^-} \frac{f(x_0 + \Delta x) - f(x_0)}{\Delta x}.$$

如果极限

$$\lim_{\Delta x \to 0^+} \frac{f(x_0 + \Delta x) - f(x_0)}{\Delta x},$$

存在，则称函数 $y = f(x)$ 在点 x_0 处存在右导数（Right Derivative），记为 $f'_+(x_0)$，即

$$f_+(x_0) = \lim_{\Delta x \to 0^+} \frac{f(x_0 + \Delta x) - f(x_0)}{\Delta x}.$$

由函数极限存在的唯一性易知：函数 $y = f(x)$ 在点 x_0 处的导数 $f'(x_0)$ 存在的充要条件是左、右导数 $f'_-(x_0)$ 和 $f'_+(x_0)$ 都存在且相等.

【例 2-1】 电容器在电路中是经常用到的设备，它具有储存电荷的作用. 当电容器接通交流电时，由于交流电是周期性变化的，所以电容器中储存的电荷数也随着时间做周期性变化. 假设某种电容器的电荷与时间满足函数关系 $Q(t) = A\sin \omega t$，试计算该电容器在时间点 $t = 0$ 和 $t = \pi/2\omega$ 的放电电流强度. 如果将该电容器调整，使电荷变化满足 $q(t) = A|\sin \omega t|$，试计算该电容器在时间点 $t = 0$ 的放电电流强度.

解 由于电荷对于时间的变化率就是电流强度，所以确定电容器在时间点 $t = 0$ 和 $t = \pi/2\omega$ 的放电电流强度即计算电荷函数 $Q(t) = A\sin \omega t$ 在这两点处的导数. 因此，$t = 0$ 时的放电电流强度为

$$Q'(0) = \lim_{t \to 0} \frac{Q(t) - Q(0)}{t} = \lim_{t \to 0} \frac{A\sin \omega t}{t} = A\omega;$$

$t = \pi/2\omega$ 时的放电电流强度为

$$Q'\left(\frac{\pi}{2\omega}\right)=\lim_{\Delta t\to 0}\frac{Q\left(\frac{\pi}{2\omega}+\Delta t\right)-Q\left(\frac{\pi}{2\omega}\right)}{\Delta t}=\lim_{\Delta t\to 0}\frac{A\sin\left(\omega\frac{\pi}{2\omega}+\omega\Delta t\right)-A\sin\frac{\pi}{2}}{\Delta t}$$

$$=A\lim_{\Delta t\to 0}\frac{\sin\left(\frac{\pi}{2}+\omega\Delta t\right)-1}{\Delta t}=A\lim_{\Delta t\to 0}\frac{\cos\omega\Delta t-1}{\Delta t}=A\lim_{\Delta t\to 0}\frac{-\frac{1}{2}(\omega\Delta t)^2}{\Delta t}=0.$$

修正后的电容器在 $t=0$ 时的放电电流强度为

$$\lim_{t\to 0}\frac{Q(t)-Q(0)}{t}=\lim_{t\to 0}\frac{A|\sin\omega t|}{t}=\lim_{t\to 0}\frac{A|\omega t|}{t}=A\omega\lim_{t\to 0}\frac{|t|}{t},\ \ \text{由于}\lim_{t\to 0^-}\frac{|t|}{t}=\lim_{t\to 0^-}\frac{-t}{t}=-1,$$

$\lim_{t\to 0^+}\frac{|t|}{t}=\lim_{t\to 0^-}\frac{t}{t}=1$，所以 $\lim_{t\to 0}\frac{Q(t)-Q(0)}{t}$ 不存在. 这说明此时电容器在 $t=0$ 时并不能产生电流，即函数 $Q(t)=A|\sin\omega t|$ 在 $t=0$ 处导数不存在.

导数不存在的点，称为不可导点. 函数在不可导点处表现为函数图像在该点处不光滑.

如果在导数的定义中，将自变量获得的有限增量改为自变量从点 x_0 变化到点 x，那么导数的定义还可以表述为：如果极限

$$\lim_{x\to x_0}\frac{f(x)-f(x_0)}{x-x_0}$$

存在，则称函数 $y=f(x)$ 在点 x_0 处可导，即

$$f'(x_0)=\lim_{x\to x_0}\frac{f(x)-f(x_0)}{x-x_0}=\lim_{x\to x_0}\frac{\Delta y}{\Delta x}=\lim_{x\to x_0}\frac{f(x_0+\Delta x)-f(x_0)}{\Delta x}.$$

【例 2-2】常用的切割机切片一般由金刚砂（主要成分为 SiC）材质制成，将切片安装到切割机上使用时，切片会做高速圆周运动，此时切片上任意一点处单位时间 t 内转过的角度 θ 称为角速度 ω. 转角 θ 是时间 t 的函数：$\theta=\theta(t)$. 从启动切割机到切割机全速运转的过程中，切片上任意一点在做加速圆周运动时会产生一定的离心力. 已知此种材质的切片分子间引力是固定值 M_0，如果离心力超过了 M_0，那么切片就会解体，从而导致危险. 试分析从启动切割机到切割机全速运转过程中切片上任意点处的角速度，并确定该种型号的切片适用的最高转速.

解 假设从启动切割机到切割机全速运转经过的时间区间为 $[0,t]$，切片上任意一点处的角速度与它到切片中心的距离没有关系，该点在时间间隔 $[t_0,t_0+\Delta t]$ 中的平均角速度为

$$\bar{\omega}=\frac{\theta(t_0+\Delta t)-\theta(t_0)}{\Delta t},$$

在时刻 t_0 的角速度为

$$\omega=\lim_{\Delta t\to 0}\bar{\omega}=\lim_{\Delta t\to 0}\frac{\theta(t_0+\Delta t)-\theta(t_0)}{\Delta t}=\theta'(t_0).$$

切片上某个到切片中心的距离为 r 的点在角速度为 ω 时所受到的向心力为 $F = mr\omega^2 = mr[\theta'(t)]^2$，此时该点运动的速度有两个，一个是沿着切片中心的圆周上在该点处的切向速度，一个是沿着背离圆心方向的离心速度，而这个离心速度是与切向速度垂直的. 当向心力小于 M_0，即 $F < M_0$ 时，该点处的分子不会沿着离心方向逃逸，切片可以安全使用. 当 $F > M_0$，即切片旋转的速度非常快时，该点为了克服向心力需要增大它与切片中心的距离来抵消向心力，此时切片会发生解体现象而导致危险发生.

如例 2 – 2 所述，一般物体做曲线运动时，都会产生一种切向速度和与切向速度垂直的离心（或向心）速度. 在数学上将这种过切点与切线垂直的直线称为法线. 根据导数的几何意义，切线斜率就是函数在该点处的导数 $f'(x_0)$，因此法线斜率就是

$$k_{法} = -\frac{1}{f'(x_0)}.$$

因此，函数 $y = f(x)$ 在点 (x_0, y_0) 处的切线方程和法线方程为

$$l_{切} : y - y_0 = f'(x_0)(x - x_0),$$

$$l_{法} : y - y_0 = -\frac{1}{f'(x_0)}(x - x_0).$$

三、导函数的概念

【导函数的定义】假设函数 $y = f(x)$ 的定义域为 (a, b)，如果函数 $f(x)$ 在开区间 (a, b) 上所有点处的导数都存在，则称函数 $y = f(x)$ 在其定义域 (a, b) 上存在导函数（Derivative Function），简称导数（Derivative），记为

$$y' \text{ 或 } f'(x) \text{ 或 } \frac{dy}{dx},$$

即

$$f'(x) = \lim_{\Delta x \to 0} \frac{f(x + \Delta x) - f(x)}{\Delta x}. \tag{2-1}$$

假设函数定义在闭区间 $[a, b]$ 上，而左端点的左侧以及右端点的右侧函数没有定义，此时如果函数 $y = f(x)$ 在左端点 $x = a$ 处存在右导数，则称函数 $y = f(x)$ 在左端点 $x = a$ 处可导，如果函数 $y = f(x)$ 在右端点 $x = b$ 处存在左导数，则称函数 $y = f(x)$ 在右端点 $x = b$ 处可导. 因此，函数 $y = f(x)$ 在闭区间 $[a, b]$ 上可导可以定义为：在开区间 (a, b) 内可导，在左端点处存在右导数，在右端点处存在左导数.

【例 2 – 3】求下列基本初等函数的导数.

（1）$y = C$；（2）$y = x^{\alpha}$；（3）$y = a^x$；（4）$y = \log_a x$.

解 （1）根据求导公式，有

$$C' = \lim_{\Delta x \to 0} \frac{f(x + \Delta x) - f(x)}{\Delta x} = \lim_{\Delta x \to 0} \frac{C - C}{\Delta x} = 0,$$

因此, 常数的导数等于 0, 这说明常数函数的变化率等于 0, 这很符合导数的意义.

$$(2)\ (x^{\alpha})' = \lim_{\Delta x \to 0} \frac{(x + \Delta x)^{\alpha} - x^{\alpha}}{\Delta x} = \lim_{\Delta x \to 0} \frac{x^{\alpha}\left[\dfrac{(x + \Delta x)^{\alpha}}{x^{\alpha}} - 1\right]}{\Delta x} = \lim_{\Delta x \to 0} \frac{x^{\alpha}\left[\left(1 + \dfrac{\Delta x}{x}\right)^{\alpha} - 1\right]}{\Delta x} =$$

$$\lim_{\Delta x \to 0} \frac{x^{\alpha} \cdot \alpha \cdot \dfrac{\Delta x}{x}}{\Delta x} = \alpha x^{\alpha}.$$

$$(3)\ (a^{x})' = \lim_{\Delta x \to 0} \frac{a^{x + \Delta x} - a^{x}}{\Delta x} = a^{x} \lim_{\Delta x \to 0} \frac{a^{\Delta x} - 1}{\Delta x} = a^{x} \lim_{\Delta x \to 0} \frac{\Delta x \ln a}{\Delta x} = a^{x} \ln a.$$

特别地, 当 $a = e$ 时, $(e^{x})' = e^{x}$.

$$(4)\ (\log_{a} x)' = \lim_{\Delta x \to 0} \frac{\log_{a}(x + \Delta x) - \log_{a} x}{\Delta x} = \lim_{\Delta x \to 0} \frac{\log_{a}\left(1 + \dfrac{\Delta x}{x}\right)}{\Delta x} = \lim_{\Delta x \to 0} \frac{\dfrac{\Delta x}{x \ln a}}{\Delta x} = \frac{1}{x \ln a}.$$

特别地, 当 $a = e$ 时, $(\ln x)' = \dfrac{1}{x}$.

【例 2 – 4】 求下列基本初等函数的导数.

(1) $y = \sin x$; (2) $y = \cos x$.

解 (1) $(\sin x)' = \lim_{\Delta x \to 0} \dfrac{\sin(x + \Delta x) - \sin x}{\Delta x} = \lim_{\Delta x \to 0} \dfrac{2\sin \dfrac{\Delta x}{2} \cos \dfrac{2x + \Delta x}{2}}{\Delta x} = \lim_{\Delta x \to 0} \dfrac{2 \dfrac{\Delta x}{2} \cos\left(x + \dfrac{\Delta x}{2}\right)}{\Delta x} =$

$\cos x.$

(2) $(\cos x)' = \lim_{\Delta x \to 0} \dfrac{\cos(x + \Delta x) - \cos x}{\Delta x} = \lim_{\Delta x \to 0} \dfrac{-2\sin \dfrac{x + \Delta x - x}{2} \sin \dfrac{x + \Delta x + x}{2}}{\Delta x} =$

$\lim_{\Delta x \to 0} \dfrac{-2\sin \dfrac{\Delta x}{2} \sin\left(x + \dfrac{\Delta x}{2}\right)}{\Delta x} = -\sin x.$

【例 2 – 5】 当电缆线架设在两个电线杆之间时, 随着时间的推移会因为形变而变成悬链线. 某处电缆线形变后经过测量恰好符合标准悬链线 (图 2 – 2), 试确定该悬链线在 $x = \ln 2$ 处的切线方程.

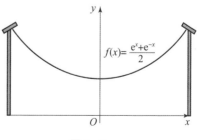

图 2 – 2

解 当 $x = \ln 2$ 时, $y = \dfrac{e^{\ln 2} + e^{-\ln 2}}{2} = \dfrac{5}{4}$, 而函数

在该点的切线斜率为 $k = f'(\ln 2)$, 由于此时函数

$f(x)$ 不是基本初等函数, 所以可以通过导数的定义计算切线的斜率:

$$k = f'(\ln 2) = \lim_{\Delta x \to 0} \frac{f(\ln 2 + \Delta x) - f(\ln 2)}{\Delta x} = \lim_{\Delta x \to 0} \frac{\frac{e^{\ln 2 + \Delta x} + e^{-\ln 2 - \Delta x}}{2} - \frac{5}{4}}{\Delta x} = \lim_{\Delta x \to 0} \frac{\frac{4e^{\Delta x} + e^{-\Delta x}}{4} - \frac{5}{4}}{\Delta x}$$

$$= \frac{1}{4} \left(\lim_{\Delta x \to 0} \frac{4e^{\Delta x} - 4}{\Delta x} + \lim_{\Delta x \to 0} \frac{e^{-\Delta x} - 1}{\Delta x} \right) = \frac{3}{4}.$$

因此，切线方程为 $y - \frac{5}{4} = \frac{3}{4}(x - \ln 2)$，即 $3x - 4y + 5 - 3\ln 2 = 0$.

悬链线方程 $y = \frac{e^x + e^{-x}}{2}$ 可以理解为两个函数的和，即 $y = \frac{1}{2}e^x + \frac{1}{2} \cdot \left(\frac{1}{e}\right)^x$，而函数

$y = e^x$ 和 $y = \left(\frac{1}{e}\right)^x$ 都可以使用基本求导公式计算. 因此，在知道了基本求导公式之后，

能否使用某些运算法则快速地计算出函数的导数呢? 结论是显然的.

四、导数的四则运算法则

假设函数 $u(x)$，$v(x)$ 在区间 I 上都是可导函数，那么它们的和、差、积、商（分母不为零）在区间 I 上也是可导的，且有：

(1) $[u(x) \pm v(x)]' = u'(x) \pm v'(x)$；

(2) $[u(x) \cdot v(x)]' = u'(x)v(x) + u(x)v'(x)$；

(3) $\left[\dfrac{u(x)}{v(x)}\right]' = \dfrac{u'(x)v(x) - u(x)v'(x)}{v^2(x)}$.

导数的四则运算

特别地，假设 k 是常数，则有：

(4) $[k \cdot u(x)]' = k \cdot u'(x)$；

(5) $\left[\dfrac{k}{u(x)}\right]' = -\dfrac{k \cdot u'(x)}{u^2(x)}$.

注意 导数的四则运算法则成立的前提条件是两个函数都可导.

利用导数的四则运算法则，易知例 2-5 中悬链线函数的导数为 $y' = \left(\dfrac{e^x + e^{-x}}{2}\right)' =$

$\left[\dfrac{1}{2}e^x + \dfrac{1}{2}\left(\dfrac{1}{e}\right)^x\right]' = \dfrac{e^x - e^{-x}}{2}$.

【例 2-6】 求下列函数的导数.

(1) $y = \tan x$；(2) $y = \cot x$；；(3) $y = \sec x$；(4) $y = \csc x$.

解 (1) $y' = (\tan x)' = \left(\dfrac{\sin x}{\cos x}\right)' = \dfrac{(\sin x)'\cos x - \sin x (\cos x)'}{(\cos vx)^2} = \dfrac{\cos^2 x + \sin^2 x}{\cos^2 x} = \dfrac{1}{\cos^2 x} =$

$\sec^2 x$.

(2) $y' = (\cot x)' = \left(\dfrac{\cos x}{\sin x}\right)' = \dfrac{(\cos x)'\sin x - \cos x (\sin x)'}{(\sin x)^2} = -\dfrac{\cos^2 x + \sin^2 x}{\cos^2 x} = -\dfrac{1}{\cos^2 x} =$

$- \csc^2 x.$

（3） $y' = (\sec x)' = \left(\dfrac{1}{\cos x}\right)' = -\dfrac{(\cos x)'}{(\cos x)^2} = -\dfrac{-\sin x}{\cos^2 x} = \dfrac{1}{\cos x} \cdot \dfrac{\sin x}{\cos x} = \sec x \tan x.$

（4） $y' = (\csc x)' = \left(\dfrac{1}{\sin x}\right)' = -\dfrac{(\sin x)'}{(\sin x)^2} = -\dfrac{\cos x}{\sin^2 x} = -\dfrac{1}{\sin x} \cdot \dfrac{\cos x}{\sin x} = -\csc x \cot x.$

【例 2 - 7】 某个工件的内表面形状经过测定，其曲线近似服从函数 $f(x) = \dfrac{\sin x}{1 + x^2}$ 的轨迹，现需要对其内表面形状曲线在坐标原点处的光滑程度进行测定，试分析其光滑程度函数并确定其在点 $x = 0$，$x = 0.5\pi$，$x = \pi$ 处的光滑程度.

解 曲线的光滑程度是用曲线函数的导数是否连续来定义的. 由于

$$f'(x) = \left(\frac{\sin x}{1 + x^2}\right)' = \frac{(1 + x^2)\cos x - 2x\sin x}{(1 + x^2)^2}$$

的定义域为 $(-\infty, +\infty)$，所以曲线的导数是连续函数，可知该工件表面整体是平滑的，且

$$f'(0) = 1,\ f'(0.5\pi) = -\frac{\pi}{(1 + 0.25\pi^2)^2},\ f'(\pi) = \frac{1}{1 + \pi^2}.$$

因此，该工件表面的光滑程度函数在点 $x = 0$，$x = 0.5\pi$，$x = \pi$ 处的光滑程度依次约为：1，0.261 3，0.092 0.

想一想，练一练

1. 求下列函数的导数.

（1） $y = \dfrac{1}{x}$；　　　　　　（2） $y = \sqrt{x \sqrt{x \sqrt{x}}}$；　　　　　（3） $y = x^2 \sin x$；

（4） $y = \sqrt{x} \tan x$；　　　　　（5） $y = x\cos x + \dfrac{\pi}{2}$；　　　　（6） $y = 2^x \mathrm{e}^x$；

（7） $y = 2\sin x + \ln 3x$；　　　（8） $y = \mathrm{e}^{2x}$.

2. 假设 $y = f(x)$ 在点 x_0 处可导，试求 $\lim\limits_{x \to 0} \dfrac{f(x_0 + Ax) - f(x_0 + Bx)}{x}$ 的值.

3. 已知 $f(x) = x(x + 1)(x + 2)\cdots(x + 100)$，试求 $f'(0)$.

4. 设某工厂生产 x 件产品的成本为 $C = -0.1x^2 + 100x + 2\,000$，成本函数的导数称为边际成本函数，试求该工厂的边际成本函数，以及生产 100 件产品、101 件产品的边际成本，并解释其实际意义.

5. 假设 $f(x) = \begin{cases} \dfrac{2}{3}x^3, & x \leqslant 1 \\ x^2, & x > 1 \end{cases}$，则 $f(x)$ 在点 $x = 1$ 处的（　　　　）

    A. 左、右导数都存在   B. 左导数存在，右导数不存在

    C. 左导数不存在，右导数存在   D. 左、右导数都不存在

6. 试从导数的定义断定——函数在 $y = f(x)$ 在点 x_0 处可导必然在该点处连续，反之不成立，并举例说明.

7. 在某电路中，电荷量 q 关于时间 t 的函数为 $q = t^3 + t$，求：（1）电流函数 $i(t)$；（2）当 $t = 0$ 时的电流大小；（3）电流为 49 A 的时刻.

8. 假设函数 $f(x)$ 是偶函数，且 $f'(0)$ 存在，试求 $f'(0)$.

9. 某个小球在双曲线 $xy = a^2$ 上运动，试求小球在双曲线上任意一点处的切线与两个坐标轴构成的三角形的面积.

10. 在对某个工件表面形状曲线进行测量时，其表面形状曲线函数记为 $f(x)$，经过测定，$f(x)$ 在工件表面上任意两点 x，y 上满足 $f(x + y) = f(x)f(y)$，$f(0) = 1$，试问该工件表面形状曲线是否处处可导？如果可导，计算出其导数，并尝试求出 $f(x)$ 的表达式；如果不可导，说明理由.

11. 求下列函数的导数.

（1）$y = x^4 + 3x^2 - \dfrac{1}{x}$；   （2）$y = 4x^3 + 3^x - e^x$；   （3）$y = \tan x - \sec x + 1$；

（4）$y = e^x \sin x + \ln 2$；   （5）$y = x^3 \ln x$；   （6）$y = \dfrac{\ln x}{x}$；

（7）$y = \dfrac{e^x}{x^2} + e$；   （8）$y = \dfrac{1 - \sin x}{1 + \sin x}$；   （9）$y = x^3 \cdot \ln x \cdot \sin x$.

12. 求下列函数的导数.

（1）$f(x) = \begin{cases} \sin x, & x < 0 \\ \cos x, & x \geq 0 \end{cases}$；   （2）$f(x) = \begin{cases} 2x + 1, & x \geq 0 \\ x^2 - 2x + 1, & x < 0 \end{cases}$.

13. 某工件表面形状曲线在某个范围内近似服从函数 $y = \dfrac{e^x - e^{-x}}{e^x + e^{-x}}$ 的轨迹，试确定该工件表面形状曲线的变化率以及在点 $x = 0$，$x = 1$，$x = 2$ 处的变化率.

14. 已知函数 $f(x)$ 是以 5 为周期的周期函数，$f(x)$ 在点 $x = 1$ 处可导，且 $\lim\limits_{x \to n} \dfrac{f(1 + \sin x) - 3f(1 - \sin x)}{n} = 8$，求函数曲线在点 $(6, f(6))$ 处的切线方程.

15. 已知函数 $f(x) = \begin{cases} x^2 + 2x + 3, & x \leq 0 \\ ax + b, & x > 0 \end{cases}$ 在点 $x = 0$ 处可导，试求常数 a，b 的值.

16. 设函数 $f(x) = (x - 1)(x - 2)^2(x - 3)^3$，求 $f'(1)$，$f'(2)$ 和 $f'(3)$.

17. 已知 $f(x) = 2 + x - x^2$，求 $f'(0)$，$f'\left(\dfrac{1}{2}\right)$，$f'(1)$ 和 $f'(-10)$.

18. 求下列函数的导数.

(1) $y = x^2 + x - 2$；　　(2) $y = (x - a)(x - b)$；　　(3) $y = \dfrac{1}{x} + \dfrac{2}{x^2} + \dfrac{3}{x^3}$；

(4) $y = \dfrac{2x}{1 - x^2}$；　　(5) $y = \dfrac{1 + x - x^2}{1 + x + x^2}$；　　(6) $y = \dfrac{x}{(1 - x^2)(1 + x)^3}$.

19. 求下列函数的导数.

(1) $y = \dfrac{\ln x}{4x^4} - \dfrac{1}{16x^4}$；　　(2) $y = x\sqrt{1 + x^2}$；　　(3) $y = (1 + x)\sqrt{2 + x^2}$；

(4) $y = x e^x \sin x$；　　(5) $y = \dfrac{x}{\sqrt{1 - x^2}}$；　　(6) $y = \dfrac{\sin x}{\tan x}$.

20. 设函数 $f(x) = (x - a)\varphi(x)$，其中 $\varphi(x)$ 在点 $x = a$ 处连续，求 $f'(a)$.

21. 讨论函数 $f(x) = (x - x_1)(x - x_2)\,|(x - x_1)(x - x_3)|$ 在点 $x = x_1$，$x = x_2$，$x = x_3$ 处的可导性，并由此判断函数 $f(x) = (x - 1)\,|x^3 - 3x^2 + 2x|$ 不可导点的个数.

22. 假设函数 $f(x) = \begin{cases} x^k \sin \dfrac{1}{x}, & x \neq 0 \\ 0, & x = 0 \end{cases}$，讨论：(1) 当 $f(x)$ 连续时，k 的取值范围；

(2) 当 $f(x)$ 可导时，k 的取值范围.

第二节　求导法则及其应用

一、链式法则

【问题引入】某车间接到一项订单，需要制作图 2 – 3 所示形状的某种配件，经过测定，其轨迹满足函数 $y = (\arctan x)^2 + 0.2$ 的关系. 现在需要对该工件进行测量以设置参数进行加工，在测量的过程中，需要考虑该工件每一点处的光滑程度以便在后期打磨过程中对打磨精度进行设定.

在第一节中，给出了曲线光滑程度的概念，即曲线导数如果是连续的，那么这条曲线就是光滑的，因此只需要计算出函数 $y = 0.2 + (\arctan x)^2$ 的导数即可.

一般地，对于复合函数 $y = f(g(x))$ 的求导问题，有如下结论.

【链式法则】假设函数 $y = f(u)$ 是一个基

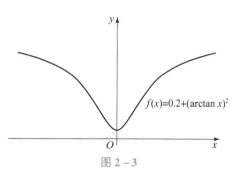

图 2 – 3

本初等函数，$u = g(x)$ 是一个初等函数，在某个区间 I 上它们都是可导的，那么它们构成的复合函数 $y = f(g(x))$ 也是可导的，且

$$[f(g(x))]' = f'(g(x))g'(x).$$

其中，$f'(g(x))$ 表示的是外函数 $y = f(u)$ 的导函数 $y' = f'(u)$ 中，将自变量以函数 $u = g(x)$ 代入后的结果.

链式法则

【例 2 - 8】 求函数 $y = \sin 2x$ 的导数.

解 函数 $y = \sin 2x$ 是由外函数 $y = \sin u$，$u = 2x$ 复合而成的复合函数，因此

$$y' = (\sin 2x)' = \cos 2x \cdot (2x)' = 2\cos 2x.$$

【例 2 - 9】 计算下列函数的导数.

（1）$y = e^{2x}$；（2）$y = \ln \sin x$；（3）$y = \ln \cos x$；（4）$y = \sqrt{1 + x^2}$.

解 （1）$y' = (e^{2x})' = 2e^{2x}$.

（2）$y' = (\ln \sin x)' = \dfrac{1}{\sin x} \cdot (\sin x)' = \dfrac{\cos x}{\sin x} = \cot x$.

（3）$y' = (\ln \cos x)' = \dfrac{1}{\cos x} \cdot (\cos x)' = -\dfrac{\sin x}{\cos x} = -\tan x$.

（4）$y' = (\sqrt{1 + x^2})' = \dfrac{1}{2\sqrt{1 + x^2}} \cdot (1 + x^2)' = \dfrac{x}{\sqrt{1 + x^2}}$.

二、反函数的求导法则

在检测形如 $y = 0.2 + (\arctan x)^2$ 的工件的光滑程度时，其导数为 $y' = 2(\arctan x) \cdot (\arctan x)'$，但是反正切函数的导数公式我们还不清楚. 它是基本初等函数，是构成复合函数的基本单元之一. $y = \arctan x$ 是正切函数 $y = \tan x$ 的反函数，那么能否根据 $y = \tan x$ 得到其反函数的导数公式呢？结论是显然的.

如果函数 $x = f(y)$ 在区间 I_y 内单调、可导，且 $f'(y) \neq 0$，那么它的反函数 $y = f^{-1}(x)$ 在区间 $I_x = \{x \mid x = f(y), y \in I_y\}$ 内可导，且

反函数的
求导法则

$$[f^{-1}(x)]' = \frac{1}{f'(y)} \quad \text{或} \quad \frac{dx}{dy} = \frac{1}{\dfrac{dy}{dx}}.$$

注 反函数的求导法则可以这样表述：反函数的导数等于原函数导数的倒数.

【例 2 - 10】 计算下列函数的导数.

（1）$y = \arcsin x$；（2）$y = \arccos x$；（3）$y = \arctan x$；（4）$y = \operatorname{arccot} x$.

解 （1）由于 $y = \arcsin x$，所以 $x = \sin y$，于是有

$$(\arcsin x)' = \frac{1}{(\sin y)'} = \frac{1}{\cos y} = \frac{1}{\sqrt{1 - \sin^2 y}} = \frac{1}{\sqrt{1 - x^2}}.$$

（2）$(\arccos x)' = \dfrac{1}{(\cos y)'} = -\dfrac{1}{\sin y} = -\dfrac{1}{\sqrt{1-\cos^2 y}} = -\dfrac{1}{\sqrt{1-x^2}}.$

（3）$(\arctan x)' = \dfrac{1}{(\tan y)'} = \dfrac{1}{\sec^2 y} = \dfrac{1}{1+\tan^2 y} = \dfrac{1}{1+x^2}.$

（4）$(\text{arccot}\, x)' = \dfrac{1}{(\cot y)'} = -\dfrac{1}{\csc^2 y} = -\dfrac{1}{1+\cot^2 y} = -\dfrac{1}{1+x^2}.$

因此，形如 $y = 0.2 + (\arctan x)^2$ 的工件的光滑程度函数为 $y' = \dfrac{2\arctan x}{1+x^2}$，它在全体实数上都是连续的，因此该工件处处光滑.

至此，基本初等函数的求导公式已经全部给出（表 2 – 1）.

表 2 – 1　基本初等函数的求导公式

序号	公式	序号	公式
1	$(C)' = 0$	9	$(\tan x)' = \sec^2 x$
2	$(x^\alpha)' = \alpha x^{\alpha-1}$	10	$(\cot x)' = -\csc^2 x$
3	$(a^x)' = a^x \ln a$	11	$(\sec x)' = \sec x \tan x$
4	$(e^x)' = e^x$	12	$(\csc x)' = -\csc x \cot x$
5	$(\log_a x)' = \dfrac{1}{x\ln a}$	13	$(\arcsin x)' = \dfrac{1}{\sqrt{1-x^2}}$
6	$(\ln x)' = \dfrac{1}{x}$	14	$(\arccos x)' = -\dfrac{1}{\sqrt{1-x^2}}$
7	$(\sin x)' = \cos x$	15	$(\arctan x)' = \dfrac{1}{1+x^2}$
8	$(\cos x)' = -\sin x$	16	$(\text{arccot}\, x)' = -\dfrac{1}{1+x^2}$

这 16 个基本求导公式，结合导数的四则运算法则、复合函数的链式法则、反函数的求导法则基本上可以解决后续课程中遇到的所有函数的导数问题，请读者务必掌握.

【例 2 – 11】假设函数 $f(x) = x^4 + x^2 + 2$ 在 $[0, +\infty)$ 上的反函数为 $\varphi(x)$，试计算 $\varphi'(4)$.

解　由于反函数的自变量就是原函数的因变量，反函数的因变量就是原函数的自变量，所以

$$\varphi'(4) = \dfrac{1}{f'(1)} = \dfrac{1}{4x^3 + 2x}\bigg|_{x=1} = \dfrac{1}{6}.$$

三、高阶导数

在一个由电阻 R、自感 L、电容 C 和电源 E 串联组成的自感电路中，电阻 R、电感 L、电容 C 是常数，电源电压 $E = E_m \sin \omega t$，E_m 以及 ω 都是常数，假设电路中的电流为 $i(t)$，电容器极板上的电荷量为 $q(t)$，两个极板间的电压为 u_C，自感电动势为 E_L，根据电学知识，有

$$i(t) = \frac{\mathrm{d}q(t)}{\mathrm{d}t} = q'(t), \quad u_C = \frac{q(t)}{C}, \quad E_L = -L \cdot \frac{\mathrm{d}i(t)}{\mathrm{d}t} = -Li'(t),$$

即电流是电荷量关于时间的导数（变化率），自感电压是自感系数 L 乘以电流关于时间的导数（变化率）. 那么可以认为电荷量关于时间求了两次导数再乘以常数就是自感电压. 像这样，一个函数 $y = f(x)$ 求导得到的导函数 $f(x)$ 再求导的问题，在数学上称为高阶导数问题，类似的还有加速度等.

一般地，函数 $y = f(x)$ 的导数 $y' = f'(x)$ 叫作函数 $y = f(x)$ 的**一阶导数**，函数 $y' = f'(x)$ 的导数 $y'' = f''(x)$ 叫作一阶导数的导数，称为函数 $y = f(x)$ 的**二阶导数**，类似地，二阶导数的导数称为函数 $f(x)$ 的**三阶导数**，三阶导数的导数称为函数 $f(x)$ 的**四阶导数**，$\cdots$，$(n-1)$ 阶导数的导数，称为函数 $y = f(x)$ 的 **n 阶导数**，依次记为

$$y', \quad y'', \quad y''', \quad \cdots, \quad y^{(n-1)}, \quad y^{(n)}$$

或

$$\frac{\mathrm{d}y}{\mathrm{d}x}, \quad \frac{\mathrm{d}^2 y}{\mathrm{d}x^2}, \quad \frac{\mathrm{d}^3 y}{\mathrm{d}x^3}, \quad \cdots, \quad \frac{\mathrm{d}^{n-1} y}{\mathrm{d}x^{n-1}}, \quad \frac{\mathrm{d}^n y}{\mathrm{d}x^n}.$$

如果函数 $y = f(x)$ 在区间 I 上具有 n 阶导数，也称其在区间 I 上 n 阶可导. 二阶以及二阶以上的导数，统称为高阶导数（Higher Order Derivative）.

【例 2-12】 在自感电路中，由于 $i(t) = \dfrac{\mathrm{d}q(t)}{\mathrm{d}t} = q'(t)$，$u_C = \dfrac{q(t)}{C}$，$E_L = -L \cdot$ $\dfrac{\mathrm{d}i(t)}{\mathrm{d}t} = -Li'(t)$，所以根据基尔霍夫电压定律可知：

$$E - \frac{\mathrm{d}q(t)}{\mathrm{d}t} - \frac{q(t)}{C} - i(t)R = 0.$$

将 $i(t) = \dfrac{\mathrm{d}q(t)}{\mathrm{d}t}$，$q(t) = Cu_C$，$E = E_m \sin \omega t$ 代入即有

$$LC \frac{\mathrm{d}^2 u_C}{\mathrm{d}t^2} + RC \frac{\mathrm{d}u_C}{\mathrm{d}t} + u_C = E_m \sin \omega t,$$

或写成

$$\frac{\mathrm{d}^2 u_C}{\mathrm{d}t^2} + \frac{R}{L} \cdot \frac{\mathrm{d}u_C}{\mathrm{d}t} + \frac{1}{LC} u_C = \frac{E_m}{LC} \sin \omega t,$$

上式称为串联电路的振荡方程. 在后续课程中, 我们会深入探究它.

【例 2 – 13】 求下列函数的 $n(n > 2)$ 阶导数.

（1）$y = x^n$；（2）$y = e^{ax}$；（3）$y = \dfrac{1}{ax + b}$；（4）$y = \sin(\omega x + \varphi)$.

解 （1）由于 $y' = nx^{n-1}$, 所以 $y'' = n(n-1)x^{n-2}$, $\cdots$, $y^{(n-1)} = n(n-1)\cdots 2 \cdot x$, $y^{(n)} = n!$. 这说明 n 次幂的 n 阶导数等于 n 的阶乘, 为常数, 因此必然有 $(x^n)^{n+k} = 0$ $(k = 1, 2, 3\cdots)$.

（2）由于 $y' = (e^{ax})' = ae^{ax}$, 所以 $y'' = (ae^{ax})' = a^2 e^{ax}$, 由数学归纳法可知: $(e^{ax})^{(n)} = a^n e^{ax}$.

（3）由于 $y' = \left(\dfrac{1}{ax + b}\right)' = [(ax + b)^{-1}]' = (-1) \cdot a \cdot (ax + b)^{-2}$, 所以 $y'' = [(-1) \cdot a \cdot (ax + b)^{-2}]' = (-1)(-2) \cdot a^2 \cdot (ax + b)^{-3}$. 由数学归纳法有

$$y^{(n-1)} = (-1)(-2)\cdots(-n+1) \cdot a^{n-1} \cdot (ax + b)^{-n},$$

故 $y^{(n)} = (-1)(-2)\cdots(-n+1)(-n) \cdot a^n \cdot (ax + b)^{-n-1} = \dfrac{(-1)^n \cdot a^n \cdot n!}{(ax + b)^{n+1}}$,

即

$$\left(\frac{1}{ax + b}\right)^{(n)} = \frac{(-1)^n \cdot a^n \cdot n!}{(ax + b)^{n+1}}.$$

（4）由于 $y' = [\sin(\omega x + \varphi)]' = \omega\cos(\omega x + \varphi) = \omega\sin\left(\omega x + \varphi + \dfrac{\pi}{2}\right)$, 所以 $y'' = \left[\omega\sin\left(\omega x + \varphi + \dfrac{\pi}{2}\right)\right]' = \omega^2\cos\left(\omega x + \varphi + \dfrac{\pi}{2}\right) = \omega^2\sin\left(\omega x + \varphi + \dfrac{2\pi}{2}\right)$.

由数学归纳法, $[\sin(\omega x + \varphi)]^{(n)} = \omega^n\sin\left(\omega x + \varphi + \dfrac{n\pi}{2}\right)$. 同理, $[\cos(\omega x + \varphi)]^{(n)} = \omega^n\cos\left(\omega x + \varphi + \dfrac{n\pi}{2}\right)$.

【例 2 – 14】 已知函数 $y = (2x + 1)^{20}(3x - 2)^{30}$, 求 $y^{(50)}$.

解 由于 $y = (2x + 1)^{20}(3x - 2)^{30} = 2^{20} \cdot 3^{30} x^{50} + P_{49}(x)$, 其中 $P_{49}(x) = a_{49}x^{49} + a_{48}x^{48} + \cdots + a_1 x + a_0$ 是 49 次多项式, 由于 $P_{49}^{(50)}(x) = (a_{49}x^{49} + a_{48}x^{48} + \cdots + a_1 x + a_0)^{(50)} = 0$, 所以 $y^{(50)} = 2^{20} \cdot 3^{30} \cdot 50!$.

【例 2 – 15】 函数 $y = \dfrac{1}{6x^2 + 5x + 1}$, 求 $y^{(n)}$.

解 $y = \dfrac{1}{6x^2 + 5x + 1} = \dfrac{1}{(2x + 1)(3x + 1)} = \dfrac{3}{3x + 1} - \dfrac{2}{2x + 1}$, 由例 2 – 13 可知:

$$y^{(n)} = \left(\frac{3}{3x + 1} - \frac{2}{2x + 1}\right)^{(n)} = \frac{(-1)^n \cdot 3^{n+1} \cdot n!}{(3x + 1)^{n+1}} - \frac{(-1)^n \cdot 2^{n+1} \cdot n!}{(2x + 1)^{n+1}}.$$

如果函数 $u(x)$，$v(x)$ 在区间 I 上都是 n 阶可导函数，则它们的和、差也是 n 阶可导函数，且 $[u(x) \pm v(x)]^{(n)} = u^{(n)}(x) \pm v^{(n)}(x)$．利用数学归纳法易得如下结论．

【莱布尼茨高阶导数公式】 如果函数 $u(x)$，$v(x)$ 在区间 I 上都是 n 阶可导函数，那么它们的乘积也是 n 阶可导函数，且

$$[u(x) \cdot v(x)]^{(n)} = C_n^0 u^{(n)}(x)v(x) + C_n^1 u^{(n-1)}(x)v^{(1)}(x) + \cdots +$$
$$C_n^k u^{(n-k)}(x)v^{(k)}(x) + \cdots + C_n^n u(x)v^{(n)}(x)$$

$$= \sum_{k=0}^{n} C_n^k u^{(n-k)}(x)v^{(k)}(x).$$

莱布尼茨
高阶导数公式

其中，$C_n^k = \dfrac{n!}{k! \cdot (n-k)!}$．

【例 2-16】 已知 $y = x^2 \sin 2x$，求 $y^{(20)}$．

解 由于 $(x^2)'' = 2$，所以

$$y^{(n)} = C_{20}^0 x^2 (\sin 2x)^{(20)} + C_{20}^1 (x^2)' (\sin 2x)^{(19)} + C_{20}^2 (x^2)'' (\sin 2x)^{(18)}$$

$$= 2^{20} x^2 \sin(2x + 10\pi) + 20 \cdot 2x \cdot 2^{19} \sin\left(2x + \frac{19\pi}{2}\right) + 190 \cdot 2 \cdot 2^{18} \sin(2x + 9\pi)$$

$$= 2^{20} x^2 \sin 2x + 20x \cdot 2^{20} \cos 2x - 95 \cdot 2^{20} \sin 2x$$

$$= 2^{20} (x^2 \sin 2x + 20x \cos 2x - 95 \sin 2x).$$

四、隐函数的导数

某个车间接到一个订单，要求制作一批图 2-4 所示的心形雕刻饰品．此种饰品经过测量后可以在设备上设置参数进行批量生产．经过测量，其外轮廓线近似服从函数 $x^2 + \left(y - \sqrt[3]{x^2}\right)^2 = 1$ 的轨迹．在设定参数时需要考虑该函数曲线的光滑性从而制定雕刻探头的连续性运动方式，因此需要计算它的导数．此种函数并不是前文介绍的函数形式，在前文中介绍的都是形如 $y = f(x)$ 的函数，它们的函数形式是比较明显的．形如 $y = f(x)$ 的函数，由于自变量和因变量分布在等号的两侧，区别比较明显，所以称为**显函数**；而形如 $x^2 + \left(y - \sqrt[3]{x^2}\right)^2 = 1$ 的函数，自变量和因变量都分布在等号的同一侧，其自变量和因变量的区别不是很明显．

这种类型的函数等号的左侧是既含有 x 又含有 y 的代数式，等号右侧的常数完全可以将其移到等号的左侧，因此可以将其归纳为 $F(x, y) = 0$ 的形式．其中，F 就是一个由 x，y 以及常数构成的代数式．形如 $F(x, y) = 0$ 的函数称为**隐函数**，因此如果有 $y = f(x)$ 可以使 $F(x, f(x)) = 0$ 成立，则称函数 $y = f(x)$ 是由隐函

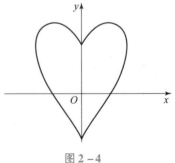

图 2-4

数 $F(x,y)=0$ 确定的显函数, 从 $F(x,y)=0$ 得到 $y=f(x)$ 的过程称为隐函数的显化, 如果一个隐函数能够显化, 那么它的导数的计算就会变得非常容易. 但是, 很多时候隐函数的显化并不容易, 比如函数 $x^y+y^x=1$ 就是一个无法显化的隐函数. 为了能够从隐函数的表达式中求出 y 的导数 y', 就需要一种新的关于隐函数的求导法则.

【隐函数的求导法则】 对隐函数 $F(x,y)=0$ 关于 x 求导, 此时默认 y 是 x 的函数, 按照复合函数求导法则即可得到含有 y' 的代数式, 再通过代数计算, 即可得到 y' 的表达式.

【例 2 – 17】 从隐函数方程 $e^{xy}+2x+y-3=0$ 中, 分别计算出 $\dfrac{\mathrm{d}y}{\mathrm{d}x}$ 和 $\dfrac{\mathrm{d}x}{\mathrm{d}y}$.

隐函数的导数

解 先计算 $\dfrac{\mathrm{d}y}{\mathrm{d}x}$, 此时将 x 看作自变量, y 为 x 的函数, 对方程 $e^{xy}+2x+y-3=0$ 两边同时关于 x 求导, 即 $(e^{xy}+2x+y-3)'=0$, 得 $e^{xy}(y+xy')+2+y'=0$, 整理可得

$$\frac{\mathrm{d}y}{\mathrm{d}x}=\frac{2+ye^{xy}}{1+xe^{xy}}.$$

再计算 $\dfrac{\mathrm{d}x}{\mathrm{d}y}$, 此时将 y 看作自变量, x 为 y 的函数, 对方程 $e^{xy}+2x+y-3=0$ 两边同时关于 y 求导, 即 $(e^{xy}+2x+y-3)'=0$, 得 $e^{xy}(x+x'y)+2x'+1=0$, 整理可得

$$\frac{\mathrm{d}x}{\mathrm{d}y}=\frac{1+xe^{xy}}{2+ye^{xy}}.$$

从例 2 – 17 可以发现, 在隐函数方程的求导中, $\dfrac{\mathrm{d}y}{\mathrm{d}x}$ 和 $\dfrac{\mathrm{d}x}{\mathrm{d}y}$ 互为倒数关系, 这是显然的, 因为在隐函数方程中, 如果将 x 看作自变量, 则它蕴含的显函数为 $y=f(x)$, 如果将 y 看作自变量, 它蕴含的显函数为 $x=\varphi(y)$, 函数 $y=f(x)$ 与 $x=\varphi(y)$ 恰好互为反函数. 这也是反函数的导数恰好等于直接函数导数的倒数的原因.

【例 2 – 18】 求函数 $y=\dfrac{\sqrt[3]{(x+1)^2(x+2)}}{\sqrt{(x+2)(x+4)}}$, $x\in(-1,+\infty)$ 的导数.

解 由于 $x\in(-1,+\infty)$, 所以利用对数的性质可以将函数化简为

$$\ln y=\frac{2}{3}\ln(x+1)+\frac{1}{3}\ln(x+2)-\frac{1}{2}\ln(x+3)-\frac{1}{2}\ln(x+4).$$

按照隐函数的求导法则, 两边同时关于 x 求导, 得

$$\frac{1}{y}\cdot y'=\frac{2}{3(x+1)}+\frac{1}{3(x+2)}-\frac{1}{2(x+3)}-\frac{1}{2(x+4)},$$

因此

$$y' = y \cdot \left[\frac{2}{3(x+1)} + \frac{1}{3(x+2)} - \frac{1}{2(x+3)} - \frac{1}{2(x+4)} \right]$$

$$= \frac{\sqrt[3]{(x+1)^2(x+2)}}{\sqrt{(x+2)(x+4)}} \left[\frac{2}{3(x+1)} + \frac{1}{3(x+2)} - \frac{1}{2(x+3)} - \frac{1}{2(x+4)} \right].$$

注 例 2-18 中的方法通常称为**对数求导法**，即利用对数的性质先将一个比较复杂的函数化简，再按照隐函数的求导法则对其求导，但是由于原函数是一个显函数，所以利用对数求导法得到的导数中的 y 要代回其函数表达式，不能有单独的 y 出现.

五、参数方程的导数

某个车间接到一个订单，要求在某种圆盘状工件上进行雕刻，纹路如图 2-5 所示，现需要对其进行测量，描述其纹路轨迹函数，将此函数输入设备即可进行精确加工. 这样的纹路轨迹函数的确定是不容易的. 此时考虑对曲线上任意点 $P(x, y)$ 处的横、纵坐标分别探究. 将点 P 与坐标原点相连，形成一条线段 OP，那

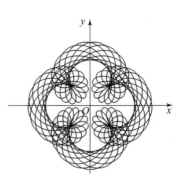

图 2-5

么 OP 的长度以及 OP 与 x 轴正方向的夹角 t 就可以确定点 P 的位置. 此时可以计算出 x 与 t 的函数关系，从而可以确定 OP 的长度与 t 的关系，这样点 P 在坐标平面中位置的横坐标就可以表示为 $x = \varphi(t)$. 同理，可以确定纵坐标 y 也是 t 的函数：$y = \psi(t)$. 因此，可以将函数 $y = f(x)$ 的任意点 $P(x, y)$ 表示为

$$\begin{cases} x = \varphi(t) \\ y = \psi(t) \end{cases}.$$

这种表示函数的方式在数学上称为参数方程（Parametric Equation），其中 t 称为参数. 用参数方程描述函数的方法在实际应用中是非常普遍的. 例如：在描述一个质点的平抛运动的函数

$$\begin{cases} x = v_0 t \\ y = \frac{1}{2} g t^2 \end{cases}$$

就是参数方程. 经过测量，上述工件可以用参数方程表示为

$$\begin{cases} x = \sin t + \frac{1}{2} \sin 5t + \frac{1}{4} \cos 2.3t \\ y = \cos t + \frac{1}{2} \cos 5t + \frac{1}{4} \sin 2.3t \end{cases}, \quad -20\pi \leq t \leq 20\pi.$$

该工件上的雕刻纹路是否光滑，可以根据任意点 $P(x, y)$ 处的导数是否连续进行判

断. 像这种以参数方程形式出现的函数的导数问题, 需要一种新的求导法则来解决.

在参数方程 $\begin{cases} x = \varphi(t) \\ y = \psi(t) \end{cases}$ 中, x 是 t 的函数, y 也是 t 的函数, 但是 y 与 x 并没有直接的关系. 那么要确定 y 关于 x 的导数, 可以先确定它们关于 t 的函数.

【参数方程的求导法则】 对于参数方程 $\begin{cases} x = \varphi(t) \\ y = \psi(t) \end{cases}$, y 关于 x 的一阶导数、二阶导数可表示为

$$\frac{\mathrm{d}y}{\mathrm{d}x} = \frac{\psi'(t)}{\varphi'(t)}, \quad \frac{\mathrm{d}^2 y}{\mathrm{d}x^2} = \frac{\psi''(t)\varphi'(t) - \psi'(t)\varphi''(t)}{\left[\varphi'(t)\right]^3}.$$

参数方程的导数

【例 2-19】 求椭圆 $\begin{cases} x = 4\cos t \\ y = 3\sin t \end{cases}$ 在点 $t = \dfrac{\pi}{6}$ 处的切线和法线方程.

解 在 $t = \dfrac{\pi}{6}$ 处, $x = 2\sqrt{3}$, $y = \dfrac{3}{2}$, 于是, $k_{\text{切}} = \dfrac{\mathrm{d}y}{\mathrm{d}x}\Big|_{t=\frac{\pi}{6}} = \dfrac{\dfrac{\mathrm{d}y}{\mathrm{d}t}}{\dfrac{\mathrm{d}x}{\mathrm{d}t}}\Bigg|_{t=\frac{\pi}{6}} = \dfrac{\psi'(t)}{\varphi'(t)}\Big|_{t=\frac{\pi}{6}} =$

$\dfrac{3\cos t}{-4\sin t}\Big|_{t=\frac{\pi}{6}} = -\dfrac{3\sqrt{3}}{4}$, 因此 $k_{\text{法}} = \dfrac{4}{3\sqrt{3}}$.

切线方程为 $y - \dfrac{3}{2} = -\dfrac{3\sqrt{3}}{4}(x - 2\sqrt{3})$, 即 $3\sqrt{3}x + 4y - 24 = 0$.

法线方程为 $y - \dfrac{3}{2} = \dfrac{4}{3\sqrt{3}}(x - 2\sqrt{3})$, 即 $8x - 6\sqrt{3}y - 7\sqrt{3} = 0$.

【例 2-20】 一个气球从距观察员 500 m 处离开地面垂直上升, 当气球的高度为 500 m 时, 其速率为 140 m/min, 求此时观察员视线的仰角增加速率是多少.

解 设气球上升 t 秒, 其高度为 h, 观察员视线的仰角为 α, 则 $\tan\alpha = \dfrac{h}{200}$, 其中 α 以及上升高度 h 都是时间 t 的函数, 即 $\begin{cases} \alpha = \varphi(t) \\ h = \psi(t) \end{cases}$. 对上式两边同时关于时间 t 求导, 得

$$\sec^2\alpha \cdot \frac{\mathrm{d}\alpha}{\mathrm{d}t} = \frac{1}{500} \cdot \frac{\mathrm{d}h}{\mathrm{d}t}.$$

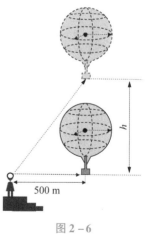
图 2-6

由已知条件, 存在时刻 t_0, 使 $h|_{t=t_0} = 500$ m, $\dfrac{\mathrm{d}h}{\mathrm{d}t}\Big|_{t=t_0} = 140$ m/min, 又因为 $\tan\alpha|_{t=t_0} =$

1, $\sec\alpha|_{t=t_0} = 2$, 代入上式即得 $2\dfrac{\mathrm{d}\alpha}{\mathrm{d}t}\Big|_{t=t_0} = \dfrac{140}{500}$.

因此，$\left.\dfrac{\mathrm{d}\alpha}{\mathrm{d}t}\right|_{t=t_0}=\dfrac{7}{50}=0.14 \ \mathrm{rad/min}$，即此时观察员视线的仰角增加速率为 $0.14 \ \mathrm{rad/min}$.

想一想，练一练

1. 求下列函数的导数.

（1）$y=(2x+3)^5$；

（2）$y=\arctan \mathrm{e}^x$；

（3）$y=\arcsin \sqrt{x}$；

（4）$y=\sin \dfrac{2x}{1+x^2}$；

（5）$y=\cos(2-3x)$；

（6）$y=\ln(1+x^2)$；

（7）$y=\sqrt{a^2-x^2}$；

（8）$y=\sqrt{a^2+x^2}$.

（9）$y=\ln(\sec x+\tan x)$；

（10）$y=\ln(\csc x-\cot x)$；

（11）$y=\ln|2x|$；

（12）$y=\operatorname{arccot} \mathrm{e}^{2x}$.

2. 求下列函数的导数.

（1）$y=\dfrac{\sin 2x}{1+x^2}$；

（2）$y=\mathrm{e}^{\cos \frac{1}{x}}$；

（3）$y=\ln(x+\sqrt{a^2+x^2})$；

（4）$y=\sqrt{1+\ln^2 x}$；

（5）$y=\left(\arcsin \dfrac{x}{2}\right)^2$；

（6）$y=\ln \tan \dfrac{x}{2}$；

（7）$y=\mathrm{e}^{\arctan \sqrt{x}}$；

（8）$y=\ln \cos \mathrm{e}^x$；

（9）$y=\arctan \dfrac{1-x}{1+x}$；

（10）$y=\ln \ln \ln x$；

（11）$y=\arcsin \sqrt{\dfrac{1-x}{1+x}}$；

（12）$y=\arccos \ln \cos x$.

3. 设 $f\left(\dfrac{1}{x}\right)=\dfrac{x}{1+x}$，则 $f'(x)=$ _____ .

4. 设函数 $f(x)=\ln(1+x^2)$，函数 $g(x)$ 满足 $g(1)=2$，则 $f'(g(1))=$ _____ .

5. 设函数 $f(x)=2\arctan \sqrt{\dfrac{x}{1-x}}$，试求 $f'(x)$.

6. 已知 $\dfrac{\mathrm{d}x}{\mathrm{d}y}=\dfrac{1}{y'}$，试求 $\dfrac{\mathrm{d}^2 x}{\mathrm{d}y^2}$，$\dfrac{\mathrm{d}^3 x}{\mathrm{d}y^3}$.

7. 设函数 $y=x^2+2x-1 \ (x>0)$ 的反函数为 $x=\varphi(y)$，试求 $\varphi'(2)$.

8. 已知 $y=x^2 \mathrm{e}^{2x}$，求 $y^{(20)}$.

9. 已知函数 $y=\ln(ax+b)$，其中 a,b 是非零常数，求 $y^{(n)}$.

10. 已知函数 $y=y(x)$ 由方程 $y-2+x\mathrm{e}^y=0$ 确定，试求 $\dfrac{\mathrm{d}y}{\mathrm{d}x}$.

11. 已知函数 $y=y(x)$ 由方程 $\arctan \dfrac{y}{x}=\ln \sqrt{x^2+y^2}$ 确定，试求 $\dfrac{\mathrm{d}y}{\mathrm{d}x}$.

12. 已知函数 $y=y(x)$ 由参数方程 $\begin{cases} x=a\cos^3 t \\ y=b\sin^3 t \end{cases}$ 确定，求 $\dfrac{\mathrm{d}y}{\mathrm{d}x}$.

13. 已知参数方程 $\begin{cases} x = a(t - \sin t) \\ y = a(1 - \cos t) \end{cases}$，求 $\dfrac{\mathrm{d}y}{\mathrm{d}x}$，$\dfrac{\mathrm{d}^2 y}{\mathrm{d}x^2}$.

14. 落在平静的水面上的石头产生同心圆波纹，若最外圈波纹半径的增大速率为 6 m/s，试计算 2 s 末扰动水面面积增大的速率.

15. 设 $y = \dfrac{\arcsin x}{\sqrt{1 - x^2}}$.（1）求证：$(1 - x^2)y' - xy = 1$；（2）求 $y^{(n)}(0)$.

16. 讨论函数 $f(x) = \lim\limits_{n \to \infty} \sqrt[n]{x^n + x^{2n} + \dfrac{x^{3n}}{2^n}}(x > 0)$ 的可导性.

17. 设函数 $f(x)$ 在点 $x = a$ 处可导，且 $f(x) \neq 0$，求极限 $\lim\limits_{n \to \infty}\left[\dfrac{f\left(a + \dfrac{1}{n}\right)}{f(a)}\right]^n$.

18. 已知函数 $f(x) = \begin{cases} \dfrac{x(e^x - 1)}{\ln(1 + x)}, & x \neq 0 \\ 0, & x = 0 \end{cases}$，求 $f'(x)$.

19. 设函数 $f(x)$ 在点 $x = a$ 处可导，求极限 $\lim\limits_{x \to a}\dfrac{xf(a) - af(x)}{x - a}$.

20. 已知曲线 $y = x^2$ 与曲线 $y = a\ln x (a \neq 0)$ 相切，试确定常数 a 的值.

21. 已知函数 $f(x) = \begin{cases} \dfrac{2}{3}x^3, & x > 1 \\ x^2, & x \leqslant 1 \end{cases}$，试确定函数在点 $x = 1$ 的左、右导数并判断它是否可导.

第三节　函数的微分

一、误差估计的概念

【问题引入】有一捆未知长度的钢丝，经过称重其质量为 525 kg，若将其想象成一根已经拉直的钢丝，那么在理想状态下，可以假设这捆钢丝是均匀的圆柱体. 如果通过测量得到它的横截面直径 d，就可以利用圆柱体的体积公式

$$V = \pi\left(\dfrac{d}{2}\right)^2 \cdot h = \dfrac{\pi}{4}d^2 h$$

得到它的体积，假设其质量为 m，再根据钢丝的密度（铁的密度）公式

$$\rho = \dfrac{m}{V} = \dfrac{4m}{\pi d^2 h}$$

得到这捆钢丝的长度为

69

$$h = \frac{4m}{\pi d^2 \rho}.$$

可见，要通过测量得到这捆钢丝的长度，并没有直接将这捆钢丝拉直去测量，而是先测量其横截面直径，通过计算得到横截面积，再根据圆柱体的体积公式算得它的体积，通过体密度公式间接得到这捆钢丝的长度．这种先测量某个数据，再经过计算得到所需数据的测量过程称为**间接测量**．由于测量仪器的精度、测量的条件以及测量的方法等各种因素的影响，测得的数据往往带有误差（称为**直接测量**误差），根据这种带有误差的测量数据计算得到的结果必定也会产生误差，称其为**间接测量误差**．

如果在测量过程中，某个量的精确值为 A，它的近似值为 a，那么它们之间差的绝对值 $|A-a|$ 叫作近似值 a 的绝对误差（Absolute Error）．将 $\dfrac{|A-a|}{|a|}$ 称为相对误差（Relative Error）．在测量过程中，精确值 A 是无法知道的，于是绝对误差和相对误差就无法得到，但是根据测量仪器的精度等因素，有时可以确定误差在某个范围内．如果某个量的精确值是 A，测得它的近似值为 a，又根据要求它的误差不超过 δ_A，即

$$|A-a| < \delta_A,$$

那么就称 δ_A 为测量 A 的绝对误差限，而称 $\dfrac{\delta_A}{|a|}$ 为相对误差限．

一般地，根据直接测量的 x 的值，按可导函数 $y=f(x)$ 计算 y 值时，如果已知测量 x_0 的绝对误差限是 δ_{x_0}，即

$$|\Delta x| \leqslant \delta_{x_0},$$

则此时由函数 $y=f(x)$ 计算得到的函数值的增量为

$$\Delta y = f(x_0 + \Delta x) - f(x_0).$$

由于

$$f'(x_0) = \lim_{\Delta x \to 0} \frac{\Delta y}{\Delta x} = \lim_{\Delta x \to 0} \frac{f(x_0 + \Delta x) - f(x_0)}{\Delta x},$$

根据函数极限的性质，随着 Δx 减小，

$$\frac{f(x_0 + \Delta x) - f(x_0)}{\Delta x}$$

不断接近 $f'(x_0)$ 的值，而且它们之间的误差是随着 Δx 的减小而不断减小的，且当 $\Delta x \to 0$ 时，它们之间的误差也是趋于 0 的．因此，可以将它们之间的误差表示为 Δx 的某个倍数（或某个次幂），于是可以将

$$\frac{f(x_0 + \Delta x) - f(x_0)}{\Delta x}$$

表示为

$$\frac{f(x_0 + \Delta x) - f(x_0)}{\Delta x} = f'(x_0) + A\Delta x,$$

故

$$\Delta y = f(x_0 + \Delta x) - f(x_0) = f'(x_0)\Delta x + A(\Delta x)^2.$$

由于

$$\lim_{\Delta x \to 0} \frac{A(\Delta x)^2}{\Delta x} = 0,$$

所以

$$\Delta y = f(x_0 + \Delta x) - f(x_0) = f'(x_0)\Delta x + o(\Delta x),$$

而函数 $y = f(x)$ 在点 x_0 处的切线为 $y - f(x_0) = f'(x_0)(x - x_0)$，记为 $F(x) = f'(x_0)x - x_0 f'(x_0) + f(x_0)$，此时切线函数 $F(x)$ 在点 x_0 处获得的增量为

$$F(x_0 + \Delta x) - F(x_0) = f'(x_0)\Delta x,$$

即函数值的增量可以表示成切线值的增量加上一个 $o(\Delta x)$. 因此，当 Δx 非常小时，$\Delta y \approx f'(x_0)\Delta x$，那么

$$|\Delta y| \approx |f'(x_0)\Delta x| = |f'(x_0)| \cdot |\Delta x| \leqslant |f'(x_0)| \cdot \delta_{x_0}$$

必然成立，即 y 值在点 x_0 处的绝对误差限约为

$$\delta_y = |f'(x_0)| \cdot \delta_{x_0},$$

y 值在点 x_0 处的相对误差限约为

$$\frac{\delta_y}{|y|} = \frac{|f'(x_0)|}{|f(x_0)|} \cdot \delta_{x_0}.$$

在许多专业术语中，将绝对误差限与相对误差限简称为**绝对误差**与**相对误差**.

二、微分的定义

由前文中对误差的分析可知，当可导函数 $y = f(x)$ 在点 x_0 处自变量获得增量 Δx 时，函数值的增量 Δy 可以表示为 $\Delta y = f'(x_0)\Delta x + o(\Delta x)$. 如果函数在点 x_0 处获得增量 Δx 时，其函数值获得的增量可以表示成这种形式，则称函数 $y = f(x)$ 在点 x_0 处可以求微分（Differential）.

【函数在一点处的微分】 假设函数 $y = f(x)$ 在某个区间内可导，在 x_0 到 $x_0 + \Delta x$ 这个区间内，如果函数值的增量 $\Delta y = f(x_0 + \Delta x) - f(x_0)$ 可以表示为 $\Delta y = A\Delta x + o(\Delta x)$，其中 A 是与 Δx 无关的常数，则称函数在点 x_0 处可微，将 $A\Delta x$ 称为函数 $y = f(x)$ 在点 x_0 处的微分，记作 $\mathrm{d}y$，即 $\mathrm{d}y = A\Delta x$.

事实上，$A = f'(x_0)$，即函数 $y = f(x)$ 在点 x_0 处的微分，一般表示为 $\mathrm{d}y \big|_{x=x_0} = f'(x_0)\Delta x$. 在上文中，我们知道**函数在一个点处的微分就是它的曲线在该点处切线值的增量**，这就是微分的几何意义，即当自变量获得的增量 Δx 非常小的时候，可以用微分

dy 近似代替函数值的增量 Δy，即 $\Delta y \approx dy$. 如果函数在其定义域内的所有点处都可微，则称函数在其定义域内可微，记为 $dy = f'(x)\Delta x$. 如果 $y = x$，那么必然有 $dx = \Delta x$. 因此，在后续书写微分时，不再采用 Δx 的形式，而是使用 dx 来表示自变量的有限增量，即 $dy|_{x=x_0} = f'(x_0)dx$，$dy = f'(x)dx$. 通常称 $dy = f'(x)\Delta x$ 为 Δy 的线性主部.

【例 2 – 21】求函数 $y = x^3$ 在点 $x = 1$，$x = 2$ 处的微分.

解 由于 $y' = 3x^2$，所以 $dy|_{x=1} = 3x^2|_{x=1} \cdot dx = 3 \cdot dx$，$dy|_{x=2} = 12dx$.

【例 2 – 22】求函数 $y' = \cos x$ 的微分，并求 $\sin 30°30'$ 的近似值.

解 由于 $y' = \cos x$，所以 $dy = \cos x dx$，而 $\sin 30°30' = \sin\left(\dfrac{\pi}{6} + \dfrac{\pi}{360}\right)$，记 $x_0 = \dfrac{\pi}{6}$，$\Delta x = \dfrac{\pi}{360}$，由微分的近似计算公式 $f(x_0 + \Delta x) - f(x_0) \approx f'(x_0)dx$，得

$$\sin 30°30' = \sin\left(\frac{\pi}{6} + \frac{\pi}{360}\right) \approx \sin\frac{\pi}{6} + (\sin x)'|_{x=\frac{\pi}{6}} \cdot \frac{\pi}{360} \approx 0.507\,557\,5.$$

【例 2 – 23】有一捆未知长度的钢丝，经过称重其质量为 525 kg，测量其横截面直径 d 为 8.25 mm，测量 d 的绝对误差为 $\delta_d = 0.05$ mm，试估算这捆钢丝的长度及其误差. 其中，钢丝的密度为 $\rho = 7.8$ g/cm^3.

解 由于假设钢丝的长度为 h，则 $h = \dfrac{4m}{\pi d^2 \rho}$，根据此公式将直径 d、密度 ρ、质量 m、圆周率 π 代入即可得长度的测量值为

$$h = \frac{4m}{\pi d^2 \rho} = \frac{4 \times 525\text{ kg}}{3.14 \times (8.25 \times 10^{-3}\text{ m})^2 \times 7.8 \times 10^3\text{ kg/m}^3} \approx 1\,259.758\,1\text{ m}.$$

将横截面直径 d 作为自变量，那么利用此公式计算长度 h 所产生的误差就是函数 h 的对应增量 Δh，当 $|\Delta d|$ 很小时，则根据微分的近似计算公式得

$$\Delta h \approx dh = h' \cdot \Delta d = -\frac{8m}{\pi \rho d^3} \cdot \Delta d.$$

由于横截面直径 d 的绝对误差 $\delta_d = 0.05$ mm，所以 $|\Delta d| \leqslant \delta_d = 0.05$ mm，而

$$|\Delta h| \approx |dh| = |h' \cdot \Delta d| = \frac{8m}{\pi \rho d^3} \cdot |\Delta d| \leqslant \frac{8m}{\pi \rho d^3} \cdot \delta_d,$$

因此长度的绝对误差为

$$\delta_h \leqslant \frac{8m}{\pi \rho d^3} \cdot \delta_d = \frac{8 \times 525\text{ kg}}{3.14 \times 7.8 \times 10^3\text{ kg/m}^3 \times (8.25 \times 10^{-3}\text{ m})^3} \times 0.05\text{ mm} \approx 1.637\,2 \times 10^{-7}\text{ mm},$$

钢丝长度 h 的相对误差为

$$\frac{\delta_h}{h} = \frac{1.637\,2 \times 10^{-7}\text{ mm}}{1\,259.758\,1\text{ mm}} \times 100\% \approx 1.299\,6 \times 10^{-8}\%.$$

可见，通过这种测量得到的钢丝的长度基本上可以认为就是钢丝的实际长度.

三、微分的运算法则

从微分的计算公式 $dy = f'(x)dx$ 易知，若要计算函数的微分，只需计算出其导数再乘以自变量的微分 dx 即可. 因此，对于一元函数来说，可微与可导是等价的. 微分的运算法则与导数类似.

【微分的四则运算法则】 如果函数 $u(x)$，$v(x)$ 在区间 I 上都是可微函数，那么它们的和、差、积、商也是可微函数，且有：

微分的运算法则

(1) $d[u(x) \pm v(x)] = du(x) \pm dv(x)$；

(2) $d[u(x) \cdot v(x)] = v(x)du(x) + u(x)dv(x)$；

(3) $d\dfrac{u(x)}{v(x)} = \dfrac{v(x)du(x) - u(x)dv(x)}{v^2(x)} (v(x) \neq 0)$.

【复合函数的微分形式不变性】 设函数 $y = f(u)$ 与 $u = g(x)$ 都是可导函数，那么由它们复合而成的函数 $y = f(g(x))$ 的微分为 $dy = f'(g(x))g'(x)dx = f'(g(x))dg(x) = f'(u)du$.

【例 2-24】 求下列函数的微分.

(1) $y = x^2 \sin x$；(2) $y = x^2 + \sin(2x - 3)$；(3) $y = \ln(1 + e^{x^2})$.

解 (1) $dy = d(x^2 \sin x) = (x^2 \sin x)'dx = (2x \sin x + x^2 \cos x)dx$.

另解：因为 $y' = 2x \sin x + x^2 \cos x$，所以 $dy = (2x \sin x + x^2 \cos x)dx$.

(2) 因为 $y' = 2x + 2\cos(2x - 3)$，所以 $dy = [2x + 2\cos(2x - 3)]dx$.

(3) 因为 $y' = \dfrac{2xe^{x^2}}{1 + e^{x^2}}$，所以 $dy = \dfrac{2xe^{x^2}}{1 + e^{x^2}}dx$.

想一想，练一练

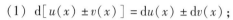

1. 将适当的函数填入下列括号中.

(1) $d(\quad) = 2dx$；

(2) $d(\quad) = x^\alpha dx$；

(3) $d(\quad) = a^x dx$；

(4) $d(\quad) = e^x dx$；

(5) $d(\quad) = \dfrac{1}{x\ln a}dx$；

(6) $d(\quad) = \dfrac{1}{x}dx$；

(7) $d(\quad) = \cos x dx$；

(8) $d(\quad) = \sin x dx$；

(9) $d(\quad) = \sec^2 x dx$；

(10) $d(\quad) = \csc^2 x dx$；

(11) $d(\quad) = \sec x \tan x dx$；

(12) $d(\quad) = \csc x \cot x dx$；

(13) $d(\quad) = \dfrac{1}{\sqrt{1 - x^2}}dx$；

(14) $d(\quad) = \dfrac{1}{1 + x^2}dx$.

2. 求下列函数的微分.

（1）$y = x^3 \tan 2x$；

（2）$y = x^2 + x \sin 3x$；

（3）$y = \ln(\sec x + \tan x)$；

（4）$y = \ln^2(1 + x)$；

（5）$y = x^3 e^{2x}$；

（6）$y = e^{-2x} \sin(3 - 2x)$；

（7）$y = \arcsin \sqrt{1 - x^2}$；

（8）$y = \tan^2(2x^2 + 5)$.

3. 在某种金属球表面镀铜，已知金属球的直径为 1 cm，镀层的厚度为 0.01 cm，试估计用铜的质量以及误差量.

4. 单摆的振动周期［以秒（s）计算］按照公式

$$T = 2\pi \sqrt{\frac{l}{g}}$$

确定，其中 l 为摆长，单位为 cm，$g = 9.8 \ \text{m/s}^2$ 为重力加速度，为了使单摆的周期 T 增大 0.05 s，对摆长 $l = 20$ cm 需要做多少修改？

5. 假设函数 $x = x(t)$ 与 $y = y(t)$ 都是可微函数，且 $r = \sqrt{x^2 + y^2}$，$\theta = \arctan \dfrac{y}{x}$，求 $\mathrm{d}r$，$\mathrm{d}\theta$.

6. 假设函数 $y = x \sqrt{1 - x^2} + \arcsin x$，求 $\mathrm{d}y$.

7. 已知 $y = \arctan e^x - \ln \sqrt{\dfrac{e^{2x}}{e^{2x} + 1}}$，求 $\mathrm{d}y$.

8. 假设函数 $f(x)$ 连续，$f'(0)$ 存在，并且对任意的 x，$y \in (-\infty, +\infty)$，满足

$$f(x + y) = \frac{f(x) + f(y)}{1 - 4f(x)f(y)}.$$

求证：函数 $f(x)$ 在 $(-\infty, +\infty)$ 上可微.

第四节 导数的应用

一、微分中值定理

【问题引入】炮弹从炮管中发射出去后会沿着一条抛物线的轨迹运动，且其运行轨迹是连续的. 假设大炮的仰角为 θ，炮弹离开炮管的初速度为 v_0，那么当炮弹离开炮膛时，它会有一个竖直方向上的速度 $v_0 \sin \theta$ 和一个水平方向上的速度 $v_0 \cos \theta$. 竖直方向上的速度使炮弹发射后上升到一定的高度，当炮弹到达最高点后会以平抛运动的形式运动并击中目标. 在炮弹上升过程中，其竖直方向上的速度 $v_0 \sin \theta$ 克服重力做功. 假设炮管与弹着点的高度差为 H（可正可负），上升的高度为 h，不考虑空气阻力，则根据

动能定理，有

$$\frac{1}{2}m(v_0\sin\theta)^2 = mgh,$$

故上升高度为

$$h = \frac{v_0^2\sin^2\theta}{2g},$$

此时炮弹的运动时间为

$$t_1 = \frac{v_0\sin\theta}{2g}.$$

随后炮弹受到重力的作用做自由落体运动，但是水平方向上的速度还会使炮弹向前继续运动到地面弹着点，故

$$H + \frac{v_0^2\sin^2\theta}{2g} = \frac{1}{2}gt_2^2,$$

从而

$$t_2 = \frac{\sqrt{2gH + v_0^2\sin^2\theta}}{g},$$

因此，炮弹从发射到到达弹着点所用时间为

$$t = t_1 + t_2 = \frac{v_0\sin\theta + 2\sqrt{2gH + v_0^2\sin^2\theta}}{g},$$

炮弹水平运动距离为

$$s = v_0\cos\theta \cdot t = \frac{v_0^2\sin\theta\cos\theta + 2v_0\sqrt{2gH + v_0^2\sin^2\theta}\cos\theta}{g}.$$

这就是炮弹从离开炮膛到击中目标的全过程.

像炮弹运行轨迹一样，连续函数 $y = f(x)$ 如果在点 $x = x_0$ 处取得最大值（或最小值），且在点 x_0 附近可导，那么函数曲线在 $x = x_0$ 处的切线一定与水平线（x 轴）平行，即函数曲线在该点处的切线斜率为 0.

这种现象最早由法国数学家费马（Fermat）提出，称为费马引理.

【**费马引理**】假设函数 $y = f(x)$ 在点 x_0 附近有定义且可导，在点 x_0 处取得最大（小）值，那么 $f'(x_0) = 0$.

通常将导数为 0 的点称为驻点（Stationary Point）（又称为稳定点、平衡点或临界点等）. 费马引理表明，如果可导函数在某区间内部取得最大、最小值，

费马引理

那么最大、最小值点一定是驻点（反之不对）. 这就为确定函数的最值提供了一个非常好的工具.

在炮弹发射到击中目标的过程中，如果炮弹与目标处于同一水平位置，炮弹运动时间为 x，高度为 $f(x)$，那么炮弹离开炮膛时的高度 $f(a)$ 与击中目标时的高度 $f(b)$ 相等，即 $f(a) = f(b)$（图 2-7）. 此时在中间某个位置上也必定存在一个点 x_0，函数在点 x_0 处的切线斜率等于 0.

这个结论在数学上称为罗尔（Rolle）中值定理.

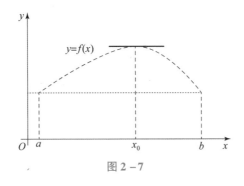

罗尔中值定理

图 2-7

【**罗尔定理**】 如果函数 $y = f(x)$ 满足：

（1） 在 $[a,b]$ 上连续；

（2） 在 (a,b) 内可导；

（3） $f(a) = f(b)$，

那么至少存在一点 $\xi \in (a,b)$，使 $f'(\xi) = 0$.

证 由于 $f(x)$ 在 $[a,b]$ 上连续，所以必定存在最大值 M 和最小值 m. 如果 $m = M$，那么 $f(x)$ 是常数，结论成立，否则必有 $m < M$. 由于 $f(a) = f(b)$，所以最大值与最小值至少有一个在 (a,b) 内部取得，因此至少存在一点 $\xi \in (a,b)$，使 $f(x)$ 在该点处取得最大或最小值，由费马引理可知，$f'(\xi) = 0$.

注 要使罗尔中值定理成立，上述三个条件缺一不可. 比如 $y = |x|$ 在 $[-1,1]$ 上连续，但是在点 $x = 0$ 处不可导，因此在开区间 $(-1,1)$ 内并不存在能够使 $f'(\xi) = 0$ 的点 ξ. 罗尔中值定理只能说明驻点的存在性，并不能说明驻点在何处.

【**例 2-25**】 在对某种罗汉杯进行测量时，其横截面轮廓如图 2-8 所示，经过测量其轮廓线近似服从函数关系 $f(x) = (x-1)(x-2)(x-3) \cdot (x-4)$，试确定此函数的变化率曲线有几个根，并指出其分布在什么范围内.

解 显然 $f(x)$ 在 $[1,4]$ 的闭区间上连续，在

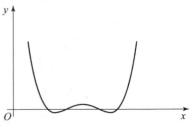

图 2-8

(1, 4) 内可导,且 $f(1) = f(2) = f(3) = f(4) = 0$,因此函数在 $[1, 2]$,$[2, 3]$,$[3, 4]$ 上分别满足罗尔中值定理,于是存在 $x_1 \in (1,2)$,$x_2 \in (2,3)$,$x_3 \in (3,4)$,使 $f'(x_1) = 0$,$f'(x_2) = 0$,$f'(x_3) = 0$. 又因为 $f(x)$ 是四次多项式,它有 4 个根,所以它的导函数是三次多项式,至多有 3 个根,于是该罗汉杯的轮廓线的变化率曲线有且仅有 3 个零点,分别落在 $(1, 2)$,$(2, 3)$,$(3, 4)$ 区间内部.

【例 2 - 26】 在点 A 处有一个振动源,其发出的波形符合函数关系式 $f(x) = \sin x$,在点 B 处也有一个振动源,其发出的波形符合函数关系式 $f(x) = \cos 2x$,A,B 之间的距离大于 π,试问在区间 $(0, \pi)$ 内是否存在一个点使两个振动源发出的波相互作用后处于波动瞬时变化率为 0 的状态?

解 令 $F(x) = \sin x - \cos 2x$,$x \in (0, \pi)$,显然 $F(x)$ 在 $[0, \pi]$ 上连续,在 $(0, \pi)$ 内可导,且 $F(0) = -1$,$F(\pi) = -1$,由罗尔中值定理可知,至少存在一点 $\xi \in (0, \pi)$,使 $f'(\xi) = 0$,即在点 ξ 处,两个振动源产生的波相互作用后处于波动瞬时变化率为 0 的状态.

【例 2 - 27】 电荷周围分布着电场线,电荷外围受到电荷作用的电场力相同的点构成的曲线称为电荷的等势线. 某位同学在探究某个点电荷的等势线时,通过描点的形式得到图 2 - 9 所示的散点图. 该同学从点 A 开始描点,直至点 B 发现 A,B 两点恰好处于相对于电荷的同一水平线上,试问是否在 AB 段内存在某个点 C,使电场线在该点处的切线恰好与 A,B 的连线平行?

解 由于电荷周围的电场线是连续且光滑的,所以,假设电场线函数 $y = f(x)$ 是连续且可导的. 由于 A,B 两点处于同一水平线上,所以电场线在 A,B 两点处的函数值相等,满足罗尔中值定理,故必定存在某个点 C,使电场线在该点处的切线恰好与 A,B 的连线平行.

如例 2 - 27 所述,由于等势线上任意两点处的电场力都是相等的,所以,即使 A,B 两点相对于电荷中心不处于同一水平线上,在 A,B 之间也会存在点 C,使点 C 处的切线与 A,B 的连线平行.

如图 2 - 10 所示,点 A 的坐标为 $(a, f(a))$,点 B 的坐标为 $(b, f(b))$,因此它们连线的斜率为

$$k_{AB} = \frac{f(b) - f(a)}{b - a}.$$

点 C 的坐标为 $(c, f(c))$,过点 C 的切线斜率为 $f'(c)$,由于它们平行,因此必然有

$$\frac{f(b) - f(a)}{b - a} = f'(c).$$

这种结论,在数学上称为拉格朗日(Lagrange)中值定理.

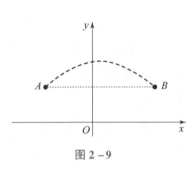

图 2-9

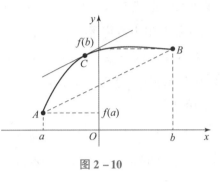

图 2-10

【拉格朗日中值定理】（图 2-11）如果函数 $y=f(x)$ 满足：

（1）在 $[a,b]$ 上连续；

（2）在 (a,b) 内可导，

那么至少存在一点 $\xi \in (a,b)$，使

$$f'(\xi) = \frac{f(b)-f(a)}{b-a}. \qquad (2-2)$$

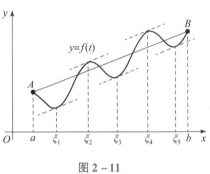

图 2-11

注　$f(a)=f(b)$ 时，拉格朗日中值定理就成为罗尔中值定理. 拉格朗日中值定理有时也简称为中值定理，式（2-1）有时也写成 $f(b)-f(a)=f'(\xi)(b-a)$.

【例 2-28】试证：如果函数 $y=f(x)$ 在其定义域上的导数处处都等于 0，那么它一定是常数.

证　假设函数 $y=f(x)$ 的定义域为 D，由于 $\forall x \in D$，都有 $f'(x)=0$，所以对于任意的 x_1，$x_2 \in D$，都有 $f(x_2)-f(x_1)=f'(\xi)(x_2-x_1)=0$，因此函数在其定义域上任意两点处的函数值都相等，即该函数是常数.

注　例 2-28 称为拉格朗日中值定理的推论，它是验证一个函数是常数的理论依据.

【例 2-29】利用例 2-28 的结论验证在直角三角形中，两个锐角互余，如图 2-12 所示.

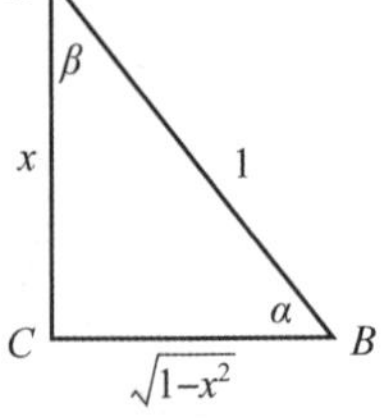

解　在直角三角形 ABC 中，$\sin\alpha=x$，$\cos\beta=x$，所以

$$\alpha=\arcsin x，\beta=\arccos x.$$

令 $f(x)=\arcsin x + \arccos x$，则

$$f'(x)=\frac{1}{\sqrt{1-x^2}}-\frac{1}{\sqrt{1-x^2}}=0.$$

图 2-12

因此，函数 $f(x)$ 是常数函数，于是

$$f(x) = f\left(\frac{1}{2}\right) = \arcsin\frac{1}{2} + \arccos\frac{1}{2} = \frac{\pi}{6} + \frac{\pi}{3} = \frac{\pi}{2},$$

因此，直角三角形中的两个锐角互余.

如果函数 $y = f(x)$ 的定义域为 D，区间 $I \subset D$，区间 I 上取任意两点 x_1，x_2，且 $x_1 < x_2$，在函数曲线上连接这两个点，它们所在直线的斜率为

$$k = \frac{f(x_2) - f(x_1)}{x_2 - x_1}.$$

根据拉格朗日中值定理，存在 $\xi \in (x_1, x_2)$，使 $k = f'(\xi)$. 这说明，函数在区间 I 上的导数的符号与 $f(x_2) - f(x_1)$ 的符号一致，而 $f(x_2) - f(x_1)$ 的符号是判定函数在区间 I 上单调的依据，因此通过 $f'(x)$ 在区间 I 上的符号可以判定函数的单调性.

【柯西中值定理】假设函数 $f(x)$，$F(x)$ 满足：

（1）在 $[a, b]$ 上连续；

（2）在 (a, b) 内可导；

（3）$F(x)$ 在区间 (a, b) 内满足 $f'(x) \neq 0$，

则至少存在一点 $\xi \in (a, b)$，使

$$\frac{f(b) - f(a)}{F(b) - F(a)} = \frac{f'(\xi)}{f'(\xi)}.$$

【例 2-30】假设函数 $f(x)$ 在区间 $[1, 2]$ 上连续，在 $(1, 2)$ 内可导，证明：存在 $\xi \in (1, 2)$，使 $f(2) - f(1) = \frac{1}{2}\xi f'(\xi)$.

证 令 $g(x) = \frac{1}{x}$，则函数 $f(x)$，$g(x)$ 在区间 $[1, 2]$ 上连续，在 $(1, 2)$ 内可导，且 $g'(x) \neq 0$，由柯西中值定理可知，存在 $\xi \in (1, 2)$，使

$$\frac{f(2) - f(1)}{\frac{1}{2} - 1} = \frac{f'(\xi)}{-\frac{1}{\xi^2}},$$

即得 $f(2) - f(1) = \frac{1}{2}\xi f'(\xi)$.

【例 2-31】假设函数 $f(x)$ 在 $[a, b]$ 上连续，在 (a, b) 内可导，且 $b > a > 0$，$f(a) \neq f(b)$，求证：存在 ξ，$\eta \in (a, b)$，使 $f'(\xi) = \frac{a + b}{2\eta} f'(\eta)$.

证 由于 $f(x)$ 在 $[a, b]$ 上连续，在 (a, b) 内可导，所以由拉格朗日中值定理可知，存在 $\xi \in (a, b)$，使

$$f'(\xi) = \frac{f(b) - f(a)}{b - a}.$$

又 $\dfrac{f(b)-f(a)}{b-a}=\dfrac{f(b)-f(a)}{b^2-a^2}(a+b)$，故可令 $g(x)=x^2$，由 $b>a>0$ 可知，函数 $f(x)$，$g(x)$ 在 $[a,b]$ 上满足柯西中值定理的条件，因此存在 $\eta\in(a,b)$，使

$$\frac{f(b)-f(a)}{b^2-a^2}=\frac{f'(\eta)}{2\eta}.$$

因此，存在 $\xi,\eta\in(a,b)$，使 $f'(\xi)=\dfrac{a+b}{2\eta}f'(\eta)$.

【泰勒公式】假设函数 $f(x)$ 在点 x_0 处具有 $n+1$ 阶导数，那么存在 x_0 的一个邻域，对于该邻域内的任一 x，有

$$f(x)=f(x_0)+f'(x_0)(x-x_0)+\frac{f''(x_0)}{2!}(x-x_0)^2+\cdots+\frac{f^{(n)}(x_0)}{n!}(x-x_0)^n+R_n(x).$$

若 $R_n(x)=o((x-x_0)^n)$，则称其为带有佩亚诺（Peano）型余项的泰勒（Taylor）公式. 若 $R_n(x)=f^{(n+1)}(\xi)(x-x_0)^{n+1}$，则称其为带有拉格朗日（Lagrange）型余项的泰勒公式. 若 $x_0=0$，则称其为麦克劳林（Maclaulin）公式.

注 泰勒公式可以理解为一个复杂的函数用一个多项式来近似表示，如果考虑到精度，那么根据余项 $R_n(x)$ 的要求得到不同精度的函数近似式. 一般地，可以从 $R_n(x)$ 出发得到所需满足精度的近似式. 例如，正弦函数 $\sin x$ 可以表示为

$$\sin x=x-\frac{x^3}{3!}+\frac{x^5}{5!}-\frac{x^7}{7!}+\frac{x^9}{9!}+o(x^9).$$

若要近似计算出 $\sin 1$，则通过上式，舍去 x^9 的高阶无穷小 $o(x^9)$，有

$$\sin 1\approx 1-\frac{1}{3!}+\frac{1}{5!}-\frac{1}{7!}+\frac{1}{9!}\approx 0.841\ 471,$$

这个近似值与 $\sin 1$ 的精确值 $0.841\ 470\ 98\cdots$ 是非常接近的.

【常用的泰勒公式】

（1）$e^x=1+x+\dfrac{x^2}{2!}+\dfrac{x^3}{3!}+\cdots+\dfrac{x^n}{n!}+o(x^n)$；

（2）$\sin x=x-\dfrac{x^3}{3!}+\dfrac{x^5}{5!}-\cdots+\dfrac{(-1)^n}{(2n+1)!}x^{2n+1}+o(x^{2n+1})$；

（3）$\cos x=1-\dfrac{x^2}{2!}+\dfrac{x^4}{4!}-\cdots+\dfrac{(-1)^n}{(2n)!}x^{2n}+o(x^{2n})$；

（4）$\ln(1+x)=x-\dfrac{x^2}{2}+\dfrac{x^3}{3}-\cdots+\dfrac{(-1)^n}{n+1}x^{n+1}+o(x^{n+1})$；

（5）$(1+x)^\alpha=1+\alpha x+\dfrac{\alpha(\alpha-1)}{2!}x^2+\cdots+\dfrac{\alpha(\alpha-1)\cdots(\alpha-n+1)}{n!}x^n+o(x^n)$；

（6）$\arctan x=x-\dfrac{1}{3}x^3+\dfrac{1}{5}x^5-\cdots+\dfrac{(-1)^n}{2n+1}x^{2n+1}+o(x^{2n+1})$；

（7）$\arcsin x = x + \dfrac{1}{6}x^3 + \dfrac{3}{40}x^5 + \dfrac{5}{112}x^7 + \dfrac{35}{1\,152}x^9 + \cdots + \dfrac{(2n)!}{4^n\,(n!)^2(2n+1)}x^{2n+1} + o(x^{2n+1})$；

（8）$\tan x = x + \dfrac{1}{3}x^3 + \dfrac{2}{15}x^5 + \dfrac{17}{315}x^7 + \dfrac{62}{2\,835}x^9 + o(x^9)$；

（9）$\sec x = 1 + \dfrac{1}{2}x^2 + \dfrac{5}{24}x^4 + \dfrac{61}{720}x^6 + o(x^6)$.

需要注意的是，泰勒代换在使用时需要根据题目需要确定代换的有效次幂. 下面用几个例题来说明如何使用泰勒代换.

【例 2 - 32】 求极限 $\lim\limits_{x\to 0}\dfrac{\sin x - x\cos x}{x^3}$.

解

$$\lim_{x\to 0}\frac{\sin x - x\cos x}{x^3} = \lim_{x\to 0}\frac{\left(x - \dfrac{1}{3!}x^3 + o(x^3)\right) - x\left(1 - \dfrac{1}{2!}x^2 + o(x^2)\right)}{x^3} = \lim_{x\to 0}\frac{\dfrac{1}{2}x^3 - \dfrac{1}{6}x^3 + o(x^3)}{x^3} = \frac{1}{3}.$$

【例 2 - 33】 求极限 $\lim\limits_{x\to +\infty}\left(\sqrt[3]{x^3 + x^2} - \sqrt{x^2 + x}\right)$.

解
$$\lim_{x\to +\infty}\left(\sqrt[3]{x^3 + x^2} - \sqrt{x^2 + x}\right) = \lim_{x\to +\infty}x\left(\sqrt[3]{1 + x^{-1}} - \sqrt{1 + x^{-1}}\right)$$
$$= \lim_{x\to +\infty}x\left[\left(1 + \frac{1}{3}\cdot\frac{1}{x} + o\left(\frac{1}{x}\right)\right) - \left(1 + \frac{1}{2}\cdot\frac{1}{x} + o\left(\frac{1}{x}\right)\right)\right]$$
$$= \lim_{x\to +\infty}x\left[-\frac{1}{6}\cdot\frac{1}{x} + o\left(\frac{1}{x}\right)\right] = -\frac{1}{6}.$$

二、函数的单调性

任何商业活动都要遵循市场规律，某种产品的产量只有随着市场的需求进行适当的调整才能对企业的发展有利. 某工厂生产的某种产品的市场需求量随时间的变化不断地连续波动，且需求量与时间的关系满足函数 $y = f(t)$（光滑曲线），其波动形态如图 2 - 13 所示.

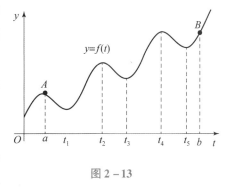

图 2 - 13

从图中可以观察到，在时间段 $[a, t_1]$ 上，需求量是随着时间单调递减的，从 t_1 时刻起需求量随着时间开始单调递增，一直增长到 t_2 时刻后又开始单调递减，依次在波动状态中变化. 在时刻 t_1 处产量达到了最小值（局部的最小值）后开始增大，当达到时刻 t_2 时需求量达到了最大（局部的最大）后开始减少，随后逐次波动. 企业一般根据市场需求规划某种产品的产量，那么如何确定产品在哪些时间周期内应该增产，在哪些时间周期内应该减产呢？

【单调性判别定理】假设函数 $y = f(x)$ 的定义域为 D，区间 $I \subset D$，在区间 I 上如果有：

单调性判别定理

（1）$f'(x) > 0$，则函数 $y = f(x)$ 在区间 I 上单调递增；

（2）$f'(x) < 0$，则函数 $y = f(x)$ 在区间 I 上单调递减.

单调性判别定理提供一种寻找函数单调区间的方法，即只需判定在函数的定义域上其导函数的正负号即可. 由于单调函数如果有零点，那么这个零点必定是唯一的，所以可以根据函数的单调性判别定理先找出它的单调区间，再在单调区间上利用零点定理即可确定零点的个数. 值得注意的是，在寻找函数的单调区间时，单调性发生改变的点并不一定是驻点，比如绝对值函数 $y = |x|$，当 $x < 0$ 时单调递减，当 $x > 0$ 时单调递增，但是在 $x = 0$ 时，它的导数并不存在，这是由导函数并不一定是连续函数导致的.

易知，确定函数的单调区间，可以按以下步骤进行.

（1）写出函数的定义域.

（2）求出函数的导数，找出所有的驻点和不可导点（如果有的话）.

（3）将定义域用驻点或不可导点分割成不同的小区间，在这些小区间上确定导数的符号.

【例 2-34】某位同学在一节 40 分钟的课堂上，注意力强度从开始上课到下课这个过程中的变化近似服从函数 $f(t) = t^3 - 7t^2 + 11t + 6$，其中 t 表示时间（单位：10 分钟），$t \in [0, 4]$，试确定该同学在哪些时间段内注意力强度是单调上升的，在哪些时间段内注意力强度单调下降的.

解 由于 $f'(t) = 3t^2 - 14t + 11$，显然函数没有不可导点，令 $f'(t) = 0$，得 $t_1 = 1$，$t_2 = \dfrac{11}{3}$，由于 $0 < t < 1$ 时 $f'(t) > 0$，$1 < t < \dfrac{11}{3}$ 时 $f'(t) < 0$，$\dfrac{11}{3} < t < 4$ 时 $f'(t) > 0$，所以该同学从上课开始到课程进行 10 分钟时，注意力是随着时间单调上升的，从第 10 分钟开始到第 36 分钟 40 秒时，其注意力强度不断下降，此后直到课程结束，该同学的注意力强度单调上升.

【例 2-35】某位同学大学实习期间，在某个车间跟随一位老师傅学习实操，在学习的过程中，老师傅的实操能力也是不断进步的，并且随着时间（单位：月）的推移近似服从函数 $f(t) = 1 + \sqrt{1 + t^2}$，该同学的实操能力随时间的变化近似服从函数 $g(t) = t \ln(t + \sqrt{1 + t^2})$，试问该同学的实操能力会不会超过这位老师傅？如果会，则需要多长时间？

解 若要判断该同学的实操能力会不会超过这位老师傅，只需要判断该同学的实操能力会不会从某个时刻开始大于老师傅的实操能力，即令

$$h(t) = g(t) - f(t) = t\ln(t + \sqrt{1 + t^2}) - \sqrt{1 + t^2} - 1,$$

判断当 $t > 0$ 时会不会出现 $h(t) > 0$ 的情况即可.

$$h'(t) = \ln(t + \sqrt{1 + t^2}) + \frac{t}{\sqrt{1 + t^2}} - \frac{t}{\sqrt{1 + t^2}} = \ln(t + \sqrt{1 + t^2}) > 0,$$

这说明该同学与这位老师傅之间的实操能力的差距函数 $h(t)$ 是单调增加的（即该同学与这位师傅之间的差距越来越小）. 因此，随着时间 t 的增加，$h(t) > h(0) = -2$，即在开始时刻，该同学与这位老师傅之间的差距是 2 个量级，随后不断减小. 而 $h(3) = 3\ln(3 + \sqrt{10}) - 1 \approx 1.293 > 0$，这说明在第 3 个月内，该同学的实操能力已经超过了这位老师傅，并且由于函数 $h(t)$ 是单调增加的，所以该同学与这位老师傅的实操能力相等的时间点有且仅有一个. 可见，之后该同学的实操能力会一直领先这位老师傅.

通过例 2 - 35 可以看出，由于该同学在大学里学习了系统的专业知识，所以对实操能力的锻炼与上手比较快，这也是为什么目前某些企业里的老员工即使工龄很长，但是他们与新进的大学生相比还是缺乏优势. 在例 2 - 34 中，该同学的注意力强度在课程进行到第 10 分钟时达到最高，随后开始下降，在第 36 分钟 40 秒时注意力强度达到最低随后上升，即注意力函数在 10 分钟处的左、右两侧单调性发生了改变，在 36 分钟 40 秒处的左、右两侧单调性也发生了改变. 像这样，如果函数在某个点（无论在该点处函数的导数是否存在）的左、右两侧单调性发生了改变，则称这样的点为函数的极值点（Extreme Point），相应地，在该点处的函数值称为函数的极值（Extremum）.

三、函数的极值与最值

【极值的概念】 如果函数 $y = f(x)$ 在其定义域内的某个点 $x = x_0$ 的左、右两侧单调性发生改变，则称点 $x = x_0$ 是函数 $y = f(x)$ 的极值点，极值点处的函数值 $f(x_0)$ 称为函数的极值.

注 函数的极值包括极大值和极小值，根据极值的定义，如果函数在点 x_0 的左侧（无论范围多么小）单调递减，在点 x_0 的右侧（无论范围多么小）单调递增，那么函数在该点处取得的极值称为极小值（Location Minimal Value）；反之，则称为极大值（Location Maximal Value）. 因此，函数的极值并不一定是函数在其定义域上的最值. 极值是局部性的概念，而最值是函数在其整个定义域上的整体性概念. 根据单调性，如

果函数在其定义域上的极值点有且仅有一个，那么函数在此极值点处的极大（小）值就是函数在其定义域上的最大（小）值. 如果函数在其定义域上是连续的单调函数，那么它的最值一定在其端点处取得，因为此时函数在其定义域上单调性不会发生改变，所以没有极值. 那么如何判断函数在哪个点处取得极大值，在哪个点处取得极小值呢？

【极值的第一充分条件】 假设函数 $y = f(x)$ 在点 $x = x_0$ 处连续，在其附近（在 $x = x_0$ 处不一定可导）可导，则：

（1）如果在 $x < x_0$ 时 $f'(x) < 0$，且在 $x > x_0$ 时 $f'(x) > 0$，则 x_0 为函数的极小值点，$f(x_0)$ 为极小值；

（2）如果在 $x < x_0$ 时 $f'(x) > 0$，且在 $x > x_0$ 时 $f'(x) < 0$，则 x_0 为函数的极大值点，$f(x_0)$ 为极大值.

值得注意的是，极值的第一充分条件只是说明函数在该点处取得极值的类型，并不能说明取得极值的点就是驻点，该点也可能是不可导点.

【例 2 - 36】 某种工件表面形状如图 2 - 14 所示，其轨迹近似服从函数 $y = |x + \sin x|$，试确定其在 $[-\pi, \pi]$ 上的极值.

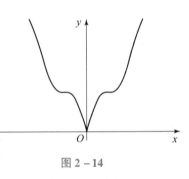

图 2 - 14

解 当 $x \in [-\pi, 0)$ 时，$y = -x - \sin x$，此时 $y' = -1 - \cos x < 0$，函数单调递减；当 $x \in (0, \pi]$ 时，$y = x + \sin x$，此时 $y' = 1 + \cos x > 0$. 因此，函数 $x = 0$ 处取得极小值，且极小值为 $y|_{x=0} = 0$. 易知，此题中函数在 $x = 0$ 处的导数不存在.

【极值的第二充分条件】 假设函数 $y = f(x)$ 在点 $x = x_0$ 处二阶可导，且 $f'(x_0) = 0$，$f''(x_0) \neq 0$，则：

（1）当 $f''(x_0) > 0$ 时，x_0 为函数的极小值点，$f(x_0)$ 为极小值；

（2）当 $f''(x_0) < 0$ 时，x_0 为函数的极大值点，$f(x_0)$ 为极大值.

极值的第二充分条件只能判断驻点处的极大（小）值类型，在不可导点处是无法判断的. 如果在驻点处二阶导数等于 0，那么极值的第二充分条件失效，不能再使用它判断极值的类型，读者应该考虑使用极值的第一充分条件.

【例 2 - 37】 证明：当 $x > -1$ 时，$\dfrac{x}{1+x} \leq \ln(1+x) \leq x$.

证 令 $f(x) = x - \ln(1+x)$，$x \in (-1, +\infty)$，则 $f'(x) = 1 - \dfrac{1}{1+x} = \dfrac{x}{1+x}$，当 $x \in (-1, 0)$ 时，$f'(x) < 0$，当 $x \in (0, +\infty)$ 时，$f'(x) > 0$，因此点 $x = 0$ 是函数 $f(x)$ 的极小值点，且为最小值点，于是，当 $x > -1$ 时，必有 $f(x) \geq f(0) = 0$，即 $\ln(1+x) \leq x$；

再令 $g(x) = \ln(1+x) - \dfrac{x}{1+x}$，$x \in (-1, +\infty)$，则显然 $g(x)$ 在点 $x = 0$ 处取得极小值，

且为唯一的极小值，因此其必为最小值，于是，当 $x > -1$ 时，$g(x) \geqslant g(0) = 0$，即

$\ln(1+x) \geqslant \dfrac{x}{1+x}$ 成立. 综上，当 $x > -1$ 时，$\dfrac{x}{1+x} \leqslant \ln(1+x) \leqslant x$，且仅在 $x = 0$ 处

等号成立.

至此，可以得出求函数极值与最值的步骤.

（1）写出函数的定义域.

（2）求出函数的导数，找出所有的驻点和不可导点（如果有的话）.

（3）判断导数在驻点或不可导点两侧符号是否发生变化，如果发生变化就是极值点，如果不发生变化就不是极值点.

【例 2 - 38】 求函数 $f(x) = 2x^3 + 3x^2 - 12x + 14$ 在区间 $[-3, 4]$ 上的最大值与最小值.

解 $f'(x) = 6x^2 + 6x - 12 = 6(x-1)(x+2)$，令 $f'(x) = 0$，得驻点：$x_1 = -2$，$x_2 = 1$. 由于 $f(-3) = 23$，$f(-2) = 34$，$f(1) = 7$，$f(4) = 142$，所以函数的最大值为 $f(4) = 142$，最小值为 $f(1) = 7$.

【例 2 - 39】 如图 2 - 15 所示，将一个正方形金属板的四个角减去四个同样的小正方形后制作成一个无盖的盒子，问减去的小正方形的边长为何值时，可使盒子的容积最大？

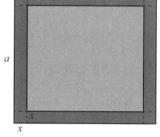

图 2 - 15

解 设每个小正方形的边长为 x，则盒子的容积为

$$V(x) = x(a-2x)^2, \quad x \in \left(0, \dfrac{a}{2}\right).$$

令

$$V'(x) = 12\left(x - \dfrac{a}{6}\right)\left(x - \dfrac{a}{2}\right) = 0$$

在区间 $\left(0, \dfrac{a}{2}\right)$ 内有唯一驻点 $x = \dfrac{a}{6}$，由 $V''\left(\dfrac{a}{6}\right) = -4a < 0$ 可知，容积在 $x = \dfrac{a}{6}$ 时取得极

大值，由于是唯一的极大值，所以该点也为容积的最大值点，且最大值为 $V\left(\dfrac{a}{6}\right) = \dfrac{2}{27}a^3$.

【例 2 - 40】 在我国传统文化中，有一句"磨刀不误砍柴工"的成语，试用数学知识分析这句话所蕴含的道理.

解 "磨刀不误砍柴工"的字面意思就是将刀具打磨锋利之后再去砍柴，砍柴的效

率并不会受到影响. 如果用钝刀砍柴, 虽然砍柴的时间增多, 但是砍柴的效率可能降低. 记砍柴时不磨刀, 砍柴的数量为时间 t 的函数 $f(t)$, 磨刀之后再砍柴的数量为时间 t 的函数 $g(t)$, 并假设最终在两种情况下砍到的柴在数量上相同, 在同一个时间点 t_0 进行两种砍柴模式, 那么 $f(t)$ 的变化在刚开始的时候应该比 $g(t)$ 大, 且它们应该都是关于时间 t 的单调递增函数, 但是随着时间的推移, 由于刀已经打磨完毕, 其工作效率必定会提高, 故从某个时间点之后, $g(t)$ 的增速应该比 $f(t)$ 的增速大. 两种砍柴模式虽然起点和终点是一致的, 且它们砍柴的数量都是随着时间的增加而单调递增的, 但是中间过程不一样, 且当超过它们相会的点之后, 磨刀之后再砍柴的效率比不磨刀就砍柴的效率高得多. 这也从侧面说明, 在个人的职业规划中, 一个同学选择高中毕业后就业, 另一个同学选择继续读大学, 然后就业, 那么读大学的同学会比高中毕业之后直接就业的同学更有优势.

四、函数的凹凸性

【凹凸性的概念】连续函数 $f(x)$ 的定义域为 D, 区间 $I \subset D$, 对于区间 I 上任意两点 x_1 和 x_2:

（1）如果恒有 $f\left(\dfrac{x_1+x_2}{2}\right) < \dfrac{f(x_1)+f(x_2)}{2}$, 则称函数 $f(x)$ 在区间 I 上是凹函数（Concave Function）（开口向上）（图 2-16）;

（2）如果恒有 $f\left(\dfrac{x_1+x_2}{2}\right) > \dfrac{f(x_1)+f(x_2)}{2}$, 则称函数 $f(x)$ 在区间 I 上是凸函数（Convex Function）（开口向下）（图 2-17）.

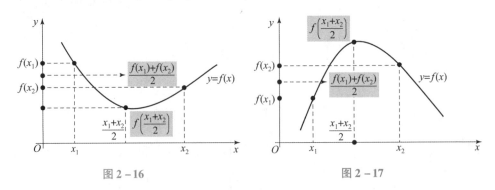

图 2-16　　　　　　　　　　图 2-17

【例 2-41】试确定函数 $f(x) = x^2$ 在其定义域上的凹凸性.

解　显然函数的定义域为 $(-\infty, +\infty)$, 则对于任意的实数 x_1 和 x_2, 都有

$$f\left(\frac{x_1+x_2}{2}\right) = \left(\frac{x_1+x_2}{2}\right)^2 = \frac{x_1^2+2x_1x_2+x_2^2}{4} = \frac{x_1^2+x_2^2}{4} + \frac{2x_1x_2}{4} \leqslant \frac{x_1^2+x_2^2}{4} + \frac{x_1^2+x_2^2}{4}$$

$$= \frac{x_1^2+x_2^2}{2} = \frac{f(x_1)+f(x_2)}{2},$$

因此函数 $f(x)=x^2$ 在其定义域上是凹函数.

显然通过凹凸性的定义来判断函数的凹凸性是比较麻烦的. 事实上, 可以利用函数的二阶导数来判断其凹凸性. 一般地, 有如下凹凸性的判别定理.

【凹凸性的判别定理】 如果函数 $f(x)$ 在其定义域 D 上二阶可导, $I \subset D$, 恒有:

凹凸性的判别定理

(1) $f''(x)>0$, 则函数 $f(x)$ 在区间 I 上是**凹函数**;

(2) $f''(x)<0$, 则函数 $f(x)$ 在区间 I 上是**凸函数**.

凹凸性的判别定理是建立在函数具有二阶导数的基础上的, 它只是函数凹凸性的充分条件, 而非必要条件, 即没有二阶导数的函数也可能具有凹凸性, 但是如果函数二阶可导, 那么必定可以通过二阶导数的正负号来判断它的凹凸性.

【例 2-42】 判断函数 $f(x)=\ln x$ 的凹凸性, 并就此验证 $a+b \geqslant 2\sqrt{ab}$, 其中 a, $b>0$.

解 显然函数的定义域为 $(0,\infty)$, 且 $f'(x)=\dfrac{1}{x}$, $f''(x)=-\dfrac{1}{x^2}<0$, 因此函数 $f(x)=\ln x$ 在其定义域上是凸函数, 对于任意的 a, $b \in (0,+\infty)$, 都有

$$f\left(\frac{a+b}{2}\right) \geqslant \frac{f(a)+f(b)}{2},$$

即 $\ln \dfrac{a+b}{2} \geqslant \dfrac{\ln a + \ln b}{2} = \ln \sqrt{ab}$, 由于 $f(x)=\ln x$ 在其定义域上单调递增, 所以 $a+b \geqslant \sqrt{ab}$ 成立, 等号在 $a=b$ 时成立.

【例 2-43】 某种设备在运转的过程中, 其磨损程度是时间周期 t 的函数, 满足关系 $Q(t)=t^3-12t^2+24t+40$, 其中常数 40 是磨损修正值, 试确定该设备的磨损规律.

解 记此设备第一次开始运转的时刻为 0 时刻, 则磨损函数的定义域为 $[0,+\infty)$.

$$Q'(t)=3t^2-24t+24,$$

令 $Q'(t)=0$, 得驻点 $t_1=4-2\sqrt{2} \approx 1.1712$, $t_2=4+2\sqrt{2} \approx 6.8284$, 且因为 $Q''(t)=6t-24$, 所以

$$Q''(t_1)<0, Q''(t_2)>0,$$

可知该设备在约 1.171 2 个运转周期时磨损程度达到极大, 随后磨损程度开始下降, 在约 6.828 4 个运转周期时, 磨损程度达到最小, 随后磨损程度不断增大. 令 $Q''(t)=0$, 则 $t=4$, 可知从开始运转到第 4 个周期时, 其磨损曲线出现凸起现象, 从第 4 个运转周期开始, 其磨损曲线出现凹陷现象.

在例 2-43 中, 磨损曲线在第 4 个运转周期的左、右两侧凹凸性发生了改变. 对于这种函数的凹凸性在某个点的左、右两侧不一样的现象, 在数学上称这样的点为拐点 (Inflection Point), 即若函数 $f(x)$ 在点 x_0 的左、右两侧凹凸性不同, 则称点 $(x_0,f(x_0))$

为函数 $f(x)$ 的拐点. 拐点在函数曲线上表现为函数凹凸形态的变化, 在对具有实际意义的问题进行分析时, 它具有重要的参考作用.

确定函数 $f(x)$ 的凹凸区间和拐点的步骤如下.

(1) 写出定义域.

(2) 求出二阶导数 $f''(x)$, 找出所有二阶导数等于 0 和不存在的点 (如果有的话).

(3) 将定义域按照 (2) 中得到的点进行分割, 并判断 $f''(x)$ 的符号.

【例 2-44】某颗小行星在运动时经过某个大质量的行星 A 附近, 受到引力作用, 它的运行轨迹发生了部分改变, 随后被行星 A 的引力牵引开始向行星 A 的主序星 B 运动, 但是主序星 B 的质量更大, 因此这颗小行星在主序星 B 强大引力的作用下开始加速逃离该恒星系. 经过测定, 这个小行星的运行轨迹如图所示, 试确定该小行星在行星 A 和主序星 B 的作用下运行路径的变化规律.

解 根据对该小行星运行数据的统计, 对其轨迹线进行曲线拟合, 近似服从函数 $y = 2x^4 - 5x^3 + 1.5x^2 + 5$, $x \in [-1, 4]$ 表示天体之间的距离单位, 如图 2-18、图 2-19 所示. 假设主序星 B 在横轴上方的某个位置, 由于在小行星运行过程中, 其轨迹曲线一般都是连续光滑曲线, 所以将采集到的运行轨迹按照连续可导函数 $y = 2x^4 - 5x^3 + 1.5x^2 + 5$ 进行计算是可行的. $y' = 8x^3 - 15x^2 + 3x$, $y'' = 24x^2 - 30x + 3$, 令 $y' = 0$, 得驻点 $x_0 = 0$,

$$x_1 = \frac{15 - \sqrt{129}}{16} \approx 0.2276, \quad x_2 = \frac{15 + \sqrt{129}}{16} \approx 1.6474,$$

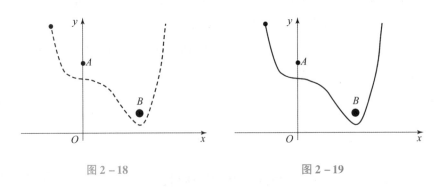

图 2-18   图 2-19

易知小行星在接近行星 A 附近时, 它会加速运动, 随后会朝着围绕行星 A 运动成为其一颗卫星的趋势发展, 但是它又受到主序星 B 强大引力的作用, 而加速朝点 B 运动, 随后会被甩出这个星系系统. 根据二阶导数, 当小行星的运动轨迹在区间 $[-1, 0.1096]$ 上呈现凹下的现象, 在区间 $[0.1096, 1.1472]$ 上呈现凸起的现象, 随后在区间 $[1.1472, 4]$ 上呈现凹下的现象, 在其运行过程中, 出现了两个拐点: $(0.1096, 5.0117)$ 和 $(1.1472, 2.8892)$.

在例 2 – 44 中，小行星由于质量比较小，受到大行星的引力作用其运行轨迹会发生弯曲，但是当它运行到更大质量的恒星周围时，其受到的引力更强，其轨道弯曲的程度更大. 那么如何确定它的运行曲线的弯曲程度呢？

五*、曲率

正如上文中关于小行星经过大质量天体附近时其运行轨迹会发生弯曲一样，质量大的天体对小行星的引力要比质量小的天体对小行星的引力大，从而导致小行星运行轨迹弯曲的程度不同. 曲线的弯曲程度是由曲线段上的某个弧段的弯曲程度来衡量的，而曲线段上某个弧段的弯曲程度可以用弧段端点单位转角上的弧长来度量.

假设曲线 C 是一条光滑的曲线，其函数表达式为 $y = f(x)$，在其上任意选取一点 $M_0(x_0, y_0)$，以此为基点作弧长为 s 的弧段到点 $M(x, y)$，点 M 处的切线倾角为 θ，曲线上任意一点 $M_1(x_1, y_1)$ 到点 M 构成的弧 $\overparen{MM_1}$ 的弧长为 Δs，弧 $\overparen{M_0M_1}$ 的长度为 $s + \Delta s$，点 $M_1(x_1, y_1)$ 处的倾角为 $\theta + \Delta\theta$，点 $M(x, y)$ 沿着曲线移动到点 $M_1(x_1, y_1)$ 时，切线转过的角度为 $\Delta\theta$，如图 2 – 20 所示，

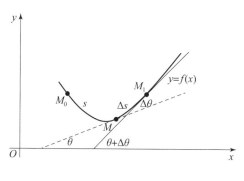

图 2 – 20

用单位弧段上转过的角度大小

$$\frac{|\Delta\theta|}{|\Delta s|}$$

来表示曲线弧段 $\overparen{MM_1}$ 的平均弯曲程度，并将这个比值称为**平均曲率**，记为

$$\bar{K} = \frac{|\Delta\theta|}{|\Delta s|},$$

那么当 $\Delta s \to 0$ 时，即点 $M_1(x_1, y_1)$ 沿着曲线移动到点 $M(x, y)$ 时，上述平均曲率就变成点 $M(x, y)$ 处的**曲率**，记为

$$K = \lim_{\Delta s \to 0} \frac{|\Delta\theta|}{|\Delta s|}.$$

当上述极限存在时，曲率即

$$K = \left| \frac{\mathrm{d}\theta}{\mathrm{d}s} \right|.$$

如果曲线是直线，则点 $M_1(x_1, y_1)$ 沿着直线线移动到点 $M(x, y)$ 时，由于转角并不变，所以 $\mathrm{d}\theta = 0$，即它的曲率为 0，可知直线不弯曲。从上述对曲率的定义中可以看到，曲率就是转角 θ 对于弧长 s 的导数的绝对值，但是它们之间并没有直接关系，这就给曲率的计算带来了麻烦。函数曲线表达式为 $y = f(x)$，$\tan\theta$ 其实就是曲线在点 $M(x, y)$ 处的切线斜率，即 $y' = \tan\theta$。如果曲线函数 $y = f(x)$ 具有二阶导数，则可对 $y' = \tan\theta$ 两边关于 x 求导，即

$$y'' = \sec^2\theta \cdot \frac{\mathrm{d}\theta}{\mathrm{d}x},$$

因此

$$\frac{\mathrm{d}\theta}{\mathrm{d}x} = \frac{y''}{\sec^2\theta} = \frac{y''}{1 + \tan^2\theta} = \frac{y''}{1 + (y')^2},$$

而

$$\frac{\mathrm{d}\theta}{\mathrm{d}s} = \frac{\mathrm{d}\theta}{\mathrm{d}x} \cdot \frac{\mathrm{d}x}{\mathrm{d}s},$$

因此只需要确定弧长关于 x 的导数即可确定函数曲线 $y = f(x)$ 在点 $M(x, y)$ 处的曲率。在光滑曲线 $y = f(x)$ 上取固定的点 $M_0(x_0, y_0)$ 作为弧长的基点，并规定 x 增大的方向为曲线的正向，在曲线上任取一点 $M(x, y)$，规定有向弧 $\overparen{M_0M}$ 的长度为 s（可正可负，正负以点 $M_1(x_1, y_1)$ 在点 $M(x, y)$ 的哪一侧确定）。由图 2 – 21 可知，当自变量 x 获得有限增量 Δx 时，弧 s 的增量 Δs 为 $\Delta s = \overparen{M_0M_1} - \overparen{M_0M} = \overparen{MM_1}$，从而有

$$\left(\frac{\Delta s}{\Delta x} \right)^2 = \left(\frac{\overparen{MM_1}}{\Delta x} \right)^2 = \left(\frac{\overparen{MM_1}}{|MM_1|} \right)^2 \cdot \left(\frac{|MM_1|}{\Delta x} \right)^2 = \left(\frac{\overparen{MM_1}}{|MM_1|} \right)^2 \cdot \frac{(\Delta x)^2 + (\Delta y)^2}{(\Delta x)^2}$$

$$= \left(\frac{\overparen{MM_1}}{|MM_1|} \right)^2 \cdot \left(1 + \left(\frac{\Delta y}{\Delta x} \right)^2 \right),$$

因此，

$$\frac{\Delta s}{\Delta x} = \sqrt{\left(\frac{\overparen{MM_1}}{|MM_1|} \right)^2 \cdot \left(1 + \left(\frac{\Delta y}{\Delta x} \right)^2 \right)}.$$

当 Δx 非常小的时候，弧长 $\overparen{MM_1}$ 与线段 $|MM_1|$ 的长度近似相等，因此 $\lim\limits_{\Delta x \to 0} \frac{\overparen{MM_1}}{|MM_1|} = 1$，从而可以得到弧长关于自变量 x 的导数：

$$\frac{\mathrm{d}s}{\mathrm{d}x} = \lim_{\Delta x \to 0} \frac{\Delta s}{\Delta x} = \lim_{\Delta x \to 0} \sqrt{\left(\frac{\overparen{MM_1}}{|MM_1|} \right)^2 \cdot \left(1 + \left(\frac{\Delta y}{\Delta x} \right)^2 \right)} = \sqrt{1 + (y')^2}.$$

通常称 $\mathrm{d}s = \sqrt{1 + (y')^2} \cdot \mathrm{d}x$ 为**弧微分公式**，从而有

$$\frac{\mathrm{d}\theta}{\mathrm{d}s} = \frac{\mathrm{d}\theta}{\mathrm{d}x} \cdot \frac{\mathrm{d}x}{\mathrm{d}s} = \frac{y''}{1 + (y')^2} \cdot \frac{1}{\sqrt{1 + (y')^2}} = \frac{y''}{\left[1 + (y')^2\right]^{\frac{3}{2}}},$$

故函数 $y = f(x)$ 在其曲线上任意一点 $M(x, y)$ 处的曲率为

$$K = \frac{y''}{\left[1 + (y')^2\right]^{\frac{3}{2}}}.$$

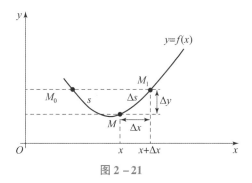

图 2 – 21

函数曲线上任意一点处的曲率越大，函数曲线在该点处的弯曲程度越大.

【例 2 – 45】试确定例 2 – 44 中小行星在其两个驻点处的曲率.

解 由于 $y' = 8x^3 - 15x^2 + 3x$，$y'' = 24x^2 - 30x + 3$，驻点为 $x_0 = 0$，$x_1 \approx 0.2276$，$x_2 \approx 1.6474$，所以在这三点处的曲率分别为 $K_{x_0} = 3$，$K_{x_1} \approx -2.5848$，$K_{x_2} \approx 18.7122$. 这说明该小行星在恒星附近的轨道弯曲程度远大于它在行星附近的轨道弯曲程度.

【例 2 – 46】试确定圆周 $x^2 + y^2 = r^2$ 上任意一点处的曲率.

解 设 $M(x, y)$ 是圆周上任意一点，则对圆方程两边同时求导，有 $2x + 2yy' = 0$，所以 $y' = -x/y$，从而有

$$y'' = \frac{y - xy'}{y^2} = -\frac{y + x^2/y}{y^2} = -\frac{y^2 + x^2}{y^3} = -\frac{r^2}{y^3},$$

所以曲率为

$$K = \frac{y''}{\left[1 + (y')^2\right]^{\frac{3}{2}}} = \frac{r^2}{(x^2 + y^2)^{\frac{3}{2}}} = \frac{1}{r}.$$

这说明，圆周上任意一点处的曲率都等于圆的半径的倒数，因此小圆的弯曲程度要大于大圆的弯曲程度.

【例 2 – 47】试分析高速匝道限速标准.

解 匝道一般都是弯曲状的（图 2 – 22），在设定匝道上的限速标准时，只需考虑车辆在匝道上曲率最大处的速度即可. 假设某个匝道的形状函数曲线为 $y =$

图 2 – 22

$f(x)$，则汽车在其曲率最大点附近的运动可以近似理解为圆周运动. 假设汽车在该点处的速率为 v，则汽车在该点处的向心力为 $F = mv^2/r$，其中 m 是汽车的质量，r 为此时圆周运动的半径. 显然向心力与汽车速率的平方成正比，因此速率越大，运动中的汽车受到的向心力就越大，而能够克服向心力的只有汽车自身与里面之间的摩擦力. 假设汽车轮胎与路面的摩擦系数为 μ，则汽车与地面之间的摩擦力为 $f = \mu mg$，这个摩擦力只与汽车自身的质量有关. 若要保障汽车弯道行驶的安全性，只需考虑向心力恰好与摩擦力相等即可，否则摩擦力不能克服向心力，汽车自身会扩大圆周运动的半径产生向外漂移的现象. 于是 $F \leqslant f$，即 $mv^2/r \leqslant \mu mg$，因此 $v \leqslant \sqrt{\mu gr}$，可见安全速度与汽车自身的质量无关，只与摩擦系数以及曲率最大点处的圆周半径有关. 而摩擦系数仅与轮胎以及地面有关，由于目前市面上汽车的轮胎表面的规格比较稳定，所以认为摩擦系数仅与路面有关，而匝道每一处的路面的摩擦系数都是固定值，因此要想确定限速标准，只需要确定曲率最大点处的圆周半径即可.

为此，定义函数 $y = f(x)$ 在其曲线上任意点 $M(x, y)$ 处的曲率 K 的倒数 $1/K$ 为半径，以沿点 $M(x, y)$ 处法向距离 $1/K$ 的点 D 为圆心的圆称为**曲率圆**，相应的半径 $1/K$ 称为**曲率半径**，圆心 D 称为**曲率圆心**.

因此，汽车在匝道上曲率最大点处的速率 v 应该满足：

$$v \leqslant \sqrt{\frac{\mu g}{K}}.$$

将曲率 $K = \dfrac{y''}{\left[1 + (y')^2\right]^{\frac{3}{2}}}$ 代入即可得限速标准：

$$v \leqslant \left[1 + (y')^2\right]^{\frac{3}{4}} \cdot \sqrt{\frac{\mu g}{|y''|}}.$$

在施工时，由于匝道的弯曲程度并不是绝对大，因此匝道曲线的变化率 y' 并不大，工程师往往会将限速标准按照

$$v \leqslant \sqrt{\frac{\mu g}{|y''|}}$$

进行设定.

在进行匝道限速测量时，上述函数 $y = f(x)$、摩擦系数 μ 都是可以测量出来的. 事实上，火车在转弯时也是有限速的，火车在弯道处的圆周运动也是根据曲率圆计算出来的，为了火车运行的安全，在设计时往往把火车的外轨修得高于其内轨. 同理在绕城高速上，如限速较高，也需要将高速公路的外侧修得高于内侧以保障车辆的行驶安全.

【例 2-48】某位同学在制作图 2-23 所示的工件时，需要对工件进行打磨. 经过

测量,该工件表面形状近似服从函数 $y = 0.4x^2$,试确定该同学应该选择多大尺寸的砂轮进行打磨.

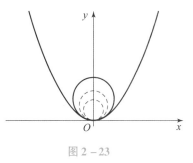

图 2-23

解　选择的砂轮尺寸应该满足在打磨的过程中靠近打磨点附近的工件尽量不被磨损,因此只要砂轮满足在曲线上曲率最大的点处进行打磨时恰好与该点相切即可. 假设 $M(x,y)$ 是曲线上任意一点,则 $y' = 0.8x$,$y'' = 0.8$,因此曲率为

$$K = \frac{0.8}{(1 + 0.64x^2)^{\frac{3}{2}}}.$$

工件在点 $x = 0$ 处曲率最大,此处的曲率半径 $r = 1/K$ 最小,此处的曲率半径为 $r = 1/0.8 = 1.25$,因此选择的砂轮半径不应该超过 1.25 个单位.

六、洛必达法则

第 1 章介绍了一些函数极限的计算法则,但是对于如下形式的极限:

$$\lim_{x \to 0} \frac{x - \sin x}{x^3}, \lim_{x \to 0^+} x^x, \lim_{x \to 0} \left(\frac{1}{x^2} - \frac{1}{\tan^2 x} \right),$$

除了使用泰勒等价代换,还是无法进行计算. 对于上述第一个极限,它是分子、分母都趋于 0 的 " $\frac{0}{0}$ " 型极限;对于上述第二个极限,可以通过对数与指数之间的关系将其转化为

$$\lim_{x \to 0^+} x^x = \lim_{x \to 0^+} e^{x \ln x} = e^{\lim\limits_{x \to 0^+} \frac{\ln x}{\frac{1}{x}}}$$

的形式,即变成分子、分母都是 ∞ 的形式;对于上述第三个极限,通分之后为

$$\lim_{x \to 0} \left(\frac{1}{x^2} - \frac{1}{\tan^2 x} \right) = \lim_{x \to 0} \frac{\tan^2 x - x^2}{x^2 \tan^2 x},$$

变为分子、分母同时趋于 0 的形式.

像这种分子、分母都趋于 0 或者 ∞ 的极限 $\left(" \frac{0}{0} " \text{型}、" \frac{\infty}{\infty} " \text{型} \right)$,通常称为 **"未定式"** 的极限. 对于未定式的极限,可以使用下面介绍的一种方法方便快捷地计算. 这种方法最早是由法国数学家洛必达 (Marquis De L'Hôpital) 在他的著作《无穷小分析》中给出的.

【**洛必达法则**】设函数 $f(x)$,$g(x)$ 满足:

(1) 当 $x \to \Theta$ 时,$f(x)$,$g(x)$ 同时趋于 0 (或 ∞);

(2) 当 x 无限靠近 Θ 时,$f'(x)$,$g'(x)$ 都存在,且 $g'(x) \neq 0$;

洛必达法则

（3）极限 $\lim\limits_{x\to\Theta}\dfrac{f'(x)}{g'(x)}$ 存在（或为∞），

则必有 $\lim\limits_{x\to\Theta}\dfrac{f(x)}{g(x)}=\lim\limits_{x\to\Theta}\dfrac{f'(x)}{g'(x)}$.

洛必达法则说明，当极限 $\lim\limits_{x\to\Theta}\dfrac{f'(x)}{g'(x)}$ 存在时，极限 $\lim\limits_{x\to\Theta}\dfrac{f(x)}{g(x)}$ 也存在且等于 $\lim\limits_{x\to\Theta}\dfrac{f'(x)}{g'(x)}$；

当极限 $\lim\limits_{x\to\Theta}\dfrac{f'(x)}{g'(x)}$ 为无穷大时，极限 $\lim\limits_{x\to\Theta}\dfrac{f(x)}{g(x)}$ 也是无穷大. 这样就可以利用导数来确定函数的极限.

【例 2-49】求下列极限.

（1）$\lim\limits_{x\to0}\dfrac{x-\sin x}{x^3}$；（2）$\lim\limits_{x\to0^+}x^x$；（3）$\lim\limits_{x\to0}\left(\dfrac{1}{x^2}-\dfrac{1}{\tan^2 x}\right)$.

解　（1）$\lim\limits_{x\to0}\dfrac{x-\sin x}{x^3}=\lim\limits_{x\to0}\dfrac{1-\cos x}{3x^2}=\lim\limits_{x\to0}\dfrac{\sin x}{6x}=\dfrac{1}{6}$.

（2）$\lim\limits_{x\to0^+}x^x=\mathrm{e}^{\lim\limits_{x\to0^+}x\ln x}=\mathrm{e}^{\lim\limits_{x\to0^+}\frac{\ln x}{\frac{1}{x}}}=\mathrm{e}^{\lim\limits_{x\to0^+}\frac{\frac{1}{x}}{-\frac{1}{x^2}}}=\mathrm{e}^{\lim\limits_{x\to0^+}(-x)}=\mathrm{e}^0=1$.

（3）$\lim\limits_{x\to0}\left(\dfrac{1}{x^2}-\dfrac{1}{\tan^2 x}\right)=\lim\limits_{x\to0}\dfrac{\tan^2 x-x^2}{x^2\tan^2 x}=\lim\limits_{x\to0}\dfrac{(\tan x-x)(\tan x+x)}{x^4}=\lim\limits_{x\to0}\dfrac{\tan x-x}{x^3}\cdot$

$\lim\limits_{x\to0}\dfrac{\tan x+x}{x}=2\lim\limits_{x\to0}\dfrac{\sec^2 x-1}{3x^2}=2\lim\limits_{x\to0}\dfrac{\tan^2 x}{3x^2}=\dfrac{2}{3}$.

（1）题的计算过程说明，洛必达法则不仅可以使用一次，如果使用了一次洛必达法则之后函数极限还满足洛必达法则的条件，可以继续使用洛必达法则直至求出极限.

【例 2-50】计算下列极限.

（1）$\lim\limits_{x\to1}\dfrac{x^3-3x+2}{x^3-x^2-x+1}$；（2）$\lim\limits_{x\to+\infty}x\left(\dfrac{\pi}{2}-\arctan x\right)$；（3）$\lim\limits_{x\to0}\left(\dfrac{1}{x}-\dfrac{1}{\tan x}\right)$.

解　（1）$\lim\limits_{x\to1}\dfrac{x^3-3x+2}{x^3-x^2-x+1}=\lim\limits_{x\to1}\dfrac{3x^2-3}{3x^2-2x-1}=\lim\limits_{x\to1}\dfrac{6x}{6x-2}=\dfrac{3}{2}$.

（2）$\lim\limits_{x\to+\infty}\left(\dfrac{\pi}{2}-\arctan x\right)=\lim\limits_{x\to+\infty}\dfrac{\dfrac{\pi}{2}-\arctan x}{\dfrac{1}{x}}=\lim\limits_{x\to+\infty}\dfrac{-\dfrac{1}{1+x^2}}{-\dfrac{1}{x^2}}=\lim\limits_{x\to+\infty}\dfrac{x^2}{1+x^2}=\lim\limits_{x\to+\infty}\dfrac{2x}{2x}=1$.

（3）$\lim\limits_{x\to0}\left(\dfrac{1}{x}-\dfrac{1}{\tan x}\right)=\lim\limits_{x\to0}\dfrac{\tan x-x}{x\tan x}=\lim\limits_{x\to0}\dfrac{\tan x-x}{x^2}=\lim\limits_{x\to0}\dfrac{\sec^2 x-1}{2x}=\lim\limits_{x\to0}\dfrac{\tan^2 x}{2x}=0$.

想一想，练一练

1. 假设函数 $y=f(x)$ 在闭区间 $[a,b]$ 上具有有限的导数，且 $f'(a)f'(b)<0$，求证：

存在 $c \in (a, b)$，使 $f'(c) = 0$.

2. 假设函数 $y = f(x)$ 在闭区间 $[a, b]$ 上具有有限的导数，且 $f'(a) < c < f'(b)$，求证：存在 $\xi \in (a, b)$，使 $f'(\xi) = c$.

3. 假设函数 $y = f(x)$ 在闭区间 $[0, 1]$ 上连续，在 $(0, 1)$ 内可导，且 $f(1) = 0$，求证：存在 $\xi \in (0, 1)$，使 $f(\xi) + \xi f'(\xi) = 0$.

4. 假设函数 $y = f(x)$ 在 $[0, 1]$ 上连续，在 $(0, 1)$ 内可导，且当 $x \in (0, 1)$ 时，$f'(x) > 0$，$f(0) = 0$，求证：存在 λ，$\mu \in (0, 1)$，且 $\lambda + \mu = 1$，使 $\dfrac{f'(\lambda)}{f'(\mu)} = \dfrac{f(\lambda)}{f(\mu)}$.

5. 两个带电粒子在磁场中运动，经测定，A 粒子的运动轨迹服从函数 $y = e^x$，B 粒子的运动近似服从某种抛物线的轨迹，但无法确定其具体路径，暂假设为 $y = ax^2 + bx + c$，试证：这两个带电粒子的运动轨迹的交点不超过 3 个.

6. 假设某个工件外表面截面曲线为 $y = f(x)$，经测定，该曲线在区间 $[a, b]$ 上是光滑曲线，且 $f(a) = f(b)$，试证：在区间 (a, b) 内存在某个点 ξ，使 $f'(\xi) = \lambda f(\xi)$，其中 λ 是对工件参数修正时的常量.

7. 带电粒子在磁场中从点 A 运动到点 B，假设其运动轨迹函数为 $y = f(x)$，是一条光滑曲线，且具有二阶导数，现连接 A，B 两点，恰好与其运动轨迹线相交于一点 C，试证：在其运动轨迹上存在一点 ξ，使 $f''(\xi) = 0$.

8. 为了测定某种带电粒子在磁场中的运动轨迹，假设其运动轨迹服从函数 $y = f(t)$，经过测定该粒子在运动过程中，任意点处的速率都与它在该时间点处的路程相等，且在 $t = 0$ 时，其路程为 1，试确定其运动轨迹函数.

9. 利用单调性证明：当 $x > 0$ 时，$x - \dfrac{x^2}{2} < \ln(1 + x) < x$. 同时，计算极限 $\lim\limits_{n \to \infty} \left(1 + \dfrac{1}{n^2}\right)\left(1 + \dfrac{2}{n^2}\right) \cdots \left(1 + \dfrac{n}{n^2}\right)$.

10. 证明：当 $x > 0$ 时，不等式 $x - \dfrac{x^3}{6} < \sin x < x - \dfrac{x^3}{6} + \dfrac{x^5}{120}$ 成立.

11. 铁路线上 AB 段的距离为 100 km，工厂 C 距 A 处 20 km，AC 垂直于 AB，为了运输需要，要在 AB 线上选定一点 D 向工厂修筑一条公路，已知铁路每千米货运的运费与公路上每千米货运的运费之比为 3 : 5，假设点 D 距离点 A x km，试确定点 D 的位置，使总运费最省.

12. 某种吊车的车身高度为 1.5 m，吊臂长度为 15 m，现在要把一个 6 m 宽、2 m 高的物体水平地吊到 6 m 高的柱子上去，问能否吊得上去？

13. 某车间靠墙壁盖一间长方形小屋，现有存砖只够砌 20 m 长的墙壁，试问围成怎样的长方形才能使这个小屋的面积最大？

14. 将边长为 l 的一块正方形铁皮的四角各截去一个大小相同的小正方形，然后将四边折起做成一个无盖的方盒. 试问截掉的小正方形边长为多少时，所得方盒的容积最大？

15. 求下列函数的凹凸区间和拐点.

(1) $y = x^3 - 2x^2 + x$；　　　(2) $y = xe^{-x}$；　　　(3) $y = x^2 + e^x$；

(4) $y = x\arcsin x$；　　　(5) $y = e^{\arctan x}$；　　　(6) $y = \ln(1 + x^2)$.

16. 计算下列极限.

(1) $\lim\limits_{x \to 0}\left(\dfrac{1}{x} - \dfrac{1}{\ln(1+x)}\right)$；　　(2) $\lim\limits_{x \to 1}\dfrac{x - x^x}{1 - x + \ln x}$；　　(3) $\lim\limits_{x \to 0}\dfrac{e^x \sin x - x(x+1)}{x^3}$；

(4) $\lim\limits_{x \to \infty} x(e^{\frac{1}{x}} - e^{-\frac{1}{x}})$；　　　(5) $\lim\limits_{x \to 0}\dfrac{\arctan x - x}{(\sin x)^3}$；　　(6) $\lim\limits_{x \to 1}\dfrac{\tan x - x}{x\sin x^2}$；

(7) $\lim\limits_{x \to 0}\left[\dfrac{a_1^x + a_2^x + \cdots + a_n^x}{n}\right]^{\frac{1}{x}}$ $(a_1, a_2, \cdots, a_n > 0)$；　　(8) $\lim\limits_{x \to +\infty}\left(\dfrac{2}{\pi}\arctan x\right)^x$.

17. 假设函数 $y = f(x)$ 在点 $x = 2$ 附近具有连续的一阶导数，且 $f'(0) = 0$，$f''(0)$ 存在，求极限：

$$\lim\limits_{x \to 0^+}\frac{f(x) - f(\sin x)}{x^4}.$$

18. 设函数 $f(x)$ 在 $[0,1]$ 上有二阶导数，且 $|f(x)| \le a$，$|f''(x)| \le b$，求证：对任意的 $x \in (0,1)$，都有

$$|f'(x)| \le 2a + \frac{b}{2}.$$

19. 求证：当 $x > 0$ 时，不等式 $\ln(1+x) < \dfrac{x}{\sqrt{1+x}}$ 成立.

20. 求证：(1) $\ln\dfrac{b}{a} > \dfrac{2(b-a)}{b+a}$ $(b > a > 0)$；(2) $(x^2 - 1)\ln x \ge 2(x-1)^2$ $(x > 0)$.

21. 讨论方程 $|x|^{\frac{1}{2}} + |x|^{\frac{1}{4}} = \cos x$ 在 $(-\infty, +\infty)$ 上根的个数.

22. 比较 e^{π} 和 π^e 的大小.

23. 当 $0 < x < \dfrac{\pi}{2}$ 时，求证：$\dfrac{x}{\sin x} < \dfrac{\tan x}{x}$.

24. 设函数 $f(x)$ 在 $[0,1]$ 上二阶可导，且 $f(0) = f'(0) = 0$，求证：存在 $\xi \in (0,1)$，使 $f''(\xi) = \dfrac{2f(\xi)}{(1-\xi)^2}$.

25. 设函数 $f(x)$ 在 $(-\infty, +\infty)$ 内有界，且有连续的导数，若 $f(x)$ 满足 $|f(x) + f'(x)| \le 1$，求证：$|f(x)| \le 1$.

26. 设函数 $f(x)$ 在 $[0,2]$ 上连续，在 $(0,2)$ 内可导，且 $f(0) = 1$，$f(1) + 2f(2) = 3$，求证：存在 $\xi \in (0,2)$，使 $f'(\xi) = 0$.

第 3 章　常微分方程

 **学习目标**

【知识学习目标】

（1）理解常微分方程的概念；

（2）理解并掌握原函数与不定积分的概念；

（3）理解并掌握不定积分的积分法；

（4）理解并掌握一阶、二阶常微分方程的解法.

【能力培养目标】

（1）会将实际问题中的概念与数学概念互"译"；

（2）会通过事物的变化率寻求事物变化的规律；

（3）会对专业问题建立微分方程模型.

【技能培养目标】

（1）能将专业中遇到的问题建立微分方程模型进行分析；

（2）能利用掌握的数学知识设计工科问题的分析方案；

（3）能利用微分方程分析、处理专业和生活中的常见问题.

【素质培养目标】

（1）培养追本求源的思维能力；

（2）建立勇于探索，归于求真的学习态度；

（3）建立抛开表面看本质的哲学思维.

工作任务

日光灯的发光原理是电流击穿汞原子时激发紫外线，当紫外线照射到日光灯内表面上的荧光粉时就会发出柔光. 在日光灯的灯管中，两端的钨丝并不是相连的，而是断开的，日光灯的灯管中充斥着汞元素，由于日光灯两端的导线不相连，此时并不能形成通路，需要在 10 000 V 以上的高压下，电流才会击穿汞原子产生紫外线. 但是，日常民用电压只有220 V，无法使电流击穿汞原子，因此需要给日光灯一个持续的高电压. 一般的日光灯都会安装一个镇流器，通过电磁感应将220 V的电压持续维持在10 000 V以上，从而保证日光灯持续发光. 那么如何设计一个合格的镇流器呢？

针对上述问题，思考如何成功地制作出一个符合要求的镇流器. 谈谈你的想法.

工作分析

根据电磁感应的楞次定律以及闭合回路的基尔霍夫定律，回路中的总电压为零，而感应电动势为电感系数与电流变化率的乘积，将日光灯看作一个消耗电能的电阻器，那么需要解决如下问题.

(1) 建立闭合回路的 *LRE* 方程.

(2) 确定镇流器中电流的变化函数.

(3) 根据欧姆定律求得符合要求的感应电压.

第一节　常微分方程的概念

【问题引入】镇流器的工作原理就是在一个闭合回路中，利用电磁感应产生感应电流（图3 – 1）.

当开关 S 不断地断开、闭合的往复循环中，在电路中不断产生感应电流.

电源电动势为 $E = E_m \sin \omega t$，其中 E_m，ω 都是常数，电阻 R 和电感 L 都是常数，根据电磁感应原理，该回路中的感应电动势为

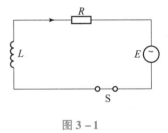

图 3 – 1

$$E_{感} = -L \frac{\mathrm{d}i(t)}{\mathrm{d}t}.$$

由基尔霍夫定律可知：$E - L \dfrac{\mathrm{d}i(t)}{\mathrm{d}t} - i(t) \cdot R = 0$，即 $\dfrac{\mathrm{d}i(t)}{\mathrm{d}t} + \dfrac{R}{L}i(t) = \dfrac{E}{L}$，这样就建立了闭合感应回路的电流方程. 这个方程包含了未知函数 $i(t)$ 及其导数，像这样含有未知函数及其导数的方程，称为微分方程（Differential Equation）.

一、微分方程的概念

在大多数情况下，寻找事物的发展规律时都很难直接找到它的函数关系式，往往都是根据问题提供的信息，列出含有未知函数及其导数的

微分方程的概念

关系式，这种关系式称为微分方程. 微分方程建立以后，如果能够确定某个函数恰好满足这个微分方程，那么就称此函数为该微分方程的**解**. 这种找出未知函数的过程，称为**解微分方程**. 在微分方程中，未知函数导数的阶数称为微分方程的阶. 例如，上述关于电流的微分方程是一阶的，微分方程 $x^2 y'' + 3xy' + 2y = 0$ 是二阶的. 通常也称微分方程的解是微分方程中未知函数导数的原函数. 为了计算微分方程方便，下面引入原函数的概念以及不定积分的概念.

二、原函数和不定积分的概念

【原函数的概念】 如果在区间 I 上，可导函数 $F(x)$ 的导函数为 $f(x)$，即对任意的 $x \in I$，都有

$$F'(x) = f(x) \text{ 或 } \mathrm{d}F(x) = f(x)\mathrm{d}x,$$

则称函数 $F(x)$ 是函数 $f(x)$ 的在区间 I 上的一个**原函数**.

之所以称 $F(x)$ 是 $f(x)$ 在区间 I 上的一个原函数，是因为如果有 $F'(x) = f(x)$，那么 $[F(x) + C]' = f(x)$ 也成立，因此如果函数 $f(x)$ 在区间 I 上存在一个原函数 $F(x)$，那么它就存在无穷多个原函数 $F(x) + C$.

例如，由于 $(x^2)' = 2x$，所以函数 $y = x^2$ 是函数 $y = 2x$ 的一个原函数，相应地，函数 $y = x^2 + C$ 就是函数 $y = 2x$ 的所有原函数. 那么什么样的函数存在原函数呢？一般地，根据如下定理可以确定.

【原函数存在定理】 如果函数 $f(x)$ 在区间 I 上连续，那么在区间 I 上存在可导函数 $F(x)$，使任意的 $x \in I$ 都有 $F'(x) = f(x)$.

简单地说就是：**连续函数必定存在原函数**.

因此，连续函数 $f(x)$ 必定存在无穷多个原函数. 需要注意的是，函数 $f(x)$ 的任何原函数之间至多相差一个常数，这是因为，如果有 $F'(x) = f(x)$，$G'(x) = f(x)$，那么 $[F(x) - G(x)]' = F'(x) - G'(x) = f(x) - f(x) = 0$，所以函数 $F(x) - G(x)$ 是一个常数. 以后使用 $F(x) + C$ 来表示函数 $f(x)$ 的所有原函数.

【不定积分的概念】 在区间 I 上，函数 $f(x)$ 的带有任意常数的原函数，称为函数 $f(x)$ 的不定积分，记为

$$\int f(x)\mathrm{d}x = F(x) + C,$$

其中，$\int$ 称为**积分号**，$f(x)$ 称为**被积函数**，$f(x)\mathrm{d}x$ 称为**被积表达式**，x 称为**积分变量**，$\mathrm{d}x$ 称为**积分微元**，任意常数 C 称为**积分常数**，函数 $F(x) + C$ 的曲线称为**积分曲线**.

微分方程的解如果也含有任意常数，且任意常数的个数与微分方程的阶数恰好相

同，则称这样的解为微分方程的**通解**. 如果微分方程还附带某些特定的条件，通过这些特定的条件可以计算出通解中的任意常数，则称这样的微分方程为**带有初始条件的微分方程**，此时的解是通过初始条件得到的特定的解，称为满足初始条件的**特解**.

【例 3 - 1】碳 - 14 在空气中的含量是一个稳定值，其会产生衰变，生物体在活着的时候通过新陈代谢会在体内储存一定量的碳 - 14，当生物体死亡后其体内的碳 - 14 含量会随着时间的推移逐渐变少，通过测定某种生物体的碳 - 14 含量即可计算出该生物体的死亡年份. 根据原子物理学知识知道，放射性元素的衰变速度与当时未衰变元素的含量 M 成正比，试确定碳 - 14 衰变规律.

解 生物体活着的时候其体内含有的放射性碳 - 14 含量是一个稳定值，记为 M_0. 假设生物体死亡后其体内的碳 - 14 含量为 M，衰变时间为 t，则根据导数的意义可知，其衰变速度为

$$\frac{\mathrm{d}M}{\mathrm{d}t} = -\lambda M,$$

其中 λ 为比例系数. 将其表示为微分形式为

$$\mathrm{d}M = -\lambda M \mathrm{d}t,$$

从而有

$$\frac{1}{M}\mathrm{d}M = -\lambda \mathrm{d}t.$$

两边同时进行不定积分，有

$$\int \frac{1}{M}\mathrm{d}M = -\lambda \int \mathrm{d}t.$$

现在需要解决的问题是，如何计算上述不定积分. 由第 2 章的内容可知，$(\ln x)' = \frac{1}{x}$，$(\ln(-x))' = \frac{1}{x}$，因此当 $x \neq 0$ 时，有 $(\ln|x|)' = \frac{1}{x}$，得 $\int \frac{1}{x}\mathrm{d}x = \ln|x| + C$；又因为 $(kx)' = k$，所以有 $\int k\mathrm{d}x = kx + C$.

由于碳 - 14 含量 M 是正值，所以 $\ln M = -\lambda t + C_1$，化简即得 $M = \mathrm{e}^{-\lambda t + C_1} = \mathrm{e}^{C_1} \cdot \mathrm{e}^{-\lambda t} = C \cdot \mathrm{e}^{-\lambda t}$，其中 $C = \mathrm{e}^{C_1}$ 是任意常数. 由于当 $t = 0$ 时，碳 - 14 含量为 M_0，即 $C = M_0$，所以 $M = M_0 \cdot \mathrm{e}^{-\lambda t}$ 为碳 - 14 的衰变规律函数.

从例 3 - 1 可以看出，通过建立微分方程可以确定生物体死亡的年代，而比例系数 λ 可以通过计算得出，比如碳 - 14 的半衰期为（5 730 ± 40）年，假设这个半衰期为 T，则 $0.5 = \mathrm{e}^{-\lambda T}$，从而有

$$\lambda = \frac{\ln 2}{T}.$$

在建立了微分方程之后，将微分方程中的因变量和自变量分别移到方程两侧的过程，称为**分离变量**. 能够进行分离变量的微分方程称为**可分离变量的微分方程**. 在寻找上述碳 – 14 衰变规律函数时，将变量分离之后需要计算不定积分，对于不定积分的计算，根据其为导数运算的逆运算可得如下基本积分公式，供后续课程在计算原函数时使用（表 3 – 1).

表 3 – 1　基本积分公式

序号	公式	序号	公式
1	$\int k \mathrm{d}u = ku + C$	6	$\int \sin u \mathrm{d}u = -\cos u + C$
2	$\int u^{\alpha} \mathrm{d}u = \dfrac{1}{1+\alpha} u^{\alpha} + C(\alpha \neq -1)$	7	$\int \cos u \mathrm{d}u = \sin u + C$
3	$\int \dfrac{1}{u} \mathrm{d}u = \ln|u| + C$	8	$\int \sec^2 u \mathrm{d}u = \tan u + C$
4	$\int a^u \mathrm{d}u = \dfrac{1}{\ln a} a^u + C$	9	$\int \csc^2 u \mathrm{d}u = -\cot u + C$
5	$\int \mathrm{e}^u \mathrm{d}u = \mathrm{e}^u + C$	10	$\int \sec u \tan u \mathrm{d}u = \sec u + C$
11	$\int \csc u \cot u \mathrm{d}u = -\csc u + C$	12	$\int \dfrac{1}{\sqrt{1-u^2}} \mathrm{d}u = \arcsin u + C$
13	$\int \dfrac{1}{1+u^2} \mathrm{d}u = \arctan u + C = -\operatorname{arccot} u + C$		$= -\arccos u + C$

正如导数运算中初等函数的导数基于基本求导公式的四则运算以及复合运算一样，不定积分的运算也存在以下运算性质（假设以下所涉及的函数均存在原函数).

【性质 3 – 1】 和、差的积分等于积分的和、差：$\int [f(x) \pm g(x)] \mathrm{d}x = \int f(x) \mathrm{d}x \pm \int g(x) \mathrm{d}x$.

不定积分的性质

【性质 3 – 2】 常数可以进出积分号：$\int k \cdot f(x) \mathrm{d}x = k \int f(x) \mathrm{d}x$.

【性质 3 – 3】 先导后积，不变加 C：$\int f'(x) \mathrm{d}x = f(x) + C$ 或 $\int \mathrm{d}f(x) = f(x) + C$.

【性质 3 – 4】 先积后导，其值不变：$\left(\int f(x) \mathrm{d}x \right)' = f(x)$ 或 $\mathrm{d}\int f(x) \mathrm{d}x = f(x)$.

性质 3 – 1 对于任意有限个函数的和、差依然成立，即

$$\int [f_1(x) \pm f_2(x) \pm \cdots \pm f_n(x)] \mathrm{d}x = \int f_1(x) \mathrm{d}x \pm \int f_2(x) \mathrm{d}x \pm \cdots \pm \int f_n(x) \mathrm{d}x.$$

【例 3 – 2】 某种粒子在磁场中受到磁场力的作用做某种运动. 假设该粒子的运动轨

迹服从函数 $y = f(x)$，经过一系列的测定，其满足 $\int f(x)\mathrm{e}^{-\frac{1}{x}}\mathrm{d}x = x\mathrm{e}^{-\frac{1}{x}} + C$，试确定该粒子的运动轨迹函数.

解 因为 $\int f(x)\mathrm{e}^{-\frac{1}{x}}\mathrm{d}x = x\mathrm{e}^{-\frac{1}{x}} + C$，两边求导可得

$$f(x)\mathrm{e}^{-\frac{1}{x}} = \mathrm{e}^{-\frac{1}{x}} + \frac{1}{x}\mathrm{e}^{-\frac{1}{x}},$$

化简即有 $f(x) = 1 + \dfrac{1}{x}$.

【例 3-3】 计算下列不定积分.

(1) $\int \sqrt{x}(x^2 + 2x)\mathrm{d}x$; (2) $\int (\sin x + \mathrm{e}^x)\mathrm{d}x$.

解 (1) $\int \sqrt{x}(x^2 + 2x)\mathrm{d}x = \int (x^{\frac{5}{2}} + 2x^{\frac{3}{2}})\mathrm{d}x = \int x^{\frac{5}{2}}\mathrm{d}x + 2\int x^{\frac{3}{2}}\mathrm{d}x = \dfrac{2}{7}x^{\frac{7}{2}} + \dfrac{4}{5}x^{\frac{5}{2}} + C.$

(2) $\int (\sin x + \mathrm{e}^x)\mathrm{d}x = \int \sin x\,\mathrm{d}x + \int \mathrm{e}^x\mathrm{d}x = -\cos x + \mathrm{e}^x + C.$

【例 3-4】 某位同学准备自己制作一个交流电发电机，他将线圈制作成一个矩形状，如图 3-2 所示. 矩形线圈的垂直边长为 l，水平边长为 $3b$，共有 N 匝，构成一个闭合回路. 现将这个矩形线圈在磁感应强度为 B_0 的水平均匀磁场中绕垂直轴旋转，角速度为 ω，转轴到矩形线圈一条垂直边的距离为 b. 试确定：在一个小的时间间隔内，矩形线圈在转动中克服磁场力所做的功，并与矩形线圈中通过的感应电动势消耗的能量进行比较.

解 设在 t 时刻，矩形线圈与磁场的夹角为 θ 时，矩形线圈中的电流强度为 i，如图 3-3 所示，在垂直于磁场强度 B_0 的方向上，矩形线圈两侧所受的磁场力的大小均为 $F = NilB$. 为了克服它们，所需提供的两个外力的大小也应为此值. 设在时间间隔 Δt 内矩形线圈转过的角度为 $\Delta\theta$，则这两个外力所做的功为

$$\Delta W = F \cdot (2b\Delta\theta)\cos\theta + F \cdot (b\Delta\theta)\cos\theta = 3NibB_0\cos\theta \cdot \Delta\theta. \qquad (3-1)$$

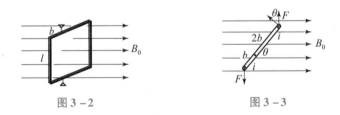

图 3-2　　　　　　　　　图 3-3

由于

$$\Delta\omega = \frac{\Delta\theta}{\Delta t}, \quad \frac{\Delta W}{\Delta t} = 3NibB_0\cos\theta \cdot \frac{\Delta\theta}{\Delta t},$$

所以当 $\Delta t \to 0$ 时, 有

$$\omega = \frac{\mathrm{d}\theta}{\mathrm{d}t}, \quad \frac{\mathrm{d}W}{\mathrm{d}t} = 3NibB_0 \cos\theta \cdot \frac{\mathrm{d}\theta}{\mathrm{d}t}.$$

将角速度 ω 代入式 (3-1), 得

$$\frac{\mathrm{d}W}{\mathrm{d}t} = 3\omega NibB_0 \cos\theta,$$

即

$$\mathrm{d}W = 3\omega NibB_0 \cos\theta \mathrm{d}t.$$

此即在一个小的时间间隔 $\mathrm{d}t$ 内做的功. 另一方面, 矩形线圈因转动而产生的感应电动势的大小为

$$E = N\frac{\mathrm{d}\Phi}{\mathrm{d}t},$$

其中, Φ 是通过单匝线圈的磁通量, $\Phi = B_0 \cdot (3bl)\sin\theta = 3blB_0\sin\theta$, 因此感应电动势为

$$E = 3NblB_0\cos\theta \cdot \frac{\mathrm{d}\theta}{\mathrm{d}t} = 3\omega NblB_0\cos\theta,$$

所以在时间间隔 $\mathrm{d}t$ 内消耗的电能为

$$\mathrm{d}Q = 3\omega NblB_0\cos\theta \mathrm{d}t.$$

这就说明, 外力在小的时间间隔 $\mathrm{d}t$ 内对线圈做的功与线圈内消耗的电能相同, 即 $\mathrm{d}W = \mathrm{d}Q$.

如果当时间 $t = 0$ 时, 矩形线圈平面与磁场线平行, 那么在 $t = 0$ 时, $\theta = 0$, 且角速度 ω 为常数, 那么 $\theta = \omega t$, 此时有 $\mathrm{d}W = 3\omega NibB_0 \cos\omega t \mathrm{d}t$, 两边同时积分, 得 $\int \mathrm{d}W = \int 3\omega NibB_0\cos\omega t \mathrm{d}t$, 可得外力做功是时间的表达式:

$$W = 3\omega NibB_0 \int \cos\omega t \mathrm{d}t.$$

根据基本积分公式 $\int \cos u \mathrm{d}u = \sin u + C$, 只要得到了不定积分 $\int \cos\omega t \mathrm{d}t$ 的值, 就可以直接确定矩形线圈在磁场中转动时外力所做的功.

三、不定积分的换元积分法

如果不定积分 $\int f(u)\mathrm{d}u = F(u) + C$ 表示的是 13 个基本积分公式中的某一个, 那么形如 $\int f(\varphi(x))\varphi'(x)\mathrm{d}x$ 的不定积分可以表示为

$$\int f(\varphi(x))\varphi'(x)\mathrm{d}x = \int f(\varphi(x))\mathrm{d}\varphi(x)$$

$$= \int f(u)\mathrm{d}u = F(u) + C = F(\varphi(x)) + C.$$

换元积分法

通常称上述利用基本积分公式计算复合函数不定积分的方法为**第一类换元积分法**.

在使用第一类换元积分法时，关键是正确认定哪个函数是复合函数 $f(\varphi(x))$，哪个函数是复合函数的内函数的导数 $\varphi'(x)$，再根据微分法则将 $\varphi'(x)\mathrm{d}x$ 表示为 $\mathrm{d}\varphi(x)$，此时将 $\varphi(x)$ 视作基本积分公式中的积分变量 u 即可. 例如：$\int \cos\omega t\mathrm{d}t$ 是一个复合函数的积分，内函数是 ωt，内函数的导数为 ω，是常数，因此

$$\int \cos\omega t\mathrm{d}t = \frac{1}{\omega}\int \cos\omega t\cdot\omega\mathrm{d}t = \frac{1}{\omega}\int \cos\omega t\cdot(\omega t)'\mathrm{d}t = \frac{1}{\omega}\int \cos\omega t\mathrm{d}\omega t = \frac{1}{\omega}\sin\omega t + C.$$

这样，矩形线圈在磁场中转动时外力所做的功就可以表示为 $W = 3NibB_0\sin\omega t + C$，由于 $t = 0$ 是矩形线圈转动的起点，外力没有做功，即 $W|_{t=0} = 0$，所以上述任意常数 $C = 0$，于是 $W = 3NibB_0\sin\omega t$.

【例 3 – 5】 计算下列不定积分.

$(1)\int\tan x\mathrm{d}x$；$(2)\int\cot x\mathrm{d}x$；$(3)\int\sec x\mathrm{d}x$；$(4)\int\csc x\mathrm{d}x$.

解 $(1)\int\tan x\mathrm{d}x = \int\frac{\sin x}{\cos x}\mathrm{d}x = \int\frac{-(\cos x)'}{\cos x}\mathrm{d}x = -\int\frac{1}{\cos x}\mathrm{d}\cos x = -\ln|\cos x| + C.$

$(2)\int\cot x\mathrm{d}x = \int\frac{\cos x}{\sin x}\mathrm{d}x = \int\frac{(\sin x)'}{\sin x}\mathrm{d}x = \int\frac{1}{\sin x}\mathrm{d}\sin x = \ln|\sin x| + C.$

$(3)\int\sec x\mathrm{d}x = \int\sec x\cdot\frac{\sec x + \tan x}{\sec x + \tan x}\mathrm{d}x = \int\frac{\sec^2 x + \sec x\tan x}{\sec x + \tan x}\mathrm{d}x = \int\frac{(\sec x + \tan x)'}{\sec x + \tan x}\mathrm{d}x$

$$= \int\frac{1}{\sec x + \tan x}\mathrm{d}(\sec x + \tan x) = \ln|\sec x + \tan x| + C.$$

$(4)\int\csc x\mathrm{d}x = \int\csc x\cdot\frac{\csc x - \cot x}{\csc x - \cot x}\mathrm{d}x = \int\frac{\csc^2 x - \csc x\cot x}{\csc x - \cot x}\mathrm{d}x = \int\frac{(\csc x - \cot x)'}{\csc x - \cot x}\mathrm{d}x$

$$= \int\frac{1}{\csc x - \cot x}\mathrm{d}(\csc x - \cot x) = \ln|\csc x - \cot x| + C.$$

【例 3 – 6】 某企业接到一份订单，需要设计制作一种探照灯，但是没有结构图纸. 试分析探照灯的设计结构.

分析 在使用探照灯时，考虑的是它的光源发出的光线沿着直线传播出去，尽量做到不分散，如图 3 – 4 所示. 探照灯的结构形状近似某种凹面，将探照灯的凹面沿着探照灯最凹陷的部分作一条母线，那么探照灯的凹面就可以认为是这条母线沿着中线旋转得到的旋转曲面. 因此，只需要探究这条母线的轨迹函数即可. 将光源所在位置

记为坐标原点 O，从坐标原点 O 发出的每一条光线经过母线上任意一点 $M(x,y)$ 的反射之后都应该沿着平行于旋转轴（x 轴）的方向.

解　假设光源所在位置为坐标原点 O，母线的旋转轴为 x 轴，过光源与母线垂直的直线为 y 轴，根据对称性，只探究 $y \geqslant 0$ 的部分即可. 设 $M(x,y)$ 是母线 L 上任意一点，点 O 发出的光线经过点 $M(x,y)$ 的反射之后是一条与 x 轴平行的直线. 如图 $3-5$ 所示，过点 $M(x,y)$ 处的切线与 x 轴正方向的夹角为 α，根据反射定律，入射角与反射角相等，因此 $\angle OMA = \alpha$，于是 $OA = OM$. 在直角三角形 ACM 中，$|MC| = y$，$|AC| = |MC|\cot\alpha$，在直角三角形 OCM 中，$|OC| = x$，$|OM| = \sqrt{x^2+y^2}$，因此

$$|AC| - |OC| = |OA| = \frac{y}{y'} - x = |OM| = \sqrt{x^2+y^2},$$

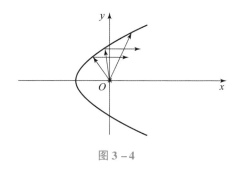

图 $3-4$

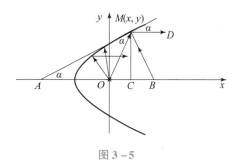

图 $3-5$

由此得到微分方程

$$\frac{y}{y'} - x = \sqrt{x^2+y^2},$$

化简即

$$\frac{1}{y'} = \frac{\sqrt{x^2+y^2}}{y} + \frac{x}{y} = \sqrt{1 + \left(\frac{x}{y}\right)^2} + \frac{x}{y}.$$

将 y 作为自变量，将 x 作为因变量，即

$$\frac{\mathrm{d}x}{\mathrm{d}y} = \sqrt{1 + \left(\frac{x}{y}\right)^2} + \frac{x}{y}.$$

令 $x = u \cdot y$，则

$$\frac{\mathrm{d}u}{\mathrm{d}y} \cdot y + u = \frac{\mathrm{d}x}{\mathrm{d}y},$$

于是微分方程变为

$$\frac{\mathrm{d}u}{\mathrm{d}y} \cdot y + u = \sqrt{u^2+1} + u,$$

分离变量，得

$$\frac{1}{y}\mathrm{d}y = \frac{1}{\sqrt{u^2+1}}\mathrm{d}u,$$

两边同时积分, 得

$$\int \frac{1}{y}\mathrm{d}y = \int \frac{1}{\sqrt{u^2+1}}\mathrm{d}u,$$

从而得

$$\ln y = \int \frac{1}{\sqrt{u^2+1}}\mathrm{d}u = \int \frac{1}{\sqrt{u^2+1}} \cdot \frac{u+\sqrt{u^2+1}}{u+\sqrt{u^2+1}}\mathrm{d}u = \int \frac{1}{u+\sqrt{u^2+1}} \cdot \left(1+\frac{u}{\sqrt{u^2+1}}\right)\mathrm{d}u$$

$$= \int \frac{1}{u+\sqrt{u^2+1}} \cdot (u+\sqrt{u^2+1})'\mathrm{d}u = \int \frac{1}{u+\sqrt{u^2+1}}\mathrm{d}(u+\sqrt{u^2+1}) = \ln(u+\sqrt{u^2+1}) + \ln C.$$

消去对数, 得 $u+\sqrt{u^2+1} = \dfrac{y}{C}$, 从而 $u^2+1 = \left(\dfrac{y}{C}-u\right)^2$, 将 $x = u \cdot y$ 回代可知

$$y^2 = 2C\left(x+\frac{C}{2}\right).$$

这恰好是一条开口向右、焦点在坐标原点的抛物线, 且该探照灯的光源恰好在抛物曲面的焦点处.

在例 3 – 6 中出现的形如 $\displaystyle\int \frac{1}{\sqrt{a^2+u^2}}\mathrm{d}u = \ln(u+\sqrt{a^2+u^2}) + C (a>0)$（想一想: 对数中为何没有绝对值?）的不定积分, 可以当作公式使用.

【例 3 – 7】 计算下列不定积分.

(1) $\displaystyle\int \frac{1}{\sqrt{x+x^2}}\mathrm{d}x$; (2) $\displaystyle\int \frac{\mathrm{e}^x}{\sqrt{1+\mathrm{e}^{2x}}}\mathrm{d}x$.

解 (1) $\displaystyle\int \frac{1}{\sqrt{x+x^2}}\mathrm{d}x = \int \frac{1}{\sqrt{1+x}} \cdot \frac{1}{\sqrt{x}}\mathrm{d}x = 2\int \frac{1}{\sqrt{1+x}} \cdot \frac{1}{2\sqrt{x}}\mathrm{d}x$

$$= 2\int \frac{1}{\sqrt{1+(\sqrt{x})^2}}\mathrm{d}\sqrt{x} = 2\ln(\sqrt{x}+\sqrt{1+x}) + C.$$

(2) $\displaystyle\int \frac{\mathrm{e}^x}{\sqrt{1+\mathrm{e}^{2x}}}\mathrm{d}x = \int \frac{1}{\sqrt{1+\mathrm{e}^{2x}}}\mathrm{d}\mathrm{e}^x = \ln(\mathrm{e}^x+\sqrt{1+\mathrm{e}^{2x}}) + C.$

【例 3 – 8】 某位同学在设计轮船锚线时做了一个铁链, 将其一部分平放在桌面上, 并在桌面上开了一个孔, 如图 3 – 6 所示, 另一部分经孔下垂. 在测试过程中, 可以认定铁链是不可形变的, 全长为 l, 下垂长度为 x_0, 从静止开始下落, 在不考虑摩擦力的条件下, 试确定铁链下

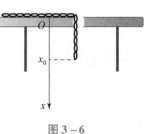

图 3 – 6

落过程中，铁链速率随下落长度变化的规律，以及铁链下端位置随时间变化的规律.

分析 以铁链为研究对象，以地面为参照物，铁链受到重力的作用开始下落，同时还受到桌面对其的支撑力，在铁链下落过程中，在不考虑摩擦力的情况下支撑力不做功，因此整个过程中机械能守恒. 由于铁链下落过程中只有重力做功，所以可以利用重力势能转换成动能来计算铁链下落速度与铁链下端位置之间的函数关系，得到下落速度的变化规律后，由速度是位移关于时间的导数 $v = \mathrm{d}x/\mathrm{d}t$，即可利用微分方程计算出铁链下端位置随时间变化的规律函数.

解 以地面为参照物，取 x 轴竖直向下，原点 O 在桌面上，规定原点 O 的重力势能为 0，设铁链的线密度为 ρ，则铁链的总质量为 $m = \rho l$. 当铁链下端从 x_0 处从静止开始下落时，动能为 0. 由于铁链的材质认为是均匀的，所以下垂 x_0 长度的铁链的重心位置在 $x_0/2$ 处，此时重力势能为

$$E_p = -\frac{m_x g x_0}{2} = -\frac{\rho g x_0^2}{2},$$

负号说明重力只能在选取的水平面下方. 当铁链下端落到任意点 x 处时，假设铁链的速度为 v，则动能和重力势能分别为

$$E_k = \frac{1}{2}mv^2, \quad E_p = -m_x g \frac{x}{2} = -\frac{\rho g}{2}x^2.$$

因为在铁链下落过程中机械能守恒，所以 $\frac{1}{2}mv^2 - \frac{\rho g}{2}x^2 = -\frac{\rho g}{2}x_0^2$，铁链下落速度 v 与位置 x 之间的关系满足

$$v = \sqrt{\frac{\rho g x^2 - \rho g x_0^2}{m}} = \sqrt{\frac{g}{l}(x^2 - x_0^2)}.$$

这就是铁链下落速度 v 与位置 x 之间的函数关系. 又因为 $v = \dfrac{\mathrm{d}x}{\mathrm{d}t}$，所以

$$\frac{\mathrm{d}x}{\sqrt{x^2 - x_0^2}} = \frac{\sqrt{gl}}{l}\mathrm{d}t.$$

两边同时积分，即 $\displaystyle\int \frac{\mathrm{d}x}{\sqrt{x^2 - x_0^2}} = \int \frac{\sqrt{gl}}{l}\mathrm{d}t$，由于

$$\int \frac{\mathrm{d}x}{\sqrt{x^2 - x_0^2}} = \int \frac{1}{\sqrt{x^2 - x_0^2}} \cdot \frac{x + \sqrt{x^2 - x_0^2}}{x + \sqrt{x^2 - x_0^2}}\mathrm{d}x = \int \frac{1}{x + \sqrt{x^2 - x_0^2}} \cdot \frac{x + \sqrt{x^2 - x_0^2}}{\sqrt{x^2 - x_0^2}}\mathrm{d}x$$

$$= \int \frac{1}{x + \sqrt{x^2 - x_0^2}} \cdot \left(1 + \frac{x}{\sqrt{x^2 - x_0^2}}\right)\mathrm{d}x = \int \frac{1}{x + \sqrt{x^2 - x_0^2}} \cdot (x + \sqrt{x^2 - x_0^2})'\mathrm{d}x$$

$$= \int \frac{1}{x + \sqrt{x^2 - x_0^2}}\mathrm{d}(x + \sqrt{x^2 - x_0^2}) = \ln\left|x + \sqrt{x^2 - x_0^2}\right| + C,$$

所以 $\ln\left|x+\sqrt{x^2-x_0^2}\right| = \dfrac{\sqrt{gl}}{l}\cdot t + C$. 由于 $t=0$ 时，$x=x_0$，所以 $C=\ln|x_0|$，于是

$\ln\left|x+\sqrt{x^2-x_0^2}\right| = \dfrac{\sqrt{gl}}{l}\cdot t + \ln|x_0|$，化简即得

$$x = \frac{\mathrm{e}^{\frac{\sqrt{gl}}{l}t}+\mathrm{e}^{-\frac{\sqrt{gl}}{l}t}}{2}x_0.$$

此即铁链下端位置关于时间 t 的函数关系，即其变化规律服从悬链线形式.

在例 3-8 中出现的不定积分 $\displaystyle\int\frac{\mathrm{d}x}{\sqrt{x^2-x_0^2}} = \ln\left|x+\sqrt{x^2-x_0^2}\right|+C$ 一般可以作为公式

使用，即假设 $a>0$，则有 $\displaystyle\int\frac{\mathrm{d}u}{\sqrt{u^2-a^2}} = \ln\left|u+\sqrt{u^2-a^2}\right|+C$.

【例 3-9】 计算下列不定积分.

(1) $\displaystyle\int\frac{1}{\sqrt{1-\mathrm{e}^x}}\mathrm{d}x$；(2) $\displaystyle\int\frac{1}{\sqrt{x^2-x}}\mathrm{d}x$.

解 (1) $\displaystyle\int\frac{1}{\sqrt{1-\mathrm{e}^x}}\mathrm{d}x = \int\frac{\mathrm{e}^{-\frac{x}{2}}}{\sqrt{\mathrm{e}^{-x}-1}}\mathrm{d}x = -2\int\frac{1}{\sqrt{\mathrm{e}^{-x}-1}}\mathrm{d}\left(\mathrm{e}^{-\frac{x}{2}}\right)$

$\qquad\qquad = -2\ln\left|\mathrm{e}^{-\frac{x}{2}}+\sqrt{\mathrm{e}^{-x}-1}\right|+C$

$\qquad\qquad = x-2\ln\left|1+\sqrt{1-\mathrm{e}^x}\right|+C$.

(2) $\displaystyle\int\frac{1}{\sqrt{x^2-x}}\mathrm{d}x = \int\frac{1}{\sqrt{x-1}}\cdot\frac{1}{\sqrt{x}}\mathrm{d}x = 2\int\frac{1}{\sqrt{x-1}}\cdot\frac{1}{2\sqrt{x}}\mathrm{d}x = 2\int\frac{1}{\sqrt{x-1}}\mathrm{d}\sqrt{x} = $

$2\ln\left|\sqrt{x}+\sqrt{x-1}\right|+C$.

【例 3-10】 工件在安装到设备上运行后会随着时间的推移而产生磨损. 某位同学对同一个设备上两种不同的工件进行了检测，发现工件 A 和 B 随着时间的推移磨损率分别满足方程 $\dfrac{\mathrm{d}y}{\mathrm{d}t}=\dfrac{1}{a^2+t^2}$ 和 $\dfrac{\mathrm{d}y}{\mathrm{d}t}=\dfrac{1}{\sqrt{a^2-t^2}}$，其中 a 是测量时的修正值，试确定这两个工件随时间变化的磨损曲线.

解 工件 A 的磨损率为 $\dfrac{\mathrm{d}y}{\mathrm{d}t}=\dfrac{1}{a^2+t^2}$，分离变量可得 $\mathrm{d}y=\dfrac{1}{a^2+t^2}\mathrm{d}t$，两边同时积分，

即 $\displaystyle\int\mathrm{d}y = \int\frac{1}{a^2+t^2}\mathrm{d}t$，可得

$$y = \int\mathrm{d}y = \int\frac{1}{a^2+t^2}\mathrm{d}t = \frac{1}{a^2}\int\frac{1}{1+\frac{t^2}{a^2}}\mathrm{d}t = \frac{1}{a}\int\frac{1}{1+\left(\frac{t}{a}\right)^2}\mathrm{d}\frac{t}{a} = \frac{1}{a}\arctan\frac{t}{a}+C.$$

由于当 $t=0$ 时，磨损为 0，即 $y|_{t=0}=0$，所以 $y=\dfrac{1}{a}\arctan\dfrac{t}{a}$.

同理，工件 B 的磨损函数为

$$y = \int dy = \int \frac{1}{\sqrt{a^2 - t^2}} dt = \int \frac{1}{\sqrt{1 - \left(\frac{t}{a}\right)^2}} d\frac{t}{a} = \arcsin \frac{t}{a} + C.$$

由于当 $t = 0$ 时，磨损为 0，即 $y|_{t=0} = 0$，所以 $y = \arcsin \frac{t}{a}$.

以后遇到形如 $\int \frac{1}{a^2 + u^2} du$ 和 $\int \frac{1}{\sqrt{a^2 - u^2}} du$ 的积分时，可以直接使用例 $3 - 10$ 中的结论. 现在，可以将基本积分公式由 13 个扩充至 22 个.

$(14) \int \tan u du = - \ln |\cos u| + C;$

$(15) \int \cot u du = \ln |\sin u| + C;$

$(16) \int \sec u du = \ln |\sec u + \tan u| + C;$

$(17) \int \csc u du = \ln |\csc u - \cot u| + C;$

$(18) \int \frac{1}{\sqrt{a^2 - u^2}} du = \arcsin \frac{u}{a} + C;$

$(19) \int \frac{1}{a^2 + u^2} du = \frac{1}{a} \arctan \frac{u}{a} + C;$

$(20) \int \frac{1}{a^2 - u^2} du = \frac{1}{2a} \ln \left| \frac{a + u}{a - u} \right| + C;$

$(21) \int \frac{1}{\sqrt{a^2 + u^2}} du = \ln (u + \sqrt{a^2 + u^2}) + C;$

$(22) \int \frac{1}{\sqrt{u^2 - a^2}} du = \ln |u + \sqrt{u^2 - a^2}| + C.$

这些基本积分公式在计算不定积分和微分方程时都是比较常用的，望读者熟记.

【例 $3 - 11$】计算下列不定积分.

$(1) \int \frac{1}{4 + 9x^2} dx; (2) \int \frac{1}{\sqrt{4 + 9x^2}} dx; (3) \int \frac{1}{e^{-x} - e^x} dx.$

解 $(1) \int \frac{1}{4 + 9x^2} dx = \frac{1}{3} \int \frac{1}{2^2 + (3x)^2} d3x = \frac{1}{6} \arctan \frac{3x}{2} + C.$

$(2) \int \frac{1}{\sqrt{4 + 9x^2}} dx = \frac{1}{3} \int \frac{1}{\sqrt{2^2 + (3x)^2}} d3x = \frac{1}{3} \ln (3x + \sqrt{4 + 9x^2}) + C.$

$(3) \int \frac{1}{e^{-x} - e^x} dx = \int \frac{e^x}{1 - e^{2x}} dx = \int \frac{1}{1 - e^{2x}} de^x = \frac{1}{2} \ln \left| \frac{e^x + 1}{e^x - 1} \right| + C.$

想一想，练一练

1. 判断下列微分方程的阶数.

(1) $y' + y = 2x$；

(2) $y'' - 3y' + 2y = 0$；

(3) $(y')^2 - y' = x$；

(4) $\sqrt{y' - y} = e^x$；

(5) $y^{(4)} - 3y^{(3)} + 2y'' = 0$；

(6) $x^2 dy - y^2 dx = 2x dx$.

2. 计算下列微分方程.

(1) $y' = 2x$；

(2) $y'' - y = 0$；

(3) $y' + P(x)y = 0$；

(4) $xy' = 2y$；

(5) $\sqrt{1 - y^2} dx - \sqrt{1 - x^2} dy = 0$；

(6) $\sin x \cos y dy - \cos x \sin y dx = 0$.

3. 某位同学自行设计的某种电容器中，当电路断路后电容器会释放电流，经过检测，其电流的变化率是时间 t 的函数：$v(t) = 4t - 0.06t^2$. 试确定该电路中断电后电容器释放电流的函数.

4. 计算下列不定积分.

(1) $\int \dfrac{\cos 2x}{\cos x + \sin x} dx$；

(2) $\int \dfrac{\ln x}{x} dx$；

(3) $\int \dfrac{x}{\sqrt{4 - x^2}} dx$；

(4) $\int \dfrac{1}{\sqrt{9 + x^2}} dx$；

(5) $\int \sin 2x \cos 3x dx$；

(6) $\int \dfrac{\sin x}{\cos x + \sin x} dx$；

(7) $\int \dfrac{\cos x}{\cos x + \sin x} dx$；

(8) $\int \dfrac{1}{\sin x \cos x} dx$；

(9) $\int \dfrac{1}{3 + \cos 2x} dx$；

(10) $\int \dfrac{1}{x \ln x \ln \ln x} dx$；

(11) $\int \dfrac{1}{1 + e^x} dx$；

(12) $\int \dfrac{1}{e^{2-x} + e^x} dx$；

(13) $\int \dfrac{1}{3 + \cos 2x} dx$；

(14) $\int \dfrac{1}{1 + \sqrt{1 - x^2}} dx$；

(15) $\int \dfrac{1}{e^x + e^{2x}} dx$.

5. 某种带电粒子在磁场中运动，在其运动轨迹上任意一点处的切线斜率等于该点处横坐标的 2 倍，该粒子经过点 $(1, 2)$，试确定该粒子的运动轨迹函数.

6. 计算下列不定积分.

(1) $\int \dfrac{e^{2\sqrt{x}}}{\sqrt{x}} dx$；

(2) $\int \sin^2 x \cos^5 x dx$；

(3) $\int \sin^2 x \cos^4 x dx$；

(4) $\int \sec^6 x dx$；

(5) $\int \tan^5 x \sec^3 x dx$；

(6) $\int \dfrac{\sin x}{\cos^3 x} dx$；

(7) $\int \dfrac{\sin x + \cos x}{\sqrt[3]{\sin x - \cos x}} dx$；

(8) $\int \dfrac{\arcsin x}{\sqrt{1 - x^2}} dx$；

(9) $\int \dfrac{x \tan \sqrt{1 + x^2}}{\sqrt{1 + x^2}} dx$；

(10) $\int \dfrac{\ln \tan x}{\sin 2x}\mathrm{d}x$；

(11) $\int \dfrac{1}{\sqrt{9-4x^2}}\mathrm{d}x$；

(12) $\int \dfrac{1}{x^2+4x}\mathrm{d}x$；

(13) $\int \dfrac{1}{x^2(1-x)}\mathrm{d}x$；

(14) $\int \dfrac{\sqrt{1-x}}{x}\mathrm{d}x$；

(15) $\int \dfrac{x}{\sqrt[3]{x}+\sqrt{x}}\mathrm{d}x$；

(16) $\int \dfrac{1}{x\sqrt{x^2-1}}\mathrm{d}x$；

(17) $\int \dfrac{x}{(1+x^2)^2}\mathrm{d}x$；

(18) $\int \dfrac{x}{(3+2x)^2}\mathrm{d}x$；

(19) $\int \dfrac{1}{2+5\cos x}\mathrm{d}x$；

(20) $\int \dfrac{\sin x}{1+\sin x}\mathrm{d}x$.

7. 已知 $f'(2+\cos x)=\sin^2 x+\tan^2 x$，试求 $f(x)$ 的表达式.

8. 某个质量为 m 的物体，在 $t=0$ 时做自由落体运动，该物体在空气中受到的阻力与其下落的速度成正比，试建立受空气阻力的自由落体运动规律所满足的微分方程.

第二节　一阶线性微分方程

一、一阶非齐次线性微分方程

在第一节的"问题引入"中，我们知道在 LER 电路中，电流变化规律符合微分方程

$$\frac{\mathrm{d}i(t)}{\mathrm{d}t}+\frac{R}{L}i(t)=\frac{E}{L}.$$

像这样，如果一个微分方程形如：

$$\frac{\mathrm{d}y}{\mathrm{d}x}+P(x)y=Q(x), \tag{3-2}$$

则称这样的微分方程为**一阶非齐次线性微分方程**. 当方程右边 $Q(x)=0$ 时，称方程

$$\frac{\mathrm{d}y}{\mathrm{d}x}+P(x)y=0 \tag{3-3}$$

为**一阶齐次线性微分方程**. 之所以称为"线性"，是因为未知函数以及未知函数的导数都是一次的.

对于一阶齐次线性微分方程 $\dfrac{\mathrm{d}y}{\mathrm{d}x}+P(x)y=0$，通过变量分离即有

$$\frac{\mathrm{d}y}{y}=-P(x)\mathrm{d}x,$$

两边同时积分，有

$$\int \frac{\mathrm{d}y}{y}=-\int P(x)\mathrm{d}x,$$

即得 $\ln|y|=-\int P(x)\mathrm{d}x+C_1$，化简即可得到一阶齐次线性微分方程的通解：

$$y = Ce^{-\int P(x)\,dx}. \tag{3-4}$$

由于在一阶齐次线性微分方程中，函数 $P(x)$ 是已知的，所以通过上式即可完全确定其通解表达式.

在一阶非齐次线性微分方程（3-2）中，方程的左边与其对应的齐次方程是一样的，而齐次方程的通解是确定的，在非齐次方程中 $P(x)$ 与 $Q(x)$ 都是已知的，那么能否根据 $P(x)$ 与 $Q(x)$ 来确定非齐次方程的通解呢？答案是肯定的. 下面介绍一种称为**常数变易法**的方法来解决这个问题.

【**常数变易法**】在微分方程的通解计算过程中，将任意常数 C 视为待定函数的方法称为常数变易法.

假设一阶非齐次微分方程（3-2）的通解与其对应的齐次方程的通解具有相同的形式，即假设其通解具有式（3-4）的形式，只要求解出 $C(x)$ 的表达式即可得到一阶非齐次线性微分方程的通解.

将 $y = C(x)e^{-\int P(x)\,dx}$ 代入一阶非齐次线性微分方程（3-2）中，得

$$C'(x)e^{-\int P(x)\,dx} - C(x)P(x)e^{-\int P(x)\,dx} + P(x)C(x)e^{-\int P(x)\,dx} = Q(x),$$

即

$$C'(x) = Q(x)e^{\int P(x)\,dx},$$

两边积分，得

$$C(x) = \int Q(x)e^{\int P(x)\,dx}\,dx + C,$$

因此一阶非齐次线性微分方程的通解为

$$y = e^{-\int P(x)\,dx}\left[\int Q(x)e^{\int P(x)\,dx}\,dx + C\right]. \tag{3-5}$$

【**例 3-12**】一个容器中盛有 200 ml 盐水，含盐 s_0 g，设从 $t=0$ 开始以 4 ml/min 的速度向容器中注入含盐 0.5 g/ml 的盐水，经充分搅拌后又以同样的速度使盐水流出容器，试求在任意时刻 $t(t>0)$ 容器中盐的浓度.

解 假设在 t 时刻容器中的含盐总量为 $s(t)$，则 $s(t)$ 的变化率 ds/dt 等于注入盐的速率减去流出盐的速率，而注入盐的速率为 $0.5(g/ml) \times 4(ml/min) = 2(g/min)$，流出盐的速率为 $\dfrac{s(t)}{200} \times 4 = \dfrac{s(t)}{50}$（g/min），因此，容器中的含盐总量 $s(t)$ 满足带有初始条件的微分方程

$$\begin{cases} \dfrac{ds(t)}{dt} = 2 - \dfrac{s(t)}{50} \\ s(0) = s_0 \end{cases}.$$

先确定微分方程 $\dfrac{ds(t)}{dt} = 2 - \dfrac{s(t)}{50}$ 的通解，将其化简为 $\dfrac{ds(t)}{dt} + \dfrac{s(t)}{50} = 2$，这是一阶非

齐次线性微分方程，其通解为

$$s(t) = e^{-\int \frac{1}{50}dt}\left[\int 2 \cdot e^{\int \frac{1}{50}dt}dt + C\right] = e^{-\frac{t}{50}}\left[\int 2 \cdot e^{\frac{t}{50}}dt + C\right] = e^{-\frac{t}{50}}(100e^{\frac{t}{50}} + C) = 100 + Ce^{\frac{t}{50}}.$$

由于 $s(0) = s_0$，所以 $C = s_0 - 100$，故在 t 时刻，容器中的含盐量为

$$s(t) = 100 + (s_0 - 100)e^{\frac{t}{50}}.$$

相应地，此时容器中盐的浓度为 $\dfrac{s(t)}{200} = \dfrac{1}{2} + \dfrac{(s_0 - 100)}{200}e^{\frac{t}{50}}.$

【例 3 – 13】 试确定 *LER* 电路中（图 3 – 7）的电流变化函数.

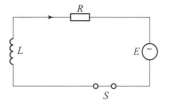

图 3 – 7

解 对于方程 $\dfrac{di(t)}{dt} + \dfrac{R}{L}i(t) = \dfrac{E}{L}$，由于此时电源电动势 $E = E_m \sin \omega t$，所以该微分方程变成

$$\frac{di(t)}{dt} + \frac{R}{L}i(t) = \frac{E_m}{L}\sin \omega t.$$

这是一阶非齐次线性微分方程，故有

$$i(t) = e^{-\int \frac{R}{L}dt}\left[\int \frac{E_m \sin \omega t}{L}e^{\int \frac{R}{L}dt}dt + C\right] = e^{-\frac{R}{L}t}\left[\frac{E_m}{L}\int \sin \omega t \, e^{\frac{R}{L}t}dt + C\right].$$

此时，只需计算不定积分 $\int e^{\frac{R}{L}t}\sin\omega t \, dt$ 的结果，即可确定此时电流的变化规律. 此种积分属于两个函数相乘的类型，且不能将其中一个作为另一个的内函数放到"d"中利用换元积分法计算. 对于此种类型的积分，可以利用分部积分法计算.

$d(uv) = udv + vdu$，两边同时积分即得

$$\int d(uv) = \int udv + \int vdu,$$

从而

$$uv = \int udv + \int vdu,$$

即

$$\int udv = uv - \int vdu.$$

不定积分的
分部积分法

上式称为**不定积分的分部积分法**.

不定积分的分部积分法，解决的是形如 $\int udv$ 或 $\int uv'dx$ 的不定积分计算问题，此方法的关键是确定哪个函数作为 u，哪个函数作为 v' 放到"d"中. 例如：

$$\int x\cos x dx = \int \left(\frac{x^2}{2}\right)'\cos x dx = \int \cos x d\frac{x^2}{2} = \frac{x^2}{2}\cos x + \int \frac{x^2}{2}\sin x dx = \cdots$$

就无法计算出不定积分的结果，但

$$\int x\cos x\mathrm{d}x = \int x\mathrm{d}\sin x = x\cos x - \int \sin x\mathrm{d}x = x\cos x + \cos x + C$$

却可以计算出不定积分的结果. 因此，在利用不定积分的分部积分法计算不定积分时，需要考虑分部积分法的目的是通过求导使其中某个函数的形态消失，进而简化被积函数，然后利用基本积分公式求出结果. 一般地，在选择 u 和 v' 时，可以按照"反、对、幂、指、三"的函数类型进行选择，哪个函数排在后面就将该函数作为 v'，再按照微分的法则放到"d"中. 其中，"反"指的是反三角函数，"对"指的是对数函数，"幂"指的是幂函数，"指"指的是数函数，"三"指的是正弦或余弦函数.

因此，有

$$\begin{aligned}
\int \mathrm{e}^{\frac{R}{L}t}\sin\omega t\mathrm{d}t &= -\frac{1}{\omega}\int \mathrm{e}^{\frac{R}{L}t}\mathrm{d}\cos\omega t \\
&= -\frac{1}{\omega}\mathrm{e}^{\frac{R}{L}t}\cos\omega t + \frac{R}{\omega L}\int \mathrm{e}^{\frac{R}{L}t}\cos\omega t\mathrm{d}t \\
&= -\frac{1}{\omega}\mathrm{e}^{\frac{R}{L}t}\cos\omega t + \frac{R}{\omega^2 L}\int \mathrm{e}^{\frac{R}{L}t}\mathrm{d}\sin\omega t \\
&= -\frac{1}{\omega}\mathrm{e}^{\frac{R}{L}t}\cos\omega t + \frac{R}{\omega^2 L}\mathrm{e}^{\frac{R}{L}t}\sin\omega t - \frac{R^2}{\omega^2 L^2}\int \mathrm{e}^{\frac{R}{L}t}\sin\omega t\mathrm{d}t \\
&= \frac{\omega^2 L^2}{\omega^2 L^2 + R^2}\Big[-\frac{1}{\omega}\mathrm{e}^{\frac{R}{L}t}\cos\omega t + \frac{R}{\omega^2 L}\mathrm{e}^{\frac{R}{L}t}\sin\omega t\Big] + C \\
&- \frac{\omega L^2}{\omega^2 L^2 + R^2}\mathrm{e}^{\frac{R}{L}t}\cos\omega t + \frac{RL}{\omega^2 L^2 + R^2}\mathrm{e}^{\frac{R}{L}t}\sin\omega t + C,
\end{aligned}$$

于是，

$$\begin{aligned}
i(t) &= \mathrm{e}^{-\frac{R}{L}t}\Big[-\frac{\omega L E_m}{\omega^2 L^2 + R^2}\mathrm{e}^{\frac{R}{L}t}\cos\omega t + \frac{R E_m}{\omega^2 L^2 + R^2}\mathrm{e}^{\frac{R}{L}t}\sin\omega t + C\Big] \\
&= -\frac{\omega L E_m}{\omega^2 L^2 + R^2}\cos\omega t + \frac{R E_m}{\omega^2 L^2 + R^2}\sin\omega t + C\mathrm{e}^{-\frac{R}{L}t} \\
&= \frac{E_m}{\omega^2 L^2 + R^2}(R\sin\omega t - \omega L\cos\omega t +) + C\mathrm{e}^{-\frac{R}{L}t}.
\end{aligned}$$

由于在 $t=0$ 时，电流强度为 0，所以 $C = \dfrac{\omega L E_m}{\omega^2 L^2 + R^2}$，故满足初始条件 $i(0)=0$ 的电流函数为

$$i(t) = \frac{E_m}{\omega^2 L^2 + R^2}(R\sin\omega t - \omega L\cos\omega t +) + \frac{\omega L E_m}{\omega^2 L^2 + R^2}\mathrm{e}^{-\frac{R}{L}t}.$$

取 $\dfrac{\omega L}{\sqrt{\omega^2 L^2 + R^2}} = \sin\varphi$，$\dfrac{R}{\sqrt{\omega^2 L^2 + R^2}} = \cos\varphi$，则电流函数可以表示为

$$i(t) = \frac{E_m}{\sqrt{\omega^2 L^2 + R^2}}(\sin\omega t\cos\varphi - \cos\omega t\sin\varphi) + \frac{\omega L E_m}{\omega^2 L^2 + R^2}e^{-\frac{R}{L}t}$$

$$= \frac{E_m}{\sqrt{\omega^2 L^2 + R^2}}\sin(\omega t - \varphi) + \frac{\omega L E_m}{\omega^2 L^2 + R^2}e^{-\frac{R}{L}t}.$$

其中，$\varphi = \arctan\dfrac{\omega L}{R}$. 在电路分析中，通常称 $\dfrac{E_m}{\sqrt{\omega^2 L^2 + R^2}}\sin(\omega t - \varphi)$ 为稳态电流，称

$\dfrac{\omega L E_m}{\omega^2 L^2 + R^2}e^{-\frac{R}{L}t}$ 为暂态电流. 这主要是因为随着时间的推移（$t\to\infty$），$\dfrac{\omega L E_m}{\omega^2 L^2 + R^2}e^{-\frac{R}{L}t}$ 会不

断地衰减至 0. 稳态电流则会周期性地变化，且其周期与电源电动势保持一致，但相位

角落后 φ.

【例 3 – 14】计算下列不定积分.

（1）$\displaystyle\int x\sin x\,\mathrm{d}x$；（2）$\displaystyle\int x\mathrm{e}^{2x}\,\mathrm{d}x$；（3）$\displaystyle\int\ln x\,\mathrm{d}x$；（4）$\displaystyle\int\arctan x\,\mathrm{d}x$.

解（1）$\displaystyle\int x\sin x\,\mathrm{d}x = -\int x\mathrm{d}\cos x = -x\cos x + \int\cos x\,\mathrm{d}x = -x\cos x + \sin x + C$.

（2）$\displaystyle\int x\mathrm{e}^{2x}\,\mathrm{d}x = \frac{1}{2}\int x\mathrm{d}\mathrm{e}^{2x} = \frac{1}{2}x\mathrm{e}^{2x} - \frac{1}{2}\int\mathrm{e}^{2x}\,\mathrm{d}x = \frac{1}{2}x\mathrm{e}^{2x} - \frac{1}{4}\mathrm{e}^{2x} + C$.

（3）$\displaystyle\int\ln x\,\mathrm{d}x = x\ln x - \int x\cdot\frac{1}{x}\,\mathrm{d}x = x\ln x - x + C$.

（4）$\displaystyle\int\arctan x\,\mathrm{d}x = x\arctan x - \int\frac{x}{1+x^2}\,\mathrm{d}x = x\arctan x - \frac{1}{2}\int\frac{1}{1+x^2}\,\mathrm{d}(1+x^2)$

$$= x\arctan x - \frac{1}{2}\ln(1+x^2) + C.$$

【例 3 – 15】求微分方程 $y' = \dfrac{y}{2y\ln y + y - x}$ 的通解.

解 将原方程转化为 $\dfrac{\mathrm{d}x}{\mathrm{d}y} = \dfrac{2y\ln y + y - x}{y} = 2\ln y - \dfrac{1}{y}x + 1$，即变成一阶非齐次线性微

分方程：

$$\frac{\mathrm{d}x}{\mathrm{d}y} + \frac{1}{y}x = 2\ln y + 1,$$

于是，

$$x = \mathrm{e}^{-\int\frac{1}{y}\mathrm{d}y}\left[\int(2\ln y + 1)\mathrm{e}^{\int\frac{1}{y}\mathrm{d}y}\mathrm{d}y + C\right] = \mathrm{e}^{-\ln y}\left[\int(2\ln y + 1)\mathrm{e}^{\ln y}\mathrm{d}y + C\right]$$

$$= \frac{1}{y}\left[\int(2y\ln y + y)\mathrm{d}y + C\right] = \frac{1}{y}\left[y^2\ln y - \int y\mathrm{d}y + \frac{1}{2}y^2 + C\right]$$

$$= \frac{1}{y}(y^2\ln y + C) = y\ln y + \frac{C}{y}.$$

一般地，对于一阶非齐次线性微分方程 $\dfrac{\mathrm{d}x}{\mathrm{d}y} + P(y)x = Q(y)$，其通解只需将式 (3-5) 中的 x 和 y 互换即可，即

$$x = \mathrm{e}^{-\int P(y)\mathrm{d}y}\left[\int Q(y)\mathrm{e}^{\int P(y)\mathrm{d}y}\mathrm{d}y + C\right].$$

对于将 x 作为自变量、将 y 作为因变量的微分方程，如果不是一阶非齐次线性微分方程，但是将方程倒过来，将 y 作为自变量，将 x 作为因变量之后成为一阶非齐次线性微分方程，则可以利用上述通解公式计算其隐式通解.

【例 3 - 16】在粒子加速场中，观测到某类带电粒子的运行轨迹是一条直线，且其轨迹线总是经过点 $(0, -3)$，如图 3 - 8 所示. 试确定该类带电粒子运行轨迹所满足的微分方程.

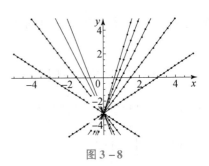

图 3 - 8

解 由于该类带电粒子的运行轨迹都是直线，所以可以假定它的运行轨迹函数为 $y = Cx - 3$，问题转化为在已知通解的条件下寻找满足这个通解的微分方程. 这个通解中只含有一个任意常数 C，因此该方程必定是一阶微分方程，不妨假设它是一阶非齐次线性微分方程，记为

$$y' + P(x)y = Q(x),$$

则根据一阶非齐次线性微分方程的通解公式有

$$Cx - 3 = \mathrm{e}^{-\int P(x)\mathrm{d}x}\left[\int Q(x)\mathrm{e}^{\int P(x)\mathrm{d}x}\mathrm{d}x + C\right] = C\mathrm{e}^{-\int P(x)\mathrm{d}x} + \mathrm{e}^{-\int P(x)\mathrm{d}x}\cdot\int Q(x)\mathrm{e}^{\int P(x)\mathrm{d}x}\mathrm{d}x.$$

根据待定系数法，易知

$$Cx = C\mathrm{e}^{-\int P(x)\mathrm{d}x}, \quad -3 = \mathrm{e}^{-\int P(x)\mathrm{d}x}\cdot\int Q(x)\mathrm{e}^{\int P(x)\mathrm{d}x}\mathrm{d}x,$$

于是，

$$-\int P(x)\mathrm{d}x = \ln x, \quad P(x) = -\frac{1}{x},$$

从而可得

$$-3 = x\cdot\int\frac{Q(x)}{x}\mathrm{d}x,$$

于是，

$$Q(x) = -\frac{3}{x},$$

因此该类带电粒子运行轨迹所满足的微分方程为

$$y' - \frac{1}{x}y = -\frac{3}{x}.$$

【例 3 − 17】电导率是用来描述物质中电荷流动难易程度的参数. 在电路中，电导率通常是电阻率的倒数. 在对某种材料的电导率进行测试时，发现其电阻率满足微分方程 $y' - 3xy = xy^2$. 试确定该种材料分别在电导率 $\sigma|_{x=0} = 2/3$，$\sigma|_{x=0} = 5/3$，$\sigma|_{x=0} = 8/3$，$\sigma|_{x=0} = 11/3$ 时的电导率曲线.

解　方程 $y' - 3xy = xy^2$ 可以转化为 $\dfrac{1}{y^2}y' - 3x\dfrac{1}{y} = x$，即 $\left(\dfrac{1}{y}\right)' + 3x\dfrac{1}{y} = -x$. 这是一阶非齐次线性微分方程，因此

$$\frac{1}{y} = e^{-\int 3x dx}\left(-\int x e^{\int 3x dx} dx + C\right) = e^{-\frac{3}{2}x^2}\left(-\int x e^{\frac{3}{2}x^2} dx + C\right)$$

$$= e^{-\frac{3}{2}x^2}\left(-\frac{1}{3}\int e^{\frac{3}{2}x^2} d\left(\frac{3}{2}x^2\right) + C\right) = e^{-\frac{3}{2}x^2}\left(-\frac{1}{3}e^{\frac{3}{2}x^2} + C\right)$$

$$= Ce^{-\frac{3}{2}x^2} - \frac{1}{3}.$$

由于 $\dfrac{1}{y}$ 表示的是电导率，所以 $\sigma = Ce^{-\frac{3}{2}x^2} - \dfrac{1}{3}$. 于是，满足初始条件 $\sigma|_{x=0} = 2/3$，$\sigma|_{x=0} = 5/3$，$\sigma|_{x=0} = 8/3$，$\sigma|_{x=0} = 11/3$ 的电导率函数分别为 $\sigma = e^{-\frac{3}{2}x^2} - \dfrac{1}{3}$，$\sigma = 2e^{-\frac{3}{2}x^2} - \dfrac{1}{3}$，$\sigma = 3e^{-\frac{3}{2}x^2} - \dfrac{1}{3}$，$\sigma = 4e^{-\frac{3}{2}x^2} - \dfrac{1}{3}$. 它们的运行轨迹如图 3 − 9 所示.

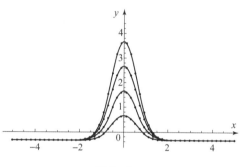

图 3 − 9

例 3 − 17 中形如 $y' - 3xy = xy^2$ 的微分方程称为伯努利（Bernoulli）方程，伯努利方程一般可以通过化简的方式转换成一阶非齐次线性微分方程.

一般地，将形如 $y' + P(x)y = Q(x)y^n$（$n \geq 2$）的方程称为伯努利方程. 当 $n = 0$ 或 1 时，此方程就是一阶非齐次线性微分方程. 当 $n \geq 2$ 时，可以通过转换的方式将此方程变成一阶非齐次线性微分方程. 事实上，将方程两侧同时除以 y^n，即得

$$\frac{1}{y^n}y' + P(x)\frac{1}{y^{n-1}} = Q(x),$$

化简即得

伯努利方程

$$\left(\frac{1}{y^{n-1}}\right)' - (n-1)P(x)\frac{1}{y^{n-1}} = -(n-1)Q(x).$$

令 $z = \dfrac{1}{y^{n-1}}$，此时方程变成以 x 为自变量，以 z 为因变量的一阶非齐次线性微分方程，即

$$z' - (n-1)P(x)z = -(n-1)Q(x),$$

因此可以得到通解为

$$\frac{1}{y^{n-1}} = z = e^{(n-1)\int P(x)dx}\left(-(n-1)\int Q(x)e^{(n-1)\int P(x)dx}dx + C\right).$$

这样即可确定函数 y 的表达式.

【例 3 - 18】 求方程 $3xy' - y = 3xy^4\ln x$ 的通解.

解 将原方程转化为 $y' - \frac{1}{3x}y = y^4\ln x$，这是 $n = 4$ 的伯努利方程，因此通解为

$$\frac{1}{y^3} = e^{-3\int\frac{1}{3x}dx}\left(-3\int\ln x \cdot e^{3\int\frac{1}{3x}dx}dx + C\right) = \frac{1}{x}\left(-3\int x\ln xdx + C\right)$$

$$= \frac{1}{x}\left(-\frac{3x^2}{2}\ln x + \frac{3x^2}{4} + C\right) = \frac{3x(1 - 2\ln x)}{4} + C,$$

于是，$y = \left(\dfrac{4}{3x(1 - 2\ln x) + 4C}\right)^{\frac{1}{3}}$.

二、可化为一阶线性微分方程的微分方程举例

除了前文中的伯努利方程可以化为一阶非齐次线性微分方程之外，还有如下一些在以后的学习中会遇到的微分方程也可以化为一阶非齐次线性微分方程.

（一）形如 $y'' = f(x, y')$ 的微分方程

形如 $y'' = f(x, y')$ 的方程是二阶微分方程，在这种微分方程中，仅出现了 x，y'，y''，没有出现因变量 y，因此对于这种类型的微分方程，可以通过换元的方式，令 $y' = p$，则 $y'' = p'$，将原方程转换为 $p' = f(x, p)$，此时如果方程 $p' = f(x, p)$ 可以进行变量分离，则通过变量分离进行求解，如果满足一阶线性微分方程的条件，则按照一阶线性微分方程的通解公式进行求解，得到 $y' = p$ 的通解表达式 $p = \varphi(x, C_1)$，再对其进行积分即可得到原方程的通解表达式.

【例 3 - 19】 求微分方程 $y'' = y' + 2x$ 的通解.

解 令 $y' = p$，则 $y'' = p'$，则原方程转换为 $p' - p = 2x$，这是一阶非齐次线性微分方程，故有

$$p = e^{\int 1dx}\left[\int 2xe^{-\int 1dx}dx + C_1\right] = e^x\left[\int 2xe^{-x}dx + C_1\right] = C_1e^x - 2x - 2,$$

即 $y' = C_1e^x - 2x - 2$，对其两边同时积分可得到原方程的通解为

$$y = C_1e^x - x^2 - 2x + C_2.$$

【例 3 - 20】 求微分方程 $xy'' + y' = 4x$ 的通解.

解 令 $y' = p$，则 $y'' = p'$，原方程转换为 $p' + \frac{1}{x}p = 4$，这是一阶非齐次线性微分方

程，故有 $p = \mathrm{e}^{-\int \frac{1}{x}\mathrm{d}x}\left[\int 4\mathrm{e}^{\int \frac{1}{x}\mathrm{d}x}\mathrm{d}x + C_1\right] = \frac{1}{x}\left[\int 4x\mathrm{d}x + C_1\right] = \frac{C_1}{x} + 2x$，即 $y' = \frac{C_1}{x} + 2x$，两边同时积分可得到原方程的通解为

$$y = C_1\ln|x| + x^2 + C_2.$$

（二）形如 $y'' = f(y, y')$ 的微分方程

形如 $y'' = f(y, y')$ 的微分方程是二阶微分方程，其中出现了 y，y'，y''，没有出现自变量 x，因此可以通过换元的方式将其降阶为一阶微分方程，即令 $y' = p$，但 y'' 不能直接变换为 p'，因为这样会出现自变量 x，导致方程中的变量并没有减少而无法进行求解，此时可以考虑：

$$y'' = \frac{\mathrm{d}p}{\mathrm{d}x} = \frac{\mathrm{d}p}{\mathrm{d}y} \cdot \frac{\mathrm{d}p}{\mathrm{d}x} = p\frac{\mathrm{d}p}{\mathrm{d}y},$$

此时原方程转换为 $p\dfrac{\mathrm{d}p}{\mathrm{d}y} = f(y, p)$，这样原方程就变成了一阶微分方程. 如果满足变量分离的条件，可以通过变量分离进行求解，如果满足一阶线性微分方程的条件，则按照一阶线性微分方程的通解公式进行求解，得到 $y' = p$ 的通解表达式 $p = \varphi(y, C_1)$，再对其进行积分即可得到原方程的通解表达式.

【例 3 – 21】求微分方程 $yy'' - (y')^2 - y' = 0$ 的通解.

解 令 $y' = p$，则 $y'' = \dfrac{\mathrm{d}p}{\mathrm{d}x} = \dfrac{\mathrm{d}p}{\mathrm{d}y} \cdot \dfrac{\mathrm{d}p}{\mathrm{d}x} = p\dfrac{\mathrm{d}p}{\mathrm{d}y}$，因此原方程转换为 $yp\dfrac{\mathrm{d}p}{\mathrm{d}y} - p^2 = p$，当 $p = 0$ 时，得 $y = C$ 不是原方程的通解，故当 $p \neq 0$ 时，约去 p，得 $\dfrac{\mathrm{d}p}{\mathrm{d}y} - p\dfrac{1}{y} = 1$，这是一阶非齐次线性微分方程，于是

$$p = \mathrm{e}^{\int \frac{1}{y}\mathrm{d}y}\left(\int \frac{1}{y}\mathrm{e}^{-\int \frac{1}{y}\mathrm{d}y}\mathrm{d}y + C_1\right) = \mathrm{e}^{\ln y}\left(\int \frac{1}{y}\mathrm{e}^{-\ln y}\mathrm{d}y + C_1\right) = y\left(\int \frac{1}{y^2}\mathrm{d}y + C_1\right) = C_1 y - \frac{1}{y},$$

即 $y' = C_1 y - \dfrac{1}{y}$，分离变量得 $\dfrac{y}{C_1 y^2 - 1}\mathrm{d}y = \mathrm{d}x$，两边同时积分得 $\displaystyle\int \frac{y}{C_1 y^2 - 1}\mathrm{d}y = \int \mathrm{d}x$，从而得到通解：

$$C_1 y^2 = C_2 \mathrm{e}^{2C_1 x} - 1.$$

想一想，练一练

1. 求下列一阶非齐次线性微分方程的通解.

（1）$y' + 2xy = 4x$；

（2）$y' - \dfrac{1}{x-2}y = 2(x-2)^2$；

（3）$xy' - 2y = 2x^4$；

（4）$y' + y\tan x = \sec x$；

（5）$xy' + (1 + x)y = 3x^2 e^{-x}$；

（6）$y' = \dfrac{x^3 - y}{x}$.

2. 计算下列满足初始条件的微分方程的特解.

（1）$y' + \dfrac{y}{x} = \dfrac{\sin x}{x}$，$y\big|_{x=\pi} = 1$；

（2）$y' + y\cot x = 5e^{\cos x}$，$y\big|_{x=\frac{\pi}{2}} = -4$；

（3）$y'\tan x + y = -1$，$y\big|_{x=-\frac{\pi}{2}} = 0$；

（4）$xy' - y = 1 + x^3$，$y\big|_{x=2} = 5$；

（5）$y' + y = e^{-x}$，$y\big|_{x=0} = 1$；

（6）$xy' + y = x^2 + 3x + 2$，$y\big|_{x=1} = -\dfrac{11}{3}$.

3. 计算下列伯努利方程的通解.

（1）$y' + 2xy = xy^3$；

（2）$y' - \dfrac{1}{3}y = \dfrac{1}{3}(1 - 2x)y^4$；

（3）$y' + y = y^4(\cos x - \sin x)$；

（4）$y' - \dfrac{y}{x} = (1 + \ln x)y^3$；

（5）$y' = \dfrac{y^2 - x}{2xy}$；

（6）$y' + \dfrac{2y}{x} = -\dfrac{\ln x}{x}y^2$.

4. 设 $F(x) = f(x)g(x)$，其中 $f(x)$，$g(x)$ 在 $(-\infty, +\infty)$ 内满足 $f'(x) = g(x)$，$g'(x) = f(x)$，且 $f(0) = 0$，$f(x) + g(x) = 2e^x$. 求：（1）$F(x)$ 所满足的一阶微分方程；（2）$F(x)$ 的表达式.

5. 求下列不定积分.

（1）$\displaystyle\int \ln x \, \mathrm{d}x$；

（2）$\displaystyle\int x\arctan x \, \mathrm{d}x$；

（3）$\displaystyle\int xe^{2x} \, \mathrm{d}x$；

（4）$\displaystyle\int e^x \sin x \, \mathrm{d}x$；

（5）$\displaystyle\int \cos \ln x \, \mathrm{d}x$；

（6）$\displaystyle\int \dfrac{\ln x}{x^3} \, \mathrm{d}x$；

（7）$\displaystyle\int \dfrac{1}{(1 + e^x)^2} \, \mathrm{d}x$；

（8）$\displaystyle\int x^2 e^{-x} \, \mathrm{d}x$；

（9）$\displaystyle\int (x^2 - 1)\cos 2x \, \mathrm{d}x$；

（10）$\displaystyle\int \ln^2 x \, \mathrm{d}x$；

（11）$\displaystyle\int (\arcsin x)^2 \, \mathrm{d}x$；

（12）$\displaystyle\int e^{\sqrt{3x+4}} \, \mathrm{d}x$；

（13）$\displaystyle\int x\arcsin \dfrac{x}{2} \, \mathrm{d}x$；

（14）$\displaystyle\int \dfrac{x + \sin x}{1 + \cos x} \, \mathrm{d}x$；

（15）$\displaystyle\int e^{\sin x} \dfrac{x\cos^3 x - \sin x}{\cos^2 x} \, \mathrm{d}x$；

（16）$\displaystyle\int \ln^2(x + \sqrt{1 + x^2}) \, \mathrm{d}x$；

（17）$\displaystyle\int \dfrac{xe^x}{(e^x + 1)^2} \, \mathrm{d}x$；

（18）$\displaystyle\int \ln(1 + x^2) \, \mathrm{d}x$.

6. 求下列微分方程的通解.

(1) $(y')^2 - 4y^3(1-y) = 0$；

(2) $y = (y'-1)e^y$；

(3) $y - 2xy' - (y')^2 = \dfrac{x^2}{2}$；

(4) $y - xy'\ln x - (xy')^2 = 0$；

(5) $y = x\left[y' + \sqrt{1+(y')^2}\right]$；

(6) $y'(x - \ln y') = 1$.

第三节 高阶齐次线性微分方程

LERC 电路是由自感 L、电源 E、电阻 R、电容 C 串联组成的电路（图 3 – 10），其中 R，L，C 都是固定值，电源电动势 $E = E_m\sin\omega t$，这里的 E_m 与 ω 都是常数.

设电路中的电流为 $i(t)$，电容器极板上的电荷量为 $q(t)$，两个极板间的电压为 u_C，自感电动势为 E_L，根据电路知识，易知：

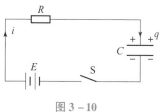

图 3 – 10

$$i(t) = \frac{\mathrm{d}q(t)}{\mathrm{d}t}, u_C = \frac{q(t)}{C}, E_L = -L\frac{\mathrm{d}i(t)}{\mathrm{d}t}.$$

根据闭合回路的基尔霍夫定律可知：

$$E - L\frac{\mathrm{d}i(t)}{\mathrm{d}t} - \frac{q(t)}{C} - i(t)R = 0,$$

即

$$\frac{\mathrm{d}^2 u_C}{\mathrm{d}t^2} + \frac{R}{L}\cdot\frac{\mathrm{d}u_C}{\mathrm{d}t} + \frac{1}{LC}u_C = \frac{E_m}{LC}\sin\omega t, \qquad (3-6)$$

通常称这个方程为**串联电路的振荡方程**. 在式（3 – 6）中，如果当电容器充电后撤掉外接电源，即 $E = 0$，则方程变成

$$\frac{\mathrm{d}^2 u_C}{\mathrm{d}t^2} + \frac{R}{L}\cdot\frac{\mathrm{d}u_C}{\mathrm{d}t} + \frac{1}{LC}u_C = 0. \qquad (3-7)$$

此时可以通过式（3 – 6）确定闭合回路中电容器充电过程中电容器两极板之间的电压 u_C 随时间 t 的变化函数，但是式（3 – 6）并不是一阶线性微分方程，它的通解并不能直接计算出来. 一般地，形如

$$\frac{\mathrm{d}^2 y}{\mathrm{d}x^2} + P(x)\frac{\mathrm{d}y}{\mathrm{d}x} + Q(x)y = f(x) \qquad (3-8)$$

的方程称为**二阶非齐次线性微分方程**，其中 $P(x)$ 和 $Q(x)$ 都是已知的连续函数. 当方程右端 $f(x) \equiv 0$ 时，称

$$\frac{\mathrm{d}^2 y}{\mathrm{d}x^2} + P(x)\frac{\mathrm{d}y}{\mathrm{d}x} + Q(x)y = 0 \qquad (3-9)$$

为二阶齐次线性微分方程. 类似地, 形如:

$$\frac{\mathrm{d}^n y}{\mathrm{d}x^n} + P_1(x)\frac{\mathrm{d}^{n-1}y}{\mathrm{d}x^{n-1}} + \cdots + P_{n-1}(x)\frac{\mathrm{d}y}{\mathrm{d}x} + + P_n(x)y = f(x)$$

的方程称为 **n 阶非齐次线性微分方程**, 其中 $P_1(x)$, $P_2(x)$, $\cdots$, $P_n(x)$ 都是已知的连续函数. 相应地, 当 $f(x) \equiv 0$ 时, 称

$$\frac{\mathrm{d}^n y}{\mathrm{d}x^n} + P_1(x)\frac{\mathrm{d}^{n-1}y}{\mathrm{d}x^{n-1}} + \cdots + P_{n-1}(x)\frac{\mathrm{d}y}{\mathrm{d}x} + + P_n(x)y = 0$$

为 **n 阶齐次线性微分方程**. 二阶以及二阶以上的线性微分方程统称为**高阶线性微分方程**.

对于高阶线性微分方程的通解问题, 无法使用不定积分直接确定其通解表达式, 对此需要考虑从其他角度入手建立求解高阶线性微分方程通解的计算公式. 下面以二阶线性微分方程为例, 建立其解的结构, 对于更高阶的线性微分方程可以通过类比的方式得到其解的结构. 为此, 需要先引入**线性运算**的概念.

【线性组合】 设 $y_1(x)$, $y_2(x)$, $\cdots$, $y_n(x)$ 是 n 个定义在区间 I 上的连续函数, 则称 $k_1 y_1(x) + k_2 y_2(x) + \cdots + k_n \cdot y_n(x)$ 是它们的线性组合, 其中 k_1, k_2, $\cdots$, k_n 是常数.

【线性相关】 设 $y_1(x)$, $y_2(x)$, $\cdots$, $y_n(x)$ 是 n 个定义在区间 I 上的连续函数, 如果存在不全为零的常数 k_1, k_2, $\cdots$, k_n, 使 $k_1 y_1(x) + k_2 y_2(x) + \cdots + k_n \cdot y_n(x) = 0$ 在区间 I 上均成立, 则称这 n 个函数在区间 I 上线性相关.

【线性无关】 设 $y_1(x)$, $y_2(x)$, $\cdots$, $y_n(x)$ 是 n 个定义在区间 I 上的连续函数, 如果 $k_1 y_1(x) + k_2 y_2(x) + \cdots + k_n \cdot y_n(x) = 0$ 当且仅当 $k_1 = k_2 = \cdots = k_n$ 时成立, 则称这 n 个函数在区间 I 上线性无关.

注 如果仅有两个函数 $y_1(x)$, $y_2(x)$, 则它们在区间 I 上是否线性相关可以通过它们的比值是否为常数来判断: 如果对于 $\forall x \in I$, 都有 $\dfrac{y_1(x)}{y_n(x)} = k$ (常数), 则函数 $y_1(x)$, $y_2(x)$ 线性相关; 如果 $\dfrac{y_1(x)}{y_n(x)} = \varphi(x)$, 则函数 $y_1(x)$, $y_2(x)$ 线性无关.

一、线性微分方程解的结构

【定理 3-1】 如果函数 $y_1(x)$, $y_2(x)$ 都是方程

$$\frac{\mathrm{d}^2 y}{\mathrm{d}x^2} + P(x)\frac{\mathrm{d}y}{\mathrm{d}x} + Q(x)y = 0 \tag{3-10}$$

的解, 则它们的线性组合 $y = C_1 y_1(x) + C_2 y_2(x)$ 也是上述方程 (3-10) 的解, 其中 C_1, C_2 是任意常数.

注 函数 $y = C_1 y_1(x) + C_2 y_2(x)$ 只不过是方程 (3-10) 的解, 并不一定是方程

（3-10）的通解．根据微分方程通解的定义，易知如下结论.

【**定理 3-2**】假设函数 $y_1(x)$，$y_2(x)$ 都是方程（3-10）的解，且它们线性无关，则它们的线性组合 $y = C_1 y_1(x) + C_2 y_2(x)$ 就是方程（3-10）的通解.

证　根据定理 3-1 可知，函数 $y = C_1 y_1(x) + C_2 y_2(x)$ 是方程（3-10）的解，由于 $y_1(x)$，$y_2(x)$ 线性无关，所以函数 $y = C_1 y_1(x) + C_2 y_2(x)$ 包含了两个任意常数，这恰好满足通解的定义，故函数 $y = C_1 y_1(x) + C_2 y_2(x)$ 是方程（3-10）的通解.

【**例 3-22**】验证函数 $y_1 = \sin x$，$y_2 = \cos x$ 是方程 $y'' + y = 0$ 的两个线性无关的解，并写出其通解.

解　由于 $y''_1 = -\sin x = -y_1$，所以 $y''_1 + y_1 = 0$，故函数 $y_1 = \sin x$ 是方程 $y'' + y = 0$ 的解；同理，由于 $y''_2 = -\cos x = -y_2$，所以 $y''_2 + y_2 = 0$，故函数 $y_2 = \cos x$ 是方程 $y'' + y = 0$ 的解；由于

$$\frac{y_1}{y_2} = \tan x,$$

所以函数 $y_1 = \sin x$，$y_2 = \cos x$ 是方程 $y'' + y = 0$ 的两个线性无关的解，故其通解为 $y = C_1 \sin x + C_2 \cos x$.

【**定理 3-3**】假设函数 $Y(x)$ 是方程（3-10）的通解，函数 $y^*(x)$ 是方程

$$\frac{\mathrm{d}^2 y}{\mathrm{d}x^2} + P(x)\frac{\mathrm{d}y}{\mathrm{d}x} + Q(x)y = f(x) \tag{3-11}$$

的一个特解，则函数 $y = Y(x) + y^*(x)$ 是方程（3-11）的通解.

证　由于函数 $Y(x)$ 是方程（3-11）的通解，所以

$$Y''(x) + P(x)Y'(x) + Q(x)Y(x) = 0,$$

而函数 $y^*(x)$ 是方程（3-11）的特解，因此

$$(y^*)'' + P(x)(y^*)' + Q(x)y^* = f(x).$$

非齐次方程解
的结构

将函数 $y = Y(x) + y^*(x)$ 代入方程（3-11），得

$$Y''(x) + P(x)Y'(x) + Q(x)Y(x) + (y^*)'' + P(x)(y^*)' + Q(x)y^* = f(x).$$

这说明函数 $y = Y(x) + y^*(x)$ 恰好就是方程（3-11）的解，由于 $Y(x)$ 含有两个任意常数，所以 $y = Y(x) + y^*(x)$ 也含有两个任意常数，故它必定是二阶非齐次线性微分方程（3-11）的通解.

【**定理 3-4**】在二阶非齐次线性微分方程（3-11）中，如果 $f(x) = g(x) + h(x)$，且函数 $y_1(x)$，$y_2(x)$ 分别是方程

$$\frac{\mathrm{d}^2 y}{\mathrm{d}x^2} + P(x)\frac{\mathrm{d}y}{\mathrm{d}x} + Q(x)y = g(x), \tag{3-12}$$

$$\frac{\mathrm{d}^2 y}{\mathrm{d}x^2} + P(x)\frac{\mathrm{d}y}{\mathrm{d}x} + Q(x)y = h(x) \tag{3-13}$$

的解，则函数 $y = y_1(x) + y_2(x)$ 是方程

$$\frac{\mathrm{d}^2 y}{\mathrm{d} x^2} + P(x)\frac{\mathrm{d} y}{\mathrm{d} x} + Q(x) y = g(x) + h(x)$$

的解.

证 由于 $y_1(x)$，$y_2(x)$ 分别是方程（3−12）和方程（3−13）的特解，所以

$$\frac{\mathrm{d}^2 y_1}{\mathrm{d} x^2} + P(x)\frac{\mathrm{d} y_1}{\mathrm{d} x} + Q(x) y_1 = g(x),$$

$$\frac{\mathrm{d}^2 y_2}{\mathrm{d} x^2} + P(x)\frac{\mathrm{d} y_2}{\mathrm{d} x} + Q(x) y_2 = h(x)$$

将函数 $y = y_1(x) + y_2(x)$ 代入方程（3−11）可得

$$\left(\frac{\mathrm{d}^2 y_1}{\mathrm{d} x^2} + P(x)\frac{\mathrm{d} y_1}{\mathrm{d} x} + Q(x) y_1\right) + \left(\frac{\mathrm{d}^2 y_2}{\mathrm{d} x^2} + P(x)\frac{\mathrm{d} y_2}{\mathrm{d} x} + Q(x) y_2\right) = g(x) + h(x),$$

因此结论成立.

注 定理 3−4 通常称为**叠加原理**. 根据定理 3−4 易知，如果函数 $y_1(x)$，$y_2(x)$ 都是二阶非齐次线性微分方程（3−11）的解，那么它们的差函数 $y = y_1 - y_2$ 必定是其对应的齐次方程（3−10）的解，即二阶非齐次线性方程的两个特解的差，就是其对应的齐次方程的一个解.

【例 3−23】 假设某个二阶非齐次线性微分方程有 3 个特解：$y_1 = x$，$y_2 = x^2$，$y_3 = x^3$. 试确定该二阶非齐次线性微分方程的通解.

解 由于 $y_1 = x$，$y_2 = x^2$，$y_3 = x^3$ 是二阶非齐次线性微分方程的 3 个特解，所以函数 $y = y_2 - y_1 = x^2 - x$，$y = y_3 - y_1 = x^3 - x$ 是其对应的齐次方程的两个解，且 $\frac{y_3 - y_1}{y_2 - y_1} = \frac{x^3 - x}{x^2 - x} = x + 1$，它们线性无关，因此该方程对应的齐次方程的通解为 $Y = C_1(x^2 - x) + C_2(x^3 - x)$，于是原方程的通解为

$$y = C_1(x^2 - x) + C_2(x^3 - x) + x.$$

一般地，二阶齐次线性微分方程（3−10）中，当函数 $P(x)$ 与 $Q(x)$ 均是 x 的函数时，其特解的确定是非常困难的. 下面分常系数和非常系数（变系数）来介绍此类方程的通解问题.

二、二阶常系数齐次线性微分方程

在本节引例中，形如方程（3−7）（二阶齐次线性微分方程）

$$\frac{\mathrm{d}^2 y}{\mathrm{d} x^2} + p\frac{\mathrm{d} y}{\mathrm{d} x} + qy = 0 \tag{3−14}$$

的微分方程称为**二阶常系数齐次线性微分方程**，其中 p 和 q 都是常数.

在二阶常系数齐次线性微分方程中，方程的左侧含有未知函数 y 及其一阶和二阶导数，且是 y 与其一阶导数、二阶导数的线性组合，而方程的右侧等于 0，且对任意的 x 都是成立的. 满足这种情况的函数一般应该考虑的是指数函数 $y = e^{rx}$，其中 r 是待定的常数. 假设函数 $y = e^{rx}$ 就是方程（3 – 14）的一个解，将其代入方程得

$$(e^{rx})'' + p(e^{rx})' + qe^{rx} = 0,$$

即

$$r^2 e^{rx} + pre^{rx} + qe^{rx} = 0,$$

约去 e^{rx} 得

$$r^2 + pr + q = 0. \tag{3 – 15}$$

这是一个关于 r 的一元二次方程. 通常称这个方程为方程（3 – 14）的特征方程，相应地，它的根 r 称为特征根（值）. 根据一元二次方程解的结构，可以确定方程（3 – 14）特解的形式.

（1）当 $\Delta = p^2 - 4q > 0$ 时，方程（3 – 15）有两个不同的实根 r_1 和 r_2，此时方程（3 – 14）有两个不同的特解 $y_1 = e^{r_1 x}$ 和 $y_2 = e^{r_2 x}$，它们是线性无关的，因此方程（3 – 14）的通解为 $y = C_1 e^{r_1 x} + C_2 e^{r_2 x}$.

（2）当 $\Delta = p^2 - 4q = 0$ 时，方程（3 – 15）有两个相等的实根 $r_1 = r_2 = r$，此时只能确定方程（3 – 14）的一个特解 $y = e^{rx}$，只需找到它的另一个不同的特解即可. 根据常数变易法，假设函数 $y = u(x)e^{rx}$ 也是方程（3 – 14）的一个解，将其代入方程（3 – 14）得

$$u''(x)e^{rx} + (p + 2r)u'(x)e^{rx} + r^2 e^{rx} + pre^{rx}u(x) + qe^{rx} = 0,$$

约去 e^{rx} 并整理得

$$u''(x) + (p + 2r)u'(x) + r^2 + pru(x) + q = 0.$$

由于 r 是特征根，且是二重根，所以 $r^2 + pr + q = 0$ 和 $2r + p = 0$，于是 $u''(x) = 0$，故得 $u(x) = C_1 x + C_2$. 不妨取 $u(x) = x$，则函数 $y = xe^{rx}$ 是方程（3 – 14）的另一个解，且与函数 $y = e^{rx}$ 线性无关，因此此时方程（3 – 14）的通解为 $Y = (C_1 + C_2 x)e^{rx}$.

（3）当 $\Delta = p^2 - 4q < 0$ 时，方程（3 – 15）没有实根，仅有两个共轭的复根：

$$r = \frac{-p \pm i\sqrt{4q - p^2}}{2} = -\frac{p}{2} \pm \frac{\sqrt{4q - p^2}}{2}i.$$

由于方程（3 – 14）是定义在实数范围上的，所以可以根据定理 3 – 1 的知识将其对应的特解转化成实数范围上的解.

记

$$\alpha = -\frac{p}{2}, \quad \beta = \frac{\sqrt{4q - p^2}}{2},$$

则方程（3-14）的两个特解为 $y = e^{\alpha x \pm \beta i x}$，利用欧拉公式 $y = e^{ix} = \cos x + i\sin x$，则方程（3-14）的两个特解分别为

$$\begin{cases} y_1 = e^{\alpha x + i\beta x} = e^{\alpha x} \cdot e^{i\beta x} = e^{\alpha x}(\cos\beta x + i\sin\beta x) \\ y_2 = e^{\alpha x - i\beta x} = e^{\alpha x} \cdot e^{-i\beta x} = e^{\alpha x}(\cos\beta x - i\sin\beta x) \end{cases},$$

因此，

$$\begin{cases} \widetilde{y_1} = e^{\alpha x}\cos\beta x = \dfrac{y_1 + y_2}{2} \\ \widetilde{y_2} = e^{\alpha x}\sin\beta x = \dfrac{y_1 - y_2}{2i} \end{cases}$$

也是方程（3-14）的两个解，且它们线性无关，故方程（3-14）的通解为 $Y = e^{\alpha x}(C_1\cos\beta x + C_2\sin\beta x)$.

在求解二阶常系数齐次线性微分方程（3-14）通解的过程中，可以按照如下步骤进行.

第一步：写出其对应的特征方程；

第二步：求出特征根；

第三步：根据特征根按照表3-2写出方程（3-14）的通解.

表3-2 求二阶常系数齐次线性微分方程的通解

特征方程 $r^2 + pr + q = 0$ 的两个根 r_1，r_2	微分方程 $y'' + py' + qy = 0$ 的通解
$\Delta = p^2 - 4q > 0$：两个不同实根	$Y = C_1 e^{r_1 x} + C_2 e^{r_2 x}$
$\Delta = p^2 - 4q = 0$：两个相同实根	$Y = (C_1 + C_2 x) e^{rx}$
$\Delta = p^2 - 4q < 0$：一对共轭复根	$Y = e^{\alpha x}(C_1\cos\beta x + C_2\sin\beta x)$

注 上述求解二阶常系数齐次线性微分方程的过程不仅适用于二阶线性方程，对于一阶、三阶及以上的高阶线性微分方程同样适用.

【例3-24】求下列微分方程的通解.

（1）$y' + 2y = 0$；（2）$y'' - 3y' + 2y = 0$；（3）$y'' - 2y' + y = 0$.

解 （1）原方程对应的特征方程为 $r + 2 = 0$，得特征值 $r = -2$，因此通解为

$$y = Ce^{-2x}.$$

（2）原方程对应的特征方程为 $r^2 - 3r + 2 = 0$，得特征值 $r_1 = 1$，$r_2 = 2$，因此通解为

$$y = C_1 e^x + C_2 e^{2x}.$$

（3）原方程对应的特征方程为 $r^2 - 2r + 1 = 0$，得特征值 $r = 1$，因此通解为

$$y = (C_1 + C_2 x) e^x.$$

【例 3 - 25】 求下列微分方程的通解.

（1） $y'' - 2y' + 3y = 0$；（2） $y''' - 2y'' - 3y' = 0$.

解 （1）原方程对应的特征方程为 $r^2 - 2r + 3 = 0$，得两个特征复根 $r = 1 \pm \sqrt{2}\mathrm{i}$，因此通解为

$$y = \mathrm{e}^x (C_1 \cos \sqrt{2}x + C_2 \sin \sqrt{2}x).$$

（2）原方程对应的特征方程为 $r^3 - 2r^2 - 3r = 0$，得特征根 $r_1 = 0$，$r_2 = -1$，$r_3 = 3$，因此通解为

$$y = C_1 + C_2 \mathrm{e}^{-x} + C_3 \mathrm{e}^{3x}.$$

【例 3 - 26】 求微分方程 $\dfrac{\mathrm{d}^2 u_C}{\mathrm{d}t^2} + \dfrac{R}{L} \cdot \dfrac{\mathrm{d}u_C}{\mathrm{d}t} + \dfrac{1}{LC} u_C = 0$ 的通解，其中 R，L，C 都是常数.

解 原方程对应的特征方程为 $r^2 + \dfrac{R}{L}r + \dfrac{1}{LC} = 0$，由于 $\Delta = \dfrac{R^2}{L^2} - \dfrac{4}{LC} = \dfrac{R^2 C - 4L}{L^2 C}$，所以当 $R^2 C - 4L > 0$ 时，特征方程有两个不同的特征根：

$$r = \frac{-\dfrac{R}{L} \pm \sqrt{\dfrac{R^2 C - 4L}{L^2 C}}}{2} = \frac{-RC \pm \sqrt{R^2 C - 4L}}{2LC}.$$

此时有通解：

$$u_C = C_1 \mathrm{e}^{\frac{-RC + \sqrt{R^2 C - 4L}}{2LC} t} + C_2 \mathrm{e}^{\frac{-RC - \sqrt{R^2 C - 4L}}{2LC} t}.$$

当 $R^2 C - 4L = 0$ 时，特征方程有两个相同的特征根 $r = -\dfrac{R}{2L}$，此时的通解为

$$u_C = (C_1 + C_2 t) \mathrm{e}^{-\frac{R}{2L} t}.$$

当 $R^2 C - 4L < 0$ 时，特征方程有一对共轭复根

$$r = \frac{-RC \pm \mathrm{i} \sqrt{4L - R^2 C}}{2LC} = -\frac{R}{2L} \pm \frac{\sqrt{4L - R^2 C}}{2LC} \mathrm{i},$$

此时的通解为

$$u_C = \mathrm{e}^{-\frac{R}{2L}} \left(C_1 \cos \frac{\sqrt{4L - R^2 C}}{2LC} t + C_2 \sin \frac{\sqrt{4L - R^2 C}}{2LC} t \right).$$

注 在例 3 - 26 中，一般地，由于电容 C 的值比较小（常见的电容以皮法量级居多），所以在实际电路分析中，通常只有 $R^2 C - 4L < 0$ 这一种情况发生. 诚然，当电阻非常大的时候另外两种情况也会发生，需要根据具体问题进行具体分析.

三*、二阶变系数齐次线性微分方程

形如 $y'' + p(x)y' + q(x)y = 0$ 的微分方程称为**二阶变系数齐次线性微分方程**. 对于

二阶变系数齐次线性微分方程，事实上没有一般的通解公式，但是当系数函数 $p(x)$，$q(x)$ 满足适当的条件时，它具有一般的通解计算方法. 按照 $p(x)$，$q(x)$ 满足的条件分以下几情况介绍此类方程的通解计算方法.

（一）欧拉（Euler）方程

对于二阶变系数齐次线性微分方程 $y'' + p(x)y' + q(x)y = 0$，如果其可以变换为

欧拉方程

$$x^2 y'' + a_1 xy' + a_2 y = 0 \qquad (3-16)$$

的形式，其中 a_1，a_2 是常数，则称此种方程为**二阶欧拉方程**. 对于欧拉方程可以通过变换 $x = e^t$ 或 $t = \ln x$ 将其转换为二阶常系数齐次线性微分方程.

事实上，由于 $t = \ln x$，所以 $\dfrac{dy}{dx} = \dfrac{dy}{dt} \cdot \dfrac{dt}{dx} = \dfrac{1}{x} \cdot \dfrac{dy}{dt}$，$\dfrac{d^2 y}{dx^2} = \dfrac{1}{x^2} \cdot \dfrac{d^2 y}{dt^2} - \dfrac{1}{x^2} \dfrac{dy}{dt}$，

于是

$$x \frac{dy}{dx} = \frac{dy}{dt}, \quad x^2 \frac{d^2 y}{dx^2} = \frac{d^2 y}{dt^2} - \frac{dy}{dt}.$$

将其代入原方程，即可将原方程变换为 $\dfrac{d^2 y}{dt^2} + (a_1 - 1) \dfrac{dy}{dt} + a_2 y = 0$. 这是以 t 为自变量，以 y 为因变量的二阶常系数齐次线性微分方程，这样可以求出 y 关于 t 的通解.

【例 3-27】求微分方程 $x^2 y'' + 3xy' + y = 0$ 的通解.

解 令 $t = \ln x$，则 $x \dfrac{dy}{dx} = \dfrac{dy}{dt}$，$x^2 \dfrac{d^2 y}{dx^2} = \dfrac{d^2 y}{dt^2} - \dfrac{dy}{dt}$，代入原方程将其转化为

$$\frac{d^2 y}{dt^2} + 2 \frac{dy}{dt} + y = 0,$$

这是二阶常系数齐次线性微分方程，其对应的特征方程为 $r^2 + 2r + 1 = 0$，得特征根为 $r_1 = r_2 = -1$，因此通解为 $y = (C_1 + C_2 t) e^{-t}$，将 $x = e^t$ 代回得原方程的通解为 $y = \dfrac{C_1 + C_2 \ln x}{x}$.

（二）已知一个特解的类型

对于二阶变系数齐次线性微分方程 $y'' + p(x)y' + q(x)y = 0$，如果已知 $y_1(x)$ 是它的一个特解，则可以根据常数变易法得到它的通解. 事实上，可以假设该方程的另一个特解为 $y_2(x) = u(x) y_1(x)$，将其代入原方程得

$$u''(x) y_1(x) + 2u'(x) y_1'(x) + u(x) y''_1(x) +$$
$$p(x)[u'(x) y_1(x) + u(x) y_1'(x)] + q(x)u(x)y_1(x) = 0,$$

整理得

$$u''(x) y_1(x) + u'(x)[2y_1'(x) + p(x)y_1(x)] +$$

$$u(x)\left[y''_1(x) + p(x)y'_1(x) + q(x)y_1(x)\right] = 0.$$

由于 $y'' + p(x)y' + q(x)y = 0$，所以上述方程变为

$$u''(x)y_1(x) + u'(x)\left[2y'_1(x) + p(x)y_1(x)\right] = 0,$$

分离变量可以得到

$$u'(x) = C_1 e^{-\int \frac{2y'_1(x) + p(x)y_1(x)}{y_1(x)} dx},$$

从而

$$u(x) = C_1 \int e^{-\int \frac{2y'_1(x) + p(x)y_1(x)}{y_1(x)} dx} dx + C_2.$$

因此，原方程的另一个特解为

$$y_2(x) = y_1(x)\left(C_1 \int e^{-\int \frac{2y'_1(x) + p(x)y_1(x)}{y_1(x)} dx} dx + C_2\right),$$

事实上，上述 $y_2(x) = u(x)$ 就是原方程的通解.

想一想，练一练

1. 求下列微分方程的通解.

（1）$y'' - 4y' = 0$；　　（2）$y'' + 9y' + 20y = 0$；　　（3）$y''' - 2y'' - y' + 2y = 0$；

（4）$y'' + 2y = 0$；　　（5）$y'' + 4y' + 13y = 0$；　　（6）$y''' - y'' + y' = 0$；

（7）$y'' - 2y' + y = 0$；　　（8）$y'' - y' - 6y = 0$；　　（9）$y'' - 4y' + 4y = 0$.

2. 计算下列满足初始条件的微分方程的特解.

（1）$y'' - 4y' + 3y = 0$，$y\big|_{x=0} = 6$，$y'\big|_{x=0} = 10$；

（2）$4y'' + 4y' + y = 0$，$y\big|_{x=0} = -2$，$y'\big|_{x=0} = 0$；

（3）$y'' - 3y' - 4y = 0$，$y\big|_{x=0} = -2$，$y'\big|_{x=0} = -5$；

（4）$y'' + 4y' + 29y = 0$，$y\big|_{x=0} = 0$，$y'\big|_{x=0} = -15$；

（5）$y'' + 25y = 0$，$y\big|_{x=0} = 2$，$y'\big|_{x=0} = 5$；

（6）$y'' - 4y' + 13y = 0$，$y\big|_{x=0} = 0$，$y'\big|_{x=0} = 3$；

（7）$y'' + y' = 0$，$y\big|_{x=0} = 2$，$y'\big|_{x=0} = 5$；

（8）$y'' - 5y' + 4y = 0$，$y\big|_{x=0} = 5$，$y'\big|_{x=0} = 8$.

3. 已知下列方程的一个特解，求其通解.

（1）$(x-1)y'' - xy' + y = 0$，$y_1 = x$；

（2）$(1 - \ln x)y'' + \dfrac{1}{x}y' - \dfrac{1}{x^2}y = 0$，$y_1 = \ln x$；

（3）$x^3 y'' - xy' + y = 0$，$y_1 = x$；

（4）$(1-x^2)y''' - xy'' + y' = 0, y_1 = x^2$；

（5）$x^3 y''' + 3x^2 y'' + 4xy' - 5y = 0$，$y_1 = x$；

（6）$(1-x^2)y'' + 2xy' - 2y = 0$，$y_1 = x$；

（7）$x^2 y'' - 2xy' + 2y = 0$，$y_1 = x$；

（8）$x^2 y'' - 3xy' + 3y = 0$，$y_1 = x$.

4. 设圆柱形浮筒的底面直径为 0.5 m，将它竖直放在水中，当稍向下压后突然放开，浮筒在水中上下振动的周期为 2 s，求浮筒的质量.

5. 设方程 $y'' + p(x)y' + q(x)y = 0$，其中 $p(x)$，$q(x)$ 都是连续函数，试验证：

（1）如果 $p(x) + xq(x) = 0$，方程有特解：$y = x$；

（2）如果 $m^2 + mp(x) + q(x) = 0$，方程有特解：$y = e^{mx}$.

6. 作变换 $u = \tan y$，求解微分方程 $x^2 y'' + 2x^2 \tan y \cdot (y')^2 - \sin y \cos y = 0$.

7. 求微分方程 $xy''' - 2y'' = 0$ 的通解.

8. 在图 3 – 11 所示的 $LERC$ 电路中，R，C 串联后再与 L 以及直流电源 E 串联，试求通过电感 L 的电流 $i(t)$（已知 $i(0) = 0$）.

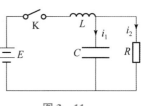

图 3 – 11

第四节 二阶常系数非齐次线性微分方程

在上一节的引例中，建立了 $LECR$ 电路中电容器两端极板间的串联电路的振荡方程：

$$\frac{\mathrm{d}^2 u_C}{\mathrm{d}t^2} + \frac{R}{L}\frac{\mathrm{d}u_C}{\mathrm{d}t} + \frac{1}{LC}u_C = \frac{E_m}{LC}\sin \omega t.$$

对于这种振荡方程，其对应的齐次方程

$$\frac{\mathrm{d}^2 u_C}{\mathrm{d}t^2} + \frac{R}{L}\cdot\frac{\mathrm{d}u_C}{\mathrm{d}t} + \frac{1}{LC}u_C = 0,$$

的通解问题已经解决了，但是这种非齐次方程的通解问题还不能解决.

二阶非齐次线性微分方程

$$\frac{\mathrm{d}^2 y}{\mathrm{d}x^2} + p\frac{\mathrm{d}y}{\mathrm{d}x} + qy = f(x)$$

的通解，一般可以通过常数变易法、待定系数法、拉普拉斯变换法以及算子法等方法确定. 下面对常数变易法与待定系数法进行探讨.

一、常数变易法

二阶非齐次线性微分方程

常数变易法

$$\frac{d^2 y}{dx^2} + p\frac{dy}{dx} + qy = f(x)$$

所对应的齐次方程为

$$\frac{d^2 y}{dx^2} + p\frac{dy}{dx} + qy = 0,$$

而这个齐次方程的通解可以通过它的特征方程 $r^2 + pr + q = 0$ 所确定的特征根来确定. 假设构成这个齐次方程通解的特解分别为 $y_1(x)$, $y_2(x)$, 则它的通解为 $Y = C_1 y_1(x) + C_2 y_2(x)$. 假设满足非齐次方程的一个特解为

$$y^* = u_1(x)y_1(x) + u_2(x)y_2(x),$$

则通过解方程组

$$\begin{cases} u_1'(x)y_1(x) + u_2'(x)y_2(x) = 0 \\ u_1'(x)y_1'(x) + u_2'(x)y_2'(x) = f(x) \end{cases},$$

求出待定函数 $u_1(x)$ 和 $u_2(x)$, 即可得到非齐次方程的一个特解. 这样, 齐次方程的通解加上非齐次方程的一个特解就是非齐次方程的通解 (即本章第三节的定理 3-4), 从而可确定二阶非齐次线性微分方程的通解.

【例 3-28】 求微分方程 $y'' - y = \dfrac{2e^x}{e^x - 1}$ 的通解.

解 原方程对应的齐次方程为 $y'' - y = 0$, 相应的特征方程为 $r^2 - 1 = 0$, 得特征根为 $r_1 = -1$, $r_2 = 1$, 因此齐次方程的通解为 $Y = C_1 e^{-x} + C_2 e^x$. 假设原方程的一个特解为 $y^* = u(x)e^{-x} + v(x)e^x$, 则 $u'(x)$, $v'(x)$ 满足方程组

$$\begin{cases} u_1'(x)e^{-x} + u_2'(x)e^x = 0 \\ -u_1'(x)e^{-x} + u_2'(x)e^x = \dfrac{2e^x}{e^x - 1} \end{cases},$$

解这个方程组得

$$u'(x) = \frac{e^{2x}}{1 - e^x}, \quad v'(x) = \frac{1}{e^x - 1},$$

于是,

$$u(x) = \int \frac{e^{2x}}{1 - e^x}dx = -e^x - \ln|e^x - 1|, \quad v(x) = \int \frac{1}{e^x - 1}dx = \ln|e^x - 1| - x,$$

因此原方程的通解为

$$y = C_1 e^{-x} + C_2 e^x + (e^x - e^{-x})\ln|e^x - 1| - xe^x.$$

【例 3 – 29】 求微分方程 $y'' + y = 2\sec^3 x$ 的通解.

解 原方程对应的齐次方程为 $y'' + y = 0$，相应的特征方程为 $r^2 + 1 = 0$，得特征根为 $r = \pm \mathrm{i}$，因此齐次方程的通解为 $Y = C_1 \cos x + C_2 \sin x$.

假设原方程的一个特解为 $y^* = u(x)\cos x + v(x)\sin x$，则 $u'(x)$，$v'(x)$ 满足方程组

$$\begin{cases} u'(x)\cos x + v'(x)\sin x = 0 \\ -u'(x)\sin x + v'(x)\cos x = 2\sec^3 x \end{cases},$$

解这个方程组得

$$u'(x) = -2\sin x\sec^3 x, \ v'(x) = 2\sec^2 x,$$

因此 $u(x) = -2\displaystyle\int \sin x \sec^3 x \mathrm{d}x = -\sec^2 x, v(x) = 2\displaystyle\int \sec^2 x \mathrm{d}x = 2\tan x$.

由此，$y^* = -\sec x + 2\sin^2 x \sec x = -\dfrac{\cos 2x}{\cos x}$，因此，原方程的通解为

$$y = C_1 \cos x + C_2 \sin x - \frac{\cos 2x}{\cos x}.$$

二、待定系数法

所谓待定系数法，就是通过假设非齐次方程的一个特解表达式，在其表达式中含有待定的常数（系数），将这个假设的特解表达式代入非齐次方程，通过观察相同未知项的系数相等的方式来确定所假设的特解表达式中的待定常数的方法. 一般地，能够使用待定系数法确定二阶常系数非齐次线性微分方程的一个特解的情况，分为两种类型.

（一）$f(x) = \mathrm{e}^{\lambda x} P_n(x)$ 型

在二阶常系数非齐次线性微分方程 $y'' + py' + qy = f(x)$ 中，假设 $f(x) = \mathrm{e}^{\lambda x} P_n(x)$，其中 λ 是常数，$P_n(x)$ 是一个 n 次多项式，即

$$P_n(x) = a_n x^n + a_{n-1}x^{n-1} + \cdots + a_1 x + a_0,$$

可以假设其一个特解为 $y^* = x^k \mathrm{e}^{\lambda x} Q_n(x)$，其中 k 按照 λ 不是特征方程（原方程对应的齐次方程的特征方程）的根、是特征方程的单根、是特征方程的重根依次取 0，1，2；$Q_n(x)$ 则是一个需要用待定系数法确定的 n 次多项式，即

$$Q_n(x) = b_n x^n + b_{n-1}x^{n-1} + \cdots + b_1 x + b_0,$$

其中，b_n，b_{n-1}，$\cdots$，b_1，b_0 是待定系数.

第一类
非齐次特解

【例 3 – 30】 求微分方程 $y'' + 6y' + 5y = x\mathrm{e}^x$ 的通解.

解 原方程对应的齐次方程为 $y'' + 6y' + 5y = 0$，相应的特征方程为 $r^2 + 6r + 5 = 0$，则得特征根为 $r_1 = -1$，$r_2 = -5$，因此齐次方程的通解为

$$Y = C_1 e^{-5x} + C_2 e^{-x}.$$

由于 $\lambda = 1$ 不是特征方程的根，故假设原方程的一个特解为

$$y^* = (ax + b)e^x.$$

将其代入原非齐次方程得

$$2ae^x + (ax + b)e^x + 6ae^x + 6(ax + b)e^x + 5(ax + b)e^x = xe^x,$$

约去 e^x 并整理得

$$12ax + 8a + 12b = x,$$

利用待定系数法，可得

$$\begin{cases} 12a = 1 \\ 8a + 12b = 0 \end{cases},$$

由此得 $a = \dfrac{1}{12}$，$b = -\dfrac{1}{18}$，因此 $y^* = \left(\dfrac{1}{12}x - \dfrac{1}{18} \right)e^x$，于是原方程的通解为

$$y = Y + y^* = C_1 e^{-5x} + C_2 e^{-x} + \frac{x-1}{36} \cdot e^x.$$

【例 3 – 31】 求微分方程 $y'' - y = xe^{-x}$ 的通解.

解 原方程对应的齐次方程为 $y'' - y = 0$，相应的特征方程为 $r^2 - 1 = 0$，得特征根为 $r_1 = -1$，$r_2 = 1$，因此齐次方程的通解为

$$Y = C_1 e^{-x} + C_2 e^x.$$

由于 $\lambda = -1$ 是特征方程的单根，故假设原方程的一个特解为

$$y^* = (ax + b)e^{-x}.$$

将其代入原非齐次方程并整理得

$$2a - 2(2ax + b) = x,$$

利用待定系数法，可知

$$\begin{cases} -4a = 1 \\ 2a - 2b = 0 \end{cases},$$

由此得 $a = -\dfrac{1}{4}$，$a = -\dfrac{1}{4}$，因此 $y^* = -\dfrac{1}{4}x(x+1)e^{-x}$，于是原方程的通解为

$$y = Y + y^* = C_1 e^{-x} + C_2 e^x - \frac{1}{4}x(x+1)e^{-x}.$$

（二） $f(x) = e^{\lambda x}[P_m(x)\cos \omega x + R_l \sin \omega x]$ 型

在二阶常系数非齐次线性微分方程 $y'' + py' + qy = f(x)$ 中，假设 $f(x) = e^{\lambda x}[P_m(x)\cos \omega x + R_l \sin \omega x]$，其中 λ 是常数，$P_m(x)$ 和 $R_l(x)$ 分别是 m 次和 l 次多项式，λ 与 ω 都是常数.

可以假设其一个特解为 $y^* = x^k e^{\lambda x}[Q_n(x)\cos \omega x + W_n \sin \omega x]$. 其中，$n = \max\{m, l\}$，$k$ 按照 $\lambda \pm i\omega$ 不是特征方程（原方程对应的齐次方程的特征方程）的根、是特征方

的根依次取 0，1；$Q_n(x)$ 与 $W_n(x)$ 则是两个不同的需要用待定系数法确定的 n 次多项式，即

$$Q_n(x) = a_n x^n + a_{n-1} x^{n-1} + \cdots + a_1 x + a_0,$$

$$W_n(x) = b_n x^n + b_{n-1} x^{n-1} + \cdots + b_1 x + b_0,$$

第二类
非齐次特解

其中，b_n，b_{n-1}，$\cdots$，b_1，b_0 以及 c_n，c_{n-1}，$\cdots$，c_1，c_0 是待定系数.

【例 3 – 32】 求微分方程 $y'' + y' = x\cos 2x$ 的通解.

解 原方程对应的齐次方程为 $y'' + y' = 0$，相应的特征方程为 $r^2 + r = 0$，得特征根为 $r_1 = -1$，$r_2 = 0$，因此齐次方程的通解为

$$Y = C_1 e^{-x} + C_2.$$

由于 $\lambda = 0$，$\omega = 2$，所以 $\lambda \pm i\omega = \pm 2i$ 不是特征方程的根，故假设

$$y^* = (ax + b)\cos 2x + (cx + d)\sin 2x,$$

将其代入原方程得

$$(2cx + 2d + a + 4c - 2ax - 2b)\cos 2x + (c - 2ax - 2b - 4cx - 4d - 4a)\sin 2x = x\cos 2x,$$

利用待定系数法可得

$$\begin{cases} 2c - 4a = 1 \\ a + d + 4b - 4c = 0 \\ 2a + 4c = 0 \\ 2b - c + 4a + 2d = 0 \end{cases},$$

解得 $a = -\dfrac{1}{5}$，$b = \dfrac{1}{20}$，$c = \dfrac{1}{10}$，$d = \dfrac{2}{5}$，因此 $y^* = \left(-\dfrac{1}{5}x + \dfrac{1}{20}\right)\cos 2x + \left(\dfrac{1}{10}x + \dfrac{2}{5}\right)\sin 2x$，

于是原方程的通解为

$$y = Y + y^* = C_1 e^{-x} + C_2 + \frac{1}{20}(1 - 4x)\cos 2x + \frac{1}{10}(x + 4)\sin 2x.$$

【例 3 – 33】 求微分方程 $y'' + y = x\sin x$ 的通解.

解 原方程对应的齐次方程为 $y'' + y = 0$，相应的特征方程为 $r^2 + 1 = 0$，得特征根为 $r = \pm i$，因此齐次方程的通解为

$$Y = C_1 \cos x + C_2 \sin x.$$

由于 $\lambda = 0$，$\omega = 1$，所以 $\lambda \pm i\omega = \pm i$ 是特征方程的根，故假设

$$y^* = x[(ax + b)\cos x + (cx + d)\sin x],$$

将其代入原方程得

$$(4cx + 2a + 2d)\cos x - (4ax + 2b - 2c)\sin x = x\sin x,$$

利用待定系数法可得

$$\begin{cases} 4c = 0 \\ 2d + 2a = 0 \\ 4a = 1 \\ 2b - 2c = 0 \end{cases},$$

解得 $a = \dfrac{1}{4}$，$b = 0$，$c = 0$，$d = -\dfrac{1}{4}$，因此 $y^* = \dfrac{x}{4}(x\cos x - \sin x)$，于是原方程的通解为

$$y = Y + y^* = C_1\cos x + C_2\sin x + \frac{x}{4}(x\cos x - \sin x).$$

想一想，练一练

1. 利用常数变易法求下列微分方程的通解.

（1）$y'' + 3y' + 2y = \dfrac{1}{\mathrm{e}^x + 1}$；　　　　（2）$y'' + y' = \csc^3 x$；

（3）$y'' + y = 1 - \csc x$；　　　　（4）$y'' + 2y' = 4\cot 2x$；

（5）$y'' - y' = \cos x$；　　　　（6）$y'' + 4y = x\sin 2x$.

2. 利用待定系数法求下列微分方程的通解.

（1）$y'' + y = x\mathrm{e}^{-x}$；　　　　（2）$y'' - 2y' + 4y = (x + 2)\mathrm{e}^{3x}$；

（3）$y'' + 6y' + 13y = x^2\mathrm{e}^x$；　　　　（4）$y'' - y = \mathrm{e}^x$；

（5）$y'' - 4y' + 4y = \mathrm{e}^x + \mathrm{e}^{2x} + 1$；　　　　（6）$y'' + 4y' = -1$.

3. 求满足下列初始条件的特解.

（1）$y'' + y = 2$，$y\big|_{x=0} = 0$，$y'\big|_{x=0} = 0$；

（2）$y'' + y' - 2y = 2x$，$y\big|_{x=0} = 0$，$y'\big|_{x=0} = 1$；

（3）$y'' + y = \cos 2x$，$y\big|_{x=0} = -2$，$y'\big|_{x=0} = -2$；

（4）$y'' - 4y = \mathrm{e}^{2x}$，$y\big|_{x=0} = 1$，$y'\big|_{x=0} = 2$；

（5）$y'' + 2y' + y = \sin x$，$y\big|_{x=0} = 1$，$y'\big|_{x=0} = -2$；

（6）$y'' + 2y = 2\mathrm{e}^x$，$y\big|_{x=0} = 1$，$y'\big|_{x=0} = 1$.

4. 有一根链条悬挂在钉子上，开始时一端离开钉子 8 m，另一端离开钉子 12 m，分别在以下两种情况下求链条滑下来所需要的时间.

（1）不考虑钉子对链条产生的摩擦力；（2）摩擦力大小等于 1 m 长的链条所受的重力.

第4章 定积分及其应用

 学习目标

【知识学习目标】

(1) 理解"分割→近似→取和→求极限"的定积分概念;

(2) 掌握变上限积分的求导法则;

(3) 掌握定积分的计算方法:牛顿 – 莱布尼茨公式;

(4) 理解并掌握定积分在解决专业问题中的具体含义.

【能力培养目标】

(1) 会将专业中的总量计算概念与定积分概念进行互"译";

(2) 会利用定积分解决相关专业的实际问题;

(3) 会将工科应用与几何应用建立对应关系.

【技能培养目标】

(1) 培养将专业问题转换成几何问题再使用数学知识解决的能力;

(2) 能利用掌握的数学知识设计工科问题的分析方案;

(3) 培养严谨的逻辑分析能力.

【素质培养目标】

(1) 培养"数形结合""抽象与现实结合"的思维方式;

(2) 掌握从"严谨分析"到"大胆求证"的学习方法;

(3) 培养"细分之下,可见一斑"的哲学思维.

工作任务

某企业接到一份订单,需要批量制作固定容积的某种金属材质的花瓶,经过测量,以该花瓶中轴线为纵轴,以瓶底直径所在直线为横轴可以确定花瓶的母线函数方程,试问该如何设定参数,才能安排该金属材质的花瓶在车间进行自动化生产制作?

在设定参数的过程中,你认为应该关注哪些因素?谈谈你的想法.

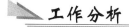

工作分析

根据生产该种金属材质的花瓶的需求，需要解决以下几个问题.

（1）该花瓶的形状与其母线以及中轴线之间存在什么样的关系？

（2）该花瓶的体积是固定的，那么如何设定参数以得到同种款式的花瓶？

（3）如何给设备输入操作指令，即建立什么样的数学函数关系式？

第一节　定积分的概念

【问题引入】一般地，一台新的机床在装机后开始运行，它的磨损率并不是线性变化的，而是在刚开始运转的一定时间段内磨损率会显著增大，而后不断趋于稳定，在机床使用到一定期限后它的磨损率又会发生显著性的增大. 如果将机床的磨量用 w（Wear）表示，那么必然有 $w = w(t)$，其中 t 表示时间. 函数 $w(t)$ 是一个随着时间 t 不断变化的函数，它的图像是一条不规则的曲线. 车间中某个机床从安装开始到运行到时间 T 的过程中，采集到其磨损率随时间变化的趋势如图 4-1 所示.

对这些采集到的数据点进行拟合，得到该机床在时间区间 $[0, T]$ 上的磨损率曲线如图 4-2 所示.

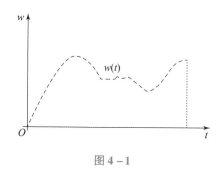

图 4-1

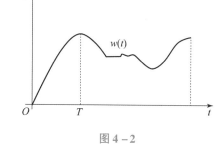

图 4-2

根据经验，可以知道机床的磨损量应该满足——**磨损量 = 平均磨损率 × 时间**，即机床的磨损量等于机床的平均磨损率乘以机床运转时间. 如果机床的磨损率是一个常数，即磨损率是一个与时间无关的函数，那么它在图像上表现为一个矩形（图 4-3），如果磨损率是一个一次函数（线性函数），则它在图像上表现为一个直角梯形（图 4-4）.

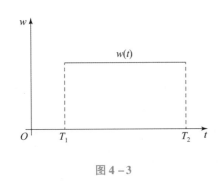

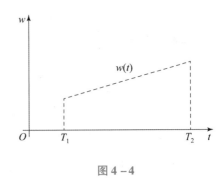

图 4 – 3   图 4 – 4

当磨损率为常数时，机床的磨损量就是图 4 – 3 中矩形的面积；当磨损率为一次函数时，机床的磨损量就是图 4 – 4 中直角梯形的面积. 对于矩形以及直角梯形的面积，可以直接按照它们的面积公式计算，但是机床的磨损率曲线一般不是这种规则的图形（图 4 – 5、图 4 – 6），它的磨损量本质上也是不规则图形的面积，那么这种面积该如何确定呢？

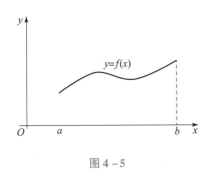

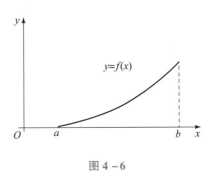

图 4 – 5   图 4 – 6

一般地，如果一个图形是由曲线 $y = f(x)$，直线 $x = a$，$x = b$ 以及 x 轴所围成的闭合图形，则称这样的不规则图形为**曲边梯形**，如果 $f(a) = 0$，则称其为**曲边三角形**.

事实上，曲边三角形是曲边梯形的一个特殊情况，而在机床磨损率曲线图像中，它可以分解成有限个曲边梯形，因此只需要解决了曲边梯形的面积计算问题，就可以解决机床的磨损量问题.

第 1 章中刘徽将圆进行 n 等分的做法给了我们很大的启发. 对于曲边梯形的面积，目前还没有直接的计算方法，不妨按照刘徽的思想，将曲边梯形也分成 n 等份.

假设函数 $y = f(x)$ 定义在区间 $[a, b]$ 上，现将区间 $[a, b]$ 内部插入 $n - 1$ 个点：$a = x_0 < x_1 < x_2 < \cdots < x_n = b$. 这样就把区间 $[a, b]$ 分割成了 n 个小区间：$[x_0, x_1]$，$[x_1, x_2]$，$[x_2, x_3]$，$\cdots$，$[x_{n-1}, x_n]$. 那么在每个小区间 $[x_i, x_{i+1}]$ 上，由函数 $y = f(x)$ 以及直线 $x = x_i$，$x = x_{i+1}$ 和 x 轴所围成的图形就是一个很小的曲边梯形. 记小区间 $[x_i, x_{i+1}]$ 的区间长度为 $\Delta x_i = x_{i+1} - x_i$，则当 Δx_i 非常小的时候，这个很小的曲边梯形就可以近似

地看作一个小矩形. 从区间 $[x_i, x_{i+1}]$ 上任意选取一个点 ξ_i，则这个小矩形的高就是 $f(\xi_i)$，底边长为 Δx_i，因此这个小矩形的面积就可以计算出来：$s_i = f(\xi_i)\Delta x_i$. 这样就可以得到 n 个小矩形的面积之和（图 4-7）：

$$S = s_1 + s_2 + \cdots + s_n = \sum_{i=1}^{n} s_i = \sum_{i=1}^{n} f(\xi_i)\Delta x_i.$$

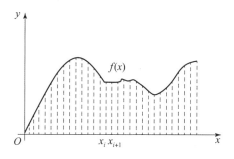

图 4-7

此时曲边梯形的面积可以近似地表示为

$$S_{曲边梯形} \approx \sum_{i=1}^{n} s_i = \sum_{i=1}^{n} f(\xi_i)\Delta x_i,$$

记为 $S_{曲边梯形} \approx \sum_{i=1}^{n} f(\xi_i)\Delta x_i$. 根据刘徽的思想，只要分出足够多的小矩形，即 Δx_i 充分小，近似效果就会充分好，即

$$S_{曲边梯形} = \lim_{n \to \infty} \sum_{i=1}^{n} f(\xi_i)\Delta x_i.$$

上述模仿刘徽"割圆术"的方法对曲边梯形进行"分割→求和→近似→求极限"的思想，正是享誉世界的德国著名数学家**波恩哈德·黎曼**（Georg Friedrich Bernhard Riemann）最早给出的，并就此定义了定积分的概念.

一、定积分的定义

定积分的概念

假设函数 $y = f(x)$ 在区间 $[a, b]$ 上有界，在区间 $[a, b]$ 内任意插入 $n-1$ 个点（$a = x_0 < x_1 < x_2 < \cdots < x_n = b$），把区间 $[a, b]$ 分割成 n 个小区间（$[x_0, x_1]$，$[x_1, x_2]$，$[x_2, x_3]$，$\cdots$，$[x_{n-1}, x_n]$），第 i 个小区间记为 $[x_i, x_{i+1}]$，区间长度为 $\Delta x_i = x_{i+1} - x_i$，对于任意的 $\xi_i \in [x_i, x_{i+1}]$，无论区间如何分，也不论 ξ_i 如何选取，只要极限

$$\lim_{\lambda \to 0} \sum_{i=1}^{n} f(\xi_i)\Delta x_i$$

都存在（其中 $\lambda = \max_{i=1,2,\cdots,n} \{\Delta x_i\}$），则称函数 $y = f(x)$ 在区间 $[a, b]$ 上**可积**，并记为

$$\int_a^b f(x)\,\mathrm{d}x = \lim_{\lambda \to 0} \sum_{i=1}^n f(\xi_i)\,\Delta x_i.$$

其中，$\int$ 称为**积分号**，a 称为**积分下限**，b 称为**积分上限**，区间 $[a,b]$ 称为**积分区间**，$f(x)$ 称为**被积函数**，x 称为**积分变量**，$\mathrm{d}x$ 称为**积分微元**，$\sum_{i=1}^n f(\xi_i)\Delta x_i$ 称为**积分和**，即积分和的极限就是被积函数在积分区间 $[a,b]$ 上的**定积分**（Definite Integral）．

在上述定义中，积分区间是闭区间，由于定积分是按照曲边梯形的面积进行定义的，区间端点 $x=a$，$x=b$ 代表的是曲边梯形的边界，而平面图形的边界并没有具体的面积意义，所以积分区间即使是开区间 (a,b) 或半闭半开区间都不影响定积分的结果．同时需要注意，在对定积分下定义时，默认函数 $f(x)$ 在积分区间上是正值（至少是非负的），这样定义的定积分才能表示不规则图形的面积，但是当被积函数非正的时候，它的函数曲线分布在 x 轴的下方．此时，定积分

$$\int_a^b f(x)\,\mathrm{d}x$$

表示的是不规则图形面积的负值．若要计算此时的不规则图形的面积，只需要对被积函数取绝对值即可，即

$$S = \int_a^b |f(x)|\,\mathrm{d}x.$$

按照定积分的定义，如果积分上、下限相等，那么它的积分区间长度就恒等于 0，因此

$$\int_a^a f(x)\,\mathrm{d}x = 0.$$

如果将积分上、下限互换，则由于每个小区间的区间长度 Δx_i 由正变负，所以

$$\int_b^a f(x)\,\mathrm{d}x = -\int_a^b f(x)\,\mathrm{d}x.$$

在定积分的定中义，对积分区间进行分割是任意进行的，但当已经知道被积函数 $f(x)$ 在该区间上可积时，可以将积分区间进行 n 等分，从而简化计算过程．那么在区间 $[a,b]$ 上的函数满足什么样的条件才能判定它是可积的呢？一般地，判断一个函数在某个区间上是否可积，可以根据以下充分条件来判断．

【定理 4-1】 如果函数 $y=f(x)$ 在区间 $[a,b]$ 上连续，则函数在该区间上必定可积．

【定理 4-2】 如果函数 $y=f(x)$ 在区间 $[a,b]$ 上有界，且只有有限个间断点，则函数在此区间上可积．

【例 4-1】 试计算函数 $y=x^2$ 在区间 $[0,1]$ 上与 x 轴所围封闭图形的面积（图 4-8）．

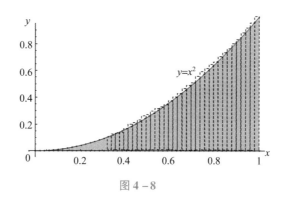

图 4 - 8

解 由于函数 $y = x^2$ 在区间 $[0,1]$ 上连续，所以该封闭图形的面积为

$$s = \int_0^1 x^2 \mathrm{d}x.$$

将区间 $[0,1]$ 进行 n 等分，每一个小区间为 $\left[\dfrac{i}{n}, \dfrac{i+1}{n}\right]$，小区间长度为 $\Delta x_i = \dfrac{1}{n}$，选取

$\xi_i = \dfrac{i}{n}$，则每个小区间上的图形面积为 $s_i = f(\xi_i)\Delta x_i = f\left(\dfrac{i}{n}\right) \cdot \dfrac{1}{n}$，从而得积分和为

$\displaystyle\sum_{i=1}^{n} f(\xi_i)\Delta x_i = \sum_{i=1}^{n} \left(\dfrac{i}{n}\right)^2 \cdot \dfrac{1}{n} = \dfrac{1^2 + 2^2 + 3^2 + \cdots + n^2}{n^3} = \dfrac{n(n+1)(2n+1)}{6n^3}$，因此，该封闭

图形的面积为

$$s = \int_0^1 x^2 \mathrm{d}x = \lim_{n \to \infty} \dfrac{n(n+1)(2n+1)}{6n^3} = \dfrac{1}{3}.$$

【例 4 - 2】 试用定积分表示以下数列的极限.

$(1)\ \lim_{n \to \infty}\left(\dfrac{n}{n^2 + 1^2} + \dfrac{n}{n^2 + 2^2} + \cdots + \dfrac{n}{n^2 + n^2}\right);$ \qquad $(2)\ \lim_{n \to \infty} \dfrac{1^p + 2^p + \cdots + n^p}{n^{p+1}}\ (p > 0).$

解 $(1)\ \lim_{n \to \infty}\left(\dfrac{n}{n^2 + 1^2} + \dfrac{n}{n^2 + 2^2} + \cdots + \dfrac{n}{n^2 + n^2}\right) = \lim_{n \to \infty}\sum_{i=1}^{n} \dfrac{n}{n^2 + i^2} = \lim_{n \to \infty}\sum_{i=1}^{n} \dfrac{1}{1 + \left(\dfrac{i}{n}\right)^2} \cdot \dfrac{1}{n},$

这恰好是函数 $f(x) = \dfrac{1}{1 + x^2}$ 在区间 $[0,1]$ 上 n 等分后得到积分和的极限，因此

$$\lim_{n \to \infty}\left(\dfrac{n}{n^2 + 1^2} + \dfrac{n}{n^2 + 2^2} + \cdots + \dfrac{n}{n^2 + n^2}\right) = \int_0^1 \dfrac{1}{1 + x^2}\mathrm{d}x.$$

$(2)\ \lim_{n \to \infty} \dfrac{1^p + 2^p + \cdots + n^p}{n^{p+1}} = \lim_{n \to \infty} \dfrac{1^p + 2^p + \cdots + n^p}{n^p} \cdot \dfrac{1}{n} = \lim_{n \to \infty}\sum_{i=1}^{n} \left(\dfrac{i}{n}\right)^p \cdot \dfrac{1}{n} = \int_0^1 x^p \mathrm{d}x.$

从上述例题可以看到，利用定积分计算数列极限是非常好的方法，但是计算定积分的问题目前还没有解决. 如果能够快速而简单地计算出定积分，那么就可以快速地解决上述问题. 为此，需要先了解定积分的性质.

二、定积分的性质

利用定积分的定义可以清晰地得到下列定积分的性质. 下面介绍的定积分的性质，均假设相关的函数在其积分区间上是可积的，掌握这些性质对定积分的计算具有重要的意义.

【性质 4－1】 线性可加性：$\int_a^b [\alpha f(x) \pm \beta g(x)] \mathrm{d}x = \alpha \int_a^b f(x)\mathrm{d}x \pm \beta \int_a^b g(x)\mathrm{d}x$.

【性质 4－2】 区间可加性：$\int_a^b f(x)\mathrm{d}x = \int_a^c f(x)\mathrm{d}x + \int_c^b f(x)\mathrm{d}x$（图4－9）.

【性质 4－3】 积分规范性：$\int_a^b 1\mathrm{d}x = b - a$（图4－10）.

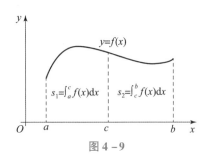

图 4－9

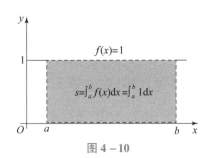

图 4－10

【性质 4－4】 积分保号性：如果在区间 $[a,b]$ 上满足 $f(x) \geq 0$，则 $\int_a^b f(x)\mathrm{d}x \geq 0$.

性质 4－4 从定积分的定义可以立即得到. 利用性质 4－4 易知以下两个推论也是成立的.

【推论 4－1】 积分保序性：如果在区间 $[a,b]$ 上满足 $f(x) \leq g(x)$，则必然有 $\int_a^b f(x)\mathrm{d}x \leq \int_a^b g(x)\mathrm{d}x$.

证 如图 4－11 所示，由于 $f(x) \leq g(x)$，所以 $h(x) = g(x) - f(x) \geq 0$，于是 $\int_a^b h(x)\mathrm{d}x = \int_a^b [g(x) - f(x)]\mathrm{d}x \geq 0$.

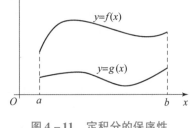

图 4－11 定积分的保序性

根据定积分的线性关系，有

$$\int_a^b g(x)\mathrm{d}x - \int_a^b f(x)\mathrm{d}x \geq 0,$$

因此，$\int_a^b f(x)\mathrm{d}x \leq \int_a^b g(x)\mathrm{d}x$.

【推论 4 - 2】绝对值不等式：$\left| \int_a^b f(x)\,dx \right| \leqslant \int_a^b |f(x)|\,dx.$

证 由于 $-|f(x)| \leqslant f(x) \leqslant |f(x)|$，所以 $-\int_a^b |f(x)|\,dx \leqslant \int_a^b f(x)\,dx$

$\leqslant \int_a^b |f(x)|\,dx$，因此，$\left| \int_a^b f(x)\,dx \right| \leqslant \int_a^b |f(x)|\,dx.$

定积分的性质
（性质 4 - 5）

【性质 4 - 5】估值不等式：如果函数 $f(x)$ 在区间 $[a,b]$ 满足 $m \leqslant f(x) \leqslant M$，则：

$$m(b-a) \leqslant \int_a^b f(x)\,dx \leqslant M(b-a).$$

证 如图 4 - 12 所示，由于 $m \leqslant f(x) \leqslant M$，根据定积分的保序性可知

$$\int_a^b m\,dx \leqslant \int_a^b f(x)\,dx \leqslant \int_a^b M\,dx,$$

根据性质 4 - 3 易知：$m(b-a) \leqslant \int_a^b f(x)\,dx \leqslant M(b-a).$

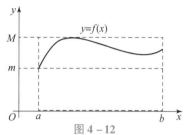

图 4 - 12

【性质 4 - 6】积分中值定理：如果函数 $f(x)$ 在区间 $[a,b]$ 上连续，则至少存在一点 $\xi \in [a,b]$，使

$$\int_a^b f(x)\,dx = (b-a)f(\xi).$$

证 由于函数 $f(x)$ 在 $[a,b]$ 上连续，所以必定存在最大值 M 和最小值 m，使

$$m \leqslant f(x) \leqslant M.$$

定积分的性质
（性质 4 - 6）

根据定积分的估值不等式可知 $m(b-a) \leqslant \int_a^b f(x)\,dx \leqslant M(b-a)$，因此有 $m \leqslant \dfrac{1}{b-a}$

$\int_a^b f(x)\,dx \leqslant M$，于是由介值定理可知，存在 $\xi \in [a,b]$，使

$$f(\xi) = \frac{1}{b-a} \int_a^b f(x)\,dx.$$

以上定积分的 6 个性质，在定积分的应用方面具有重要的意义，读者应该掌握并会使用．性质 4 - 6 中，如果将 $b-a$ 除到等式的左侧，则称其为**积分平均值**．

【例 4 - 3】试用定积分表示函数 $f(x) = (x-1)(x-3)$ 在区间 $[0,4]$ 上与 x 轴所围部分的几何图形的面积．

解 由于函数在区间 $(0,1) \cup (3,4)$ 上为正，在区间 $(1,3)$ 上为负，所以该图形（图 4 - 13）的面积可表示为

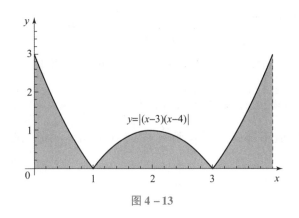

图 4 – 13

$$s = \int_0^4 f(x)\mathrm{d}x = \int_0^4 |(x-1)(x-3)|\mathrm{d}x$$

$$= \int_0^1 |(x-1)(x-3)|\mathrm{d}x + \int_1^3 |(x-1)(x-3)|\mathrm{d}x +$$

$$\int_3^4 |(x-1)(x-3)|\mathrm{d}x$$

$$= \int_0^1 (x-1)(x-3)\mathrm{d}x - \int_1^3 (x-1)(x-3)\mathrm{d}x + \int_3^4 (x-1)(x-3)\mathrm{d}x.$$

【例 4 – 4】试估计下列定积分的取值范围.

（1）$\int_0^1 \mathrm{e}^{x^2}\mathrm{d}x$；（2）$\int_1^{\sqrt{3}} x \cdot \arctan x\mathrm{d}x$.

解 （1）由于函数 $f(x) = \mathrm{e}^{x^2}$ 在区间 $[0,1]$ 上单调递增，所以 $1 \leqslant \mathrm{e}^{x^2} \leqslant \mathrm{e}$，因此

$$1 \leqslant \int_0^1 \mathrm{e}^{x^2}\mathrm{d}x \leqslant \mathrm{e}.$$

（2）令 $f(x) = x\arctan x$，$x \in [1,\sqrt{3}]$，则因为 $f(x) = \arctan x + \dfrac{x}{1+x^2} > 0$，所以函数

$f(x)$ 在区间 $[1,\sqrt{3}]$ 上单调递增，因此

$$f(1) \leqslant f(x) \leqslant f(\sqrt{3}),$$

即 $\dfrac{\pi}{4} \leqslant x\arctan x \leqslant \dfrac{\pi}{\sqrt{3}}$，故

$$\frac{\pi}{4}(\sqrt{3} - 1) \leqslant \int_1^{\sqrt{3}} x\arctan x\mathrm{d}x \leqslant \frac{3-\sqrt{3}}{3}\pi.$$

【例 4 – 5】小王同学在实习期间跟随张师傅在车间进行历练，两人各操作一台设备加工同一种产品. 已知张师傅的工作效率近似服从函数关系 $Q(t) = 1 + 0.5t$，小王同学的工作效率近似服从函数关系 $q(t) = \sqrt{1+t}$（单位：天）. 试问：从第一天开始计算，在连续 4 天的工作中，他们两人的生产总量谁大谁小？

解 易知生产出来的产品总量的变化率就是工作效率，因此小王同学与张师傅的生产总量分别为

$$\int_1^4 q(t)\,\mathrm{d}t, \quad \int_1^4 Q(t)\,\mathrm{d}t.$$

若要比较它们的大小，只需要比较函数 $q(t)$ 与 $Q(t)$ 在区间 $[1,4]$ 上的大小即可.令 $f(t) = 1 + 0.5t - \sqrt{1+t}$，则

$$f'(t) = 0.5 - \frac{1}{2\sqrt{1+t}} > 0,$$

即函数 $f(t)$ 在区间 $[1,4]$ 上单调递增，因此 $f(t) > f(1) = 1.5 - \sqrt{2} > 0$，故在区间 $[1,4]$ 上，$Q(t) > q(t)$，于是 $\int_1^4 Q(t)\,\mathrm{d}t > \int_1^4 q(t)\,\mathrm{d}t$，即在连续 4 天的工作中，张师傅的生产总量大于小王同学的生产总量.

例 4-5 说明了定积分的另一个实际含义，即员工的生产效率在某个区间上的定积分就是员工在该区间上的生产总量. 对于这种现象会在下一节"定积分的计算"中详细探究.

想一想，练一练

1. 利用定积分的几何意义计算下列定积分.

(1) $\int_{-\pi}^{\pi} \sin x\,\mathrm{d}x$；　　　　(2) $\int_0^r \sqrt{r - x^2}\,\mathrm{d}x$；　　　　(3) $\int_1^2 x\,\mathrm{d}x$；

(4) $\int_{-1}^1 |x|\,\mathrm{d}x$；　　　　(5) $\int_0^1 2x\,\mathrm{d}x$；　　　　(6) $\int_a^b 1\,\mathrm{d}x$.

2. 假设在区间 $[a,b]$ 上，$f(x) > 0$，$f'(x) < 0$，$f''(x) > 0$，令 $s_1 = \int_a^b f(x)\,\mathrm{d}x$，$s_2 = f(b)(b-a)$，$s_3 = \frac{1}{2}[f(a) + f(b)](b-a)$，则 s_1，s_2，s_3 的大小顺序为_____.

3. 极限 $\lim\limits_{n\to\infty} \dfrac{1}{n\sqrt{n}}(\sqrt{1} + \sqrt{2} + \cdots + \sqrt{n})$ 可以用定积分表示为_____.

4. 在一元二次函数 $y = ax^2 + bx + c\,(a > 0)$ 中，当判别式 $\Delta = b^2 - 4ac < 0$ 时，它的取值恒大于 0. 试利用方程 $[t \cdot f(x) + g(x)]^2 \geq 0$ 恒成立这个条件（其中，$f(x)$，$g(x)$ 均为连续函数）验证以下不等式.

(1) $\int_a^b f^2(x) \cdot g^2(x)\,\mathrm{d}x \geq \left(\int_a^b f(x) \cdot g(x)\,\mathrm{d}x\right)^2$（柯西-施瓦茨不等式）；

(2) $\int_0^1 f^2(x)\,\mathrm{d}x \geq \left(\int_0^1 f(x)\,\mathrm{d}x\right)^2$；

(3) $\left(\int_a^b f^2(x)\mathrm{d}x \right)^{\frac{1}{2}} + \left(\int_a^b g^2(x)\mathrm{d}x \right)^{\frac{1}{2}} \geqslant \left(\int_a^b [f(x) + g(x)]^2\mathrm{d}x \right)^{\frac{1}{2}}$ (闵可夫斯基不等式).

5. 假设 $f(x)$ 在 $[0,1]$ 上连续且单调递增,求证:对于任意的 $\alpha \in (0,1)$,$\int_0^\alpha f(x)\mathrm{d}x \geqslant \alpha \int_0^1 f(x)\mathrm{d}x$ 都成立.

6. 设 $I = \int_0^1 \dfrac{x^4}{\sqrt{1+x}}\mathrm{d}x$,则 I 的估计范围为 _____.

7. 设函数 $f(x)$,$g(x)$ 在区间 $[a,b]$ 上均是连续函数,且 $f(x) \geqslant g(x)$,则定积分 $\int_a^b [f(x) - g(x)]\mathrm{d}x$ 在几何上表示什么?

8. 设函数 $f(x)$ 在区间 $[a,b]$ 上是连续函数,且 $f(x) \geqslant 0$,则定积分 $\pi \int_a^b f^2(x)\mathrm{d}x$ 在几何上表示什么?

9. 如果函数 $\phi(t)$ 表示在时刻 t 电路中的电流量,则定积分 $\int_{t_1}^{t_2} \phi(t)\mathrm{d}t$ 代表什么?

10. 如果函数 $\varphi(t)$ 表示新冠病毒的传播速度,则定积分 $\int_{t_1}^{t_2} \varphi(t)\mathrm{d}t$ 代表什么?

11. 在生产经营过程中,单位产品的利润称为边际利润,即如果 $L(x)$ 表示利润,则 $L'(x)$ 表示边际利润,则定积分 $\int_1^{1\,000} L'(x)\mathrm{d}x$ 代表什么?

12. 估计下列定积分的范围.

(1) $\int_1^3 (1 + x^3)\mathrm{d}x$;

(2) $\int_0^2 e^{x^2-x}\mathrm{d}x$;

(3) $\int_{-1}^4 (2x^3 - 3x^2)\mathrm{d}x$;

(4) $\int_{-1}^3 (x^4 - 8x^2 + 2)\mathrm{d}x$;

(5) $\int_{-5}^1 (x + \sqrt{1-x})\mathrm{d}x$;

(6) $\int_1^4 (2x^3 - 6x^2 - 18x - 7)\mathrm{d}x$.

13. 比较下列定积分的大小.

(1) $\int_0^1 x\mathrm{d}x$ 与 $\int_0^1 x^2\mathrm{d}x$;

(2) $\int_0^{\frac{\pi}{2}} x\mathrm{d}x$ 与 $\int_0^{\frac{\pi}{2}} \sin x\mathrm{d}x$;

(3) $\int_0^1 e^x\mathrm{d}x$ 与 $\int_0^1 ex\mathrm{d}x$;

(4) $\int_1^2 \ln x\mathrm{d}x$ 与 $\int_1^2 (\ln x)^2\mathrm{d}x$;

(5) $\int_0^{\frac{\pi}{4}} x\mathrm{d}x$ 与 $\int_0^{\frac{\pi}{4}} \tan x\mathrm{d}x$;

(6) $\int_0^1 e^x\mathrm{d}x$ 与 $\int_0^1 (1 + x)\mathrm{d}x$.

14. 假设函数 $g(x)$ 在区间 $[0,a]$ 上连续,$f(x)$ 在 $[a,b]$ 上二阶可导,且 $f''(x) > 0$,求证:

$$\frac{1}{a}\int_0^a f(g(x))\mathrm{d}x \geqslant f\left(\frac{1}{a}\int_0^a g(x)\mathrm{d}x \right).$$

15. 假设函数 $f(x)$ 在 $[a,b]$ 上连续，且 $f(x) > 0$，求证：

$$\ln\left(\frac{1}{b-a}\int_a^b f(x)\,\mathrm{d}x\right) \geqslant \frac{1}{b-a}\int_a^b \ln f(x)\,\mathrm{d}x.$$

16. 假设函数 $f(x)$ 与 $g(x)$ 在 $[a,b]$ 上连续，且满足 $f(x) \leqslant g(x)$，$\int_a^b f(x)\,\mathrm{d}x \leqslant$ $\int_a^b g(x)\,\mathrm{d}x$，求证：$f(x) = g(x)$.

17. 假设函数 $f(x)$ 在 $[a,b]$ 上连续，且 $\int_a^b f(x)\,\mathrm{d}x = \int_a^b xf(x)\,\mathrm{d}x = 0$，求证：至少存在两点 x_1，$x_2 \in (a,b)$，使 $f(x_1) = f(x_2) = 0$.

18. 假设 $M = \int_{-\frac{\pi}{2}}^{\frac{\pi}{2}} \frac{(1+x)^2}{1+x^2}\,\mathrm{d}x$，$N = \int_{-\frac{\pi}{2}}^{\frac{\pi}{2}} \frac{1+x}{\mathrm{e}^x}\,\mathrm{d}x$，$K = \int_{-\frac{\pi}{2}}^{\frac{\pi}{2}} (1 + \sqrt{\cos x})\,\mathrm{d}x$，试比较 M，N，K 的大小.

19. 假设 $I_1 = \int_0^1 \frac{x}{2(1+\cos x)}\,\mathrm{d}x$，$I_2 = \int_0^0 \frac{\ln(1+x)}{1+\cos x}\,\mathrm{d}x$，$I_3 = \int_0^1 \frac{2x}{1+\sin x}\,\mathrm{d}x$，试比较 I_1，I_2，I_3 的大小.

20. 假设函数 $f(x)$ 在 $[0,1]$ 上可导，且 $\int_0^1 xf(x)\,\mathrm{d}x = f(1)$，求证：存在 $\xi \in (0,1)$，使 $\xi f'(\xi) + f(\xi) = 0$.

第二节　定积分的计算

在上一节中，我们发现利用定积分的定义去计算定积分是非常复杂的，寻找一种简单而便捷的计算定积分的方法是至关重要的. 下面以一个具体的案例为引子，介绍定积分的计算方法.

一般地，定义在区间 $[a,b]$ 上的连续函数 $f(t)$ 在该区间上的积分表示为 $\int_a^b f(t)\,\mathrm{d}t$，如果积分上限不是固定的值 b，而是取自区间 $[a,b]$ 上的任意一点 x，则该积分变为

$$\int_a^x f(t)\,\mathrm{d}t,$$

称这种积分为变上限积分. 类似地，如果积分下限不是固定值，而是变量 x，则将

$$\int_x^b f(t)\,\mathrm{d}t$$

称为变下限积分.

一、变限积分

正如前文所述，积分上限为变量的积分称为变上限积分，积分下限为变量的积分称为变下限积分. 如果积分上、下限都是变量，即积分上、下限都是自变量 x 的函数，即

$$\int_{\varphi(x)}^{\psi(x)} f(t)\,\mathrm{d}t,$$

称为变限积分. 变限积分也是自变量 x 的函数，通常也将其表示为 $\Phi(x)$. 下面以变上限积分为例来探究它所具有的性质.

【定理 4-3】 如果被积函数 $f(x)$ 在区间 $[a,b]$ 上是连续函数，则定义在区间 $[a,b]$ 上的变上限积分

$$\Phi(x) = \int_a^x f(t)\,\mathrm{d}t$$

在区间 $[a,b]$ 上可导，且 $\Phi'(x) = f(x)$.

证 根据导数的定义，可知

$$\Phi'(x) = \lim_{\Delta x \to 0} \frac{\Phi(x + \Delta x) - \Phi(x)}{\Delta x}$$

$$= \lim_{\Delta x \to 0} \frac{\int_a^{x+\Delta x} f(t)\,\mathrm{d}t - \int_a^x f(t)\,\mathrm{d}t}{\Delta x}$$

$$= \lim_{\Delta x \to 0} \frac{\int_a^{x+\Delta x} f(t)\,\mathrm{d}t + \int_x^a f(t)\,\mathrm{d}t}{\Delta x} \quad (\text{积分上、下限互换，定积分变号})$$

$$= \lim_{\Delta x \to 0} \frac{\int_x^{x+\Delta x} f(t)\,\mathrm{d}t}{\Delta x} \quad (\text{积分区间的可加性})$$

$$= \lim_{\Delta x \to 0} \frac{\Delta x \cdot f(\xi_x)}{\Delta x} \quad (\text{积分中值定理，其中 } \xi_x \in (x, x+\Delta x) \text{ 或 } (x+\Delta x, x))$$

$$= \lim_{\Delta x \to 0} f(\xi_x) \quad (\text{当 } \Delta x \to 0 \text{ 时，} \xi_x \to x)$$

$$= f(x) \quad (\text{由于函数 } f(x) \text{ 连续}).$$

定理 4-3 在数学上具有重要的意义，有时也称它为**微积分基本定理**. 从定理 4-3 可以看到，变上限积分本质上是被积函数的一个原函数，即

$$\left(\int_a^x f(t)\,\mathrm{d}t \right)' = f(x).$$

根据积分上、下限互换定积分变号的性质，易知变下限积分的导数为

$$\left(\int_x^b f(t)\,\mathrm{d}t \right)' = -f(x).$$

变上限积分以及变下限积分代表了被积函数在区间 $[a,x]$ 上的一个原函数，而我们

知道不定积分表示的是被积函数的所有原函数，那么两者之间是否有什么联系呢？

二、牛顿－莱布尼茨公式

由于变上限积分表示了被积函数的一个原函数，且

牛顿－
莱布尼茨公式

$$\Phi'(x) = \left(\int_a^x f(t)\,\mathrm{d}t\right)' = f(x),$$

如果函数 $F(x)$ 也是被积函数 $f(x)$ 的一个原函数，即 $F'(x) = f(x)$，则必然有函数 $\Phi(x) - F(x)$ 是一个常数. 这是由于 $[\Phi(x) - F(x)]' = \Phi'(x) - F'(x) = f(x) - f(x) = 0$，所以函数 $\Phi(x) - F(x)$ 是一个与自变量无关的常数函数，于是 $\Phi(b) - F(b) = \Phi(a) - F(a)$，由于 $\Phi(a) = 0$，故有 $\Phi(b) = F(b) - F(a)$. 这样就得到了定积分计算过程中的一个重要公式：**牛顿－莱布尼茨公式**.

【牛顿－莱布尼茨公式】 假设函数 $f(x)$ 是定义在区间 $[a,b]$ 上的连续函数，且函数 $F(x)$ 是它的一个原函数，则

$$\int_a^b f(x)\,\mathrm{d}x = F(x)\,\Big|_a^b = F(b) - F(a).$$

【例 4－6】 计算定积分 $\int_0^1 x^2\,\mathrm{d}x$.

解　$\displaystyle\int_0^1 x^2\,\mathrm{d}x = \frac{1}{3}x^3\,\Big|_0^1 = \frac{1}{3}$.

【例 4－7】 计算正弦函数在 $[0,\pi]$ 上与 x 轴所围封闭图形的面积.

解　根据定积分的几何意义可知，所求图形的面积为

$$s = \int_0^\pi \sin x\,\mathrm{d}x = -\cos x\,\big|_0^\pi = -(\cos\pi - \cos 0) = 2.$$

【例 4－8】 计算下列定积分.

$(1) \displaystyle\int_0^1 \frac{x^2}{1+x^2}\,\mathrm{d}x$；$(2) \displaystyle\int_0^\pi \sin^2\frac{x}{2}\,\mathrm{d}x$.

解　$(1) \displaystyle\int_0^1 \frac{x^2}{1+x^2}\,\mathrm{d}x = \int_0^1 \frac{1+x^2-1}{1+x^2}\,\mathrm{d}x = \int_0^1 \left(1 - \frac{1}{1+x^2}\right)\mathrm{d}x$

$$= (x - \arctan x)\,\big|_0^1 = 1 - \frac{\pi}{4}.$$

$(2) \displaystyle\int_0^\pi \sin^2\frac{x}{2}\,\mathrm{d}x = \int_0^\pi \frac{1-\cos x}{2}\,\mathrm{d}x = \frac{x-\sin x}{2}\,\Big|_0^\pi = \frac{\pi}{2}.$

【例 4－9】 试求变限积分 $\int_{\varphi(x)}^{\psi(x)} f(t)\,\mathrm{d}t$ 的导数.

解　假设被积函数 $f(x)$ 的一个原函数为 $F(x)$，则 $F'(x) = f(x)$，因此

$$\int_{\varphi(x)}^{\psi(x)} f(t)\,\mathrm{d}t = F(t)\,\Big|_{\varphi(x)}^{\psi(x)} = F(\psi(x)) - F(\varphi(x)),$$

于是

$$\left(\int_{\varphi(x)}^{\psi(x)} f(t)\,\mathrm{d}t\right)' = \big[F(\psi(x)) - F(\varphi(x))\big]' = F'(\psi(x))\psi'(x) - F'(\varphi(x))\varphi'(x) = f(\psi(x))\psi'(x) - f(\varphi(x))\varphi'(x),$$

即

$$\left(\int_{\varphi(x)}^{\psi(x)} f(t)\,\mathrm{d}t\right)' = f(\psi(x))\psi'(x) - f(\varphi(x))\varphi'(x).$$

例 4-9 中的结论很重要，它表示了一个变限积分的求导法则. 类似地，可以利用例 4-9 的方法得到

$$\lim_{x\to\Theta} \int_{\varphi(x)}^{\psi(x)} f(t)\,\mathrm{d}t = \int_{\lim_{x\to\Theta}\varphi(x)}^{\lim_{x\to\Theta}\psi(x)} f(t)\,\mathrm{d}t.$$

其中，Θ 表示自变量的 6 种变化趋势（x_0，x_0^-，x_0^+，∞，$-\infty$，$+\infty$）中的任意一种.

【例 4-10】求极限：$\displaystyle\lim_{x\to 0} \frac{\int_{\cos x}^{1} \mathrm{e}^{t^2}\,\mathrm{d}t}{x^2}$.

解　根据变限积分的极限公式以及积分上、下限相等定积分为 0 的性质，易知本题中的极限满足洛必达法则，因此 $\displaystyle\lim_{x\to 0} \frac{\int_{\cos x}^{1} \mathrm{e}^{t^2}\,\mathrm{d}t}{x^2} = \lim_{x\to 0} \frac{-\mathrm{e}^{(\cos x)^2}(-\sin x)}{2x} = \frac{\mathrm{e}}{2}$.

【例 4-11】试确定菲涅尔函数 $F(x) = \int_0^x \frac{\sin t}{t}\mathrm{d}t$（图 4-14）在点 $x=0$ 处的导数.

解　由于函数 $F(x)$ 的被积函数在点 $x=0$ 处不连续，所以并不能直接通过变上限积分的求导法则来确定该函数在点 $x=0$ 处的导数，可以使用导数的定义来确定：

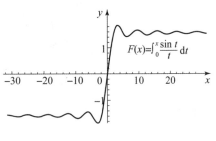

图 4-14

$$F'(x) = \lim_{x\to 0} \frac{F(x) - F(0)}{x} = \lim_{x\to 0} \frac{\int_0^x \frac{\sin t}{t}\mathrm{d}t}{x} = \lim_{x\to 0} \frac{\frac{\sin x}{x}}{1} = 1.$$

【例 4-12】汽车在行驶的过程中，随着时间的推移其发动机会因为积碳而造成每百公里①的油耗不断增加. 某辆汽车在行驶一段时间后，其发动机中的积碳以 $p(t) = 0.000\,003t^2 + 0.000\,6t + 0.001$（mm/百公里）的速率增加. 假设该汽车驾驶员在对汽车进行保养时对发动机积碳进行了清理，且目前发动机内部剩余积碳厚度为 1 mm. 试确定该辆汽车从现在开始到行驶 8 000 km，发动机中的积碳厚度.

---

① 1 公里 = 1 千米。

解　因为发动机中的积碳增加速率为 $p(t) = 0.000\,003t^2 + 0.000\,6t + 0.001$（mm/百公里），所以从现在开始到行驶了 8 000 km 时，该汽车发动机中的积碳厚度为

$$P(80) - P(0) = \int_0^{80} p(t)\,dt = \int_0^{80} (0.000\,003t^2 + 0.000\,6t + 0.001)\,dt$$

$$= (0.000\,001t^3 + 0.000\,3t^2 + 0.001t)\,\Big|_0^{80} = 2.512 \ (\text{mm}).$$

因此，当汽车行驶了 8 000 km 后，发动机内部的积碳厚度应为 3.512 mm.

从上述几个例题中可以发现，利用牛顿 – 莱布尼茨公式计算定积分是非常简便的. 在计算定积分时，只需要找到被积函数的一个原函数，再将积分上、下限代入原函数作差即可.

三、定积分的计算

计算定积分时，根据牛顿 – 莱布尼茨公式即可得到结果. 对于积分上、下限都是常数的定积分，它的计算结果必定是一个固定的数值，因此，定积分的结果与积分变量是没有关系的，即

$$\int_a^b f(x)\,dx = \int_a^b f(t)\,dt = \int_a^b f(\theta)\,d\theta = \cdots.$$

决定定积分的两个关键因素是**被积函数**和**积分区间**.

（一）换元必换限

如果在计算定积分 $\int_a^b f(x)\,dx$ 时不容易得到原函数，而通过换元的方式令 $x = \varphi(u)$，可以将被积函数化简为易于求出原函数的形式，从而可以通过换元的方式计算定积分. 由于原定积分中的积分上、下限是积分变量 x 的取值范围，而换元后，积分变量成了 u，所以积分上、下限也要同时变成 u 的取值范围，即从不等式 $a \leqslant \varphi(u) \leqslant b$ 中，得到 $\alpha \leqslant u \leqslant \beta$，将定积分转换为

换元必换限

$$\int_a^b f(x)\,dx = \int_a^b f(\varphi(u))\,d\varphi(u) = \int_a^b f(\varphi(u))\varphi'(u)\,du.$$

上式称为定积分的换元公式（换元必换限）.

【例 4 – 13】 求定积分 $\int_0^r \sqrt{r^2 - x^2}\,dx$.

分析　本题中被积函数是不容易求出原函数的类型，因此可以考虑通过换元的方式将其简化. 由于被积函数是一个平方差的开方，所以可以考虑将平方差转化为完全平方，进而去掉根号. 在以往所学知识中，能够将平方差转化为完全平方的有 $1 - \sin^2 t = \cos^2 t$ 以及 $\sec^2 t - 1 = \tan^2 t$ 等三角恒等式（见第 1 章第一节），但是本题中出现

的是一个常数的平方减去自变量的平方的形式，因此可以考虑使用换元的方式．令 $x = r\sin t$，由于积分变量 x 的取值范围是 $[0, r]$，所以 $0 \leqslant r\sin u \leqslant r$，故知换元后积分变量 u 的取值范围是 $[0, \pi/2]$．

解 令 $x = r\sin t$，则 $\mathrm{d}x = r\cos t\mathrm{d}t$，因此

$$\int_0^r \sqrt{r^2 - x^2}\mathrm{d}x = \int_0^{\frac{\pi}{2}} \sqrt{r^2 - r^2\sin^2 t} \cdot r\cos t\mathrm{d}t$$

$$= r^2 \int_0^{\frac{\pi}{2}} \cos^2 t\mathrm{d}t$$

$$= r^2 \int_0^{\frac{\pi}{2}} \frac{1 + \cos 2t}{2}\mathrm{d}t$$

$$= r^2 \left(\frac{u}{2} + \frac{1}{4}\sin 2u\right)\Big|_0^{\frac{\pi}{2}} = \frac{\pi}{4}r^2.$$

> 一般地，被积函数中出现了形如 $\sqrt{a^2 - x^2}$ 的部分时，可以通过换元，令 $x = a\sin t$ 或 $x = a\cos t$，对被积函数进行简化求解；被积函数中出现了形如 $\sqrt{a^2 + x^2}$ 的部分时，可以令 $x = a\tan t$，对被积函数进行化简求解；被积函数中出现形如 $\sqrt{x^2 - a^2}$ 的部分时，可以令 $x = a\sec t$，对被积函数进行化简求解．此方法统称为"**三角代换**"．三角代换不仅在定积分的计算中被广泛应用，在不定积分中也有广泛的应用．

【例 4 –14】 求定积分 $\displaystyle\int_1^3 \frac{1}{\sqrt{x}(1 + x)}\mathrm{d}x$．

解 令 $\sqrt{x} = u$，则 $x = u^2$，$\mathrm{d}x = 2u\mathrm{d}u$．当 $x = 1$ 时，$u = 1$；当 $x = 3$ 时，$u = \sqrt{3}$，因此

$$\int_1^3 \frac{1}{\sqrt{x}(1 + x)}\mathrm{d}x = \int_1^{\sqrt{3}} \frac{2u}{u(1 + u^2)}\mathrm{d}u$$

$$= 2\int_1^{\sqrt{3}} \frac{1}{1 + u^2}\mathrm{d}u$$

$$= 2\arctan u\,\big|_1^{\sqrt{3}}$$

$$= 2\arctan\sqrt{3} - 2\arctan 1$$

$$= \frac{\pi}{6}.$$

> 一般地，被积函数中出现了形如 $\sqrt[n]{ax + b}$ 的含有 x 的一次函数的根式的部分时，可以令 $\sqrt[n]{ax + b} = u$，从而得到 $x = \dfrac{u^n - b}{a}$，$\mathrm{d}x = \dfrac{nu^{n-1}}{a}\mathrm{d}u$．如果被积函数中同时出现形如 $\sqrt[n]{ax + b}$ 和 $\sqrt[m]{ax + b}$ 的部分，则可以令 $ax + b = u^p$，其中 p 是正整数 m 与 n 的最小公倍数．这种方法通常称为"**根式代换**"．

【定理 4 –4】 如果函数 $f(x)$ 是定义在对称区间 $[-a, a]$ 上的连续函数，则有以下被称为"**偶倍奇零**"的结论成立．

(1) $\displaystyle\int_{-a}^a f(x)\mathrm{d}x = 2\int_0^a f(x)\mathrm{d}x$ ，如果 $f(x)$ 在区间 $[-a, a]$ 上是偶函数；

偶倍奇零

(2) $\displaystyle\int_{-a}^a f(x)\mathrm{d}x = 0$ ，如果 $f(x)$ 在区间 $[-a, a]$ 上是奇函数．

证 由于 $\int_{-a}^{a} f(x)\mathrm{d}x = \int_{-a}^{0} f(x)\mathrm{d}x + \int_{0}^{a} f(x)\mathrm{d}x$，而 $\int_{-a}^{0} f(x)\mathrm{d}x = -\int_{a}^{0} f(-t)\mathrm{d}t =$

$\int_{0}^{a} f(-t)\mathrm{d}t = \int_{0}^{a} f(-x)\mathrm{d}x$，所以

$$\int_{-a}^{a} f(x)\mathrm{d}x = \int_{-a}^{0} f(x)\mathrm{d}x + \int_{0}^{a} f(x)\mathrm{d}x = \int_{0}^{a} f(-x)\mathrm{d}x + \int_{0}^{a} f(x)\mathrm{d}x = \int_{0}^{a}[f(-x)+f(x)]\mathrm{d}x,$$

因此，当 $f(x)$ 为偶函数时，即 $f(-x)=f(x)$，则结论（1）成立；当 $f(x)$ 为奇函数时，即 $f(-x)=-f(x)$，结论（2）成立.

【**例 4 – 15**】求下列定积分.

（1）$\int_{-1}^{1}\left[x^2\ln(x+\sqrt{1+x^2})+\dfrac{1}{1+x^2}\right]\mathrm{d}x$；（2）$\int_{-\pi}^{\pi}\dfrac{\cos^2 x}{1+\mathrm{e}^{-x}}\mathrm{d}x$.

解 由于函数 $f(x)=x^2\ln(x+\sqrt{1+x^2})$ 是奇函数，$g(x)=\dfrac{1}{1+x^2}$ 是偶函数，所以

$$\int_{-1}^{1}\left[x^2\ln(x+\sqrt{1+x^2})+\dfrac{1}{1+x^2}\right]\mathrm{d}x = 2\int_{0}^{1}\dfrac{1}{1+x^2}\mathrm{d}x = 2\arctan x\Big|_{0}^{1} = \dfrac{\pi}{2}.$$

（2）由于本题中的被积函数不具有奇偶性，所以不能直接使用"偶倍奇零"的结论，但是因为

$$\int_{-\pi}^{\pi}\dfrac{\cos^2 x}{1+\mathrm{e}^{-x}}\mathrm{d}x = -\int_{\pi}^{-\pi}\dfrac{\cos^2 t}{1+\mathrm{e}^{t}}\mathrm{d}t = \int_{-\pi}^{\pi}\dfrac{\cos^2 t}{1+\mathrm{e}^{t}}\mathrm{d}t = \int_{-\pi}^{\pi}\dfrac{\cos^2 x}{1+\mathrm{e}^{x}}\mathrm{d}x,$$

所以

$$\int_{-\pi}^{\pi}\dfrac{\cos^2 x}{1+\mathrm{e}^{-x}}\mathrm{d}x = \dfrac{1}{2}\left[\int_{-\pi}^{\pi}\dfrac{\cos^2 x}{1+\mathrm{e}^{-x}}\mathrm{d}x + \int_{-\pi}^{\pi}\dfrac{\cos^2 x}{1+\mathrm{e}^{x}}\mathrm{d}x\right] = \dfrac{1}{2}\int_{-\pi}^{\pi}\left(\dfrac{\mathrm{e}^x\cos^2 x}{1+\mathrm{e}^{x}}+\dfrac{\cos^2 x}{1+\mathrm{e}^{x}}\right)\mathrm{d}x$$

$$= \dfrac{1}{2}\int_{-\pi}^{\pi}\dfrac{(\mathrm{e}^x+1)\cos^2 x}{1+\mathrm{e}^{x}}\mathrm{d}x = \dfrac{1}{2}\int_{-\pi}^{\pi}\cos^2 x\,\mathrm{d}x = \int_{0}^{\pi}\cos^2 x\,\mathrm{d}x$$

$$= \int_{0}^{\pi}\dfrac{1+\cos 2x}{2}\mathrm{d}x = \left(\dfrac{x}{2}+\dfrac{1}{4}\sin 2x\right)\Big|_{0}^{\pi} = \dfrac{\pi}{2}.$$

【**定理 4 – 5**】假设函数 $f(x)$ 是区间 $[0,1]$ 上的连续函数，则有如下结论成立.

（1）$\int_{0}^{\frac{\pi}{2}} f(\sin x)\mathrm{d}x = \int_{0}^{\frac{\pi}{2}} f(\cos x)\mathrm{d}x$.

（2）$\int_{0}^{\pi} x f(\sin x)\mathrm{d}x = \dfrac{\pi}{2}\int_{0}^{\pi} f(\sin x)\mathrm{d}x = \pi\int_{0}^{\frac{\pi}{2}} f(\sin x)\mathrm{d}x$.

证（1）$\int_{0}^{\frac{\pi}{2}} f(\sin x)\mathrm{d}x = \int_{0}^{\frac{\pi}{2}} f\left[\cos\left(\dfrac{\pi}{2}-x\right)\right]\mathrm{d}x$

$\Bigg|$ 令 $\dfrac{\pi}{2}-x=u$，

则 $\mathrm{d}x=-\mathrm{d}u$

$$= -\int_{\frac{\pi}{2}}^{0} f(\cos u)\mathrm{d}u = \int_{0}^{\frac{\pi}{2}} f(\cos u)\mathrm{d}u = \int_{0}^{\frac{\pi}{2}} f(\cos x)\mathrm{d}x.$$

$(2)\displaystyle\int_0^\pi xf(\sin x)\mathrm{d}x = \int_0^\pi xf(\sin(\pi-x))\mathrm{d}x$

令 $\pi - x = u$,

则 $x = \pi - u,\ \mathrm{d}x = -\mathrm{d}u$

$= \displaystyle\int_\pi^0 (\pi-u)f(\sin u)\mathrm{d}u = \pi\int_0^\pi f(\sin u)\mathrm{d}u - \int_0^\pi uf(\sin u)\mathrm{d}u$

$= \displaystyle\pi\int_0^\pi f(\sin x)\mathrm{d}x - \int_0^\pi xf(\sin x)\mathrm{d}x$

$= \displaystyle\frac{\pi}{2}\int_0^\pi f(\sin x)\mathrm{d}x = \frac{\pi}{2}\Big[\int_0^{\frac{\pi}{2}}f(\sin x)\mathrm{d}x + \int_{\frac{\pi}{2}}^\pi f(\sin x)\mathrm{d}x\Big].$

再证 $\displaystyle\int_0^{\frac{\pi}{2}}f(\sin x)\mathrm{d}x = \int_{\frac{\pi}{2}}^\pi f(\sin x)\mathrm{d}x.$

事实上, $\displaystyle\int_{\frac{\pi}{2}}^\pi f(\sin x)\mathrm{d}x = \int_{\frac{\pi}{2}}^\pi f\Big[\cos\Big(\frac{\pi}{2}-x\Big)\Big]\mathrm{d}x = \int_0^{\frac{\pi}{2}}f(\cos u)\mathrm{d}u = \int_0^{\frac{\pi}{2}}f(\cos x)\mathrm{d}x = \int_0^{\frac{\pi}{2}}f(\sin x)\mathrm{d}x$, 所以, $\displaystyle\int_0^{\frac{\pi}{2}}f(\sin x)\mathrm{d}x = \int_{\frac{\pi}{2}}^\pi f(\sin x)\mathrm{d}x$, 故有

$$\int_0^\pi xf(\sin x)\mathrm{d}x = \frac{\pi}{2}\int_0^\pi f(\sin x)\mathrm{d}x = \pi\int_0^{\frac{\pi}{2}}f(\sin x)\mathrm{d}x$$

成立.

【例 4 – 16】计算下列定积分.

$(1)\displaystyle\int_0^\pi \frac{x\sin x}{1+\cos^2 x}\mathrm{d}x$; $(2)\displaystyle\int_0^{\frac{\pi}{2}}\frac{\sin x}{\sin x + \cos x}\mathrm{d}x.$

解　$(1)\displaystyle\int_0^\pi \frac{x\sin x}{1+\cos^2 x}\mathrm{d}x = \pi\int_0^{\frac{\pi}{2}}\frac{\sin x}{1+\cos^2 x}\mathrm{d}x = -\pi\int_0^{\frac{\pi}{2}}\frac{1}{1+\cos^2 x}\mathrm{d}\cos x$

$= -\pi\arctan\cos x\ \Big|_0^{\frac{\pi}{2}} = \frac{\pi^2}{4}.$

$(2)\displaystyle\int_0^{\frac{\pi}{2}}\frac{\sin x}{\sin x + \cos x}\mathrm{d}x = \frac{1}{2}\Big(\int_0^{\frac{\pi}{2}}\frac{\sin x}{\sin x + \cos x}\mathrm{d}x + \int_0^{\frac{\pi}{2}}\frac{\cos x}{\sin x + \cos x}\mathrm{d}x\Big)$

$= \displaystyle\frac{1}{2}\int_0^{\frac{\pi}{2}}\frac{\sin x + \cos x}{\sin x + \cos x}\mathrm{d}x = \frac{1}{2}\int_0^{\frac{\pi}{2}}1\mathrm{d}x = \frac{\pi}{4}.$

【定理 4 – 6】假设函数 $f(x)$ 是连续的周期函数, 且周期为 T, 则对任意实数 a 都有:

$(1)\displaystyle\int_a^{a+T}f(x)\mathrm{d}x = \int_0^T f(x)\mathrm{d}x$; $\qquad(2)\displaystyle\int_a^{a+nT}f(x)\mathrm{d}x = n\int_0^T f(x)\mathrm{d}x.$

周期函数的积分

证　(1) 令 $\varPhi(x) = \displaystyle\int_x^{x+T}f(x)\mathrm{d}x$, 则 $\varPhi'(x) = f(x+T) - f(x) = 0$, 因此函数 $\varPhi(x)$

是常数函数, 于是 $\varPhi(a) = \varPhi(0)$, 即 $\displaystyle\int_a^{a+T}f(x)\mathrm{d}x = \int_0^T f(x)\mathrm{d}x.$

(2) $\int_a^{a+nT} f(x)\mathrm{d}x = \int_a^{a+T} f(x)\mathrm{d}x + \int_{a+T}^{a+2T} f(x)\mathrm{d}x + \int_{a+2T}^{a+3T} f(x)\mathrm{d}x + \cdots + \int_{a+(n-1)T}^{a+nT} f(x)\mathrm{d}x = n\int_0^T f(x)\mathrm{d}x.$

【例 4 – 17】 求下列定积分.

(1) $\int_0^{n\pi} \sqrt{1 + \sin 2x}\,\mathrm{d}x$; (2) $\int_0^{10\pi} |\sin(x+1)|\,\mathrm{d}x.$

解 (1) $\int_0^{n\pi} \sqrt{1 + \sin 2x}\,\mathrm{d}x = n\int_0^\pi \sqrt{1 + \sin 2x}\,\mathrm{d}x$

$$= n\int_0^\pi \sqrt{(\sin x + \cos x)^2}\,\mathrm{d}x = n\int_0^\pi |\sin x + \cos x|\,\mathrm{d}x$$

$$= \sqrt{2}\,n\int_0^\pi \left|\sin\left(x + \frac{\pi}{4}\right)\right|\mathrm{d}x = \sqrt{2}\,n\int_{\frac{\pi}{4}}^{\frac{\pi}{4}+\pi} |\sin t|\,\mathrm{d}t$$

$$= \sqrt{2}\,n\int_0^\pi |\sin t|\,\mathrm{d}t$$

$$= \sqrt{2}\,n\cos t\,\Big|_0^\pi = 2\sqrt{2}\,n.$$

(2) $\int_0^{10\pi} |\sin(x+1)|\,\mathrm{d}x = \int_1^{1+10\pi} |\sin t|\,\mathrm{d}t = 10\int_0^\pi |\sin t|\,\mathrm{d}t = 20.$

【例 4 – 18】 计算下列定积分.

(1) $\int_0^1 \frac{1}{\sqrt{x(1+x)}}\,\mathrm{d}x$; (2) $\int_1^e \frac{1 + \ln x}{1 + x\ln x}\,\mathrm{d}x.$

解 (1) $\int_0^1 \frac{1}{\sqrt{x(1+x)}}\,\mathrm{d}x = \int_0^1 \frac{1}{\sqrt{1+x}} \cdot \frac{1}{\sqrt{x}}\,\mathrm{d}x = 2\int_0^1 \frac{1}{\sqrt{1+x}}\,\mathrm{d}\sqrt{x} = 2\int_0^1 \frac{1}{\sqrt{1+u^2}}\,\mathrm{d}u$

$$= 2\ln(u + \sqrt{1+u^2})\,\Big|_0^1 = 2\ln(\sqrt{2}+1).$$

(2) $\int_1^e \frac{1 + \ln x}{1 + x\ln x}\,\mathrm{d}x = \int_1^e \frac{(1 + x\ln x)'}{1 + x\ln x}\,\mathrm{d}x = \int_1^{e+1} \frac{1}{t}\,\mathrm{d}t = \ln|t|\,\Big|_1^{e+1} = \ln(1+e).$

(二) 配元不换限

在计算定积分的过程中,只要被积函数在形式上满足基本积分公式,即可以直接得到它的一个原函数,再利用牛顿 – 莱布尼茨公式即可计算出定积分. 下面以几个例题来说明这种计算技巧.

【例 4 – 18 续】 计算下列定积分.

(1) $\int_0^1 \frac{1}{\sqrt{x(1+x)}}\,\mathrm{d}x$; (2) $\int_1^e \frac{1 + \ln x}{1 + x\ln x}\,\mathrm{d}x.$

解 (1) $\int_0^1 \frac{1}{\sqrt{x(1+x)}}\,\mathrm{d}x = 2\int_0^1 \frac{1}{\sqrt{1+x}}\,\mathrm{d}\sqrt{x} = 2\ln(\sqrt{x} + \sqrt{1+x})\,\Big|_0^1 = 2\ln(1+\sqrt{2}).$

(2) $\int_1^e \frac{1 + \ln x}{1 + x\ln x}\,\mathrm{d}x = \int_1^e \frac{(1 + x\ln x)'}{1 + x\ln x}\,\mathrm{d}x = \int_1^{e+1} \frac{1}{1 + x\ln x}\,\mathrm{d}(1 + x\ln x)$

$$= \ln|1 + x\ln x|\,\Big|_1^{e+1} = \ln(1+e).$$

【例 4 - 19】 计算下列定积分.

(1) $\int_0^{\frac{\pi}{2}} \frac{\sin x}{2 - \sin^2 x} dx$；(2) $\int_0^\pi \frac{1}{3 + \cos x} dx$.

解 (1) $\int_0^{\frac{\pi}{2}} \frac{\sin x}{2 - \sin^2 x} dx = -\int_0^{\frac{\pi}{2}} \frac{1}{1 + \cos^2 x} d\cos x = \arctan \cos x \Big|_0^{\frac{\pi}{2}} = -\frac{\pi}{4}$.

(2) $\int_0^\pi \frac{1}{3 + \cos x} dx = \int_0^\pi \frac{1}{2 + 2\cos^2 \frac{x}{2}} dx = \int_0^\pi \frac{\frac{1}{2} \sec^2 \frac{x}{2}}{1 + \sec^2 \frac{x}{2}} dx = \int_0^\pi \frac{1}{2 + \tan^2 \frac{x}{2}} d\tan \frac{x}{2} =$

$\frac{1}{\sqrt{2}} \arctan \frac{\tan \frac{x}{2}}{\sqrt{2}} \Big|_0^{\pi^+} = \frac{\pi}{2\sqrt{2}}$.

计算定积分的"换元必换限""配元不换限"的方法本质上是同一种方法，即通过简化的方式将原积分转化为基本积分公式的形式求出原函数，再计算定积分的值. 此种方法统称为"凑微元法"或"换元法". 如果抛开积分上、下限不论，那么这种方法在计算不定积分时同样是适用的. 在例 4 - 19 的第（2）小题中，将积分上限 π 代入原函数时，会出现 $\tan(\pi/2) = +\infty$ 的现象，再对反正切进行计算时，只能将其理解成极限的形式，即 $\lim_{u \to \pi/2} \tan u = +\infty$.

【例 4 - 20】 求下列定积分.

(1) $\int_0^1 \frac{x+1}{\sqrt{x+2}} dx$；(2) $\int_0^1 \frac{1}{\sqrt{x} + \sqrt[3]{x}} dx$；(3) $\int_0^1 \frac{1}{\sqrt{x - x^2}} dx$.

解 (1) $\int_0^1 \frac{x+1}{\sqrt{x+2}} dx = \int_0^1 \frac{x+2-1}{\sqrt{x+2}} dx = \int_0^1 \left(\sqrt{x+2} - \frac{1}{\sqrt{x+2}} \right) dx$

$= \left[\frac{2}{3} (x+2)^{\frac{3}{2}} - 2\sqrt{x+2} \right] \Big|_0^1 = \frac{4 - 2\sqrt{2}}{3}$.

(2) 令 $x = u^6$，则 $\int_0^1 \frac{1}{\sqrt{x} + \sqrt[3]{x}} dx = \int_0^1 \frac{6u^5}{u^3 + u^2} du = 6\int_0^1 \frac{u^3}{u+1} du$

$= 6\int_0^1 \left(u^2 - u + 1 - \frac{1}{u+1} \right) du$

$= (2u^3 - 3u^2 + 6u - \ln(1+u)) \Big|_0^1 = 5 - 6\ln 2$.

(3) $\int_0^1 \frac{1}{\sqrt{x - x^2}} dx = 2\int_0^1 \frac{1}{\sqrt{1-x}} \cdot \frac{1}{2\sqrt{x}} dx = 2\int_0^1 \frac{1}{\sqrt{1 - (\sqrt{x})^2}} d\sqrt{x} = 2\arcsin \sqrt{x} \Big|_0^1 = \pi$.

【例 4 - 21】 已知 $f(x) = \int_1^x \frac{\ln t}{1+t} dt (x > 0)$，试求 $f(2) + f\left(\frac{1}{2}\right)$.

解 令 $F(x) = f(x) + f\left(\frac{1}{x}\right) = \int_1^x \frac{\ln t}{1+t} dt + \int_1^{\frac{1}{x}} \frac{\ln t}{1+t} dt$，则 $F'(x) = \frac{\ln x}{1+x} +$

$$\frac{\ln\dfrac{1}{x}}{1+\dfrac{1}{x}}\left(-\frac{1}{x^2}\right) = \frac{\ln x}{x},\text{且}\,F(1)=0,\text{则}\,F(x)=F(x)-F(1)=\int_1^x F'(t)\,\mathrm{d}t=\int_1^x\frac{\ln t}{t}\mathrm{d}t=$$

$$\frac{1}{2}(\ln x)^2,\text{于是}\,f(2)+f\left(\frac{1}{2}\right)=F(2)=\frac{1}{2}(\ln 2)^2.$$

（三）边积边代限

类似不定积分的计算方法，定积分在计算过程中也有分部积分法，在定积分的分部积分法中，积出一部分后将积分上、下限代入这一部分即可，即

定积分的
分部积分法

$$\int_a^b u(x)v'(x)\,\mathrm{d}x = \int_a^b u(x)\,\mathrm{d}v(x) = u(x)v(x)\,\big|_a^b - \int_a^b u'(x)v(x)\,\mathrm{d}x.$$

在使用定积分的分部积分法时，同样需要判定选择哪个函数为 $u(x)$，哪个函数为 $v'(x)$，这与不定积分是一致的，一般按照"反、对、幂、指、三"的顺序选择，哪类函数排在后面，就将哪类函数作为 $v'(x)$ 按照微分的法则放到"d"中. 读者还必须认清分部积分的本质，分部积分的目的是通过求导将函数 $u(x)$ 简化或消去，以方便使用基本积分公式或换元积分求解. 因此，有时候在使用分部积分时，被积函数并不一定是"反、对、幂、指、三"的形式，而是要通过观察哪个函数进入"d"之后，另一个函数可以通过求导被简化或约去.

【例 4–22】求下列定积分.

（1）$\displaystyle\int_1^e \ln x\,\mathrm{d}x$；（2）$\displaystyle\int_0^1 e^{\sqrt{x}}\,\mathrm{d}x$；（3）$\displaystyle\int_1^e \sin\ln x\,\mathrm{d}x$；（4）$\displaystyle\int_0^1 \arcsin x\,\mathrm{d}x$.

解　（1）$\displaystyle\int_1^e \ln x\,\mathrm{d}x = x\ln x\,\big|_1^e - \int_1^e x\cdot\frac{1}{x}\mathrm{d}x = e - x\,\big|_1^e = 1.$

（2）$\displaystyle\int_0^1 e^{\sqrt{x}}\,\mathrm{d}x = \int_0^1 e^{\sqrt{x}}\,\mathrm{d}\left(\sqrt{x}\right)^2 = 2\int_0^1 \sqrt{x}e^{\sqrt{x}}\mathrm{d}\sqrt{x} = 2\int_0^1 \sqrt{x}\mathrm{d}e^{\sqrt{x}} = 2\sqrt{x}e^{\sqrt{x}}\,\big|_0^1 - 2\int_0^1 e^{\sqrt{x}}\mathrm{d}\sqrt{x} = $

$2e - 2(e-1) = 2.$

（3）$\displaystyle\int_1^e \sin\ln x\,\mathrm{d}x = x\sin\ln x\,\big|_1^e - \int_1^e \cos\ln x\,\mathrm{d}x = e\sin 1 - x\cos\ln x\,\big|_1^e - \int_1^e \sin\ln x\,\mathrm{d}x = $

$\dfrac{1}{2}(e\sin 1 - e\cos 1 + 1).$

（4）$\displaystyle\int_0^1 \arcsin x\,\mathrm{d}x = x\arcsin x\,\big|_0^1 - \int_0^1 \frac{x}{\sqrt{1-x^2}}\mathrm{d}x = \frac{\pi}{2} + \sqrt{1-x^2}\,\big|_0^1 = \frac{\pi}{2} - 1.$

【例 4–23】求下列数列的极限.

（1）$\displaystyle\lim_{n\to\infty}\left(\frac{1}{n+1}+\frac{1}{n+2}+\cdots+\frac{1}{n+n}\right);$

（2）$\lim\limits_{n\to\infty}\dfrac{1}{n}\left(\dfrac{1}{n}\sin\dfrac{1}{n}+\dfrac{2}{n}\sin\dfrac{2}{n}+\cdots+\sin 1\right).$

解 （1）$\lim\limits_{n\to\infty}\left(\dfrac{1}{n+1}+\dfrac{1}{n+2}+\cdots+\dfrac{1}{n+n}\right)=\lim\limits_{n\to\infty}\sum\limits_{k=1}^{n}\dfrac{1}{n+k}=\lim\limits_{n\to\infty}\sum\limits_{k=1}^{n}\dfrac{1}{1+\dfrac{k}{n}}\cdot\dfrac{1}{n}=$

$\displaystyle\int_0^1\dfrac{1}{1+x}dx=\ln(1+x)\Big|_0^1=\ln 2.$

（2）$\lim\limits_{n\to\infty}\dfrac{1}{n}\left(\dfrac{1}{n}\sin\dfrac{1}{n}+\dfrac{2}{n}\sin\dfrac{2}{n}+\cdots+\sin 1\right)=\lim\limits_{n\to\infty}\sum\limits_{k=1}^{n}\dfrac{k}{n}\sin\dfrac{k}{n}\cdot\dfrac{1}{n}=\displaystyle\int_0^1 x\sin x\,dx$

$$=-\int_0^1 x\,d\cos x=-x\cos x\Big|_0^1+\int_0^1\cos x\,dx$$

$$=-\cos 1+\sin x\Big|_0^1=-\cos 1+\sin 1.$$

【例 4 – 24】 计算定积分 $\displaystyle\int_0^{\frac{\pi}{2}}\sin^n x\,dx.$

解 令 $I_n=\displaystyle\int_0^{\frac{\pi}{2}}\sin^n x\,dx$，则

$$I_n=\int_0^{\frac{\pi}{2}}\sin^n x\,dx=-\int_0^{\frac{\pi}{2}}\sin^{n-1}x\,d\cos x=-\sin^{n-1}x\cos x\Big|_0^{\frac{\pi}{2}}+(n-1)\int_0^{\frac{\pi}{2}}\sin^{n-2}x\cos^2 x\,dx$$

$$=(n-1)\int_0^{\frac{\pi}{2}}\sin^{n-2}x(1-\sin^2 x)\,dx=(n-1)\int_0^{\frac{\pi}{2}}\sin^{n-2}x\,dx-(n-1)\int_0^{\frac{\pi}{2}}\sin^n x\,dx$$

$$=(n-1)I_{n-2}-(n-1)I_n,$$

即得递推公式 $I_n=\dfrac{n-1}{n}I_{n-2}$，同理有 $I_{n-2}=\dfrac{n-3}{n-2}I_{n-4}$，$\cdots$，

因此，当 n 为偶数时，$I_n=\dfrac{n-1}{n}\cdot\dfrac{n-3}{n-2}\cdots\dfrac{1}{2}\cdot I_0$；当 n 为奇数时，$I_n=\dfrac{n-1}{n}\cdot\dfrac{n-3}{n-2}\cdots\cdot$

$\dfrac{2}{3}\cdot I_1.$

又 $I_0=\displaystyle\int_0^{\frac{\pi}{2}}dx=\dfrac{\pi}{2},I_1=\displaystyle\int_0^{\frac{\pi}{2}}\sin x\,dx=-\cos x\Big|_0^{\frac{\pi}{2}}=1$，故

$$\int_0^{\frac{\pi}{2}}\sin^n x\,dx=\begin{cases}\dfrac{n-1}{n}\cdot\dfrac{n-3}{n-2}\cdots\dfrac{1}{2}\cdot\dfrac{\pi}{2},&n\text{ 为正偶数}\\[2mm]\dfrac{n-1}{n}\cdot\dfrac{n-3}{n-2}\cdots\dfrac{1}{3}&n\text{ 为正奇数}\end{cases}=\begin{cases}\dfrac{(n-1)!!}{n!!}\cdot\dfrac{\pi}{2},&n\text{ 为正偶数}\\[2mm]\dfrac{(n-1)!!}{n!!},&n\text{ 为正奇数}\end{cases}.$$

事实上，根据本节定理 4 – 5 的结论易知 $\displaystyle\int_0^{\frac{\pi}{2}}\sin^n x\,dx=\int_0^{\frac{\pi}{2}}\cos^n x\,dx$. 例 4 – 24 的结果可

以作为一个结论使用，例如 $\displaystyle\int_0^{\frac{\pi}{2}}\sin^4 x\,dx=\dfrac{3!!}{4!!}\cdot\dfrac{\pi}{2}=\dfrac{3\times 1}{4\times 2}\cdot\dfrac{\pi}{2}=\dfrac{3\pi}{16},\int_0^{\frac{\pi}{2}}\cos^5 x\,dx=\dfrac{4!!}{5!!}=$

$\dfrac{4\times 2}{5\times 3\times 1}=\dfrac{8}{15}.$

注 $n!!$ 称为双阶乘，它表示从 n 开始隔项相乘，例如：$6!! = 6 \times 4 \times 2 = 48$，$5!! = 5 \times 3 \times 1 = 15$.

想一想，练一练

1. 求下列变限积分的导数.

（1）$\displaystyle\int_1^x \frac{\tan t}{t}\mathrm{d}t$；

（2）$\displaystyle\int_0^{\cos x} \frac{\mathrm{e}^{t^2}}{1 + t^2}\mathrm{d}t$；

（3）$\displaystyle\int_{\sin x}^x \frac{1 + t^2}{1 - t^2}\mathrm{d}t$；

（4）$\displaystyle\int_0^x \max\{1, t, t^2\}\,\mathrm{d}t$；

（5）$\displaystyle\int_x^{x^2} \frac{\arctan t}{1 + t^3}\mathrm{d}t$；

（6）$\displaystyle\int_{\ln x}^{\ln(1+x)} \frac{\mathrm{e}^t - \mathrm{e}^{-t}}{1 + t}\mathrm{d}t$.

2. 求下列极限.

（1）$\displaystyle\lim_{x \to 0} \frac{\int_0^x \frac{\tan 2t}{t}\mathrm{d}t}{1 - \cos x}$；

（2）$\displaystyle\lim_{x \to 0} \frac{\int_0^{\cos x} \frac{\mathrm{e}^t}{1 + t^2}\mathrm{d}t}{\ln(1 + x^2)}$；

（3）$\displaystyle\lim_{x \to 0} \frac{\int_{\cos x}^1 \mathrm{e}^{t^2}\mathrm{d}t}{\mathrm{e}^{x^2} - 1}$；

（4）$\displaystyle\lim_{x \to 0} \frac{\int_0^x \left(\frac{1}{t} - \cot t\right)\mathrm{d}t}{x^2}$；

（5）$\displaystyle\lim_{x \to 0} \frac{\int_0^x (\arctan t + \arcsin t)\,\mathrm{d}t}{x^2}$；

（6）$\displaystyle\lim_{x \to 0} \frac{\int_0^x (1 + \arctan t)^{\frac{1}{t}}\mathrm{d}t}{x}$.

3. 求下列数列的极限.

（1）$\displaystyle\lim_{n \to \infty}\left(\frac{n}{n^2 + 1^2} + \frac{n}{n^2 + 2^2} + \cdots + \frac{n}{n^2 + n^2}\right)$；

（2）$\displaystyle\lim_{n \to \infty}\left(\frac{1}{\sqrt{n^2 + n}} + \frac{1}{\sqrt{n^2 + 2n}} + \cdots + \frac{1}{\sqrt{n^2 + n^2}}\right)$；

（3）$\displaystyle\lim_{n \to \infty}\left(\frac{1}{\sqrt{n^2 + 1^2}} + \frac{1}{\sqrt{n^2 + 2^2}} + \cdots + \frac{1}{\sqrt{n^2 + n^2}}\right)$；

（4）$\displaystyle\lim_{n \to \infty} \frac{\sqrt{1} + \sqrt{2} + \cdots + \sqrt{n}}{n\sqrt{n}}$；

（5）$\displaystyle\lim_{n \to \infty} \frac{1}{n^2}\left(\sin\frac{1}{n} + 2\sin\frac{2}{n} + 3\sin\frac{3}{n} + \cdots + n\sin 1\right)$；

（6）$\displaystyle\lim_{n \to \infty} \frac{\sqrt[n]{n!}}{n}$.

4. 假设函数 $f(x)$ 满足 $f(x) = \sqrt{1 - x^2} + \dfrac{1}{1 + x^2}\displaystyle\int_{-1}^1 f(x)\,\mathrm{d}x$，求函数 $f(x)$ 的表达式.

5. 设函数 $f(x)$，$g(x)$ 在区间 $[-a,a]$ 上连续，其中 $g(x)$ 为偶函数，$f(x)$ 满足 $f(x) + f(-x) = A$. 试验证结论 $\int_{-a}^{a} f(x)g(x)\,\mathrm{d}x = A\int_{0}^{a} f(x)\,\mathrm{d}x$，并利用该结论计算 $\int_{-\frac{\pi}{2}}^{\frac{\pi}{2}} |\sin x| \arctan \mathrm{e}^x \,\mathrm{d}x.$

6. 假设 $x > 0$，求证：$\int_{0}^{x} \dfrac{1}{1+t^2}\,\mathrm{d}t + \int_{0}^{\frac{1}{x}} \dfrac{1}{1+t^2}\,\mathrm{d}t = \dfrac{\pi}{2}.$

7. 假设 $p > 0$，求证：$\dfrac{p}{1+p} < \int_{0}^{1} \dfrac{1}{1+x^p}\,\mathrm{d}x < 1.$

8. 假设函数 $f(x)$ 在 $[0,1]$ 上连续，对于任意的整数 n，求证：
$$\int_{\frac{\pi}{2}}^{\frac{n+1}{2}\pi} f(|\sin x|)\,\mathrm{d}x = \int_{\frac{\pi}{2}}^{\frac{n+1}{2}\pi} f(|\cos x|)\,\mathrm{d}x = \int_{0}^{\frac{\pi}{2}} f(\sin x)\,\mathrm{d}x = \int_{0}^{\frac{\pi}{2}} f(\cos x)\,\mathrm{d}x.$$

9. 已知函数 $f(x) = \begin{cases} \dfrac{1}{1+\mathrm{e}^x}, & x < 0 \\[2mm] \dfrac{1}{1+x}, & x \geqslant 0 \end{cases}$，求 $\int_{0}^{2} f(x-1)\,\mathrm{d}x.$

10. 计算下列定积分.

(1) $\int_{1}^{4} (1+x^2)\,\mathrm{d}x$；

(2) $\int_{\frac{\pi}{4}}^{\frac{5\pi}{4}} (1+\sin^2 x)\,\mathrm{d}x$；

(3) $\int_{\frac{1}{\sqrt{3}}}^{\sqrt{3}} x\arctan x\,\mathrm{d}x$；

(4) $\int_{0}^{\frac{\pi}{4}} \ln(1+\tan x)\,\mathrm{d}x$；

(5) $\int_{0}^{1} x\arcsin x\,\mathrm{d}x$；

(6) $\int_{1}^{\mathrm{e}} \dfrac{\ln x}{\sqrt{x}}\,\mathrm{d}x$；

(7) $\int_{-1}^{1} x\mathrm{e}^{x^2}\,\mathrm{d}x$；

(8) $\int_{-3}^{2} |x|\,\mathrm{d}x$；

(9) $\int_{-3}^{3} \sqrt{9-x^2}\,\mathrm{d}x$；

(10) $\int_{4}^{9} \dfrac{1}{\sqrt{x}(1+\sqrt{x})}\,\mathrm{d}x$；

(11) $\int_{\frac{1}{\sqrt{3}}}^{\sqrt{3}} \dfrac{1}{1+x^2}\,\mathrm{d}x$；

(12) $\int_{-\frac{1}{2}}^{\frac{1}{2}} \dfrac{1}{\sqrt{1-x^2}}\,\mathrm{d}x$；

(13) $\int_{0}^{\sqrt{3}a} \dfrac{1}{1+x^2}\,\mathrm{d}x$；

(14) $\int_{0}^{1} \dfrac{1}{\sqrt{4-x^2}}\,\mathrm{d}x$；

(15) $\int_{-\mathrm{e}-1}^{-2} \dfrac{1}{1+x}\,\mathrm{d}x$；

(16) $\int_{0}^{\frac{\pi}{4}} \tan^2 x\,\mathrm{d}x$；

(17) $\int_{0}^{2\pi} |\sin x|\,\mathrm{d}x$；

(18) $\int_{\frac{\pi}{3}}^{\pi} \sin\left(x+\dfrac{\pi}{3}\right)\,\mathrm{d}x$；

(19) $\int_{\frac{\pi}{6}}^{\frac{\pi}{2}} \sin^2 x\,\mathrm{d}x$；

(20) $\int_{0}^{2\pi} |\cos x|\,\mathrm{d}x$；

$(21) \int_0^a x^2 \sqrt{a^2 - x^2}\,\mathrm{d}x;$ $(22) \int_1^{\sqrt{3}} \dfrac{1}{x^2 \sqrt{1 + x^2}}\,\mathrm{d}x;$

$(23) \int_{-1}^1 \dfrac{x}{\sqrt{5 - 4x}}\,\mathrm{d}x;$ $(24) \int_1^4 \dfrac{1}{1 + \sqrt{x}}\,\mathrm{d}x;$

$(25) \int_{\frac{3}{4}}^1 \dfrac{1}{\sqrt{1 - x} - 1}\,\mathrm{d}x;$ $(26) \int_1^{e^2} \dfrac{1}{x \sqrt{1 + \ln x}}\,\mathrm{d}x;$

$(27) \int_{-2}^0 \dfrac{x + 2}{x^2 + 2x + 2}\,\mathrm{d}x;$ $(28) \int_0^2 \dfrac{x}{(x^2 - 2x + 2)^2}\,\mathrm{d}x;$

$(29) \int_{-\pi}^\pi x^4 \sin x\,\mathrm{d}x;$ $(30) \int_{-\frac{\pi}{2}}^{\frac{\pi}{2}} \cos x \cos 2x\,\mathrm{d}x.$

11. 设函数 $f(x)$ 在 $[a,b]$ 上连续，且 $f(x) > 0$，求证：$\int_a^b f(x)\,\mathrm{d}x \cdot \int_a^b \dfrac{1}{f(x)}\,\mathrm{d}x \geqslant (b - a)^2.$

12. 求一个不恒等于 0 的可导函数 $f(x)$，使它满足 $f^2(x) = \int_0^x \dfrac{f(t)\sin t}{2 + \cos t}\,\mathrm{d}t.$

13. 计算定积分 $\int_0^2 |1 - x| \sqrt{(x - 4)^2}\,\mathrm{d}x.$

14. 若函数 $f(x)$ 在区间 $[0,1]$ 上连续可导，且满足 $f(1) - f(0) = 1$，试证明：$\int_0^1 [f'(x)]^2\,\mathrm{d}x \geqslant 1.$

15. 若函数 $f(x) = \int_0^x (x - t)f(t)\,\mathrm{d}t + e^x$，求函数 $f(x)$ 的表达式.

16. 求定积分 $\int_{-\pi}^\pi (x + 1) \sqrt{1 - \cos x}\,\mathrm{d}x.$

17. 求定积分 $\int_{-1}^3 \max\{1, x, x^3\}\,\mathrm{d}x.$

18. 设 $a > 0$，函数 $f(x)$ 在区间 $[0,a]$ 上连续可导，证明：
$$|f(0)| \leqslant \dfrac{1}{a} \int_0^a |f(x)|\,\mathrm{d}x + \int_0^a |f'(x)|\,\mathrm{d}x.$$

19. 设函数 $f(x)$ 在 $[a,b]$ 上连续，且 $f(x) > 0$，$F(x) = \int_a^b f(x)\,\mathrm{d}x + \int_a^b \dfrac{1}{f(x)}\,\mathrm{d}x$，求证：

（1）$F'(x) \geqslant 2$； （2）$F(x) = 0$ 在 $[a,b]$ 上有且仅有一个实根.

20. 假设函数 $f(x)$ 在 $[-a,a]$ 上连续，求证：
$$\int_{-a}^a f(x)\,\mathrm{d}x = \int_0^a [f(x) + f(-x)]\,\mathrm{d}x,$$

并以此计算 $\int_{-\frac{\pi}{4}}^{\frac{\pi}{4}} \dfrac{1}{1 + \sin x}\,\mathrm{d}x.$

21. 假设函数 $f(x)$ 在 $[0,+\infty)$ 上可微，且满足 $\int_0^x tf(t)\,\mathrm{d}t = \dfrac{x}{3}\int_0^x f(t)\,\mathrm{d}t$，求函数 $f(x)$ 的表达式.

22. 设函数 $f(x)$ 在 $[0,+\infty)$ 上非负连续，且满足 $f(x)\leqslant C\int_0^x f(t)\,\mathrm{d}t + M$，其中，$C,M>0$，求证：

$$f(x)\leqslant Me^{Cx}.$$

23. 设函数 $f(x)$ 在 $[a,b]$ 上有连续的导数，且 $0<f'(x)\leqslant\dfrac{2}{n+1}$，$f(a)=0$，求证：

$$\left[\int_a^b f^n(x)\,\mathrm{d}x\right]^2 \geqslant \int_a^b f^{2n+1}(x)\,\mathrm{d}x.$$

24. 设函数 $f(x)$ 在 $[a,a+1]$ 上连续可导，求证：对任意的 $x\in[a,a+1]$，有

$$|f(x)|\leqslant\int_a^{a+1}\left[\,|f(x)|+|f'(x)|\,\right]\mathrm{d}x.$$

25. 假设函数 $f(x)=ax+b-\ln x$，在区间 $[1,3]$ 上满足 $f(x)\geqslant0$，试确定常数 a，b，使 $\int_1^3 f(x)\,\mathrm{d}x$ 最小.

26. 设函数 $f(x)$ 在区间 $[0,1]$ 上连续可导，且 $f(0)=0$，求证：存在 $\xi\in[0,1]$，使 $f'(\xi)=2\int_0^1 f(x)\,\mathrm{d}x$.

27. 设函数在区间 $[0,1]$ 上连续可导，且 $f(1)-f(0)=1$，求证：$\int_0^1[f'(x)]^2\mathrm{d}x\geqslant1$.

28. 已知 $\int_0^x(x-t)f(t)\,\mathrm{d}t=1-\cos x$，试证：$\int_0^{\frac{\pi}{2}}f(x)\,\mathrm{d}x=1$.

29. 设函数 $f(x)$ 在区间 $[0,\pi]$ 上连续，且 $\int_0^\pi f(x)\,\mathrm{d}x=\int_0^\pi f(x)\cos x\,\mathrm{d}x=0$，求证：在 $(0,\pi)$ 内至少存在两个不同的点 x_1，x_2，使 $f(x_1)=f(x_2)=0$.

30. 假设函数 $f(t)$ 是实的非负可积函数，如果可积函数 $x(t)$ 满足 $x(t)\leqslant\int_0^t f(s)x(s)\,\mathrm{d}s$，求证：$x(t)\leqslant0$.

第三节　定积分的应用

上一节介绍了定积分的计算方法. 根据上一节的知识，可以快速地计算出定积分的结果. 牛顿－莱布尼茨公式提供了定积分与不定积分之间的联系，即若要计算出定积分，只需找到被积函数的一个原函数即可.

一、直角坐标系中平面图形的面积

如果平面图形是由曲线 $y = f(x)$，$y = g(x)$，以及 $x = a$ 和 $x = b$ 所围成的封闭图形，那么根据定积分的定义易知，该封闭图形的面积为（图 4 – 15）

$$S = \int_a^b |f(x) - g(x)| \mathrm{d}x.$$

这里被积函数以现绝对值的形式出现，是因为几何图形的面积只有非负的情况，没有负值，被积函数必须为正．这种形式的面积有时候也称为 **X 型积分面积**．也可以这样简单地理解，如果平面封闭图形是由上面的曲线 $y = f(x)$、下面的曲线 $y = g(x)$，以及直线 $x = a$ 和 $x = b$ 所围成的，那么这个封闭图形的面积为

$$S = \int_a^b [f(x) - g(x)] \mathrm{d}x.$$

如果平面图形是由曲线 $x = f^{-1}(y)$，$x = g^{-1}(y)$，以及 $y = c$ 和 $y = d$ 所围成的，即该封闭图形是由左、右两条曲线以及上、下两条直线所围成的，那么它的面积为

$$S = \int_c^d |f^{-1}(y) - g^{-1}(y)| \mathrm{d}x.$$

这种形式的面积，称为 **Y 型积分面积**，如图 4 – 16 所示．这里的绝对值也是为了保证被积函数非负，使定积分表示的是几何图形的面积，其中 $x = f^{-1}(y)$ 是函数 $y = f(x)$ 的反函数，$x = g^{-1}(y)$ 是函数 $y = g(x)$ 的反函数．如果已知函数 $x = f^{-1}(y)$，$x = g^{-1}(y)$ 的曲线哪个在左侧、哪个在右侧，那么上述绝对值符号可以不加，用右边的曲线方程减去左边的曲线方程进行积分即可．

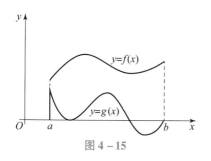

图 4 – 15

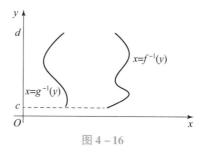

图 4 – 16

【例 4 – 25】 求椭圆 $\dfrac{x^2}{a^2} + \dfrac{y^2}{b^2} = 1$ 的面积．

解 根据对称性，$S = 4 \int_0^a y \mathrm{d}x = 4 \int_0^a \dfrac{b}{a} \sqrt{a^2 - x^2} \mathrm{d}x = \dfrac{4b}{a} \int_0^a \sqrt{a^2 - x^2} \mathrm{d}x$

$$= \dfrac{4b}{a} \int_0^{\frac{\pi}{2}} \sqrt{a^2 - a^2 \sin^2 t} \cdot a \cos t \mathrm{d}t$$

$$= 4ab \int_0^{\frac{\pi}{2}} \cos^2 t \, dt = 4ab \int_0^{\frac{\pi}{2}} \frac{1 + \cos 2t}{2} dt$$

$$= 4ab \left(\frac{1}{2}t + \frac{1}{4}\sin 2t \right) \Big|_0^{\frac{\pi}{2}} = \pi ab.$$

注 当椭圆的长半轴与短半轴相等时，它就是圆，此时的面积为 πr^2.

【例 4 – 26】 计算抛物线 $y^2 = 2x$ 与直线 $y = x - 4$ 所围图形的面积（图 4 – 17）.

解 联立方程 $\begin{cases} y^2 = 2x \\ y = x - 4 \end{cases}$，得交点 （2，-2） 和 （8，4）. 从图像上可以发现，该封闭

图形是由右侧曲线与左侧曲线所围成的，因此可以考虑使用 Y 型积分面积计算：

$$S = \int_{-2}^4 \left(y + 4 - \frac{1}{2}y^2 \right) dy$$

$$= \left(\frac{1}{2}y^2 + 4y - \frac{1}{6}y^3 \right) \Big|_{-2}^4 = 18.$$

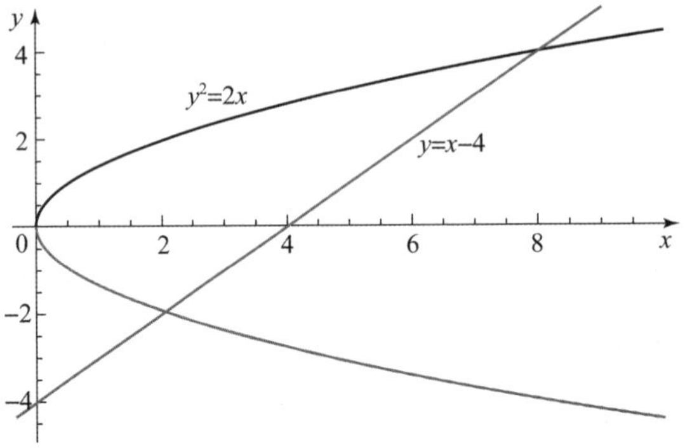

图 4 – 17

【例 4 – 27】 小胡同学毕业后在一家玩具厂做设计工作，在某次设计新产品时，他做了一个图 4 – 18 所示的模型，并对图中影部分进行着色，且着色厚度为 1 mm. 他需要对颜料进行调配，请帮他分析需要调配多少体积的颜料. 经过测算，阴影部分是由曲线 $y = x^2$ 与圆 $x^2 + y^2 = 2$ 所围成的（单位：dm）.

解 联立方程 $\begin{cases} y = x^2 \\ x^2 + y^2 = 2 \end{cases}$，解得交点为

（1，1） 和 （- 1，1），根据对称性，

$2\int_0^1 \left[\sqrt{2 - x^2} - x^2 \right] dx$ 表示圆内部与抛物线

所围部分的面积，而圆外部的面积可以表示

为 $2\int_1^{\sqrt{2}} \left[x^2 - \sqrt{2 - x^2} \right] dx$，因此阴影部分的

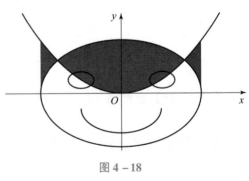

图 4 – 18

面积为

$$s = 2 \int_0^1 \left[\sqrt{2 - x^2} - x^2 \right] \mathrm{d}x + 2 \int_1^{\sqrt{2}} \left[x^2 - \sqrt{2 - x^2} \right] \mathrm{d}x$$

$$= 2 \int_0^1 \sqrt{2 - x^2} \mathrm{d}x - 2 \int_0^1 x^2 \mathrm{d}x + 2 \int_1^{\sqrt{2}} x^2 \mathrm{d}x - 2 \int_1^{\sqrt{2}} \sqrt{2 - x^2} \mathrm{d}x$$

$$= 2 \int_0^{\frac{\pi}{4}} \sqrt{2 - 2\sin^2 t} \cdot \sqrt{2} \cos t \mathrm{d}t - \frac{2}{3} x^3 \Big|_0^1 + \frac{2}{3} x^3 \Big|_1^{\sqrt{2}} - 2 \int_{\frac{\pi}{4}}^{\frac{\pi}{2}} \sqrt{2 - 2\sin^2 t} \cdot \sqrt{2} \cos t \mathrm{d}t$$

$$= 4 \int_0^{\frac{\pi}{4}} \cos^2 t \mathrm{d}t + \frac{4\sqrt{2} - 4}{3} - 4 \int_{\frac{\pi}{4}}^{\frac{\pi}{2}} \cos^2 t \mathrm{d}t$$

$$= 2 \int_0^{\frac{\pi}{4}} (1 + \cos 2t) \mathrm{d}t + \frac{4\sqrt{2} - 4}{3} - 2 \int_{\frac{\pi}{4}}^{\frac{\pi}{2}} (1 + \cos 2t) \mathrm{d}t$$

$$= 2 \left(t + \frac{1}{2} \sin 2t \right) \Big|_0^{\frac{\pi}{4}} + \frac{4\sqrt{2} - 4}{3} - 2 \left(t + \frac{1}{2} \sin 2t \right) \Big|_{\frac{\pi}{4}}^{\frac{\pi}{2}} = \frac{4\sqrt{2} + 2}{3} \approx 2.5523 \ (\mathrm{dm}^2).$$

因此，所用颜料的体积约为 $2.5523 \times 100 \times 0.1 = 25.523$（ml），即小胡同学调制的颜料应不少于 25.523 ml.

二、直角坐标系中曲线长度的计算

在第 2 章第四节中，我们认识到平面上一条曲线 $y = f(x)$ 的弧微分公式为

$$\mathrm{d}s = \sqrt{1 + (y')^2} \mathrm{d}x,$$

那么该曲线在区间 $[a, b]$ 上的曲线弧的长度即可表示为

$$s = \int_a^b \sqrt{1 + (y')^2} \mathrm{d}x,$$

如果该曲线由参数方程

$$\begin{cases} x = \varphi(t) \\ y = \psi(t) \end{cases},$$

表示，则参数方程的曲线弧长可表示为

$$s = \int_a^b \sqrt{(\varphi'(t))^2 + (\psi'(t))^2} \mathrm{d}t.$$

【例 4 – 28】 求圆 $\begin{cases} x = r\cos t \\ y = r\sin t \end{cases}$ 的周长.

解 $s = \int_0^{2\pi} \sqrt{(-r\sin t)^2 + (r\cos t)^2} \mathrm{d}t = \int_0^{2\pi} r \mathrm{d}t = 2\pi r.$

【例 4 – 29】 两个电线杆之间的距离为 50 m，电缆线刚架设好的时候，两个电线杆之间的电缆线是平直的，但是随着时间的流逝，两个电线杆之间的电缆线因重力作用而发生形变下垂从而变成悬链线（见第 3 章第一节，如图 4 – 19 所示）.

图 4 - 19

现通过测量计算得到两个电线杆之间的电缆线下垂后（以电缆线最低点作为坐标原点，以平行于地面的水平线为 x 轴建立直角坐标系）满足函数关系 $y = 25(e^{\frac{x}{50}} + e^{-\frac{x}{50}})$，试确定此时电缆线产生的形变量.

解 两个电线杆之间电缆线的形变量就是电缆线发生形变后的长度减去没有发生形变时的长度. 电缆线没有发生形变时的长度为 50 m，在假设电缆线的材质是均匀的情况下，根据对称性可知电缆线发生形变后的长度为

$$s = 2\int_0^{25} \sqrt{1 + (y')^2}\,dx = 2\int_0^{25} \sqrt{1 + \left(\frac{e^{\frac{x}{50}} - e^{-\frac{x}{50}}}{2}\right)^2}\,dx = \int_0^{25} \sqrt{e^{\frac{x}{25}} + 2 + e^{-\frac{x}{25}}}\,dx$$

$$= \int_0^{25} \sqrt{(e^{\frac{x}{50}} + e^{-\frac{x}{50}})^2}\,dx = \int_0^{25}(e^{\frac{x}{50}} + e^{-\frac{x}{50}})\,dx = 50(e^{\frac{x}{50}} - e^{-\frac{x}{50}})\,\Big|_0^{25}$$

$$= 50\left(\sqrt{e} - \frac{1}{\sqrt{e}}\right) \approx 52.109\,53\ (\text{m}),$$

即此时电缆线的长度约为 52.109 53 m，因此电缆线的形变量约为 2.109 53 m. 为增加电路的安全性起见，此时应该适当地进行维修，将电缆线两端再拉紧一点，以防止发生危险. 特别是高铁线路上，一般都会在两个电线杆上用混凝土圆盘作为吊坠来抵消电缆线的形变，以使其保持水平拉直状态.

三、直角坐标系中旋转体的体积

【**问题引入**】某企业接到一份订单，需要批量制作固定容积的某种金属材质的花瓶，该花瓶是中空的，为了精确确定该花瓶的容积（图 4 - 20），需要设计一套合理有效的计算方法，对测量得到的数据进行函数化处理，通过精确的计算来确定花瓶的容积. 事实上，花瓶外表面的母线可以使用轮廓仪扫描，得到一组有效的数据，根据这组数据可以得到母线的拟合曲线函数：$y = f(x)$.

此时可以记花瓶底部对应的横坐标为 a，花瓶顶部对应的横坐标为 b，则该花瓶可以认为是其母线 $y = f(x)$ 在区间 $[a, b]$ 上绕着 x 轴旋转一周所留下的轨迹. 这种一条曲线 $y = f(x)$ 在某个区间上绕着坐标轴旋转一周所留下的轨迹，称为**旋转体**（图 4 - 21）.

图 4 - 20

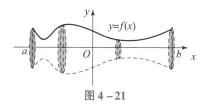

图 4 - 21

对于这种由曲线 $y = f(x)$ 在区间 $[a, b]$ 上与 x 轴所围部分绕 x 轴旋转一周所得到的旋转体,可以根据定积分的定义得到它的体积为

X 型旋转体

$$V = \pi \int_a^b f^2(x)\, \mathrm{d}x.$$

如果将花瓶竖直放置,类似地,可以认定它的容积就是它的母线沿着中轴 y 轴旋转一周所得到的旋转体的体积. 一般地,由曲线 $x = \varphi(y)$(为函数 $y = f(x)$ 的反函数)在 y 从 c 变到 d 的范围上绕 y 轴旋转一周所得到的旋转体的体积可以表示为(图 4 - 22 和图 4 - 23)

Y 型旋转体

$$V = \pi \int_c^d \varphi^2(y)\, \mathrm{d}y.$$

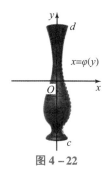

图 4 - 22

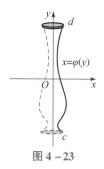

图 4 - 23

以上花瓶的两种放置方式,代表了其母线函数 $y = f(x)$ 在一定的范围内,与 x 轴以及 y 轴所围部分分别绕 x 轴和 y 轴旋转一周所得到的旋转体的体积.

如果由函数 $y = f(x)$ 曲线与 x 轴所围部分在 $[a, b]$ 上绕 y 轴旋 与 x 轴所围部分绕 y 轴

转一周,那么由此得到的旋转体的体积可以表示为(图 4 - 24、图 旋转所得到的体

4 - 25)

$$V = 2\pi \int_a^b x f(x)\, \mathrm{d}x.$$

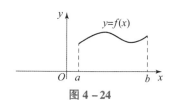

图 4 - 24

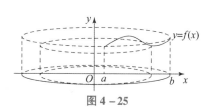

图 4 - 25

【例 4 – 30】 试计算直线 $y = \dfrac{r}{h}x$ 在区间 $[0,h]$ 上绕 x 轴旋转一周所得到的旋转体的体积.

解　$V = \pi \displaystyle\int_0^h f^2(x)\,dx = \pi \int_0^h \left(\dfrac{r}{h}x\right)^2 dx = \dfrac{\pi r^2}{h^2}\int_0^h x^2\,dx = \dfrac{\pi r^2}{3h^2}x^3\,\Big|_0^h = \dfrac{\pi r^2 h}{3}.$

【例 4 – 31】 计算椭圆 $\dfrac{x^2}{a^2} + \dfrac{y^2}{b^2} = 1$ 的上半部分和右半部分分别绕 x 轴和 y 轴旋转一周所得到的椭球体的体积.

解　椭圆的上半部分的表达式为 $y = \dfrac{b}{a}\sqrt{a^2 - x^2}$，根据对称性易知，椭圆的上半部分绕 x 轴旋转一周所得到的旋转体的体积为

$$V_x = 2\pi \int_0^a y^2\,dx = 2\pi \int_0^a \dfrac{b^2}{a^2}(a^2 - x^2)\,dx = \dfrac{2\pi b^2}{a^2}\left(a^2 x - \dfrac{1}{3}x^3\right)\Big|_0^a = \dfrac{4}{3}\pi ab^2.$$

椭圆的右半部分的表达式为 $x = \dfrac{a}{b}\sqrt{b^2 - y^2}$，根据对称性易知，此部分绕 y 轴旋转一周所得到的旋转体的体积为

$$V_y = 2\pi \int_0^b x^2\,dy = 2\pi \int_0^b \dfrac{a^2}{b^2}(b^2 - y^2)\,dy = \dfrac{2\pi a^2}{b^2}\left(b^2 x - \dfrac{1}{3}x^3\right)\Big|_0^b = \dfrac{4}{3}\pi a^2 b.$$

由此可见，椭圆绕不同的坐标轴旋转所得到的旋转体的体积是不一样的，但当椭圆的长半轴与短半轴相等时，椭圆就是正圆，此时椭球体的体积就是正球体的体积，且为 $V = \dfrac{4}{3}\pi r^3.$

【例 4 – 32】 试求圆 $(x - a)^2 + y^2 = r^2$ （其中 $a > r$）绕 y 轴旋转一周 （图 4 – 26）所得到的旋转体的体积.

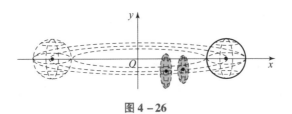

图 4 – 26

解　该圆绕 y 轴旋转一周所得到的旋转体的体积，可以认为是上半圆与 x 轴所围的部分绕 y 轴旋转一周所得到的旋转体体积的 2 倍，而上半圆的表达式为

$$y = \sqrt{r^2 - (x - a)^2},$$

且 x 的取值范围为 $[a - r, a + r]$，因此该旋转体的体积根据对称性可表示为

$$V = 4\pi \int_{a-r}^{a+r} x \cdot \sqrt{r^2 - (x-a)^2}\,\mathrm{d}x = 4\pi \int_{-\frac{\pi}{2}}^{\frac{\pi}{2}} (a + r\sin t) \cdot \sqrt{r^2 - r^2 \sin^2 t} \cdot r\cos t\,\mathrm{d}t$$

$$= 8a\pi r^2 \int_0^{\frac{\pi}{2}} \cos^2 t\,\mathrm{d}t = 8a\pi r^2 \int_0^{\frac{\pi}{2}} \frac{1 + \cos 2t}{2}\,\mathrm{d}t$$

$$= 8a\pi r^2 \left(\frac{1}{2}t + \frac{1}{4}\sin 2t\right)\Big|_0^{\frac{\pi}{2}} = 2a\pi^2 r^2.$$

四、定积分在电学分析中的应用

根据牛顿－莱布尼茨公式，易知定积分本质上就是被积函数的原函数在积分区间上的改变量. 由于在电路分析过程中存在大量变化率的问题，即导数的问题，所以原函数的改变量问题在电路分析中的应用是非常广泛的.

【例 4－33】 如图 4－27 所示，圆柱形电阻器的截面积为 S，长为 $2L$，电导率（见第 3 章第二节）为 σ，在电阻器的两端面之间施加电压后，电流恒定均匀地从一个端面流入，从另一个端面流出. 试求电阻器的电阻 R，其电导率满足

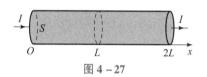

图 4－27

$$\sigma = \begin{cases} \sigma_0\left(1 + \dfrac{x}{L}\right), & 0 < x < L \\ \sigma_0\left(1 + \dfrac{2x}{L}\right), & L < x < 2L \end{cases}.$$

解 根据电导率的定义，$\dfrac{\rho}{S}$ 表示电阻器单位面积上的电阻，$\rho = \dfrac{1}{\sigma}$，故电阻器的电阻为

$$R = \int_0^{2L} \frac{\rho}{S}\,\mathrm{d}x = \frac{1}{S}\int_0^L \rho\,\mathrm{d}x + \frac{1}{S}\int_L^{2L} \rho\,\mathrm{d}x = \frac{1}{S}\int_0^L \frac{1}{\sigma_0\left(1 + \dfrac{x}{L}\right)}\,\mathrm{d}x + \frac{1}{S}\int_L^{2L} \frac{1}{\sigma_0\left(1 + \dfrac{2x}{L}\right)}\,\mathrm{d}x$$

$$= \frac{L}{S\sigma_0}\ln\left(1 + \frac{x}{L}\right)\Big|_0^L + \frac{L}{2S\sigma_0}\ln\left(1 + \frac{2x}{L}\right)\Big|_L^{2L} = \frac{L\ln 2}{S\sigma_0} + \frac{L}{2S\sigma_0}\ln\frac{5}{3}$$

$$= \frac{(2\ln 2 + \ln 5 - \ln 2)L}{2S\sigma_0} \approx \frac{0.95L}{S\sigma_0}.$$

五、定积分在变力做功中的应用

物体在某条平直线上受到变力的作用而运动，在物体运动的过程中，变力 F 会对物体做功，由于外力对物体做功的多少是由外力与物体运动的位移决定的，所以对变力 F 在位移区间 $[a, b]$ 上求定积分即变力对物体做的功.

【**例 4 – 34**】 如图 4 – 28 所示，用铁锤将一枚铁钉击入木板，设木板对铁钉的阻力与铁钉进入木板的深度成正比，在击第一次时，将铁钉击入木板 1 cm，如果铁锤每次锤击铁钉所做的功相等，问铁锤第二次击打铁钉时，铁钉进入木板的深度是多少？

图 4 – 28

解 假设木板对铁钉的阻力为 R，则铁钉进入木板深度为 h 时，阻力 $R = k \cdot h$，其中 k 为比例系数. 铁锤第一次击打铁钉时做的功为

$$W_1 = \int_0^1 R\mathrm{d}h = \int_0^1 k \cdot h\mathrm{d}h = \frac{k}{2}h^2 \Big|_0^1 = \frac{1}{2}k.$$

铁锤第二次击打铁钉时，假设铁钉进入木板的深度为 h_0，则铁锤做的功为

$$W_2 = \int_1^{1+h_0} R\mathrm{d}h = \int_1^{1+h_0} k \cdot h\mathrm{d}h = \frac{k}{2}h^2 \Big|_1^{1+h_0} = \frac{1}{2}k[(1+h_0)^2 - 1] = \frac{1}{2}k[2h_0 + h_0^2].$$

由于两次击打过程中铁锤做的功相等，所以 $\frac{1}{2}k = \frac{1}{2}k[2h_0 + h_0^2]$，解得 $h_0 = (\sqrt{2} - 1)\,\mathrm{cm}$.

想一想，练一练

1. 求下列平面图形的面积.

（1） $y = \mathrm{e}^x$ 与 $y = \mathrm{e}$ 以及 y 轴所围部分；

（2） $y = 2x$ 与 $y = 3 - x^2$ 所围部分；

（3） $y = x^2$ 与 $y = 2x + 3$ 所围部分；

（4） $y = x^2$，$y = \frac{1}{4}x^2$ 以及 $y = 1$ 所围部分；

（5） $y = \frac{1}{x}$ 与 $x = -\mathrm{e}$ 以及 $x = -1$ 所围部分；

（6） $y = x^3$ 与 $x = 2$ 以及 x 轴所围部分.

2. 求一个常数 $c(>0)$，使 $y = x^2$ 与 $y = cx^3$ 所围成图形的面积为 $\frac{2}{3}$.

3. 求由抛物线 $y = -x^2 + 4x - 3$ 及其在点 $(0, -3)$ 和 $(3, 0)$ 处的切线所围成图形的面积.

4. 求由抛物线 $y^2 = 2px$ 及其在点 $\left(\frac{p}{2}, p\right)$ 处的法线所围成图形的面积.

5. 求由曲线 $y = \sqrt{\sin^3 x - \sin^5 x}$ 与 x 轴所围部分在 $[0, \pi]$ 上的面积.

6. 求由曲线 $y = \mathrm{e}^x$ 与 $y = \ln x$ 在区间 $[1, 2]$ 上所围图形的面积.

7. 求抛物线 $y = x^2$ 在区间 $[0, 1]$ 上的长度.

8. 求由曲线 $y = x^2$ 与 $y = \sqrt{x}$ 所围成封闭图形的周长.

9. 试验证在极坐标系中, 曲线 $\rho = \rho(\theta)$ 在 θ 从角度 α 变到角度 β 时所留下的曲线弧的长度为

$$l = \int_\alpha^\beta \sqrt{\rho^2(\theta) + [\rho'(\theta)]^2} d\theta.$$

10. 利用第 9 题中的结论计算摆线

$$\begin{cases} x = a(\theta - \sin\theta) \\ y = a(1 - \cos\theta) \end{cases}$$

在 $0 \leqslant \theta \leqslant 2\pi$ 上一拱的长度.

11. 试验证在极坐标系中, 曲线 $\rho = \rho(\theta)$ 在 θ 从角度 α 变到角度 β 时所留下的曲边扇形的面积为

$$S = \frac{1}{2} \int_\alpha^\beta \rho^2(\theta) d\theta.$$

12. 求由抛物线 $y^2 = 4ax$ 与过焦点的弦所围成图形面积的最小值.

13. 设 D 是由曲线 $y = e^x - 1$ 与直线 $x = b(b > 0)$ 以及 x 轴所围成的在第一象限内的封闭图形, 记 D 绕 x 轴旋转一周所得旋转体的体积为 V_1, D 绕 y 轴旋转一周所得旋转体的体积为 V_2, 求极限 $\lim\limits_{x \to \infty} \dfrac{V_2}{V_1}$.

14. 设函数 $y = f(x)$ 是第一象限内连接点 $M(0,4)$ 与点 $N(2,0)$ 的一段连续曲线, 点 $P(x,y)$ 是该曲线上任意一点, 点 B 为点 $P(x, y)$ 在 x 轴上的投影, 点 O 为坐标原点. 若梯形 $OBPM$ 的面积与曲边三角形 BPN 的面积之和等于另一曲线 $y = \dfrac{x^4}{24} + \dfrac{x}{3}$ 在点 $\left(x, \dfrac{x^4}{24} + \dfrac{x}{3}\right)$ 处的切线斜率, 求曲线 $y = f(x)$ 的方程.

15. 设函数 $y = f(x)$ 在 $[1, +\infty)$ 上具有连续的导函数, 且 $f(x) > 0$, 已知曲线 $y = f(x)$ 与直线 $x = 1$, $x = t$ $(t > 1)$ 以及 x 轴所围成的曲边梯形绕 x 轴旋转一周所得旋转体的体积是该曲边梯形面积的 πt 倍, 求函数 $y = f(x)$ 的表达式.

16. 假设 D_1 是由抛物线 $y = 2x^2$ 与直线 $x = a$, $x = 2$ 以及 $y = 0$ 所围成的平面区域; D_2 是由抛物线 $y = 2x^2$ 与直线 $x = a$, $y = 0$ 所围成的平面区域, 其中 $0 < a < 2$.

(1) 试求 D_1 绕 x 轴旋转一周所得旋转体的体积 V_1, D_2 绕 y 轴旋转一周所得旋转体的体积 V_2.

(2) a 为何值时, $V_1 + V_2$ 取得最大值? 求出此最大值.

17. 求圆 $x^2 + (y - a)^2 = b^2$ $(a > b > 0)$ 所围成的平面图形绕 x 轴旋转一周所得旋转体的体积.

18. 过原点作曲线 $y = \ln x$ 的切线，该切线与曲线 $y = \ln x$ 以及 x 轴所围成的平面图形为 D，求 D 的面积以及 D 绕 x 轴旋转一周所得旋转体的体积.

19. 过曲线 $y = x^2 (x \geq 0)$ 上某点 A 作切线，若该切线与曲线 $y = x^2$ 以及 x 轴所围成的平面图形的面积为 $\dfrac{1}{12}$，求该平面图形绕 x 轴旋转一周所得旋转体的体积 V.

20. 已知曲线 $y = a\sqrt{x}$ $(a > 0)$ 与曲线 $y = \ln\sqrt{x}$ 在点 (x_0, y_0) 处有公切线，试求：

（1）两曲线与 x 轴所围成的平面图形 D 的面积 S；

（2）平面图形 D 绕 x 轴旋转一周所得旋转体的体积.

21. 求曲线 $y^2 = 8x$ 在点 $(2,4)$ 处的法线方程，并求该法线与抛物线以及 x 轴所围成的平面图形绕 y 轴旋转一周所得旋转体的体积.

第5章　广义积分与拉普拉斯变换

学习目标

【知识学习目标】

（1）理解并掌握广义积分的概念和收敛性质；

（2）掌握拉普拉斯变换及其性质；

（3）掌握拉普拉斯变换前后的函数对应关系.

【能力培养目标】

（1）会对电路中的电信号进行简化分析；

（2）会利用拉普拉斯变换对信号进行处理；

（3）会利用广义积分分析计算不封闭图形的面积.

【技能培养目标】

（1）能将有限区间的问题转换为无限区间的问题；

（2）能利用本章所学知识对工件、电路、数字信号等进行数据的处理分析；

（3）培养严谨的逻辑分析能力.

【素质培养目标】

（1）培养将复杂问题简单化处理的辩证思维；

（2）培养"工欲善其事，必先利其器"的学习方法；

（3）培养从有限分析到无限推广的哲学思维.

工作任务

张师傅在对某种材质的设备进行检测时发现，该设备从第一次使用到现在都在出现磨损，如果长时间磨损而不采取任何措施，那么整台设备都要报废. 为了尽可能延长该设备的使用寿命，张师傅应该如何分析设备的磨损程度？你能否帮张师傅提供宝贵意见？

工作分析

预测设备的使用寿命时，需要考虑以下几个问题.

(1) 设备的磨损率与时间的关系是什么？

(2) 如何针对设备的磨损程度制定一个标准，即如何确定设备磨损的本质？

(3) 根据磨损率曲线，如何确定设备因磨损而损失的质量？

第一节　广义积分

【问题引入】在第 4 章中，提出了机床的磨损问题. 由机床磨损率函数 $w(t)$，可以确定在时间段 $[T_1, T_2]$ 内损失的质量为

$$\int_{T_1}^{T_2} w(t)\,dt.$$

在确定机床的使用寿命时，可以使用积分

$$\int_0^T w(t)\,dt$$

来表示机床的使用寿命，如果机床的质量损失达到一定的标准，比如损失质量 m 时，机床就必须更新换代，即满足

$$\int_0^T w(t)\,dt \leqslant m,$$

从而可以确定机床的使用寿命 T. 如果不考虑这个磨损标准，使机床一直运行下去，那么机床在运转的过程中损失的质量就可以用

$$\lim_{T \to +\infty} \int_0^T w(t)\,dt$$

来表示. 由于磨损率函数是连续的，所以根据第 4 章变上限积分的极限性质可知

$$\lim_{T \to +\infty} \int_0^T w(t)\,dt = \int_0^{\lim\limits_{T \to +\infty} T} w(t)\,dt = \int_0^{+\infty} w(t)\,dt.$$

此时，积分上限变成 $+\infty$，这已经不是上一章中介绍的定积分了，称这种形式的积分为**无穷限广义积分**（Infinite Generalized Integral）或**无穷限反常积分**（Infinite Abnormal Integral）.

一、无穷限广义积分的概念

【无穷限广义积分的定义】假设函数 $f(x)$ 在区间 $[a, +\infty)$ 上连续，如果极限

$$\lim_{t \to +\infty} \int_a^t f(x)\, dx$$

存在，则称无穷限广义积分 $\int_a^{+\infty} f(x)\, dx$ 收敛，且称此极限值为无穷限广

义积分的值，即

无穷限广义积分

$$\int_a^{+\infty} f(x)\, dx = \lim_{t \to +\infty} \int_a^t f(x)\, dx;$$

如果这个极限不存在，则称该无穷限广义积分发散．类似地，假设函数 $f(x)$ 在区间 $(-\infty, b]$ 上连续，如果极限

$$\lim_{t \to -\infty} \int_t^b f(x)\, dx$$

存在，则称无穷限广义积分 $\int_{-\infty}^b f(x)\, dx$ 收敛，且称此极限值为无穷限广义积分的值，即

$$\int_{-\infty}^b f(x)\, dx = \lim_{t \to -\infty} \int_t^b f(x)\, dx.$$

假设函数 $f(x)$ 在区间 $(-\infty, +\infty)$ 上连续，如果无穷限广义积分 $\int_{-\infty}^a f(x)\, dx$ 与 $\int_a^{+\infty} f(x)\, dx$ 都收敛，则称无穷限广义积分 $\int_{-\infty}^{+\infty} f(x)\, dx$ 收敛，否则，只要 $\int_{-\infty}^a f(x)\, dx$ 与 $\int_a^{+\infty} f(x)\, dx$ 中有任何一个发散，则称 $\int_{-\infty}^{+\infty} f(x)\, dx$ 发散．

一般地，统称 $\int_a^{+\infty} f(x)\, dx$，$\int_{-\infty}^b f(x)\, dx$，$\int_{-\infty}^{+\infty} f(x)\, dx$ 为无穷限广义积分．根据无穷限广义积分收敛的定义，易知可以通过牛顿－莱布尼茨公式先计算 $\int_a^t f(x)\, dx = F(t) - F(a)$，$\int_t^b f(x)\, dx = F(b) - F(t)$，再对等式左、右两侧同时求极限，即可计算出无穷限广义积分的值．诚然，也可以直接利用牛顿－莱布尼茨公式

$$\int_a^{+\infty} f(x)\, dx = F(x) \Big|_0^{+\infty} = \lim_{x \to +\infty} F(x) - F(a),$$

$$\int_{-\infty}^b f(x)\, dx = F(x) \Big|_{-\infty}^b = F(b) - \lim_{x \to -\infty} F(x)$$

来直接计算无穷限广义积分．

【例 5 - 1】 求无穷限广义积分 $\int_0^{+\infty} \dfrac{1}{1 + x^2}\, dx$ 的值．

解 $\int_0^{+\infty} \dfrac{1}{1 + x^2}\, dx = \arctan x \Big|_0^{+\infty} = \lim_{x \to +\infty} \arctan x - \arctan 0 = \dfrac{\pi}{2}.$

注 例 5 - 1 的结果表示的是一个不封闭图形的面积，由于被积函数的定义域是 $(-\infty, +\infty)$，且被积函数为偶函数，所以被积函数在整个定义域上与 x 轴所围成的未

封闭图形的面积为 π.

【例 5 - 2】 试确定函数 $f(x) = \dfrac{1}{1 + x^2}$ 在第一象限内与 x 轴所围部分绕 x 轴旋转一周所得旋转体的体积.

解 $V = \pi \displaystyle\int_0^{+\infty} \dfrac{1}{(1 + x^2)^2}\mathrm{d}x = \pi \int_0^{\frac{\pi}{2}} \dfrac{\sec^2\theta}{(1 + \tan^2\theta)^2}\mathrm{d}\theta = \pi \int_0^{\frac{\pi}{2}} \cos^2\theta\,\mathrm{d}\theta$

$= \pi \displaystyle\int_0^{\frac{\pi}{2}} \dfrac{1 + \cos 2\theta}{2}\mathrm{d}\theta = \dfrac{\pi^2}{4}.$

【例 5 - 3】 小王同学在实验室检测一个自己用新材料制作的电容器，并在电路中接通不同的电流后对电容器放电过程进行打点记录，如图 5 - 1 所示. 经过测定，该电容器放电时，电流强度曲线近似服从函数关系 $I(t) = t^2 \mathrm{e}^{-pt}$，其中 p 表示不同的电流强度的倒数，在每一次实验中 p 都是常数. 试确定在电容器每次放电过程中，电容器释放的电荷量.

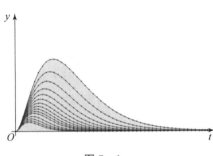

图 5 - 1

解 由于电容器每次放电时，电流强度为 $I(t) = t^2 \mathrm{e}^{-pt}$，所以电容器每次放电释放的电荷量可以认为是电流函数在时间区间 $[0, +\infty)$ 上的积分，于是电容器每次放电释放的电荷量为

$Q = \displaystyle\int_0^{+\infty} I(t)\,\mathrm{d}t = \int_0^{+\infty} t^2 \mathrm{e}^{-pt}\,\mathrm{d}t = -\dfrac{1}{p}\int_0^{+\infty} t^2 \mathrm{d}\mathrm{e}^{-pt}$

$= -\dfrac{t^2}{p\mathrm{e}^{pt}}\Big|_0^{+\infty} + \dfrac{2}{p}\displaystyle\int_0^{+\infty} t\mathrm{e}^{-pt}\,\mathrm{d}t = -\lim_{t\to+\infty}\dfrac{2}{p^3\mathrm{e}^{pt}} - \dfrac{2t}{p^2\mathrm{e}^{pt}}\Big|_0^{+\infty} + \dfrac{2}{p^2}\int_0^{+\infty}\mathrm{e}^{-pt}\,\mathrm{d}t$

$= -\lim_{t\to+\infty}\dfrac{2t}{p^2\mathrm{e}^{pt}} - \dfrac{2}{p^3\mathrm{e}^{pt}}\Big|_0^{+\infty} = -\lim_{t\to+\infty}\dfrac{2}{p^3\mathrm{e}^{pt}} - \lim_{t\to+\infty}\dfrac{2}{p^3\mathrm{e}^{pt}} + \dfrac{2}{p^3} = \dfrac{2}{p^3}.$

由于常数 p 表示的每次接通电流后电流强度的倒数，所以每次电荷的释放量都与充电时电流强度的 3 次方成正比.

【例 5 - 4】 讨论无穷限广义积分 $\displaystyle\int_a^{+\infty} \dfrac{1}{x^p}\mathrm{d}x\,(a > 0)$ 的敛散性.

解 当 $p = 1$ 时，$\displaystyle\int_a^{+\infty} \dfrac{1}{x^p}\mathrm{d}x = \int_a^{+\infty} \dfrac{1}{x}\mathrm{d}x = \ln x\,\big|_a^{+\infty} = \lim_{x\to+\infty}\ln x - \ln a = +\infty$，发散；

当 $p < 1$ 时，$\displaystyle\int_a^{+\infty} \dfrac{1}{x^p}\mathrm{d}x = \int_a^{+\infty} x^{-p}\mathrm{d}x = \dfrac{1}{1-p}x^{1-p}\Big|_a^{+\infty} = \lim_{x\to+\infty}\dfrac{x^{1-p}}{1-p} - \dfrac{a^{1-p}}{1-p} = +\infty$，发散；

当 $p > 1$ 时，$\displaystyle\int_a^{+\infty} \dfrac{1}{x^p}\mathrm{d}x = \int_a^{+\infty} x^{-p}\mathrm{d}x = \dfrac{1}{1-p}x^{1-p}\Big|_a^{+\infty} = \lim_{x\to+\infty}\dfrac{1}{(1-p)x^{p-1}} - \dfrac{a^{1-p}}{1-p} = \dfrac{a^{1-p}}{p-1}$，

收敛.

因此，有

$$\int_a^{+\infty} \frac{1}{x^p} \mathrm{d}x = \begin{cases} \dfrac{a^{1-p}}{p-1}, p > 1 \\ \text{发散}, p \leqslant 1 \end{cases}.$$

注　例 5 - 4 的结论很重要，在后文中利用它可以判断无穷限广义积分的敛散性.

二、无穷限广义积分的审敛法

无穷限广义积分的敛散性是由它在正常区间上的定积分的值的极限决定的，即如果被积函数的原函数的极限存在，则称无穷限广义积分收敛，如果被积函数的原函数的极限不存在，则称无穷限广义积分发散. 问题在于有时要求出被积函数的原函数并不是一件容易的事，例如函数 $f(x) = \mathrm{e}^{-x^2}$ 的原函数就无法使用初等函数表示，那么能否通过被积函数以及积分区间这两个条件来直接判定无穷限广义积分的敛散性呢？

在第 4 章第二节中，我们知道变上限积分

$$\Phi(x) = \int_a^x f(t) \mathrm{d}t$$

是可导的，即 $\Phi'(x) = f(x)$，而无穷限广义积分可以理解为 $\lim\limits_{x \to +\infty} \Phi(x) - \Phi(a)$，因此，如果被积函数 $f(x)$ 在区间 $[a, +\infty)$ 或 $(-\infty, a]$ 上不变号，则变上限积分 $\Phi(x)$ 在该区间上就是单调函数.

【定理 5 - 1】假设函数 $y = f(x)$ 在 $[a, +\infty)$ 上连续，若函数满足 $f(x) \geqslant 0$，且：

$$F(x) = \int_a^x f(t) \mathrm{d}t$$

在 $[a, +\infty)$ 上有上界，则无穷限广义积分 $\int_a^{+\infty} f(t) \mathrm{d}t$ 收敛.

【例 5 - 5】判断广义积分 $\int_0^{+\infty} \dfrac{\sin^2 x}{1 + x^2} \mathrm{d}x$ 的敛散性.

解　因为 $\dfrac{\sin^2 x}{1 + x^2} \leqslant \dfrac{1}{1 + x^2} \leqslant 1$，且在 $[0, +\infty)$ 上被积函数 $\dfrac{\sin^2 x}{1 + x^2} \geqslant 0$，所以该广义积分收敛.

注　在例 5 - 5 中，通过判断被积函数的有界性，可以注意到这样的函数关系：

$$\frac{\sin^2 x}{1 + x^2} \leqslant \frac{1}{1 + x^2}.$$

通过例 5 - 1 我们已经知道，上述关系式中右侧函数在 $[0, +\infty)$ 上的广义积分是收敛的，根据第 1 章第三节中函数极限的性质易知，如果函数 $f(x)$ 在无穷远处的极限存在，则函数 $f(x)$ 必定在无穷远处是有界的. 这也间接地说明如果 $0 \leqslant f(x) \leqslant g(x)$，且

$g(x)$在$[0, +\infty)$ 上的无穷限广义积分收敛，那么函数$f(x)$在$[0, +\infty)$ 上的无穷限广义积分也收敛. 这个结论称为无穷限广义积分的**比较审敛法**.

【定理5-2】 假设函数$f(x)$，$g(x)$在$[a, +\infty)$ 上连续，如果$0 \leqslant f(x) \leqslant g(x)$，且广义积分$\int_a^{+\infty} g(x)\mathrm{d}x$收敛，则$\int_a^{+\infty} f(x)\mathrm{d}x$也收敛；如果$0 \leqslant g(x) \leqslant f(x)$，且广义积分$\int_a^{+\infty} g(x)\mathrm{d}x$发散，则$\int_a^{+\infty} f(x)\mathrm{d}x$也发散.

注 定理5-2可以简单地表述为："大的收敛，小的必定收敛；小的发散，大的必定发散." 通过例5-4，我们知道广义积分$\int_a^{+\infty} \dfrac{1}{x^p}\mathrm{d}x$的敛散性与常数$p$之间的关系，结合定理5-2可以利用例5-4中的结果来判定某个广义积分的敛散性.

【例5-6】 判断广义积分$\int_1^{+\infty} \sin\dfrac{1}{x^2}\mathrm{d}x$的敛散性.

解 由于在积分区间$[1, +\infty)$ 上$0 < \sin\dfrac{1}{x^2} < \dfrac{1}{x^2}$，而广义积分$\int_1^{+\infty} \dfrac{1}{x^2}\mathrm{d}x$收敛，所以原广义积分$\int_1^{+\infty} \sin\dfrac{1}{x^2}\mathrm{d}x$收敛.

注 在例5-6中，利用在$\left(0, \dfrac{\pi}{2}\right)$上成立的不等式$\sin x < x$（见第1章第三节）得到不等式关系$0 < \sin\dfrac{1}{x^2} < \dfrac{1}{x^2}$，再根据"大的收敛，小的必定收敛"的结论即可判断出原广义积分是收敛的. 但可以发现，当$x \to +\infty$时，$\sin\dfrac{1}{x^2} \sim \dfrac{1}{x^2}$，这样可以通过寻找被积函数的等价无穷小量（或同阶无穷小量）来可判断无穷限广义积分的敛散性. 对于无穷限广义积分中的被积函数$f(x)$，如果当$x \to +\infty$时$f(x)$不是无穷小量，无穷限广义积分可能收敛，也可能发散，此时，如果被积函数在积分区间上是单调函数，则无穷限广义积分必定发散，且当被积函数恒正时，必定发散到无穷大.

【定理5-3】 假设函数$f(x)$，$g(x)$在$[a, +\infty)$ 上连续，如果$\lim\limits_{x \to +\infty} f(x) = \lim\limits_{x \to +\infty} g(x) = 0$，且当$x \to +\infty$时，$f(x) = O(g(x))$ （同阶无穷小量），则无穷限广义积分

$$\int_a^{+\infty} f(x)\mathrm{d}x \text{ 与 } \int_a^{+\infty} g(x)\mathrm{d}x$$

无穷限广义积分的
比较审敛法的
极限形式

同敛散；如果$\lim\limits_{x \to +\infty} f(x) \neq 0$，则无穷限广义积分$\int_a^{+\infty} f(x)\mathrm{d}x$发散.

注 这个结论通常也称为无穷限广义积分的**比较审敛法的极限形式**.

【**例 5 - 7**】判断无穷限广义积分 $\int_1^{+\infty} \sqrt{x}\left(1 - \cos\frac{1}{x}\right)\mathrm{d}x$ 的敛散性.

解 由于 $\lim\limits_{x\to+\infty} \dfrac{\sqrt{x}\left(1 - \cos\dfrac{1}{x}\right)}{\dfrac{1}{\sqrt{x^3}}} = \lim\limits_{x\to+\infty} x^2\left(1 - \cos\dfrac{1}{x}\right) = \lim\limits_{x\to+\infty} x^2 \cdot \dfrac{1}{2} \cdot \dfrac{1}{x^2} = \dfrac{1}{2}$，所以无穷

限广义积分 $\int_1^{+\infty} \sqrt{x}\left(1 - \cos\dfrac{1}{x}\right)\mathrm{d}x$ 与 $\int_1^{+\infty} \dfrac{1}{\sqrt{x^3}}\mathrm{d}x$ 同敛散，而广义积分 $\int_1^{+\infty} \dfrac{1}{\sqrt{x^3}}\mathrm{d}x$ 收敛，所

以原广义积分 $\int_1^{+\infty} \sqrt{x}\left(1 - \cos\dfrac{1}{x}\right)\mathrm{d}x$ 收敛.

【**例 5 - 8**】判断无穷限广义积分 $\int_0^{+\infty} \dfrac{1}{(1 + x^2)(1 + x^\alpha)}\mathrm{d}x$ 的敛散性，如果收敛则求

出其值，其中 α 是正常数.

解 由于 $\alpha > 0$，所以 $\dfrac{1}{(1 + x^2)(1 + x^\alpha)} < \dfrac{1}{1 + x^2}$，而广义积分 $\int_0^{+\infty} \dfrac{1}{1 + x^2}\mathrm{d}x =$

$\arctan x\,\big|_0^{+\infty} = \dfrac{\pi}{2}$，收敛，故无穷限广义积分 $\int_0^{+\infty} \dfrac{1}{(1 + x^2)(1 + x^\alpha)}\mathrm{d}x$ 收敛. 再求其值.

令 $x = \dfrac{1}{u}$，则 $\mathrm{d}x = -\dfrac{1}{u^2}\mathrm{d}u$，因此

$$\int_0^{+\infty} \frac{1}{(1 + x^2)(1 + x^\alpha)}\mathrm{d}x = \int_{+\infty}^0 \frac{1}{\left[1 + \left(\dfrac{1}{u}\right)\right]^2 \cdot \left[1 + \left(\dfrac{1}{u}\right)^\alpha\right]} \cdot \left(-\frac{1}{u^2}\right)\mathrm{d}u$$

$$= \int_0^{+\infty} \frac{u^\alpha}{(1 + u^2)(1 + u^\alpha)}\mathrm{d}u$$

$$= \int_0^{+\infty} \frac{x^\alpha}{(1 + x^2)(1 + x^\alpha)}\mathrm{d}x$$

$$= \frac{1}{2}\left[\int_0^{+\infty} \frac{1}{(1 + x^2)(1 + x^\alpha)}\mathrm{d}x + \int_0^{+\infty} \frac{x^\alpha}{(1 + x^2)(1 + x^\alpha)}\mathrm{d}x\right]$$

$$= \frac{1}{2}\int_0^{+\infty} \frac{1 + x^\alpha}{(1 + x^2)(1 + x^\alpha)}\mathrm{d}x = \frac{1}{2}\int_0^{+\infty} \frac{1}{1 + x^2}\mathrm{d}x$$

$$= \frac{1}{2}\arctan x\,\Big|_0^{+\infty} = \frac{\pi}{4}.$$

注 例 5 - 8 中使用的方法通常称为"**倒代换**". 由于原广义积分中，积分变量 x
的变化区间为 $[0, +\infty)$，根据无穷大与无穷小之间的关系（见第 1 章第四节），倒代
换后积分变量 u 的变换范围也是 $[0, +\infty)$，但是根据换元必换限的原则，会出现上述
求解过程中积分下限为 $+\infty$，积分上限为 0 的现象. 通过倒代换后，本题结论与正常数
α 无关.

如果函数 $f(x)$ 在区间 $(a,b]$ 上是连续的，但是在点 $x=a$ 附近无界，则称这样的点为函数 $f(x)$ 的瑕点（或无界点或奇点等）。函数的瑕点可能在区间的左端点处，也可能在区间的右端点处，还可能在区间的内部。相应地，函数 $f(x)$ 在区间 $(a,b]$ 上的积分也不是正常的定积分，称它为**无界函数的积分**（Integral of Unbounded Function）或**瑕积分**（Defective Integral）。无穷限广义积分与瑕积分统称为广义积分或反常积分。

三、瑕积分的概念

【瑕积分的定义】假设函数 $f(x)$ 在区间 $(a,b]$ 上连续，点 $x=a$ 是函数 $f(x)$ 的瑕点，如果极限

$$\lim_{t \to a^+} \int_t^b f(x)\,dx$$

存在，则称瑕积分 $\int_a^b f(x)\,dx$ 收敛，如果上述极限不存在，则称瑕积分发散；假设函数 $f(x)$ 在区间 $[a,b)$ 上连续，点 $x=b$ 是函数 $f(x)$ 的瑕点，如果极限

瑕积分的概念

$$\lim_{t \to b^-} \int_a^t f(x)\,dx$$

存在，则称瑕积分 $\int_a^b f(x)\,dx$ 收敛，如果上述极限不存在，则称瑕积分发散；假设函数 $f(x)$ 在区间 $[a,c) \cup (c,b]$ 上连续，点 $x=c$ 是函数 $f(x)$ 的瑕点，根据积分区间的可加性，如果瑕积分

$$\int_a^c f(x)\,dx \ \text{与} \ \int_c^b f(x)\,dx$$

均收敛，则称瑕积分 $\int_a^b f(x)\,dx$ 收敛，否则，若

$$\int_a^c f(x)\,dx \ \text{与} \ \int_c^b f(x)\,dx$$

中至少有一个发散，则称瑕积分发散。

如果 $x=a$ 是函数 $f(x)$ 的瑕点，则

$$\int_a^b f(x)\,dx = F(x)\,\big|_{a^+}^b = F(b) - \lim_{x \to a^+} F(x);$$

如果 $x=b$ 是函数 $f(x)$ 的瑕点，则

$$\int_a^b f(x)\,dx = F(x)\,\big|_a^{b^-} = \lim_{x \to b^-} F(x) - F(a);$$

如果 $x=a$ 与 $x=b$ 都是函数 $f(x)$ 的瑕点，则

$$\int_a^b f(x)\,dx = F(x)\,\big|_{a^+}^{b^-} = \lim_{x \to b^-} F(x) - \lim_{x \to a^+} F(x).$$

例如：$\int_0^1 \dfrac{1}{\sqrt{1-x^2}}\mathrm{d}x$ 就是瑕点为 $x=1$ 的瑕积分，因此

$$\int_0^1 \frac{1}{\sqrt{1-x^2}}\mathrm{d}x = \arcsin x \Big|_0^{1^-} = \frac{\pi}{2};$$

再如：$\int_0^1 \dfrac{1}{\sqrt{x-x^2}}\mathrm{d}x$ 是以 $x=0$，$x=1$ 为瑕点的瑕积分，因此

$$\int_0^1 \frac{1}{\sqrt{x-x^2}}\mathrm{d}x = 2\int_0^1 \frac{1}{\sqrt{1-x}}\mathrm{d}\sqrt{x} = 2\arcsin\sqrt{x}\Big|_{0^+}^{1^-} = \pi.$$

在上述两个例子中，之所以没有写出极限符号，是因为它们的原函数在被积函数的瑕点处是连续的.

【例 5 – 9】求瑕积分 $\int_0^1 \dfrac{1}{\sqrt{x(x+1)}}\mathrm{d}x$.

解 由于 $\lim\limits_{x\to 0^+}\dfrac{1}{\sqrt{x\ (x+1)}} = +\infty$，所以它是以 $x=0$ 为瑕点的瑕积分.

$$\int_0^1 \frac{1}{\sqrt{x(x+1)}}\mathrm{d}x = \int_0^1 \frac{1}{\sqrt{x+1}}\cdot\frac{1}{\sqrt{x}}\mathrm{d}x = 2\int_0^1 \frac{1}{\sqrt{x+1}}\cdot\frac{1}{2\sqrt{x}}\mathrm{d}x = 2\int_0^1 \frac{1}{\sqrt{1+(\sqrt{x})^2}}\mathrm{d}\sqrt{x}$$

$$= 2\ln(\sqrt{x}+\sqrt{1+x})\Big|_{0^+}^1 = 2\ln(\sqrt{2}+1).$$

注 例 5 – 9 表示了一个右端封闭、左侧不封闭的开放图形，且 y 轴是被积函数的垂直渐近线.

【例 5 – 10】讨论瑕积分 $\int_a^b \dfrac{1}{(x-a)^q}\mathrm{d}x$ 的敛散性（其中，$b>a$，q 是常数）.

解 当 $q=1$ 时，$\int_a^b \dfrac{1}{x-a}\mathrm{d}x = \ln(x-a)\Big|_{a^+}^b = \ln(b-a) - \lim\limits_{x\to a^+}\ln(x-a) = +\infty$，瑕积分发散；

当 $q>1$ 时，$\int_a^b \dfrac{1}{(x-a)^q}\mathrm{d}x = \dfrac{1}{1-q}(x-a)^{1-q}\Big|_{a^+}^b = \dfrac{(b-a)^{1-q}}{1-q} - \lim\limits_{x\to a^+}\dfrac{1}{(1-q)(x-a)^{q-1}} = -\infty$，瑕积分发散；

当 $q<1$ 时，$\int_a^b \dfrac{1}{(x-a)^q}\mathrm{d}x = \dfrac{1}{1-q}(x-a)^{1-q}\Big|_{a^+}^b = \dfrac{(b-a)^{1-q}}{1-q} - \lim\limits_{x\to a^+}\dfrac{(x-a)^{1-q}}{(1-q)} = \dfrac{(b-a)^{1-q}}{(1-q)}$，瑕积分收敛.

因此，

$$\int_a^b \frac{1}{(x-a)^q}\mathrm{d}x = \begin{cases} \dfrac{(b-a)^{1-q}}{(1-q)}, & q<1 \\ \text{发散}, & q\geq 1 \end{cases}.$$

注 类似无穷限广义积分（例 5 - 4 的结论），例 5 - 10 中的结论也很重要，后文中判断瑕积分的敛散性时，可以利用本题的结果. 需要注意的是，本题中的常数 $q < 0$ 时，题中的积分已经不是瑕积分了，而是正常的定积分.

根据瑕积分收敛的定义，瑕积分的敛散性取决于原函数在被积函数的瑕点处极限是否存在，而被积函数的瑕点本质上就是一个无穷小量落在了分母上的问题，因此如果这个瑕点形成的无穷小量没有落在原函数的分母上或对数的真数部分上，那么这个瑕积分就是收敛的，反之就有可能是发散的. 那么如何根据被积函数来判定瑕积分的敛散性呢？类似无穷限广义积分的审敛法，有以下关于瑕积分的审敛法.

四、瑕积分的审敛法

【定理 5 - 4】 如果函数 $f(x)$，$g(x)$ 在区间 $(a, b]$ 上是连续的，$x = a$ 为瑕点，且在该区间上 $0 \leqslant f(x) \leqslant g(x)$，瑕积分 $\int_a^b g(x) \mathrm{d}x$ 收敛，则瑕积分 $\int_a^b f(x) \mathrm{d}x$ 必定也收敛；反之，如果瑕积分 $\int_a^b f(x) \mathrm{d}x$ 发散，则瑕积分 $\int_a^b g(x) \mathrm{d}x$ 必定也发散.

定理 5 - 4 也称为瑕积分的**比较审敛法**. 可简单地将其描述为："大的收敛，小的必定也收敛；小的发散，大的必定也发散."

【例 5 - 11】 判断瑕积分 $\int_0^1 \dfrac{1}{\sin x} \mathrm{d}x$ 的敛散性.

解 显然本题中的积分是以 $x = 0$ 为瑕点的瑕积分，根据第 1 章第三节可以知道，在 $x \in [0, 1]$ 上，有不等式 $0 \leqslant \sin x \leqslant x$，因此，在区间 $(0, 1]$ 上有

$$\frac{1}{\sin x} > \frac{1}{x}.$$

由于瑕积分 $\int_0^1 \dfrac{1}{x} \mathrm{d}x$ 发散，所以瑕积分 $\int_0^1 \dfrac{1}{\sin x} \mathrm{d}x$ 发散.

注 本题说明由曲线 $y = \dfrac{1}{\sin x}$ 在区间 $(0, 1]$ 上与 x 轴所围成的不封闭图形的面积为无穷大. 事实上本题也可以根据瑕积分收敛的定义来判定它是发散的，因此 $y = 1/\sin x = \csc x$ 的原函数是能够确定的.

【例 5 - 12】 判断瑕积分 $\int_0^1 \dfrac{1}{\sqrt{x}(1 + x)} \mathrm{d}x$ 的敛散性，如果收敛则求出其值.

解 显然瑕点为 $x = 0$，由于积分区间为 $(0, 1]$，所以 $\dfrac{1}{\sqrt{x}(1 + x)} < \dfrac{1}{\sqrt{x}}$，而瑕积分

$\int_0^1 \dfrac{1}{\sqrt{x}} \mathrm{d}x$ 收敛，故瑕积分 $\int_0^1 \dfrac{1}{\sqrt{x}(1 + x)} \mathrm{d}x$ 收敛，再求其值：

$$\int_0^1 \frac{1}{\sqrt{x}(1+x)}dx = 2\int_0^1 \frac{1}{1+(\sqrt{x})^2}d\sqrt{x} = 2\arctan\sqrt{x}\Big|_{0^+}^1 = \frac{\pi}{2}.$$

注 例 5 – 12 中的结论表示了函数 $f(x) = \dfrac{1}{\sqrt{x}\,(1+x)}$ 在区间 $(0,1]$ 上与 x 轴所围部分的不封闭图形的面积.

【定理 5 – 5】 假设函数 $f(x)$，$g(x)$ 在区间 $(a,b]$ 上是连续的，

$x = a$ 为瑕点，且 $\lim\limits_{x \to a^+}\left|\dfrac{f(x)}{g(x)}\right| = c$，则：

比较审敛法的
极限形式

（1）当 $0 < c < +\infty$ 时，瑕积分 $\int_a^b f(x)dx$ 与 $\int_a^b g(x)dx$ 的敛散性相同；

（2）当 $c = 0$ 时，如果瑕积分 $\int_a^b g(x)dx$ 收敛，必有瑕积分 $\int_a^b f(x)dx$ 收敛；

（3）当 $c = +\infty$ 时，如果瑕积分 $\int_a^b g(x)dx$ 发散，必有瑕积分 $\int_a^b f(x)dx$ 发散.

【例 5 – 13】 判断瑕积分 $\int_1^3 \dfrac{1}{\ln x}dx$ 的敛散性.

解 显然瑕点为 $x = 1$，且因

$$\lim_{x \to 1^+} \frac{\dfrac{1}{\ln x}}{\dfrac{1}{x-1}} = \lim_{x \to 1^+}\frac{x-1}{\ln x} = 1,$$

所以瑕积分 $\int_1^3 \dfrac{1}{\ln x}dx$ 与 $\int_1^3 \dfrac{1}{x-1}dx$ 同敛散. 由于瑕积分 $\int_1^3 \dfrac{1}{x-1}dx$ 发散，所以瑕积分 $\int_1^3 \dfrac{1}{\ln x}dx$ 发散.

【例 5 – 14】 小胡同学在对一块矩形金属板进行打磨时，需要将金属板的一个角磨掉，且保证其表面是光滑的，将金属板的高作为 y 轴，底作为 x 轴，通过在网格线上描点得到图 5 – 2 所示的散点图，已知金属板的长度为 0.5πcm，高为 10cm，经过对采集到的散点进行拟合，小胡同学磨掉的一侧表面曲线近似服从函数关系 $f(x) = -\ln\sin x$，试确定该金属板被磨掉的面积.

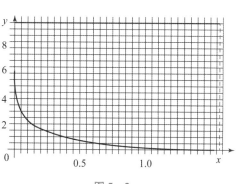

图 5 – 2

解 根据测绘得到磨掉部分的边界曲线为 $y = -\ln\sin x$，因此金属板被磨掉的面积可表示为

$$s = -\int_0^{\frac{\pi}{2}} \ln\sin x dx,$$

显然这是一个以 $x=0$ 为瑕点的瑕积分，先判断该瑕积分是否收敛（即该部分图形面积是否可以精确计算）．由于

$$\lim_{x\to 0^+}\frac{\ln\sin x}{\dfrac{1}{\sqrt{x}}} = \lim_{x\to 0^+}\frac{\cot x}{-\dfrac{1}{2}\dfrac{1}{\sqrt{x^3}}} = -\lim_{x\to 0^+}\frac{2x^{\frac{3}{2}}}{\tan x} = 0,$$

而瑕积分 $\displaystyle\int_0^{\frac{\pi}{2}}\frac{1}{\sqrt{x}}\mathrm{d}x$ 收敛，所以瑕积分 $\displaystyle\int_0^{\frac{\pi}{2}}\ln\sin x\mathrm{d}x$ 也收敛．再求瑕积分 $\displaystyle\int_0^{\frac{\pi}{2}}\ln\sin x\mathrm{d}x$ 的值即可得到被磨掉部分的面积．

$\displaystyle\int_0^{\frac{\pi}{2}}\ln\sin x\mathrm{d}x = \int_0^{\frac{\pi}{4}}\ln\sin x\mathrm{d}x + \int_{\frac{\pi}{4}}^{\frac{\pi}{2}}\ln\sin x\mathrm{d}x$，由于 $\displaystyle\int_{\frac{\pi}{4}}^{\frac{\pi}{2}}\ln\sin x\mathrm{d}x = \int_{\frac{\pi}{4}}^{\frac{\pi}{2}}\ln\cos\left(\frac{\pi}{2}-x\right)\mathrm{d}x = -$

$\displaystyle\int_{\frac{\pi}{4}}^{0}\ln\cos u\mathrm{d}u = \int_0^{\frac{\pi}{4}}\ln\cos u\mathrm{d}u = \int_0^{\frac{\pi}{4}}\ln\cos x\mathrm{d}x$，所以

$$\int_0^{\frac{\pi}{2}}\ln\sin x\mathrm{d}x = \int_0^{\frac{\pi}{4}}\ln\sin x\mathrm{d}x + \int_{\frac{\pi}{4}}^{\frac{\pi}{2}}\ln\sin x\mathrm{d}x$$

$$= \int_0^{\frac{\pi}{4}}\ln\sin x\mathrm{d}x + \int_0^{\frac{\pi}{4}}\ln\cos x\mathrm{d}x = \int_0^{\frac{\pi}{4}}\ln(\sin x\cos x)\mathrm{d}x$$

$$= \int_0^{\frac{\pi}{4}}(\ln\sin 2x - \ln 2)\mathrm{d}x = \frac{1}{2}\int_0^{\frac{\pi}{4}}\ln\sin 2x\mathrm{d}2x - \int_0^{\frac{\pi}{4}}\ln 2\mathrm{d}x$$

$$= \frac{1}{2}\int_0^{\frac{\pi}{2}}\ln\sin\theta\mathrm{d}\theta - \int_0^{\frac{\pi}{4}}\ln 2\mathrm{d}x = -\frac{\pi}{2}\ln 2.$$

因此，小胡同学打磨金属板时，磨掉的面积为 $s = \dfrac{\pi}{2}\ln 2$.

【例 5-15】利用瑕积分求极限 $\displaystyle\lim_{n\to\infty}\frac{\sqrt[n]{n!}}{n}$.

解 $\displaystyle\lim_{n\to\infty}\frac{\sqrt[n]{n!}}{n} = \lim_{n\to\infty}\sqrt[n]{\frac{n!}{n^n}} = \mathrm{e}^{\lim\limits_{n\to\infty}\frac{1}{n}\ln\frac{n!}{n^n}} = \mathrm{e}^{\lim\limits_{n\to\infty}\frac{1}{n}\left(\ln\frac{1}{n}+\ln\frac{2}{n}+\cdots+\ln\frac{n}{n}\right)} = \mathrm{e}^{\lim\limits_{n\to\infty}\frac{1}{n}\sum\limits_{k=1}^{n}\ln\frac{k}{n}} = \mathrm{e}^{\int_0^1\ln x\mathrm{d}x},$

由于 $\displaystyle\int_0^1\ln x\mathrm{d}x$ 是以 $x=0$ 为瑕点的瑕积分，且 $\displaystyle\lim_{x\to 0^+}\frac{\ln x}{\dfrac{1}{\sqrt{x}}} = -\frac{1}{2}\lim_{x\to 0^+}\sqrt{x} = 0$，故其是收敛的，

所以

$$\int_0^1\ln x\mathrm{d}x = x\ln x\Big|_{0^+}^1 - \int_0^1 1\mathrm{d}x = 1\ln 1 - \lim_{x\to 0^+}x\ln x - 1$$

$$= -\lim_{x\to 0^+}\frac{\ln x}{x^{-1}} - 1 = -\lim_{x\to 0^+}\frac{x^{-1}}{-x^{-2}} - 1 = \lim_{x\to 0^+}x - 1 = -1,$$

故 $\displaystyle\lim_{n\to\infty}\frac{\sqrt[n]{n!}}{n} = \frac{1}{\mathrm{e}}$.

想一想，练一练

1. 判断下列无穷限广义积分的敛散性.

（1）$\int_{e}^{+\infty} \dfrac{1}{1 + \ln x}\mathrm{d}x$ ；

（2）$\int_{1}^{+\infty} \dfrac{1}{x\sqrt{1 + x^2}}\mathrm{d}x$ ；

（3）$\int_{1}^{+\infty} \dfrac{\sin x}{x^2}\mathrm{d}x$ ；

（4）$\int_{0}^{+\infty} \mathrm{e}^{-ax}\sin bx\,\mathrm{d}x$ ；

（5）$\int_{1}^{+\infty} \dfrac{1}{1 + x\,|\,\sin x\,|}\mathrm{d}x$ ；

（6）$\int_{1}^{+\infty} \dfrac{x\arctan x}{1 + x^4}\mathrm{d}x$ ；

（7）$\int_{1}^{+\infty} \dfrac{1}{x\sqrt{x + 1}}\mathrm{d}x$ ；

（8）$\int_{0}^{+\infty} \dfrac{1 + x^2}{1 + x^6}\mathrm{d}x$.

2. 判断下列瑕积分的敛散性.

（1）$\int_{1}^{2} \dfrac{1}{(1 + x)\ln x}\mathrm{d}x$ ；

（2）$\int_{0}^{1} \dfrac{1}{\sqrt{2x + x^2}}\mathrm{d}x$ ；

（3）$\int_{0}^{1} \dfrac{\sin x}{x^2}\mathrm{d}x$ ；

（4）$\int_{0}^{1} \dfrac{1}{\sqrt{x - x^2}}\mathrm{d}x$ ；

（5）$\int_{1}^{2} \dfrac{\sin(x - 2)}{(x - 2)\ln x}\mathrm{d}x$ ；

（6）$\int_{1}^{2} \dfrac{1}{\sqrt[3]{x^2 - 3x + 2}}\mathrm{d}x$ ；

（7）$\int_{1}^{e} \dfrac{1 + \ln x}{x\ln x}\mathrm{d}x$ ；

（8）$\int_{1}^{2} \dfrac{1}{(\ln x)^3}\mathrm{d}x$.

3. 先判断下列反常积分是否收敛，若收敛，求出其值.

（1）$\int_{-\infty}^{0} \dfrac{1}{(1 + \mathrm{e}^x)^2}\mathrm{d}x$ ；

（2）$\int_{-\infty}^{+\infty} \dfrac{1 + x^4}{1 + x^6}\mathrm{d}x$ ；

（3）$\int_{0}^{+\infty} \dfrac{x\mathrm{e}^x}{(\mathrm{e}^x + 1)^2}\mathrm{d}x$ ；

（4）$\int_{0}^{1} \dfrac{\ln x}{\sqrt{(1 + x^2)^3}}\mathrm{d}x$ ；

（5）$\int_{0}^{1} \dfrac{\arccos x}{\sqrt{1 - x^2}}\mathrm{d}x$ ；

（6）$\int_{1}^{2} \dfrac{1}{x\ln x}\mathrm{d}x$ ；

（7）$\int_{0}^{+\infty} \dfrac{1}{\mathrm{e}^{x+2} + \mathrm{e}^{2-x}}\mathrm{d}x$ ；

（8）$\int_{\frac{1}{2}}^{\frac{3}{2}} \dfrac{1}{\sqrt{|\,x - x^2\,|}}\mathrm{d}x$.

4. 求下列极限.

（1）$\displaystyle\lim_{x \to +\infty} \dfrac{\int_{0}^{x} (\arctan t)^2\mathrm{d}t}{\sqrt{x^2 + 1}}$ ；

（2）$\displaystyle\lim_{x \to +\infty} \dfrac{\int_{0}^{x} (1 + t^2)\mathrm{e}^{t^2 - x^2}\mathrm{d}t}{x}$ ；

(3) $\displaystyle\lim_{x\to+\infty}\frac{2x\displaystyle\int_0^x e^{t^2}\,dt}{e^{x^2}}$;

(4) $\displaystyle\lim_{x\to0^+}\frac{\displaystyle\int_0^{x^2}\sin^{\frac{3}{2}}t\,dt}{\displaystyle\int_0^x t(t-\sin t)\,dt}$;

(5) $\displaystyle\lim_{x\to0}\frac{x-\displaystyle\int_0^x e^{t^2}\,dt}{x^2\sin 2x}$;

(6) $\displaystyle\lim_{x\to0}\frac{\displaystyle\int_x^{x^2}e^x\sqrt{1-t^2}\,dt}{\arctan x}$.

5. 试验证：若 $\displaystyle\int_0^{+\infty}f(x)\,dx$ 收敛，函数 $g(x)$ 在区间 $[a,+\infty)$ 上单调有界，则广义积分 $\displaystyle\int_0^{+\infty}f(x)g(x)\,dx$ 收敛.

第二节* 拉普拉斯变换

【问题引入】在第一章的问题引入中接触式轮廓仪在将采集到的数据转化成电信号时，要经历**冲击响应**和**频率响应**. 所谓冲击响应，是指在一个动态系统中，响应某些外部变化的反应，冲击响应将动态系统的反应描述为时间的函数（或者可能作为参数化系统动态行为的其他自变量的函数）. 所谓频率响应，用来描述一台仪器对于不同频率的信号处理能力的差异. 冲击响应与频率响应包含了工件表面轮廓线的所有信息. 在将采集到的信息转换成电信号进行处理时，冲击响应一般指系统在输入为单位冲击函数时的输出（又称为响应）. 对于连续时间系统来说，冲击响应一般用函数 $h(t)$ 表示，其中 t 表示时间. 相应地，输入信号，也就是单位冲击函数满足**狄拉克函数**形式：$\delta(t)=0$，$t\neq0$，并且

$$\int_{-\infty}^{+\infty}\delta(t)\,dt=1.$$

当输入为狄拉克函数时，系统的冲击响应函数 $h(t)$ 就包含了系统的所有信息，且当接触式轮廓仪采集到的信息为 $x(t)$ 时，得到对应的输出信息函数 $y(t)$ 可表示为

$$y(t)=\int_{-\infty}^{+\infty}x(\tau)h(t-\tau)\,d\tau.$$

如果冲击响应函数是由指数函数构成的，则采集到的冲击函数 $h(t)=e^{pt}$，其中 p 是参数，且与时间 t 无关，则对应的输出信息为

$$y(t)=\int_{-\infty}^{+\infty}x(\tau)e^{p(t-\tau)}\,d\tau=e^{pt}\int_{-\infty}^{+\infty}x(\tau)e^{-p\tau}\,d\tau,$$

这样的输出信息函数 $y(t)$ 取决于无穷限广义积分

$$\int_{-\infty}^{+\infty}x(\tau)e^{-p\tau}\,d\tau.$$

由于

$$\int_{-\infty}^{+\infty} x(\tau)\,\mathrm{e}^{-p\tau}\mathrm{d}\tau = \int_{-\infty}^{0} x(\tau)\,\mathrm{e}^{-p\tau}\mathrm{d}\tau + \int_{0}^{+\infty} x(\tau)\,\mathrm{e}^{-p\tau}\mathrm{d}\tau,$$

所以在工程分析中，一般不考虑 $t \in (-\infty, 0)$ 部分，即当 $t < 0$ 时，$x(t) = 0$，这样输出的信息就为

$$y(t) = \int_{0}^{+\infty} x(\tau)\,\mathrm{e}^{-p\tau}\mathrm{d}\tau.$$

一般地，将积分

$$\int_{0}^{+\infty} x(\tau)\,\mathrm{e}^{-p\tau}\mathrm{d}\tau$$

称为函数 $x(t)$ 的**拉普拉斯变换**.

一、拉普拉斯变换的概念

【拉普拉斯变换的定义】 假设函数 $y = f(x)$ 是定义在区间 $[0, +\infty)$ 上的函数，如果无穷限广义积分

$$\int_{0}^{+\infty} f(x)\,\mathrm{e}^{-px}\mathrm{d}x$$

在参数 p 的某个区域内收敛，则此积分就确定了一个以 p 为自变量的函数，记为 $F(p)$，即

$$L[f(x)] = F(p) = \int_{0}^{+\infty} f(x)\,\mathrm{e}^{-px}\mathrm{d}x.$$

称函数 $L[f(x)]$ 为函数 $y = f(x)$ 的**拉普拉斯变换**（Laplace Transform），它是以 p 为自变量的函数. 相应地，函数 $y = f(x)$ 称为函数 $L[f(x)]$ 的**逆变换**，记为 $L^{-1}[F(p)] = f(x)$.

拉普拉斯变换

拉普拉斯变换实际上是为两个不同的函数建立了一种对应的关系. 它通过无穷限广义积分将已知的函数转换成一个新的函数，它是一种积分变换. 一般地，在工科计算的过程中遇到的函数，其拉普拉斯变换总是存在的. 函数 $y = f(x)$ 是定义在区间 $[0, +\infty)$ 上的函数，在工科计算中，当 $x < 0$ 时，默认 $f(x) = 0$. 拉普拉斯变换有时也简称为**拉氏变换**. 通常称函数 $f(x)$ 为 $F(p)$ 的本函数，$F(p)$ 为象函数.

【例 5 – 16】 将函数 $y = \sin x$ 作拉普拉斯变换，比较它变换前后的区别.

解　$L(\sin x) = \displaystyle\int_{0}^{+\infty} \sin x \cdot \mathrm{e}^{-px}\mathrm{d}x = -\int_{0}^{+\infty} \mathrm{e}^{-px}\mathrm{d}\cos x = -\mathrm{e}^{-px}\cos x \Big|_{0}^{+\infty} - p\int_{0}^{+\infty} \mathrm{e}^{-px}\mathrm{d}\sin x$

$\qquad = 1 - \displaystyle\lim_{x \to +\infty} \frac{\cos x}{\mathrm{e}^{px}} - p\mathrm{e}^{-px}\sin x \Big|_{0}^{+\infty} - p^2 \int_{0}^{+\infty} \mathrm{e}^{-px}\sin x\,\mathrm{d}x$

$\qquad = 1 - \displaystyle\lim_{x \to +\infty} p\frac{\sin x}{\mathrm{e}^{px}} - p^2 \int_{0}^{+\infty} \mathrm{e}^{-px}\sin x\,\mathrm{d}x = \frac{1}{1 + p^2}.$

上述拉普拉斯变换收敛的条件是 $p > 0$，即在 $p \in (0, +\infty)$ 上通过拉普拉斯变换，正

弦函数 $y = \sin x$ 可以转换为有理函数 $F(p) = \dfrac{1}{1 + p^2}$.

【例 5 – 17】 将函数 $y = \sin 3x + \cos 2x$ 作拉普拉斯变换.

解 $L(y) = \displaystyle\int_0^{+\infty} (\sin 3x + \cos 2x) \cdot e^{-px} dx = \int_0^{+\infty} \sin 3x \cdot e^{-px} dx + \int_0^{+\infty} \cos 2x \cdot e^{-px} dx.$

由于 $\displaystyle\int_0^{+\infty} \sin 3x \cdot e^{-px} dx = \dfrac{3}{9 + p^2}, \int_0^{+\infty} \cos 2x \cdot e^{-px} dx = \dfrac{p}{4 + p^2}$, 所以

$$L(y) = \int_0^{+\infty} (\sin 3x + \cos 2x) \cdot e^{-px} dx = \frac{3}{9 + p^2} + \frac{p}{4 + p^2}, p \in (0, +\infty).$$

二、拉普拉斯变换的性质与应用

【性质 5 – 1】 **线性可加性:** $L[\alpha f(x) \pm \beta g(x)] = \alpha L[f(x)] \pm \beta L[g(x)]$, α 与 β 是任意常数.

拉普拉斯变换的性质

证 根据积分的线性可加性: $L[\alpha f(x) \pm \beta g(x)] = \displaystyle\int_0^{+\infty} [\alpha f(x) \pm \beta g(x)] e^{-px} dx$

$$= \alpha \int_0^{+\infty} f(x) e^{-px} dx \pm \beta \int_0^{+\infty} g(x) e^{-px} dx$$

$$= \alpha L[f(x)] \pm \beta L[g(x)].$$

【性质 5 – 2】 **平移的性质:** 若 $L[f(x)] = F(p)$, 则 $L[e^{ax} f(x)] = F(p - a)$, a 是正常数.

证 $L[e^{ax} f(x)] = \displaystyle\int_0^{+\infty} e^{ax} f(x) e^{-px} dx = \int_0^{+\infty} f(x) e^{-(p-a)x} dx = F(p - a).$

【性质 5 – 3】 **滞后的性质:** 若 $L[f(x)] = F(p)$, 则 $L[f(x - a)] = e^{-ap} F(p)$, a 是正常数.

证 $L[f(x - a)] = \displaystyle\int_0^{+\infty} f(x - a) e^{-px} dx = \int_{-a}^{+\infty} f(u) e^{-p(u+a)} du$

$$= \int_{-a}^0 f(u) e^{-p(u+a)} du + \int_0^{+\infty} f(u) e^{-p(u+a)} du.$$

由于当 $x < 0$ 时, $f(x) = 0$, 所以

$$L[f(x - a)] = \int_0^{+\infty} f(x - a) e^{-px} dx = e^{-pa} \int_0^{+\infty} f(x) e^{-pu} du = e^{-pa} L[f(x)].$$

【例 5 – 18】 试从图 5 – 4 所示的波形求出其拉普拉斯变换函数.

解 从图中可以看出, 给出的函数为

$$f(t) = \begin{cases} 0, & t < 0 \\ t, & 0 \leqslant t < 1, \\ 1, & t \geqslant 1 \end{cases}$$

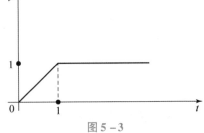

图 5 – 3

因此,

$$L[f(t)] = \int_0^{+\infty} f(t) e^{-pt} dt = \int_0^1 f(t) e^{-pt} dt + \int_1^{+\infty} f(t) e^{-pt} dt$$

$$= \int_0^1 t e^{-pt} dt + \int_1^{+\infty} e^{-pt} dt$$

$$= -\frac{1}{p} \int_0^1 t d e^{-pt} - \frac{1}{p} e^{-pt} \Big|_1^{+\infty} = -\frac{t}{p e^{pt}} \Big|_0^1 + \frac{1}{p} \int_0^1 e^{-pt} dt - \frac{1}{p} e^{-pt} \Big|_1^{+\infty}$$

$$= -\frac{1}{p e^p} - \frac{1}{p^2} e^{-pt} \Big|_0^1 + \frac{1}{p e^p}$$

$$= \frac{1}{p^2 e^p} + \frac{1}{p^2} = \frac{1}{p^2} (1 - e^{-p}).$$

这是直接进行拉普拉斯变换的结果. 诚然,可以将已知的波形看成两个波形相减的结果,即 $f(t) = t h(t) - (t-1) h(t-1)$,其中,波形 $(t-1) h(t-1)$ 可以看成波形 $t h(t)$ 延迟一个单位的效果,且 $t h(t) = t$,因此 $L[f(t)] = L[t h(t) - (t-1) h(t-1)]$,而 $L[t h(t)] = \int_0^{+\infty} t e^{-pt} dt = \frac{1}{p^2}$,于是 $L[(t-1) h(t-1)] = \frac{1}{p^2} e^{-p}$,故 $L[f(t)] = L[t h(t)] - L[(t-1) h(t-1)] = \frac{1}{p^2} (1 - e^{-pt})$.

注 例 5 – 18 中的波形属于一类脉冲波形,利用拉普拉斯变换的延迟性质,解决此类变换是非常方便的,且如果已知某些函数与它的拉普拉斯变换后的函数 $F(p)$ 之间的对应表,那么可以直接查表对波形进行转换分析. 事实上,前人已经建立了拉普拉斯变换运算法则(表 5 – 1)以及对应表(表 5 – 2).

在第 3 章第四节中,我们学习了二阶常系数非齐次线性微分方程

$$\frac{d^2 y}{dx^2} + p \frac{dy}{dx} + qy = f(x)$$

通解的解法. 求解二阶常系数非齐次线性微分方程通解的过程较为复杂. 其中也提到了用拉普拉斯变换求解的方法,但并未给出具体过程. 下面以一个具体的微分方程为例,说明利用拉普拉斯变换求解微分方程的过程.

【例 5 – 19】利用拉普拉斯变换求微分方程 $y'' - 2y' + 2y = e^{-x}$ 的通解.

解 对方程两边同时进行拉普拉斯变换,$L[y'' - 2y' + 2y] = L[e^{-x}]$,得(见表 5 – 1 中 3 和 4)

$$p^2 Y(p) - p f(0) - f'(0) - 2p Y(p) + 2f(0) + 2Y(p) = \frac{1}{p+1},$$

整理可得

$$Y(p) = \frac{(p-2)}{p^2 - 2p + 2} f(0) + \frac{1}{p^2 - 2p + 2} f'(0) + \frac{1}{(p+1)(p^2 - 2p + 2)}$$

$$= \frac{p-1}{(p-1)^2+1}f(0) + \frac{1}{(p-1)^2+1}[f'(0) -f(0)] +$$

$$\frac{1}{5}\left[\frac{1}{p+1} - \frac{p-1}{(p-1)^2+1} + \frac{2}{(p-1)^2+1}\right].$$

利用表 5 – 2（表中 3，4，5）以及拉普拉斯变换的平移性可知，函数 $Y(p)$ 所对应的原函数为

$$y =f(0)\mathrm{e}^x\cos x + [f'(0) -f(0)]\mathrm{e}^x\sin x + \frac{1}{5}(\mathrm{e}^{-x} + \mathrm{e}^x\cos x - 2\mathrm{e}^x\sin x)$$

$$= \left(f(0) + \frac{1}{5}\right)\mathrm{e}^x\cos x + \left[f'(0) -f(0) - \frac{2}{5}\right]\mathrm{e}^x\sin x + \frac{1}{5}\mathrm{e}^{-x}.$$

将常数 $f(0) +1/5$ 与 $f'(0) -f(0) -2/5$ 分别用 C_1 和 C_2 表示，即可得到微分方程的通解为

$$y = \mathrm{e}^x(C_1\cos x + C_2\sin x) + \frac{1}{5}\mathrm{e}^{-x}.$$

此时如果已知微分方程所满足的初始条件 $f(0)$ 和 $f'(0)$，则可以直接得到微分方程满足初始条件的特解.

表 5 – 1 常用拉普拉斯变换基本运算法则

序号	$f(x)$	$F(p)$
1	$f(x)$	$F(p) = \int_0^{+\infty} f(x)\mathrm{e}^{-px}\mathrm{d}x$
2	$\alpha f(x) \pm \beta g(x)$	$\alpha F(p) \pm \beta G(p)$
3	$f'(x)$	$pF(p) - \lim_{x\to 0^+}f(x)$
4	$f^{(n)}(x)$	$p^n F(p) - p^{n-1}f(0) - p^{n-2}\cdot$ $f'(0) - \cdots - f^{(n-1)}(0)$
5	$\int_0^x f(u)\mathrm{d}u$	$F(p)/p$
6	$\int_0^x f(u)g(x-u)\mathrm{d}u$	$F(p)G(p)$
7	$xf(x)$	$-F'(p)$
8	$x^n f(x)$	$(-1)^n F^{(n)}(p)$
9	$f(x)/x$	$\int_0^{+\infty} F(p)\mathrm{d}p$
10	$\mathrm{e}^{ax}f(x)$	$F(p-a)$
11	$f(x-a)$	$\mathrm{e}^{-pa}F(p)$

续表

序号	$f(x)$	$F(p)$
12	$f(x/a)/a$	$F(ap)$
13	$e^{bx/a}f(x/a)/a$	$F(ap-b)$

在对函数进行拉普拉斯变换时，有时函数可以拆分成几个函数的和、差、乘积等形式，利用表 5-1 可以快速地得到相应的运算结果，但是表 5-1 只提供了运算法则，并没有给出具体函数的拉普拉斯变换函数，此时可以通过查表 5-2 得到对应的拉普拉斯变换函数以及它的逆变换．

表 5-2 常用拉普拉斯变换对应表

序号	$f(x)$	$F(p)$
1	1	$1/p$
2	$x^n/n!$	$1/p^{n+1}$
3	$e^{\lambda x}$	$1/(p-\lambda)$
4	$\sin \omega x$	$\omega/(p^2+\omega^2)$
5	$\cos \omega x$	$p/(p^2+\omega^2)$
6	$e^{-\lambda x}\sin \omega x$	$\omega/[(p+\lambda)^2+\omega^2]$
7	$e^{-\lambda x}\cos \omega x$	$(p+\lambda)/[(p+\lambda)^2+\omega^2]$
8	$(x\sin \omega x)/2\omega$	$p/(p^2+\omega^2)^2$
9	$(\sin \omega x-\omega x\cos \omega x)/2\omega$	$\omega^2/(p^2+\omega^2)^2$
10	$(e^{ax}-e^{bx})/(a-b)$	$1/[(p-a)(p-b)]$
11	$(ae^{ax}-be^{bx})/(a-b)$	$p/[(p-a)(p-b)]$
12	$e^{-ax}/\sqrt{\pi x}$	$1/\sqrt{p+a}$
13	$e^{-ax}x^n/n!$	$1/(p+a)^{n+1}$
14	$\dfrac{e^{bx}-e^{ax}}{x}$	$\ln\dfrac{p-a}{p-b}$

由例 5-19 的计算过程可以看到，利用拉普拉斯变换可以将二阶线性微分方程转换为代数式方程，进而使求解的过程变得相对简单，但是在对拉普拉斯变换对应关系不熟悉的情况下，这种做法是比较烦琐的，不过在计算的过程中，可以通过查表的方式找出对应关系．利用拉普拉斯变换求解微分方程不失为一种简易的计算方法．

【例 5-20】利用拉普拉斯变换求下列微分方程的初值．

（1）$y'' + 2y = 3\sin 2x, y(0) = 0, y'(0) = 0$；　（2）$y'' + y' - 2y = 2x, y(0) = 0, y'(0) = 1$；

（3）$y'' - 4y = e^{2x}, y(0) = 1, y'(0) = 2$；　　　（4）$y'' - 2y' + y = xe^x, y(0) = 0, y'(0) = 0.$

解　（1）在方程两边同时进行拉普拉斯变换，且由 $y(0) = 0$，$y'(0) = 0$，可得

$$p^2 Y(p) + 2Y(p) = \frac{6}{4 + p^2},$$

整理可得

$$Y(p) = \frac{6}{(2 + p^2)(4 + p^2)} = 3\left(\frac{1}{2 + p^2} - \frac{1}{4 + p^2}\right) = \frac{3}{\sqrt{2}} \cdot \frac{\sqrt{2}}{2 + p^2} - \frac{3}{2} \cdot \frac{2}{4 + p^2},$$

再根据表 5 - 2 可知原微分方程满足初始条件的解为

$$y = \frac{3}{\sqrt{2}}\sin\sqrt{2}x - \frac{3}{2}\sin 2x.$$

（2）在方程两边同时进行拉普拉斯变换，且由 $y(0) = 0$，$y'(0) = 1$ 可得

$$p^2 Y(p) - 1 + pY(p) - 2Y(p) = \frac{2}{p^2},$$

整理可得

$$Y(p) = \frac{1}{p^2 + p - 2} + \frac{2}{p^2(p^2 + p - 2)}$$

$$= \frac{1}{(p - 1)(p + 2)} + \frac{2}{p^2(p - 1)(p + 2)}$$

$$= -\frac{1}{2p} - \frac{1}{2p^2} + \frac{1}{p - 1} - \frac{1}{2} \cdot \frac{1}{p + 2},$$

从而原微分方程满足初始条件的解为

$$y = e^x - \frac{1}{2}e^{-2x} - \frac{1}{2}x - \frac{1}{2}.$$

（3）在方程两边同时进行拉普拉斯变换，且由 $y(0) = 1$，$y'(0) = 2$ 可得

$$p^2 Y(p) - p - 2 - 4Y(p) = \frac{1}{p - 2},$$

整理可得

$$Y(p) = \frac{p + 2}{p^2 - 4} + \frac{1}{(p^2 - 4)(p - 2)} = \frac{15}{16} \cdot \frac{1}{p - 2} + \frac{1}{4} \cdot \frac{1}{(p - 2)^2} + \frac{1}{16} \cdot \frac{1}{p + 2},$$

从而原微分方程满足初始条件的解为

$$y = \frac{15}{16} \cdot e^{2x} + \frac{1}{4}xe^{-2x} + \frac{1}{16}e^{-2x}.$$

（4）在方程两边同时进行拉普拉斯变换，且由 $y(0) = 0$，$y'(0) = 0$ 可得

$$p^2 Y(p) - 2pY(p) + Y(p) = \frac{1}{(p - 1)^2},$$

整理可得

$$Y(p) = \frac{1}{(p-1)^4},$$

从而原微分方程的满足初始条件的解为

$$y = \frac{1}{6}x^3 e^x.$$

想一想，练一练

1. 求下列输入信号函数的拉普拉斯变换.

（1）$f(t) = \sqrt{t}$；　　　　　　（2）$f(t) = \dfrac{1}{\sqrt{t}}$；　　　　　　（3）$f(t) = \sin(\omega t + \varphi)$；

（4）$f(t) = 2t\sin t$；　　　　　　（5）$f(t) = t^2 e^{2t}$；　　　　　　（6）$f(t) = 2^t$；

（7）$f(t) = 3t^2 + 2t$；　　　　　（8）$f(t) = \cos \omega t$；　　　　　（9）$f(t) = t\cos 2t$.

2. 若函数 $y = f(t)$ 的拉普拉斯变换为 $L[f(t)] = F(p)$，则试验证如下结论.

（1）若 $f(t+T) = f(t)$，则 $L[f(t)] = \dfrac{1}{1 - e^{-pT}} \displaystyle\int_0^T e^{-px} f(x)\, dx$；

（2）若 $f(t+T) = -f(t)$，则 $L[f(t)] = \dfrac{1}{1 + e^{-pT}} \displaystyle\int_0^T e^{-px} f(x)\, dx$.

3. 利用拉普拉斯变换求下列微分方程的通解.

（1）$y'' + y = \sin 2x$；　　　　　　　　　（2）$2y'' + 5y' = \cos^2 x$；

（3）$y'' + 4y = x\sin 2x$；　　　　　　　　（4）$y'' + 2y' = 3 + 4\cos 2x$；

（5）$y'' - 2y' + 2y = 4e^x + \cos x$；　　　　（6）$y'' + y = \sin x - \cos 2x$.

4. 利用拉普拉斯变换，求下列带初始条件的微分方程的初值.

（1）$y'' + y = 1$，$y(0) = 0$，$y'(0) = 0$；

（2）$y'' + y' - 2y = 2x$，$y(0) = 0$，$y'(0) = 1$；

（3）$y'' + y = \cos 2x$，$y(0) = -2$，$y'(0) = -2$；

（4）$y'' - 2y' + 2y = e^{-x}$，$y(0) = 0$，$y'(0) = 1$；

（5）$y'' - 3y' + 2y = e^{3x}$，$y(0) = 1$，$y'(0) = 0$；

（6）$4y'' + 4y' + y = 0$，$y(0) = 2$，$y'(0) = 0$.

5. 求下列象函数的象原函数.

（1）$\dfrac{1}{(p+1)(p+3)}$；　　　　　　　　（2）$\dfrac{1}{p^2 + p + 1}$；

（3）$\dfrac{1}{p^3 + p^2 + p + 1}$；　　　　　　　（4）$\dfrac{p+2}{p^2 + 4p + 5}$.

6. 设函数 $f(x)$ 是连续函数，且满足方程：$\int_0^x tf(t)\,\mathrm{d}t = f(x) + x^2$，求 $f(x)$ 的表达式.

7. 设函数 $\varphi(x)$ 是连续函数，且满足方程 $\varphi(x) = \mathrm{e}^x + \int_0^x t\varphi(t)\,\mathrm{d}t - x\int_0^x \varphi(t)\,\mathrm{d}t$，求函数 $\varphi(x)$ 的表达式.

8. 设函数 $f(x)$ 满足方程 $f(x) = \sin x + \int_0^x \mathrm{e}^t f(x-t)\,\mathrm{d}t$，且 $f(x)$ 连续，求函数 $f(x)$ 的表达式.

9. 设函数 $f(x)$ 是连续函数，且满足方程 $\int_0^{3x} f\left(\dfrac{t}{3}\right)\mathrm{d}t + \mathrm{e}^{2x} = f(x)$，求函数 $f(x)$ 的表达式.

第6章 傅里叶分析

 学习目标

【知识学习目标】

(1) 理解傅里叶变换的数学和专业意义；

(2) 掌握傅里叶变换的定义及其性质；

(3) 理解并掌握数项级数、幂级数的审敛法；

(4) 理解并掌握傅里叶周期延拓及其应用.

【能力培养目标】

(1) 会对电路中的电信号进行简化分析；

(2) 会利用傅里叶变换对信号进行处理；

(3) 会对满足一定条件的函数进行傅里叶展开分析.

【技能培养目标】

(1) 能利用傅里叶变换对专业问题进行分析；

(2) 能利用掌握的数学知识设计工科问题的分析方案；

(3) 建立"万物皆有频率"的思维模式.

【素质培养目标】

(1) 培养将复杂问题简单化处理的辩证思维；

(2) 培养整体与局部之间辩证统一关系的哲学思维；

(3) 建立"万物皆可溯源"的哲学视角.

工作任务

通过电流的微弱变化可以对不同工件表面的凹凸特征及其与探头接触时产生的应力变化进行转换，从而可以将工件表面的物理特性转换为电信号，再将搜集到的电信号转换为物理数据进行存储. 根据采集到的数据信息，即可对工件表面的物理特征进行分析. 特别地，对工件进行雕刻加工时，可以通过输入需要的形状函数参数让机床

按照设置好的参数对工件进行加工. 那么如何为工件表面的微弱变化建立函数关系呢?

◤ 工作分析

要解决工件表面的加形态问题, 需要考虑下几个问题.

(1) 任何形状的工件表面都可以用函数来表示.

(2) 函数的基本单元是什么, 即可以表示任意函数的基本单元是什么.

(3) 在已知函数的基本单元后, 如何将任意已知的函数用这个基本单元表示.

第一节 傅里叶级数

【问题引入】不同形状、不同结构、不同大小的零件具有不同的固有频率. 当将这些形状、结构、大小不同的零件装备在同一台设备上时, 该设备的固有频率就会受到各种零件固有频率的影响. 如果某台设备由 n 个零件组成, 每个零件的固有频率为 f_i, 根据初等数学的知识可以知道, 频率的倒数就是周期, 因此每个零件的周期就为 $T_i = 1/f_i$. 在第 3 章中我们知道物体在振动时的规律一般满足三角函数关系:

$$y_i = A_i \cos(\omega_i t + \varphi_i) + B_i \sin(\omega_i t + \varphi_i).$$

这样, 每个零件振动的周期 $T_i = 2\pi/\omega_i$, 因此 $f_i = \omega_i/2\pi$, 而一台设备在运转时, 它的每个零件都会参与到振动中, 但是整台设备的振动函数很难通过每个零件的振动函数确定. 根据三角函数之间的关系, 可以先不考虑每个零件振动的振幅, 而是假设一个待定系数来表示每个零件的振动函数:

$$y_i = a_i \cos(\omega_i t + \varphi_i) + b_i \sin(\omega_i t + \varphi_i).$$

这样就可以认定整台设备运转时的振动函数为每个零件振动的叠加:

$$y = y_1 + y_2 + \cdots + y_n.$$

为了表示简单, 通常用 "∑" 表示上述求和, 即

$$y = y_1 + y_2 + \cdots + y_n = \sum_{i=1}^{n} y_i,$$

它表示从 $i = 1$ 开始到 $i = n$ 结束的所有 y_i 的和. 这样就可以将整台设备的振动函数表示为

$$y = \sum_{i=1}^{n} \left[a_i \cos(\omega_i t + \varphi_i) + b_i \sin(\omega_i t + \varphi_i) \right].$$

如果能够确定上式中的待定系数 a_i 和 b_i, 就可以确定设备在运转过程中的振动函数, 从而也可以确定整台设备在运转过程中的振幅和频率. 为了简化问题, 通常可以认定

设备在开始运转的那一刻没有任何振动，即每个零件都没有发生振动，这时可以认定 $\varphi_i = 0$，从而有

$$y = \sum_{i=1}^{n} (a_i \cos \omega_i t + b_i \sin \omega_i t).$$

一般地，形如 $y = \sin(\omega t + \varphi)$ 的振动称为**谐波振动**. 上式说明，任何复杂的振动都可以分解成简单的谐波振动的线性组合. 这种现象并不是偶然的，根据现代物理学的解释，任何粒子都具有振动的特性，宏观物体是由微观粒子构成的，因此任何宏观物体都具有一定的固有振动性，这是不受任何外在条件影响的. 振动一般由谐波振动构成. 谐波振动有时也被称为**基本振动**（或**简谐振动**）. 我国古代先民对这种现象早就有了很深入的理解，比如在创造"蘗"字时，就认为能够与人体病变部位产生如同乐音一样的共振的植物，才能对人体疾病产生作用，将符合这种条件的植物称为"蘗"，从而衍生出了"对症下药"的理念，这充分体现了我国先民对人与自然和谐共处的认知，也是中华文明对世界人民的巨大贡献.

18 世纪法国著名数学家**傅里叶**（Fourier）通过对热传导的研究，提出了著名的**傅里叶级数**的概念. 傅里叶在其著作《热的解析理论》一书中详细介绍了任意函数都可以表示成三角（正弦、余弦函数）级数形式. 所谓**级数**，是指无穷多个数值或函数的线性组合.

$$\sum_{n=0}^{\infty} u_n = u_0 + u_1 + \cdots + u_n + \cdots \qquad (6-1)$$

由无穷多个数值的和构成，称为**数项级数**. 在数项级数中，每一项 u_n 称为一般项，如果一般项 $u_n \geq 0$，则称数项级数为正项级数.

$$\sum_{n=0}^{\infty} u_n(x) = u_0(x) + u_1(x) + \cdots + u_n(x) + \cdots \qquad (6-2)$$

由无穷多个函数的和构成，称为**函数项级数**. 傅里叶级数是指，在函数项级数中，每一项都是正弦函数或余弦函数或它们的线性组合，即

$$\sum_{n=0}^{\infty} \left[a_n \cos nx + b_n \sin nx \right], \qquad (6-3)$$

其中 a_n，b_n 是常数. 傅里叶在他的书中指出，任意周期函数都可以用上述级数表示，这说明函数 1，$\sin x$，$\cos x$，$\sin 2x$，$\cos 2x$，$\cdots$，$\sin nx$，$\cos nx$，$\cdots$能够作为任意周期函数的基本单元，利用这组函数的线性组合可以表示任意周期函数.

一、傅里叶级数的概念

【**傅里叶基**】 称函数组 1，$\sin x$，$\cos x$，$\sin 2x$，$\cos 2x$，$\cdots$，$\sin nx$，$\cos nx$，$\cdots$为**傅里叶基**，即用这一系列函数的线性组合可以表示任意函数.

注 易知，由上述傅里叶基构成的级数必定是以 2π 为周期的. 一般地，如果函数

$f(x)$ 以 2π 为周期，那么函数 $f(x)$ 满足一定的条件时必定可以用傅里叶基的线性组合表示.

由定积分易知，傅里叶基在区间 $[-\pi,\pi]$ 上具有正交性，所谓正交性是指傅里叶基中任意两个不同函数的乘积在区间 $[-\pi,\pi]$ 上的积分等于 0，即

$$\int_{-\pi}^{\pi}\sin nx\mathrm{d}x = 0;\quad \int_{-\pi}^{\pi}\cos nx\mathrm{d}x = 0;\quad \int_{-\pi}^{\pi}\sin mx\cos nx\mathrm{d}x = 0;$$

$$\int_{-\pi}^{\pi}\sin mx\sin nx\mathrm{d}x = \begin{cases} 0, & m\neq n \\ \pi, & m=n \end{cases};\quad \int_{-\pi}^{\pi}\cos mx\cos nx\mathrm{d}x = \begin{cases} 0, & m\neq n \\ \pi, & m=n \end{cases}.$$

【傅里叶级数的定义】设 $f(x)$ 是以 $2l$ 为周期的周期函数，如果能够将 $f(x)$ 表示为

$$f(x) = A_0 + \sum_{n=1}^{\infty} A_n\sin(n\omega x + \varphi),$$

则称周期函数 $f(x)$ 可以展开成傅里叶级数，且称上式中的级数为傅里叶级数.

将周期函数按照上述方式展开，就是把一个复杂的周期运动看成许多不同频率的简谐振动的叠加. 在电工分析中，通常称这种展开为**谐波分析**. 常数 A_0 称为函数 $f(t)$ 的直流分量，$A_1\sin(\omega t + \varphi)$ 称为一次谐波或基波，$A_2\sin(2\omega t + \varphi)$ 称为二次谐波，$\cdots$，$A_n\sin(n\omega t + \varphi)$ 称为 n 次谐波，而 $\sin t$ 一般称为基波.

已知

$$A_n\sin(n\omega t + \varphi) = A_n\sin n\omega t\cos\varphi + A_n\cos n\omega t\sin\varphi,$$

令 $A_0 = \dfrac{a_0}{2}$，$A_n\sin\varphi_n = a_n$，$A_n\cos\varphi_n = b_n$，则傅里叶级数可表示为

$$f(x) = \frac{a_0}{2} + \sum_{n=1}^{\infty}(a_n\cos n\omega t + b_n\sin n\omega t).$$

如果函数 $f(t)$ 是以 $T=2l$ 为周期的周期函数，则可以令 $\omega = \dfrac{\pi}{l}$，将上式变为

$$f(x) = \frac{a_0}{2} + \sum_{n=1}^{\infty}\left(a_n\cos\frac{n\pi t}{l} + b_n\sin\frac{n\pi t}{l}\right).$$

将 $\dfrac{\pi t}{l}$ 看作自变量 x，则上式变为

$$f(x) = \frac{a_0}{2} + \sum_{n=1}^{\infty}(a_n\cos nx + b_n\sin nx) \tag{6-4}$$

以后将式（6-4）称为函数 $f(x)$ 的傅里叶级数展开. 其中，$a_0, a_n, b_n (n=1,2,3,\cdots)$ 都是常数，称为傅里叶系. 上述过程就是将周期为 $T=2l$ 的函数转化为以 $T=2\pi$ 为周期的傅里叶级数. 在专业应用中，可以将任意周期函数展开成以 $T=2\pi$ 为周期的傅里叶级数. 上述定义的傅里叶级数正是由傅里叶基的线性组合构成的，且是无穷多项的线性组合. 现在还没有解决的问题是：傅里叶系数 $a_0, a_n, b_n (n=1,2,3,\cdots)$ 如何确定?

二、傅里叶系数

【傅里叶系数的定义】在傅里叶级数中，各项系数 $a_0, a_n, b_n (n = 1,2,3,\cdots)$ 可以通过如下公式得到：

$$a_0 = \frac{1}{\pi} \int_{-\pi}^{\pi} f(x) \, \mathrm{d}x;$$

$$a_n = \frac{1}{\pi} \int_{-\pi}^{\pi} f(x) \cos nx \, \mathrm{d}x (n = 1,2,3,\cdots);$$

$$b_n = \frac{1}{\pi} \int_{-\pi}^{\pi} f(x) \sin nx \, \mathrm{d}x (n = 1,2,3,\cdots).$$

这些系数的确定都是建立在函数能够展开成傅里叶级数的基础上的. 对于任意一个定义在 $(-\infty, +\infty)$ 上并以 2π 为周期的函数 $f(x)$，如果其在一个周期上是可积函数，那么根据上述傅里叶系数的定义，必定能够将其展开为傅里叶级数. 问题是，将函数 $f(x)$ 展开成傅里叶级数，那么这个傅里叶级数是不是一定就等于函数 $f(x)$ 呢？一般地，有如下定理，可以判断这个结论.

【狄利克雷充分条件】设函数 $f(x)$ 是以 2π 为周期的函数，如果它满足：

（1）在一个周期内连续或只有有限个第一类间断点；

（2）在一个周期内至多只有有限个极值点，

收敛定理

那么在连续点处函数 $f(x)$ 的傅里叶级数就等于函数 $f(x)$，在间断点处傅里叶级数等于该点处左、右极限的算术平均值.

注 狄利克雷充分条件有时也称为**傅里叶级数的收敛定理**. 该定理表明，只要在 $[-\pi,\pi]$ 上至多只有有限个第一类间断点的函数，并且不做无限次振动，函数的傅里叶级数在连续点处就等于该点处的函数值，在间断点（第一类）处的值等于该间断点处的左、右极限之和的一半.

【例 6-1】已知矩形波函数是一个在区间 $[-\pi,\pi)$ 上的周期函数，可以表示为

$$f(t) = \begin{cases} -1, & -\pi \leq t < 0 \\ 1, & 0 \leq t < \pi \end{cases},$$

试利用傅里叶级数分析该矩形波的特性.

解 由于矩形波函数在区间 $[-\pi,\pi)$ 上只有一个跳跃间断点，且没有极值点，即满足傅里叶级数收敛定理的条件，它在点 $x = k\pi (k = 0, \pm 1, \pm 2, \cdots)$ 处不连续，在其他点处都连续，根据收敛定理可知，它的傅里叶级数收敛，且当 $x = k\pi$ 时，它的傅里叶级数收敛于

$$\frac{1 + (-1)}{2} = 0.$$

当 $x \neq k\pi$ 时，傅里叶级数等于 $f(t)$，且傅里叶系数为

$$a_0 = \frac{1}{\pi} \int_{-\pi}^{\pi} f(x) \, dx = \frac{1}{\pi} \int_{-\pi}^{0} (-1) \, dx + \frac{1}{\pi} \int_{0}^{\pi} 1 \, dx = 0,$$

$$a_n = \frac{1}{\pi} \int_{-\pi}^{\pi} f(x) \cos nx \, dx = \frac{1}{\pi} \int_{-\pi}^{0} f(x) \cos nx \, dx + \frac{1}{\pi} \int_{0}^{\pi} f(x) \cos nx \, dx$$

$$= -\frac{1}{\pi} \int_{-\pi}^{0} \cos nx \, dx + \frac{1}{\pi} \int_{0}^{\pi} \cos nx \, dx = 0 (n = 1, 2, 3, \cdots),$$

$$b_n = \frac{1}{\pi} \int_{-\pi}^{\pi} f(x) \sin nx \, dx = \frac{1}{\pi} \int_{-\pi}^{0} f(x) \sin nx \, dx + \frac{1}{\pi} \int_{0}^{\pi} f(x) \sin nx \, dx$$

$$= -\frac{1}{\pi} \int_{-\pi}^{0} \sin nx \, dx + \frac{1}{\pi} \int_{0}^{\pi} \sin nx \, dx = \frac{1}{n\pi} \cos nx \Big|_{-\pi}^{0} - \frac{1}{n\pi} \cos nx \Big|_{0}^{\pi}$$

$$= \frac{1 - (-1)^n}{n\pi} - \frac{(-1)^n - 1}{n\pi} = \frac{2}{n\pi} \left[1 - (-1)^n \right] = \frac{4}{(2n-1)\pi},$$

因此，矩形波函数 $f(t)$ 的傅里叶级数展开为

$$f(t) = \frac{4}{\pi} \sum_{n=1}^{\infty} \frac{1}{2n-1} \sin (2n-1) t \quad (-\infty < t < +\infty, \text{且 } t \neq 0, \pm\pi, \pm 2\pi, \cdots).$$

这说明，矩形波函数 $f(t)$ 是由一系列不同频率的正弦波叠加而成的，这些正弦波的频率依次为基波频率的奇数倍. 这也说明了矩形波形虽然是线性的，但它依然可以认为是一系列正弦波的叠加. 换言之，矩形波的任意一条波线看似是直线段，但它本质上是一系列正弦曲线的叠加. 这种现象说明正弦函数（以及余弦函数）可以看作最基本的函数，即其他函数可以由正弦函数（以及余弦函数）表示，就如同任意复杂的宏观物体都是由基本化学元素构成的一样.

需要注意的是，周期函数在点 $x = x_0$ 处的傅里叶级数如果恰好等于该点处的函数值，那么将点 $x = x_0$ 代入傅里叶级数，傅里叶级数就变成了数项级数. 此时只有将数项级数计算出来才能得到傅里叶级数在该点处的值. 对此，有如下关于级数的一些补充概念.

三、级数的收敛与发散以及收敛级数的性质

【数项级数的概念】如果级数的每一项都是常数，即

$$\sum_{n=1}^{\infty} u_n = u_1 + u_2 + \cdots + u_n + \cdots, \tag{6-5}$$

则称这样的级数为数项级数. 在数项级数中，如果一般项 u_n 非负，则称其为正项级数.

【函数项级数的概念】如果级数的每一项都是 x 的函数，即

$$\sum_{n=0}^{\infty} u_n(x) = u_0(x) + u_1(x) + \cdots + u_n(x) + \cdots, \qquad (6-6)$$

则称这样的级数为函数项级数.

如果将点 $x = x_0$ 代入函数项级数 [式 (6-6)],则级数中的每一项都变成了常数,因此这时的函数项级数就变成了常数项级数:

$$\sum_{n=0}^{\infty} u_n(x_0) = u_0(x_0) + u_1(x_0) + \cdots + u_n(x_0) + \cdots.$$

此时,人们比较关心的是数项级数是否等于某个固定的值.

【数项级数的和】 对于数项级数 $\sum\limits_{n=1}^{\infty} u_n$,如果其前 n 项的和数列 $s_n = u_1 + u_2 + \cdots + u_n$ 的极限存在,即 $\lim\limits_{n \to \infty} s_n = s$ 存在,则称数项级数 $\sum\limits_{n=1}^{\infty} u_n$ 收敛,且 $\sum\limits_{n=1}^{\infty} u_n = s$,并称前 n 项的和数列 $\{s_n\}$ 为数项级数的部分和数列;如果部分和数列 $\{s_n\}$ 的极限不存在,即 $\lim\limits_{n \to \infty} s_n$ 不存在,则称数项级数 $\sum\limits_{n=1}^{\infty} u_n$ 发散.

【函数项级数的和函数】 对于函数项级数 $\sum\limits_{n=0}^{\infty} u_n(x)$,定义它的部分和函数为 $s_n = u_0(x) + u_1(x) + \cdots + u_{n-1}(x)$,如果部分和函数列 $\{s_n(x)\}$ 收敛,即 $\lim\limits_{n \to \infty} s_n(x) = s(x)$,则称函数项级数 $\sum\limits_{n=0}^{\infty} u_n(x)$ 收敛,且 $\sum\limits_{n=0}^{\infty} u_n(x) = s(x)$;如果部分和函数列 $\{s_n(x)\}$ 的极限不存在,即 $\lim\limits_{n \to \infty} s_n(x)$ 不存在,则称函数项级数 $\sum\limits_{n=0}^{\infty} u_n(x)$ 发散.

【例 6-2】 判断数项级数 $\sum\limits_{n=1}^{\infty} \dfrac{1}{n(n+1)}$ 的敛散性.

解 数项级数的部分和为

$$\begin{aligned}
s_n &= \frac{1}{1 \times 2} + \frac{1}{2 \times 3} + \cdots + \frac{1}{n(n+1)} \\
&= \left(1 - \frac{1}{2}\right) + \left(\frac{1}{2} - \frac{1}{3}\right) + \cdots + \left(\frac{1}{n} - \frac{1}{n+1}\right) \\
&= 1 - \frac{1}{n+1},
\end{aligned}$$

因此,$\lim\limits_{n \to \infty} s_n = \lim\limits_{n \to \infty} \left(1 - \dfrac{1}{n+1}\right)$,且级数 $\sum\limits_{n=1}^{\infty} \dfrac{1}{n(n+1)} = 1$.

【例 6-3】 判断调和级数 $\sum\limits_{n=1}^{\infty} \dfrac{1}{n}$ 的敛散性.

解 由于对于任意的正实数 x 都存在一个自然数 n,使 $n \le x < n+1$,所以

$$\frac{1}{n+1} \le \frac{1}{x} < \frac{1}{n},$$

而 $\ln(n+1) = \ln(n+1) - \ln 1 = \ln x \big|_1^{n+1} = \int_1^{n+1} \frac{1}{x} \mathrm{d}x$

$$= \int_1^2 \frac{1}{x} dx + \int_2^3 \frac{1}{x} dx + \cdots + \int_n^{n+1} \frac{1}{x} dx$$

$$< \int_1^2 \frac{1}{1} dx + \int_2^3 \frac{1}{2} dx + \cdots + \int_n^{n+1} \frac{1}{n} dx$$

$$= 1 + \frac{1}{2} + \frac{1}{3} + \cdots + \frac{1}{n},$$

于是级数的部分和数列 $\{s_n\}$ 满足

$$s_n = 1 + \frac{1}{2} + \frac{1}{3} + \cdots + \frac{1}{n} > \ln(n+1),$$

因此，$\lim\limits_{n \to \infty} s_n = +\infty$，级数 $\sum\limits_{n=1}^{\infty} \frac{1}{n}$ 发散.

【例 6 – 4】 判断函数项级数 $\sum\limits_{n=0}^{\infty} x^n$ 的敛散性.

解　部分和数列为 $s_n = 1 + x + x^2 + \cdots + x^{n-1} = \frac{1 - x^n}{1 - x}$，根据第 1 章第二节数列极限的结论易知：当 $|x| < 1$ 时，$\lim\limits_{n \to \infty} x^n = 0$，当 $|x| > 1$ 时，$\lim\limits_{n \to \infty} x^n = \infty$，而当 $|x| = 1$ 时，级数变成 $\sum\limits_{n=0}^{\infty} 1$ 和 $\sum\limits_{n=0}^{\infty} (-1)^n$ 两个数项级数，且这两个数项级数都是发散的，因此有

$$\sum_{n=0}^{\infty} x^n = \begin{cases} \dfrac{1}{1 - x}, & |x| < 1 \\ \text{发散}, & |x| \geq 1 \end{cases}.$$

例 6 – 2 和例 6 – 3 中的两个级数都是数项级数，且它们的一般项都是非负的，因此它们都是正项级数. 如果级数的每一项都是非正的，则称其为负项级数，而负项级数与正项级数仅相差一个负号. 由于正项级数的部分和数列是单调递增的，所以如果正项级数发散，那么它的部分和数列的极限必定为正无穷大. 如果正项级数收敛，那么它的和在理论上是存在的，但是有时要计算出正项级数的和并不是一件简单的事. 但是，对于收敛的正项级数，即使它的和不容易计算出来，也可以通过限定误差范围的方式得到它的近似值，从而满足计算的需要. 因此，判断正项级数的敛散性是非常有意义的. 对于任意项级数（级数的每一项可正可负）的敛散性，有时也可以通过正项级数的敛散性间接判别. 例 6 – 4 中的级数属于函数项级数，由于每一项都是 x 的整数次幂，所以也将其称为**幂级数**. 幂级数是否存在和函数，往往需要在特定的区间上判断，这样的区间称为幂级数的收敛区间（或收敛域）. 如果将点 $x = x_0$ 代入幂级数，则幂级数就变成数项级数，此时的数项级数如果收敛，则称点 $x = x_0$ 是幂级数的收敛点，幂级数的所有收敛点构成的集合称为幂级数的收敛域. 因此，幂级数与数项级数之间存在一定的关系，即可以利用数项级数判别幂级数在某个点处是否收敛，同时数项级数又是幂级数在特定点处的表现. 它们之间的关系属于"作用与反作用"的关系. 为

了后续应用时方便，下面简单介绍关于收敛级数（数项级数与函数项级数）的某些性质.

（一）收敛级数的性质

【**性质 6 - 1**】如果级数 $\sum\limits_{n=1}^{\infty} u_n$ 收敛且 $\sum\limits_{n=1}^{\infty} u_n = s$，则对于任意非零常数 k，$\sum\limits_{n=1}^{\infty} k u_n$ 也收敛，且

性质 6 - 1 和
性质 6 - 2

$$\sum_{n=1}^{\infty} k u_n = k s.$$

注 性质 6 - 1 对于函数项级数也成立，它说明有限个数值（或函数）之和，如果有公因子可以将公因子提取这个结论，对于无穷多项的和也是成立的.

【**性质 6 - 2**】如果级数 $\sum\limits_{n=1}^{\infty} u_n$ 与 $\sum\limits_{n=1}^{\infty} v_n$ 都收敛，且 $\sum\limits_{n=1}^{\infty} u_n = s$，$\sum\limits_{n=1}^{\infty} v_n = \sigma$，则级数 $\sum\limits_{n=1}^{\infty} (u_n \pm v_n)$ 也收敛，且收敛到 $s \pm \sigma$.

注 性质 6 - 2 对于函数项级数同样成立，它说明如果有限个数值（或函数）在相加时结合律时成立，那么当级数收敛时，无穷多项之和的结合律也成立. 性质 6 - 1 与性质 6 - 2 结合，即如果级数 $\sum\limits_{n=1}^{\infty} u_n$ 与 $\sum\limits_{n=1}^{\infty} v_n$ 都收敛，则

$$\sum_{n=1}^{\infty} (\alpha u_n \pm \beta v_n) = \alpha \sum_{n=1}^{\infty} u_n \pm \beta \sum_{n=1}^{\infty} v_n.$$

【**性质 6 - 3**】对于级数 $\sum\limits_{n=1}^{\infty} u_n$，在级数中去掉或添加有限项都不影响该级数的敛散性.

注 性质 6 - 3 的结论根据数列极限的性质可知是显然成立的，同时性质 6 - 3 对于函数项级数也是成立的. 需要注意的是，在级数中如果修改或去掉或添加无穷多项后，级数的敛散性就可能改变. 例如：级数 $\sum\limits_{n=1}^{\infty} \dfrac{1}{n}$ 发散，但是级数中去掉前 n 项后剩下的部分满足 $\lim\limits_{n \to \infty} \left(\dfrac{1}{n+1} + \dfrac{1}{n+2} + \cdots + \dfrac{1}{n+n} \right) = \ln 2$，变为收敛.

【**性质 6 - 4**】如果级数 $\sum\limits_{n=1}^{\infty} u_n$ 收敛，则它的一般项必然趋于 0，即 $\lim\limits_{n \to \infty} u_n = 0$.

性质 6 - 4

注 性质 6 - 4 只是**级数收敛的必要条件**而非充分条件，即如果级数收敛，它的一般项的极限必定等于 0，但即使它的一般项的极限等于 0，该级数也不一定收敛（见例 6 - 2 和例 6 - 3）. 性质 6 - 4 对于函数项级数也是成立的，即如果级数 $\sum\limits_{n=0}^{\infty} u_n(x)$ 收敛，必然有 $\lim\limits_{n \to \infty} u_n(x) = 0$. 性质 6 - 4 在判断级数收敛时几乎没什么作用，但是在判断级数发散时就非常有用了. **如果级数的一般项的极限不等于 0，那么级数必定发散.**

【**性质 6 – 5**】 函数项级数 $\sum\limits_{n=0}^{\infty} u_n(x)$ 如果收敛，那么在其收敛域上它的和函数可导且逐项可导，即

$$s'(x) = \left(\sum\limits_{n=0}^{\infty} u_n(x)\right)' = \sum\limits_{n=1}^{\infty} u'_n(x).$$

性质 6 – 5

注 性质 6 – 5 可以认为是对导数运算法则的一种推广，由第 2 章可以知道"和、差的导数等于导数的和、差"的结论，当时说的是有限个函数. 如果无穷多个函数相加，且它们的和存在，那么依然满足"和、差的导数等于导数的和、差"，称其为**逐项可导**. 根据第 2 章中的结论"可导必定连续"，以及第 5 章中的结论"连续必定可积"易知，函数项级数在它的收敛域内，它的和函数是连续、可积的，且**逐项可积**. 即如果函数项级数 $\sum\limits_{n=0}^{\infty} u_n(x)$ 收敛，且其和函数为 $s(x)$，则 $\int_0^x s(t)\,dt = \sum\limits_{n=0}^{\infty} \int_0^x u_n(t)\,dt$.

收敛级数的 5 条性质对函数项级数均成立. 函数项级数收敛与否涉及收敛域的问题，如果能够先确定幂级数的收敛域，那么就可以在其收敛域上利用上述性质计算出它的和函数. 在函数项级数中，最简单也是最常见的一类是幂级数 $\sum\limits_{n=0}^{\infty} a_n(x-x_0)^n$，其中 a_n 称为幂级数的系数，点 $x=x_0$ 是幂级数的收敛中心，之所以称其为收敛中心，是因为当 $x=x_0$ 时，无论幂级数的系数如何，该幂级数都是收敛的. 针对幂级数的收敛域的判定，著名的挪威数学家阿贝尔（Abel）给出了如下被称为阿贝尔定理的结论.

【**阿贝尔定理**】 如果幂级数 $\sum\limits_{n=0}^{\infty} a_n(x-x_0)^n$ 在点 $x=x_1$ 处收敛，则对于一切满足 $|x-x_0| < |x_1|$ 的 x，幂级数都是收敛的，且 $\sum\limits_{n=0}^{\infty} a_n(x-x_0)^n$ 也收敛（称为**绝对收敛**）；如果幂级数 $\sum\limits_{n=0}^{\infty} a_n(x-x_0)^n$ 在点 $x=x_1$ 处发散，则对于一切满足 $|x-x_0| > |x_1|$ 的 x，幂级数都发散.

注 阿贝尔定理说明，如果幂级数在点 $x=x_1$ 处收敛，那么一切距离收敛中心 x_0 小于 $|x_1|$ 的点都可以使幂级数收敛. 如果幂级数在点 $x=x_1$ 处发散，则一切满足距离收敛中心 x_0 大于 $|x_1|$ 的点都是幂级数发散的点. 阿贝尔定理给出了幂级数收敛域的求法. 即只要能够找到距离幂级数收敛中心最远的点，即可确定幂级数的收敛范围. 一般地，称距离收敛中心最大的距离为幂级数的**收敛半径**，记为 R，称区间 $(-R,R)$ 为收敛中心在坐标原点的幂级数的收敛区间. 幂级数 $\sum\limits_{n=0}^{\infty} a_n(x-x_0)^n$ 的收敛区间为 $(x_0 - R, x_0 + R)$. 幂级数连同它的收敛区间端点（将收敛区间端点代入幂级数，使幂级数收敛）称为幂级数的**收敛域**. 因此，收敛域有 4 种可能的形式：$(x_0 - R, x_0 + R)$，$[x_0 - R, x_0 + R)$，$(x_0 - R, x_0 + R]$，$[x_0 - R, x_0 + R]$. 收敛域具体是哪种形式需要根据幂级数在收敛区间端点处是否收敛来判定，将收敛区间端点代入幂级数，幂级数就会变成数项

级数，这就需要根据数项级数的敛散性来判定幂级数的收敛域．如果收敛半径是∞，则幂级数在全体实数上均收敛，即收敛区间为（ $-\infty, +\infty$ ），此时幂级数的收敛域也是（ $-\infty, +\infty$ ）．

（二）级数收敛的审敛法

如果级数 $\sum\limits_{n=1}^{\infty} |u_n|$ 收敛，则称级数 $\sum\limits_{n=1}^{\infty} u_n$ **绝对收敛**；如果级数 $\sum\limits_{n=1}^{\infty} u_n$ 收敛，但 $\sum\limits_{n=1}^{\infty} |u_n|$ 发散，则称级数 $\sum\limits_{n=1}^{\infty} u_n$ **条件收敛**．

【定理 6-1】 绝对收敛的级数必定收敛．

注 级数 $\sum\limits_{n=1}^{\infty} u_n$ 是任意项级数，即它的一般项的可正可负可为零，但级数 $\sum\limits_{n=1}^{\infty} |u_n|$ 的每一项都是非负的，属于正项级数．

【定理 6-2】 正项级数 $\sum\limits_{n=1}^{\infty} u_n$ 的部分和数列 $\{s_n\}$ 如果有界，则正项级数 $\sum\limits_{n=1}^{\infty} u_n$ 收敛．

定理 6-2

注 定理 6-2 的结论是显然的，根据第 1 章第二节中介绍的单调有界定理即可得到这个结论．

【定理 6-3】 如果正项级数 $\sum\limits_{n=1}^{\infty} v_n$ 收敛，且从某一项 N 开始，均有 $u_n \leqslant M \cdot v_n$，其中 $M > 0$ 是常数，则级数 $\sum\limits_{n=1}^{\infty} u_n$ 也收敛；如果正项级数 $\sum\limits_{n=1}^{\infty} u_n$ 发散，则必有 $\sum\limits_{n=1}^{\infty} v_n$ 发散．

注 定理 6-3 可以这样理解，大的正项级数收敛，小的正项级数必定收敛；小的正项级数发散，大的正项级数必定发散．定理 6-3 也称为正项级数的**比较审敛法**．它与第 5 章中介绍的无穷限广义积分审敛法是一致的．

定理 6-3

【例 6-5】 判断正项级数 $\sum\limits_{n=1}^{\infty} \dfrac{1}{n^p}$ 的敛散性．

解 当 $p \leqslant 1$ 时，由于 $\dfrac{1}{n^p} \geqslant \dfrac{1}{n}$，而级数 $\sum\limits_{n=1}^{\infty} \dfrac{1}{n}$ 发散，所以级数 $\sum\limits_{n=1}^{\infty} \dfrac{1}{n^p}$ 发散；当 $p > 1$ 时，对于任意正实数 x，都存在一个大于 1 正整数 n，使 $n-1 \leqslant x < n$，从而使

$$\frac{1}{n^p} < \frac{1}{x^p} \leqslant \frac{1}{(n-1)^p},$$

因此

$$\frac{1}{n^p} < \int_{n-1}^{n} \frac{1}{x^p} \mathrm{d}x \leqslant \frac{1}{(n-1)^p},$$

于是此级数 $\sum\limits_{n=1}^{\infty} \dfrac{1}{n^p}$ 的部分和数列 $\{s_n\}$ 满足

$$s_n = \frac{1}{1^p} + \frac{1}{2^p} + \cdots + \frac{1}{n^p} \leqslant 1 + \int_1^2 \frac{1}{x^p}\mathrm{d}x + \int_2^3 \frac{1}{x^p}\mathrm{d}x + \cdots + \int_{n-1}^n \frac{1}{x^p}\mathrm{d}x$$

$$= 1 + \int_1^n \frac{1}{x^p}\mathrm{d}x = 1 + \frac{1}{1-p}x^{1-p}\Big|_1^n = 1 + \frac{1}{1-p}n^{1-p} - \frac{1}{1-p}$$

$$= \frac{p}{p-1} + \frac{1}{1-p} \cdot \frac{1}{n^{p-1}}.$$

由于 $p > 1$ 时有 $\lim\limits_{n\to\infty}\dfrac{1}{n^{p-1}} = 0$，所以当 $p > 1$ 时部分和数列 $\{s_n\}$ 有界，此时正项级数

$\sum\limits_{n=1}^{\infty} \dfrac{1}{n^p}$ 收敛.

注 例 6 - 2 提供了一种利用正项级数比较审敛法的一种已知级数（称为广义调和

级数或 p - 级数），即一般选择级数 $\sum\limits_{n=1}^{\infty} \dfrac{1}{n^p}$ 与需要判别敛散性的正项级数进行比较.

【例 6 - 6】 判断正项级数 $\sum\limits_{n=1}^{\infty} \dfrac{1}{\sqrt{n(n+1)}}$ 的敛散性.

解 因为 $\dfrac{1}{\sqrt{n(n+1)}} > \dfrac{1}{\sqrt{(n+1)^2}} = \dfrac{1}{n+1}$，而级数 $\sum\limits_{n=1}^{\infty} \dfrac{1}{n+1} = \sum\limits_{n=2}^{\infty} \dfrac{1}{n}$ 发散，所以

正项级数 $\sum\limits_{n=1}^{\infty} \dfrac{1}{\sqrt{n(n+1)}}$ 发散.

【例 6 - 7】 判断级数 $\sum\limits_{n=1}^{\infty} (\ln(1+n^2) - 2\ln n)$ 的敛散性.

解 由于 $\ln(1+n^2) - 2\ln n = \ln\left(1+\dfrac{1}{n^2}\right) > 0$，所以原级数是正项级数，根据第 2 章

第四节例 2 - 37 的结论，易知 $\ln\left(1+\dfrac{1}{n^2}\right) < \dfrac{1}{n^2}$，又因正向级数 $\sum\limits_{n=1}^{n} \dfrac{1}{n^2}$ 收敛，所以原级数

$\sum\limits_{n=1}^{\infty} (\ln(1+n^2) - 2\ln n)$ 也收敛.

【定理 6 - 4】 假设级数 $\sum\limits_{n=1}^{\infty} u_n$ 与 $\sum\limits_{n=1}^{\infty} v_n$ 都是正项级数，且 $\lim\limits_{n\to\infty}\dfrac{u_n}{v_n} = c$

（常数）.

定理 6 - 4

（1）如果 $0 < c < +\infty$，则正项级数 $\sum\limits_{n=1}^{\infty} u_n$ 与 $\sum\limits_{n=1}^{\infty} v_n$ 同时收敛，同时

发散；

（2）如果 $c = 0$，正项级数 $\sum\limits_{n=1}^{\infty} v_n$ 收敛，则正项级数 $\sum\limits_{n=1}^{\infty} u_n$ 也收敛；

（3）如果 $c = +\infty$，正项级数 $\sum\limits_{n=1}^{\infty} v_n$ 发散，则正项级数 $\sum\limits_{n=1}^{\infty} u_n$ 也发散.

【例 6 - 8】 判断级数 $\sum\limits_{n=1}^{\infty} \sin\dfrac{1}{n}$ 的敛散性.

解 显然该级数是正项级数，由于 $\lim\limits_{n\to\infty}\dfrac{\sin\dfrac{1}{n}}{\dfrac{1}{n}}=1$，所以正项级数 $\sum\limits_{n=1}^{\infty}\sin\dfrac{1}{n}$ 与正项级

数 $\sum\limits_{n=1}^{\infty}\dfrac{1}{n}$ 同敛散，而正项级数 $\sum\limits_{n=1}^{\infty}\dfrac{1}{n}$ 发散，故正项级数 $\sum\limits_{n=1}^{\infty}\sin\dfrac{1}{n}$ 发散.

【定理 6 – 5】 假设级数 $\sum\limits_{n=1}^{\infty}u_n$ 是正项级数，而 $\lim\limits_{n\to\infty}\dfrac{u_{n+1}}{u_n}=\rho$.

定理 6 – 5

（1）如果 $\rho<1$，则正项级数 $\sum\limits_{n=1}^{\infty}u_n$ 收敛；

（2）如果 $\rho>1$，则正项级数 $\sum\limits_{n=1}^{\infty}u_n$ 发散；

（3）如果 $\rho=1$，则正项级数 $\sum\limits_{n=1}^{\infty}u_n$ 可能收敛，也可能发散.

注 定理 6 – 5 称为正项级数**比值审敛法**的极限形式，又称为**达拉贝尔（D' Ale-mbert）审敛法**.

【定理 6 – 6】 假设级数 $\sum\limits_{n=1}^{\infty}u_n$ 是正项级数，$\lim\limits_{x\to\infty}\sqrt[n]{u_n}=\rho$.

定理 6 – 6

（1）如果 $\rho<1$，则正项级数 $\sum\limits_{n=1}^{\infty}u_n$ 收敛；

（2）如果 $\rho>1$，则正项级数 $\sum\limits_{n=1}^{\infty}u_n$ 发散；

（3）如果 $\rho=1$，则正项级数 $\sum\limits_{n=1}^{\infty}u_n$ 可能收敛，也可能发散.

注 定理 6 – 6 被称为**柯西（Cauchy）审敛法**，根据第 1 章第二节的习题，当一个

数列的一般项 $u_n>0$ 时，必然有 $\lim\limits_{x\to\infty}\sqrt[n]{u_n}=\lim\limits_{n\to\infty}\dfrac{u_{n+1}}{u_n}$，这说明定理 6 – 5 和定理 6 – 6 虽然

形式不同，却属于同一种审敛法.

【例 6 – 9】 判断级数 $\sum\limits_{n=0}^{\infty}\dfrac{x^n}{n!}$ 的敛散性，如果收敛，则求出和函数.

解 对于任意实数 x，由于 $\lim\limits_{n\to\infty}\left|\dfrac{n!}{x^n}\cdot\dfrac{x^{n+1}}{(n+1)!}\right|=\lim\limits_{n\to\infty}\dfrac{x}{n+1}=0<1$，所以级数

$\sum\limits_{n=0}^{\infty}\left|\dfrac{x^n}{n!}\right|$ 收敛，故幂级数 $\sum\limits_{n=0}^{\infty}\dfrac{x^n}{n!}$ 在全体实数上都绝对收敛.

既然级数 $\sum\limits_{n=0}^{\infty}\dfrac{x^n}{n!}$ 在全体实数上均收敛，那么它的和函数 $s(x)$ 必定是存在的，下面

利用幂级数的性质来探究它的和函数的表达式.

假设 $s(x)=\sum\limits_{n=0}^{\infty}\dfrac{x^n}{n!}$，$x\in(-\infty,+\infty)$，则 $s'(x)=\left(\sum\limits_{n=0}^{\infty}\dfrac{x^n}{n!}\right)'=\sum\limits_{n=1}^{\infty}\dfrac{nx^{n-1}}{n!}=\sum\limits_{n=1}^{\infty}\dfrac{x^{n-1}}{(n-1)!}=$

$\sum\limits_{n=0}^{\infty}\dfrac{x^n}{n!}=s(x)$，且 $s(0)=1$，因此得到带有初始条件的微分方程 $s'(x)=s(x)$，$s(0)=$

1, 经变量分离后积分可得 $s(x) = Ce^x$, 再根据初始条件得 $C = 1$, 所以幂级数的和函数为 $s(x) = e^x$, 即 $\displaystyle\sum_{n=0}^{\infty} \frac{x^n}{n!} = e^x$, $x \in (-\infty, +\infty)$.

注 有时候也称例 6-9 的方法为幂级数的微分方程解法.

形如 $\displaystyle\sum_{n=0}^{\infty} a_n(x - x_0)^n$ 的幂级数, 有

$$\lim_{n \to \infty} \left| \frac{a_{n+1}(x - x_0)^{n+1}}{a_n(x - x_0)^n} \right| = \lim_{n \to \infty} \left| \frac{a_{n+1}}{a_n} \right| \cdot |x - x_0|,$$

此时极限 $\displaystyle\lim_{n \to \infty} \left| \frac{a_{n+1}}{a_n} \right|$ 的值是可以确定的, 记为 ρ. 此时, 如果 $\rho \cdot |x - x_0| < 1$, 则幂级数绝对收敛.

【定理 6-7】 如果 $\displaystyle\lim_{n \to \infty} \left| \frac{a_{n+1}}{a_n} \right| = \rho$, a_n, a_{n+1} 表示相邻两项的系数, 则幂级数 $\displaystyle\sum_{n=0}^{\infty} a_n \cdot (x - x_0)^n$ 的收敛半径为

$$R = \begin{cases} 0, & \rho = +\infty \\ \dfrac{1}{\rho}, & 0 < \rho < +\infty. \\ +\infty, & \rho = 0 \end{cases}$$

定理 6-7

注 在确定幂级数的收敛半径时, 往往直接使用 $\left| \dfrac{a_n}{a_{n+1}} \right|$ 的极限来确定 R. 如果幂级数的一般项不是 $a_n(x - x_0)^n$ 的形式, 而是 $a_n \cdot (x - x_0)^{kn+b}$ 的形式, 其中 $(k > 0)$, b 都是常数, 那么由定理 6-6 确定的收敛半径需要修正为

$$R^k = \lim_{n \to \infty} \left| \frac{a_n}{a_{n+1}} \right|$$

的形式. 此时的收敛半径 R 需要对 $\left| \dfrac{a_n}{a_{n+1}} \right|$ 的极限开 k 次幂. 值得注意的是, 逐项求导和逐项求积不会改变幂级数的收敛半径和收敛区间, 但是可能改变其收敛域.

【例 6-10】 确定幂级数 $\displaystyle\sum_{n=0}^{\infty} \frac{(-1)^n}{(2n+1)!} x^{2n+1}$ 的收敛半径与收敛域以及和函数, 并计算 $\displaystyle\sum_{n=0}^{\infty} \frac{(-1)^n \cdot 2^{2n+1}}{(2n+1)!}$.

解 由于

$$R^2 = \lim_{n \to \infty} \left| \frac{\dfrac{(-1)^n}{(2n+1)!}}{\dfrac{(-1)^{n+1}}{(2n+3)!}} \right| = \lim_{n \to \infty} (2n+2)(2n+3) = +\infty,$$

所以幂级数 $\sum\limits_{n=0}^{\infty} \dfrac{(-1)^n}{(2n+1)!} x^{2n+1}$ 的收敛半径为 $R = +\infty$，故收敛域为 $(-\infty, +\infty)$，即幂级数在全体实数上都是收敛的.

假设 $s(x) = \sum\limits_{n=0}^{\infty} \dfrac{(-1)^n}{(2n+1)!} x^{2n+1}$，$x \in (-\infty, +\infty)$，则

$$s(x) = \sum\limits_{n=0}^{\infty} \dfrac{(-1)^n}{(2n+1)!} x^{2n+1} = x - \dfrac{x^3}{3!} + \dfrac{x^5}{5!} - \cdots + \dfrac{(-1)^n}{(2n+1)!} x^{2n+1} + \cdots,$$

因此，$s(0) = 0$，且

$$s'(x) = \sum\limits_{n=0}^{\infty} \dfrac{(-1)^n}{(2n)!} x^{2n} = 1 - \dfrac{x^2}{2!} + \dfrac{x^4}{4!} - \cdots + \dfrac{(-1)^n}{(2n)!} x^{2n} + \cdots,$$

$$s''(x) = \sum\limits_{n=1}^{\infty} \dfrac{(-1)^n}{(2n-1)!} x^{2n-1} = -x + \dfrac{x^3}{3!} - \dfrac{x^5}{5!} + \cdots - \dfrac{(-1)^n}{(2n+1)!} x^{2n+1} + \cdots = -s(x),$$

于是 $s'(0) = 1$，$s''(x) = -s(x)$，这是二阶常系数齐次线性微分方程，特征方程为 $r^2 = -1$，得特征根 $r = \pm i$，所以，关于和函数 $s(x)$ 的通解为

$$s(x) = C_1 \cos x + C_2 \sin x, \quad x \in (-\infty, +\infty).$$

根据初始条件 $s(0) = 0$ 和 $s'(0) = 1$，可得 $C_1 = 0$，$C_2 = 1$，于是幂级数 $\sum\limits_{n=0}^{\infty} \dfrac{(-1)^n}{(2n+1)!} x^{2n+1}$ 的和函数为

$$\sum\limits_{n=0}^{\infty} \dfrac{(-1)^n}{(2n+1)!} x^{2n+1} = \sin x, \quad x \in (-\infty, +\infty),$$

数项级数 $\sum\limits_{n=0}^{\infty} \dfrac{(-1)^n \cdot 2^{2n+1}}{(2n+1)!} = \sin 2$.

注 根据收敛的幂级数的逐项可导的性质，易知

$$\cos x = \sum\limits_{n=0}^{\infty} \dfrac{(-1)^n}{(2n)!} x^{2n}, \quad x \in (-\infty, +\infty).$$

从这里也可以看到，逐项求导并不改变幂级数的收敛半径，因此不改变幂级数的收敛区间，但是可能改变幂级数的收敛域. 类似地，逐项求积也有这样的效果. 从例 6-10 可以看出，在计算数项级数的和时可以构造相应的幂级数，利用幂级数的性质可以求出幂级数的和函数，再将相应的点代入即可.

【例 6-11】 求数项级数 $\sum\limits_{n=0}^{\infty} \dfrac{(-1)^n}{n+1}$ 的和.

解 对于幂级数 $\sum\limits_{n=0}^{\infty} x^n = \dfrac{1}{1-x}$（$-1 < x < 1$），以 $-x$ 代之，可得 $\sum\limits_{n=0}^{\infty} (-x)^n = \dfrac{1}{1+x}$

（$-1 < x < 1$），两边在 $[0, x]$ 上积分：$\displaystyle\int_0^x \dfrac{1}{1+t} \mathrm{d}t = \sum\limits_{n=0}^{\infty} (-1)^n \displaystyle\int_0^x t^n \mathrm{d}t$，得 $\ln(1+x) =$

$\sum\limits_{n=0}^{\infty} \dfrac{(-1)^n}{n+1} x^{n+1}$（$-1 < x \leqslant 1$），显然当 $x = 1$ 时即 $\sum\limits_{n=0}^{\infty} \dfrac{(-1)^n}{n+1}$，因此 $\sum\limits_{n=0}^{\infty} \dfrac{(-1)^n}{n+1} = \ln 2$.

注 例 6 – 11 说明，可以利用幂级数的和函数计算数项级数的和，且

$$\ln 2 = 1 - \frac{1}{2} + \frac{1}{3} - \frac{1}{4} + \cdots + \frac{(-1)^n}{n+1} + \cdots.$$

例 6 – 11 中的数项级数一般称为**交错级数**，即数项级数中的一般项是正负交错出现的.对于交错级数，有一个被称为莱布尼茨审敛法的定理可以判定其敛散性.

【定理 6 – 8】对于交错级数 $\sum\limits_{n=0}^{\infty} (-1)^n u_n$，其中 $u_n \geq 0$，如果数列 $\{u_n\}$ 单调递减，且 $\lim\limits_{n \to \infty} u_n = 0$，则其收敛.

定理 6 – 8

【例 6 – 12】判断级数 $\sum\limits_{n=1}^{\infty} \frac{(-1)^n}{n^p}$ 的敛散性.

解 显然当 $p > 0$ 时，$\frac{1}{n^p}$ 是单调递减且趋于 0 的，因此当 $p > 0$ 时，级数 $\sum\limits_{n=1}^{\infty} \frac{(-1)^n}{n^p}$ 收敛. 又因为 $\sum\limits_{n=1}^{\infty} \frac{1}{n^p}$ 在 $p \leq 1$ 时发散，在 $p > 1$ 时收敛. 所以当 $p \leq 1$ 时，级数 $\sum\limits_{n=1}^{\infty} \frac{(-1)^n}{n^p}$ 条件收敛，当 $p > 1$ 时，级数 $\sum\limits_{n=1}^{\infty} \frac{(-1)^n}{n^p}$ 绝对收敛.

【例 6 – 13】求下列数项级数的和.

(1) $\sum\limits_{n=1}^{\infty} \frac{2^n (-1)^n}{n!}$；(2) $\sum\limits_{n=1}^{\infty} \frac{e^{-n}}{n+1}$.

解 (1) 由于 $e^x = \sum\limits_{n=0}^{\infty} \frac{x^n}{n!}, x \in (-\infty, +\infty)$，所以

$$\sum\limits_{n=1}^{\infty} \frac{(-2)^n}{n!} = e^{-2}.$$

(2) 令 $s(x) = \sum\limits_{n=0}^{\infty} \frac{x^n}{n+1}$，则幂级数 $\sum\limits_{n=0}^{\infty} \frac{x^n}{n+1}$ 的收敛半径为 $R = 1$，且收敛域为 $[-1, 1)$，$s(0) = 1$，当 $x \neq 0$ 时，

$$[xs(x)]' = \left(\sum\limits_{n=0}^{\infty} \frac{x^{n+1}}{n+1} \right)' = \sum\limits_{n=0}^{\infty} x^n = \sum\limits_{n=0}^{\infty} x^n = \frac{1}{1-x},$$

因此 $xs(x) = ts(t) \big|_0^x = \int_0^x [ts(t)]' \mathrm{d}t = \int_0^x \frac{1}{1-t} \mathrm{d}t = -\ln(1-x)$，得幂级数 $\sum\limits_{n=0}^{\infty} \frac{x^n}{n+1}$ 的和函数为

$$s(x) = \begin{cases} -\dfrac{\ln(1-x)}{x}, & x \in [-1, 0) \cup (0, 1) \\ 1, & x = 0 \end{cases},$$

故 $\sum\limits_{n=1}^{\infty} \frac{e^{-n}}{n+1} = s(e^{-1}) = -\frac{\ln(1-e^{-1})}{e^{-1}} = e[1 - \ln(e-1)]$.

利用幂级数的和函数可以确定数项级数的和，而数项级数的和可以用来计算函数

的傅里叶级数在某个点的值，进而可以进一步扩展傅里叶级数的应用.

（三）函数展开成幂级数

【直接展开法】假设函数 $f(x)$ 在点 $x=x_0$ 的某邻域内能展开成幂级数，即

$$f(x)=a_0+a_1(x-x_0)+a_2(x-x_0)^2+\cdots+a_{n-1}(x-x_0)^{n-1}+\cdots=\sum_{n=0}^{\infty}a_n(x-x_0)^n,$$

$$(6-7)$$

根据幂级数和函数的性质易知

$$f^{(n)}(x)=n!\cdot a_n+(n+1)!\cdot a_{n+1}(x-x_0)+\cdot\frac{(n+1)!}{2!}a_{n+2}(x-x_0)^2+\cdots,$$

于是

$$f^{(n)}(x_0)=n!\cdot a_n,$$

从而函数 $f(x)$ 在点 $x=x_0$ 处展开的幂级数的系数为

$$a_n=\frac{f^{(n)}(x_0)}{n!}.\qquad(6-8)$$

因此，如果函数 $f(x)$ 在点 $x=x_0$ 处能展开成幂级数式（6-7），那么它的幂级数展开式中的系数必定满足式（6-8），即

$$f(x)=f(x_0)+f'(x_0)(x-x_0)+\frac{f''(x_0)}{2!}(x-x_0)^2+\cdots+\frac{f^{(n-1)}(x_0)}{(n-1)!}(x-x_0)^{n-1}+\cdots$$

$$=\sum_{n=0}^{\infty}\frac{f^{(n)}(x_0)}{n!}(x-x_0)^n,\qquad x\in(x_0-R,x_0+R)$$

$$(6-9)$$

称式（6-9）为函数 $f(x)$ 在点 $x=x_0$ 处的泰勒级数，有时也称为函数 $f(x)$ 在点 $x=x_0$ 处的泰勒展开式. 如果 $x_0=0$，则称其为函数 $f(x)$ 的麦克劳林级数或展开式：

$$f(x)=\sum_{n=0}^{\infty}\frac{f^{(n)}(0)}{n!}x^n,\qquad x\in(-R,R).\qquad(6-10)$$

将函数 $f(x)$ 展开成麦克劳林级数相对于展开成泰勒级数要方便得多. 事实上，将函数 $f(x)$ 求出 n 阶导数之后，将它在 $x_0=0$ 处的导数值计算出来，再将其代入式（6-9）即可得到其麦克劳林级数. 将函数 $f(x)$ 的麦克劳林级数确定之后，如果需要将函数在点 $x=x_0$ 处展开成泰勒级数，只需要将式（6-10）中的 x 换成 $x-x_0$ 即可.

【例 6-14】利用直接展开法，将 $f(x)=e^x$ 展开成麦克劳林级数.

解　由于函数 $f(x)=e^x$ 在 $(-\infty,+\infty)$ 上存在任意阶导数，且 $f^{(n)}(x)=e^x$，所以 $f^{(0)}(x)=1$，于是

$$f(x)=\sum_{n=0}^{\infty}\frac{f^{(n)}(0)}{n!}x^n=1+x+\frac{x^2}{2!}+\cdots+\frac{x^n}{n!}+\cdots=\sum_{n=0}^{\infty}\frac{x^n}{n!},\qquad x\in(-\infty,+\infty),$$

其收敛半径为

$$R = \lim_{n \to \infty} \left| \frac{\dfrac{1}{n!}}{\dfrac{1}{(n+1)!}} \right| = \lim_{n \to \infty} (n+1) = +\infty,$$

因此

$$e^x = 1 + x + \frac{x^2}{2!} + \cdots + \frac{x^n}{n!} + \cdots = \sum_{n=0}^{\infty} \frac{x^n}{n!}, x \in (-\infty, +\infty).$$

将函数展开成幂级数的好处是可以作近似计算，在图像上表现为函数 $f(x)$ 与其幂级数的图像的重合程度，两条曲线的重合程度越高，说明它们的函数值在同一个自变量下越接近，近似效果越好.

从图 6 - 1 中可以直观地发现，之所以当 $x \to 0$ 时有 $e^x - 1 \sim x$，是因为在 $x = 0$ 附近，函数 $f(x) = e^x$ 与直线 $y = x + 1$ 的图像重合程度非常高.

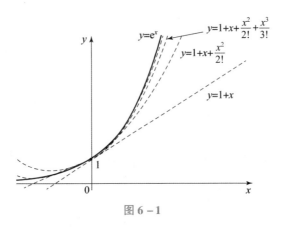

图 6 - 1

以后可以利用如下幂级数展开式将函数进行幂级数展开.

$$e^x = 1 + x + \frac{x^2}{2!} + \cdots + \frac{x^n}{n!} + \cdots = \sum_{n=0}^{\infty} \frac{x^n}{n!}, \quad x \in (-\infty, +\infty).$$

$$\sin x = x - \frac{x^3}{3!} + \frac{x^5}{5!} - \cdots + \frac{(-1)^n}{(2n+1)!} x^{2n+1} + \cdots = \sum_{n=0}^{\infty} \frac{(-1)^n}{(2n+1)!} x^{2n+1}, \quad x \in (-\infty, +\infty).$$

$$\frac{1}{1-x} = 1 + x + x^2 + \cdots + x^{n-1} + \cdots = \sum_{n=0}^{\infty} x^n, \quad x \in (-1, 1).$$

$$(1+x)^{\alpha} = 1 + \alpha x + \frac{\alpha(\alpha-1)}{2!} x^2 + \cdots + \frac{\alpha(\alpha-1)\cdots(\alpha-n+1)}{n!} x^n + \cdots.$$

利用上述公式将函数展开成幂级数的方法称为间接展开法. 下面通过几个例题来说明间接展开法的使用.

【例 6 - 15】将函数 $f(x) = 2^x$ 分别在点 $x = 0$ 和 $x = 1$ 处展开成幂级数.

解　由于 $f(x) = 2^x = e^{x \ln 2}$，而

$$e^x = 1 + x + \frac{x^2}{2!} + \cdots + \frac{x^n}{n!} + \cdots = \sum_{n=0}^{\infty} \frac{x^n}{n!}, \quad x \in (-\infty, +\infty),$$

所以函数在点 $x = 0$ 处展开为幂级数如下：

$$f(x) = 2^x = e^{x\ln 2} = \sum_{n=0}^{\infty} \frac{(x\ln 2)^n}{n!} = \sum_{n=0}^{\infty} \frac{(\ln 2)^n}{n!} x^n, \quad x \in (-\infty, +\infty).$$

$f(x) = 2^x = 2 \cdot 2^{x-1} = 2e^{(x-1)\ln 2}$，因此函数在点 $x = 1$ 处展开为幂级数如下：

$$f(x) = 2e^{(x-1)\ln 2} = 2\sum_{n=0}^{\infty} \frac{[(x-1)\ln 2]^n}{n!} = 2\sum_{n=0}^{\infty} \frac{(\ln 2)^n}{n!} (x-1)^n, \quad x \in (-\infty, +\infty).$$

【例 6 - 16】将函数 $f(x) = \dfrac{1}{x^2 - 3x + 2}$ 分别在点 $x = 0$ 和 $x = 3$ 处展开成幂级数.

解 由于 $f(x) = \dfrac{1}{x^2 - 3x + 2} = \dfrac{1}{(x-1)(x-2)} = \dfrac{1}{x-2} - \dfrac{1}{x-1}$，于是，在点 $x = 0$ 处，

$$f(x) = \frac{1}{1-x} - \frac{1}{2} \cdot \frac{1}{1 - \dfrac{x}{2}}.$$

因为 $\dfrac{1}{1-x} = \sum\limits_{n=0}^{\infty} x^n, \ x \in (-1, 1)$，所以

$$f(x) = \frac{1}{1-x} - \frac{1}{2} \cdot \frac{1}{1 - \dfrac{x}{2}} = \sum_{n=0}^{\infty} x^n - \frac{1}{2} \sum_{n=0}^{\infty} \left(\frac{x}{2}\right)^n = \sum_{n=0}^{\infty} \left(1 - \frac{1}{2^{n+1}}\right) x^n, \ x \in (-1, 1).$$

在点 $x = 3$ 处展开时，

$$f(x) = \frac{1}{x^2 - 3x + 2} = \frac{1}{(x-1)(x-2)} = \frac{1}{1 + x - 3} - \frac{1}{2 + x - 3} = \frac{1}{1 + (x-3)} - \frac{1}{2} \cdot \frac{1}{1 + \dfrac{x-3}{2}}.$$

由于 $\dfrac{1}{1+x} = \sum\limits_{n=0}^{\infty} (-1)^n x^n, \ x \in (-1, 1)$，所以

$$f(x) = \frac{1}{1 + (x-3)} - \frac{1}{2} \cdot \frac{1}{1 + \dfrac{x-3}{2}} = \sum_{n=0}^{\infty} (-1)^n (x-3)^n - \frac{1}{2} \sum_{n=0}^{\infty} (-1)^n \left(\frac{x-3}{2}\right)^n$$

$$= \sum_{n=0}^{\infty} (-1)^n \left(1 - \frac{1}{2^{n+1}}\right) (x-3)^n,$$

$$= \sum_{n=0}^{\infty} (-1)^n \left(1 - \frac{1}{2^{n+1}}\right) (x-3)^n, x \in (2, 4).$$

【例 6 - 17】将函数 $f(x) = x^2 \ln(1+x)$ 展开成麦克劳林级数，并计算 $f^{(n)}(0)$.

解 由于 $\dfrac{1}{1+x} = \sum\limits_{n=0}^{\infty} (-1)^n x^n, \ x \in (-1, 1)$，而 $\ln(1+x) = \int_0^x \dfrac{1}{1+t} dt =$

$$\sum_{n=0}^{\infty} \int_0^x (-1)^n t^n dt = \sum_{n=0}^{\infty} \frac{(-1)^n}{n+1} x^{n+1}, \ 所以 f(x) = x^2 \ln(1+x) = x^2 \sum_{n=0}^{\infty} \frac{(-1)^n}{n+1} x^{n+1} =$$

$$\sum_{n=0}^{\infty} \frac{(-1)^n}{n+1} x^{n+3}.$$

由于逐项求积不改变幂级数的收敛半径，但是可能改变其收敛域，所以需要讨论其在端点处的收敛性. 显然 $x = -1$ 时，级数 $\sum_{n=0}^{\infty} \frac{(-1)^n}{n+1} (-1)^{n+3} = -\sum_{n=0}^{\infty} \frac{1}{n+1}$ 发散，

$x = 1$ 时，级数 $\sum_{n=0}^{\infty} \frac{(-1)^n}{n+1}$ 是交错级数收敛，因此收敛域为：$(-1, 1]$.

因为 $f(x) = \sum_{n=0}^{\infty} \frac{(-1)^n}{n+1} x^{n+3} = \sum_{k=0}^{\infty} \frac{(-1)^k}{k+1} x^{k+3}$，所以计算 $f^{(n)}(0)$ 时，只需计算幂级数中 x^n 项的系数即可，故 $f^{(n)}(0) = \frac{(-1)^{n-3}}{n-2} n!$.

四、正弦级数与余弦级数

在傅里叶级数中，既有正弦函数，又有余弦函数，一般项的系数为

$$a_0 = \frac{1}{\pi} \int_{-\pi}^{\pi} f(x) \,\mathrm{d}x;$$

$$a_n = \frac{1}{\pi} \int_{-\pi}^{\pi} f(x) \cos nx \,\mathrm{d}x \, (n = 1, 2, 3, \cdots);$$

$$b_n = \frac{1}{\pi} \int_{-\pi}^{\pi} f(x) \sin nx \,\mathrm{d}x \, (n = 1, 2, 3, \cdots).$$

从傅里叶系数的计算公式中易知，它们都是函数 $f(x)$ 与正弦函数或余弦函数在对称区间 $[-\pi, \pi]$ 上的积分. 根据对称区间上定积分满足"偶倍奇零"的结论，如果函数 $f(x)$ 是奇函数，则 $f(x) \cos nx$ 是奇函数，因此 $a_n = 0$，如果函数 $f(x)$ 是偶函数，则 $f(x) \cdot \sin nx$ 是奇函数，因此 $b_n = 0$，这说明奇函数的傅里叶级数只含有正弦函数，偶函数的傅里叶级数只含有余弦函数. 这正好符合傅里叶级数收敛定理（狄利克雷充分条件）. 一般地，只含有正弦函数的傅里叶级数称为**正弦级数**，即

$$\sum_{n=0}^{\infty} b_n \sin nx;$$

只含有余弦函数的傅里叶级数称为**余弦级数**，即

$$\frac{a_0}{2} + \sum_{n=0}^{\infty} a_n \sin nx.$$

【例 6 – 18】在区间 $[-\pi, \pi)$ 上，将函数 $f(x) = x$ 展开成傅里叶级数.

解 为了满足傅里叶级数收敛定理，需补充定义，函数在点 $x = (2k+1)\pi (k = 0, \pm 1, \pm 2, \cdots)$ 处不连续，如图 6 – 2 所示，因此根据收敛定理函数 $f(x) = x$ 在点 $x = (2k+1)\pi$ 处收敛于

$$\frac{\lim\limits_{x \to \pi^-} f(x) + \lim\limits_{x \to \pi^+} f(x)}{2} = \frac{\pi - \pi}{2} = 0,$$

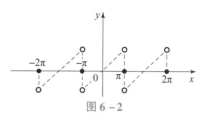

在连续点处 $(x \neq (2k+1)\pi)$ 收敛于 $f(x)$. 如果不考虑不连续点 $x = (2k+1)\pi$,则函数 $f(x)$ 是以 2π 为周期的奇函数,因此

图 6 - 2

$$a_n = 0, b_n = \frac{1}{\pi}\int_{-\pi}^{\pi} f(x)\sin nx\,\mathrm{d}x = \frac{2}{\pi}\int_0^{\pi} x\sin nx\,\mathrm{d}x = -\frac{2}{n\pi}\int_0^{\pi} x\mathrm{d}\cos nx$$

$$= -\frac{2}{n\pi}x\cos nx\Big|_0^{\pi} + \frac{2}{n\pi}\int_0^{\pi}\cos nx\,\mathrm{d}x = \frac{2}{n}(-1)^{n+1},$$

于是 $f(x) = 2\sum\limits_{n=1}^{\pi} \dfrac{(-1)^{n+1}}{n}\sin nx.$

【例 6 - 19】 将函数 $f(x) = x^2$,$x \in [-\pi, \pi]$ 展开成傅里叶级数.

解 扩充函数的定义,使它成为周期为 2π 的周期函数,如图 6 - 3 所示. 由于函数 $f(x)$ 是偶函数,它的傅里叶级数中只含有余弦项,所以

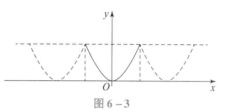

图 6 - 3

$$b_n = 0, a_0 = \frac{1}{\pi}\int_{-\pi}^{\pi} f(x)\,\mathrm{d}x = \frac{2}{\pi}\int_0^{\pi} x^2\,\mathrm{d}x = \frac{2}{3\pi}x^3\Big|_0^{\pi} = \frac{2}{3}\pi^2,$$

$$a_n = \frac{1}{\pi}\int_{-\pi}^{\pi} f(x)\cos nx\,\mathrm{d}x = \frac{2}{\pi}\int_0^{\pi} x^2\cos nx\,\mathrm{d}x = \frac{4}{n^2}\cos n\pi = \frac{4}{n^2}(-1)^n \quad (n = 1, 2, 3, \cdots),$$

于是

$$f(x) = x^2 = \frac{2}{3}\pi^2 + 4\sum_{n=1}^{\infty} \frac{(-1)^n}{n^2}\cos nx, x \in [-\pi, \pi].$$

【例 6 - 20】 计算以下瑕积分.

$$(1)\ \int_0^1 \frac{\ln(1+x)}{x}\mathrm{d}x; \qquad (2)\ \int_0^1 \frac{\ln(1-x)}{x}\mathrm{d}x.$$

解 (1) 显然瑕点为 $x = 0$,由于 $\dfrac{1}{1+x} = \sum\limits_{n=0}^{\infty} (-1)^n x^n$,所以 $\ln(1+x) = \sum\limits_{n=0}^{\infty} \dfrac{(-1)^n}{n+1} \cdot x^{n+1}$,$x \in (-1, 1]$,于是

$$\frac{\ln(1+x)}{x} = \sum_{n=0}^{\infty} \frac{(-1)^n}{n+1}x^n,$$

故知

$$\int_0^1 \frac{\ln(1+x)}{x}\mathrm{d}x = \sum_{n=0}^{\infty} \frac{(-1)^n}{n+1}\int_0^1 x^n\mathrm{d}x = \sum_{n=0}^{\infty} \frac{(-1)^n}{(n+1)^2} = \sum_{n=1}^{\infty} \frac{(-1)^n}{n^2} = \frac{\pi^2}{12}.$$

（2）显然瑕点为 $x=0$，与（1）同理，由于 $\ln(1-x) = -\sum_{n=0}^{\infty} \frac{1}{n+1}x^{n+1}$，所以

$$\frac{\ln(1-x)}{x} = -\sum_{n=0}^{\infty} \frac{1}{n+1}x^n, \ x \in [-1,1), \text{于是} \int_0^1 \frac{\ln(1-x)}{x}\mathrm{d}x = -\sum_{n=0}^{\infty} \frac{1}{n+1}\int_0^1 x^n \mathrm{d}x =$$

$$-\sum_{n=0}^{\infty} \frac{1}{(n+1)^2} = -\sum_{n=1}^{\infty} \frac{1}{n^2} = -\frac{\pi^2}{6}.$$

五、周期为 $2l$ 的函数的傅里叶级数

将周期 T 看作 $2l$，那么对于以 $2l$ 为周期的周期函数的傅里叶级数展开可以根据如下定理进行.

【定理 6-9】设周期为 $2l$ 的周期函数 $f(x)$ 满足狄利克雷充分条件（傅里叶级数收敛定理），则它的傅里叶展开式为

$$f(x) = \frac{a_0}{2} + \sum_{n=1}^{\infty} \left(a_n \cos\frac{n\pi x}{l} + b_n \sin\frac{n\pi x}{l} \right),$$

其中，

$$a_n = \frac{1}{l}\int_{-l}^{l} f(x)\cos\frac{n\pi x}{l}\mathrm{d}x \ (n=1,2,3,\cdots),$$

$$b_n = \frac{1}{l}\int_{-l}^{l} f(x)\sin\frac{n\pi x}{l}\mathrm{d}x \ (n=1,2,3,\cdots).$$

如果 $f(x)$ 是奇函数，则，$f(x) = \sum_{n=1}^{\infty} b_n \sin\frac{n\pi x}{l}$，其中，$b_n = \frac{2}{l}\int_0^l f(x)\sin\frac{n\pi x}{l}\mathrm{d}x \ (n=1,2,3,$

$\cdots)$；如果 $f(x)$ 是偶函数，则 $f(x) = \frac{a_0}{2} + \sum_{n=1}^{\infty} a_n \cos\frac{n\pi x}{l}$，其中，$a_n = \frac{2}{l}\int_0^l f(x)\cos\frac{n\pi x}{l}\mathrm{d}x \ (n=$

$1,2,3,\cdots)$.

【例 6-21】设矩形波函数 $f(x)$ 是以 4 为周期的周期函数，它在 $[-2,2)$ 上的表达式为

$$f(x) = \begin{cases} 0, & -2 \leqslant x < 0 \\ A, & 0 \leqslant x < 2 \end{cases}.$$

将矩形波函数 $f(x)$ 展开成傅里叶级数，并画出其部分和函数的图像与图 6-4 比较.

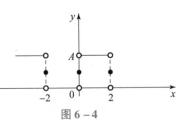

图 6-4

解　由于 $l=2$，所以傅里叶系数为

$$a_0 = \frac{1}{2} \int_{-2}^{2} f(x)\,\mathrm{d}x = \frac{A}{2} \int_{0}^{2} 1\,\mathrm{d}x = A,$$

$$a_n = \frac{1}{2} \int_{-2}^{2} f(x) \cos\frac{n\pi x}{2}\,\mathrm{d}x = \frac{A}{2} \int_{0}^{2} \cos\frac{n\pi x}{2}\,\mathrm{d}x = \frac{A}{n\pi} \sin\frac{n\pi x}{2}\bigg|_{0}^{2} = 0 \ (n = 1,2,3,\cdots),$$

$$b_n = \frac{1}{2} \int_{-2}^{2} f(x) \sin\frac{n\pi x}{2}\,\mathrm{d}x = \frac{A}{2} \int_{0}^{2} \sin\frac{n\pi x}{2}\,\mathrm{d}x = -\frac{A}{n\pi} \cos\frac{n\pi x}{2}\bigg|_{0}^{2} = \frac{2A}{(2n-1)\pi}(n = 1,2,3,\cdots).$$

于是, 以 4 为周期的矩形波函数的傅里叶级数为

$$f(x) = A + \sum_{n=1}^{\infty} \frac{2A}{(2n-1)\pi} \sin\frac{n\pi x}{2} = A + \frac{2A}{\pi} \sum_{n=1}^{\infty} \frac{1}{2n-1} \sin\frac{n\pi x}{2}(-\infty < x < +\infty).$$

其部分和函数如图 6-5 所示.

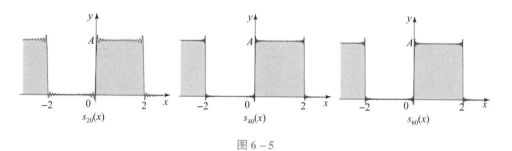

图 6-5

从和函数的图像可以看出, 随着 n 的增大, 函数 $f(x)$ 的傅里叶级数部分和函数的图像与函数 $f(x)$ 的图像是不断趋于一致的, 且在端点处的函数值收敛到端点处左、右极限和算术平均数. 这也说明了任何周期函数都可以认为是正弦函数或余弦函数的叠加, 甚至可以认为自然界中的任何函数都有一个基本的单位, 即正弦函数或余弦函数. 现代物理学中的"弦"理论也认为物质的基本态由弦振动的象组成.

想一想, 练一练

1. 将下列函数定义进行扩充 (周期延拓) 使其成为以 2π 为周期的周期函数, 试将其展开成傅里叶级数.

(1) $f(x) = |x| \ (-\pi \leqslant x < \pi)$;　　　　(2) $f(x) = 3x^2 + 1 \ (-\pi \leqslant x < \pi)$;

(3) $f(x) = \mathrm{e}^{2x} \ (-\pi \leqslant x < \pi)$;　　　　(4) $f(x) = \sin x \ (-\pi \leqslant x < \pi)$;

(5) $f(x) = \cos x \ (-\pi \leqslant x < \pi)$;　　　　(6) $f(x) = 2\sin\frac{x}{3} \ (-\pi \leqslant x \leqslant \pi)$.

2. 判断下列级数的敛散性.

(1) $\sum_{n=0}^{\infty} \frac{1}{2n+1}$;　　　　(2) $\sum_{n=0}^{\infty} \frac{(-1)^n}{2n+1}$;　　　　(3) $\sum_{n=0}^{\infty} \frac{n+1}{n^2+1}$;

(4) $\displaystyle\sum_{n=0}^{\infty} \frac{1}{(n+1)(n+3)}$；　　(5) $\displaystyle\sum_{n=0}^{\infty} \sin \frac{\pi}{2^n}$；　　(6) $\displaystyle\sum_{n=0}^{\infty} \cos \frac{\pi}{2^n}$；

(7) $\displaystyle\sum_{n=0}^{\infty} \frac{n+1}{3^{\sqrt{n}}}$；　　(8) $\displaystyle\sum_{n=2}^{\infty} \frac{1}{(\ln n)^{\ln n}}$；　　(9) $\displaystyle\sum_{n=1}^{\infty} \frac{2^n}{3^n n}$；

(10) $\displaystyle\sum_{n=1}^{\infty} \frac{2^n n!}{n^n}$；　　(11) $\displaystyle\sum_{n=0}^{\infty} \frac{(-1)^n}{2n+1}$；　　(12) $\displaystyle\sum_{n=1}^{\infty} \left(\frac{n}{2n+1}\right)^n$；

(13) $\displaystyle\sum_{n=1}^{\infty} \left(\frac{2n-1}{3n+2}\right)^{2n+1}$；　　(14) $\displaystyle\sum_{n=1}^{\infty} \frac{(-1)^n n}{3^{n-1}}$；　　(15) $\displaystyle\sum_{n=0}^{\infty} \frac{2^n (-1)^{n+1}}{n!}$.

3. 求下列幂级数的和函数，并写出收敛域.

(1) $\displaystyle\sum_{n=1}^{\infty} n x^n$；　　(2) $\displaystyle\sum_{n=1}^{\infty} \frac{(-1)^n}{n^2} x^n$；　　(3) $\displaystyle\sum_{n=1}^{\infty} \frac{x^n}{(2n)!!}$；

(4) $\displaystyle\sum_{n=1}^{\infty} \frac{x^n}{3^n n}$；　　(5) $\displaystyle\sum_{n=0}^{\infty} \frac{2n+1}{2^{2n+1}} x^{2n}$；　　(6) $\displaystyle\sum_{n=1}^{\infty} n(x-1)^{n-1}$；

(7) $\displaystyle\sum_{n=1}^{\infty} \frac{3^n + 5^n}{2} x^n$；　　(8) $\displaystyle\sum_{n=1}^{\infty} n(x+1)^n$；　　(9) $\displaystyle\sum_{n=1}^{\infty} \frac{x^{2n-1}}{3^n}$；

(10) $\displaystyle\sum_{n=1}^{\infty} \frac{(n-1)^2}{n+1} x^n$；　　(11) $\displaystyle\sum_{n=0}^{\infty} \frac{1}{2n+1} x^{2n}$；　　(12) $\displaystyle\sum_{n=0}^{\infty} \frac{x^{2n+2}}{(2n+1)!}$；

(13) $\displaystyle\sum_{n=1}^{\infty} \frac{(-1)^n x^{2n}}{(2n)!}$；　　(14) $\displaystyle\sum_{n=1}^{\infty} \frac{2n-1}{2^n} x^{2n-2}$；　　(15) $\displaystyle\sum_{n=0}^{\infty} \frac{(-1)^{n+1}}{n!} x^{n+1}$.

4. 已知幂级数 $\displaystyle\sum_{n=1}^{\infty} a_n (x-1)^n$ 在点 $x = -3$ 处条件收敛，则幂级数的收敛区间为

_____.

5. 假设幂级数 $\displaystyle\sum_{n=1}^{\infty} a_n (x-1)^n$ 的收敛半径为 R_1，$\displaystyle\sum_{n=1}^{\infty} b_n (x-1)^n$ 的收敛半径为 R_2，

试验证两个幂级数的和、差形成的幂级数 $\displaystyle\sum_{n=1}^{\infty} (a_n \pm b_n)(x-1)^n$ 的收敛半径为 $R = \min\{R_1, R_2\}$.

6. 正项级数 $\displaystyle\sum_{n=1}^{\infty} u_n$ 与 $\displaystyle\sum_{n=1}^{\infty} v_n$ 都收敛，试判断正项级数 $\displaystyle\sum_{n=1}^{\infty} (u_n + v_n)^2$ 的敛散性.

7. 已知级数 $\displaystyle\sum_{n=1}^{\infty} a_n$ 绝对收敛，对于任意的非零常数 t，试判断级数 $\displaystyle\sum_{n=1}^{\infty} \frac{(-1)^n a_n}{\sqrt{n^2 + t}}$ 的

敛散性.

8. 设函数 $f(x)$ 是以 2π 为周期的函数，它在 $[-\pi, \pi)$ 上的表达式为

$$f(x) = \begin{cases} 0, & x \in [-\pi, 0) \\ \mathrm{e}^x, & x \in [0, \pi) \end{cases},$$

试将函数 $f(x)$ 展开成傅里叶级数.

9. 设函数 $f(x)$ 以 2π 为周期，在 $[-\pi, \pi]$ 上连续，a_n，b_n 是它的傅里叶系数，试

验证：

（1）若 $f(-x)=f(x)$，$f(\pi-x)=-f(x)$，则 $a_{2n}=0$，$b_n=0$；

（2）若 $f(-x)=f(x)$，$f(\pi-x)=f(x)$，则 $a_{2n-1}=0$，$b_n=0$；

（3）若 $f(-x)=-f(x)$，$f(\pi-x)=-f(x)$，则 $a_n=0$，$b_{2n-1}=0$；

（4）若 $f(-x)=-f(x)$，$f(\pi-x)=f(x)$，则 $a_n=0$，$b_{2n}=0$.

10. 设函数 $f(x)$ 是周期为 2 的周期函数，它在区间 $[-1,1)$ 上的表达式为 $f(x)=\mathrm{e}^{-x}$，试将其展开成复数形式的傅里叶级数.

11. 已知函数 $f(x)=3x^2-6\pi x$，$x\in[0,\pi]$，试将其展开成余弦级数，并求其和.

12. 已知 $f(x)=\dfrac{\pi}{2}\cdot\dfrac{\mathrm{e}^x+\mathrm{e}^{-x}}{\mathrm{e}^\pi-\mathrm{e}^{-\pi}}$，在区间 $[-\pi,\pi]$ 上将其展开成傅里叶级数，并求级数 $\displaystyle\sum_{n=1}^{\infty}\dfrac{(-1)^n}{1+(2n)^2}$ 的和.

13. 将函数 $f(x)=x$ $(0<x<2)$ 展开成余弦级数.

第二节　傅里叶变换

【问题引入】观察机器的运行状态是按照时间的顺序进行的，这种以时间作为参照来观察动态世界的方法称为**时域分析**. 由第一节的知识可以知道，任何事物的运动都伴随一定的振动，只要有振动就有频率. 频率的变化范围称为**频域**. 傅里叶告诉我们，时域是随着时间不断地变化的，但频域可以固定在某个特定的值上. 例如，用小锤轻轻敲击金属，金属会发出一定的声音，随着时间的流逝，声音呈现衰减的变化，这是动态的时域分析，但是声音的变化无疑就是几种音符的变化，而音符本质上是不变的，即连续几次以同样的力度敲击金属时，总会在相同的时间间隔出现相同的音符. 事实上，钢琴的弹奏就是这样的现象，无论多么复杂的曲子，它在频域上都表现为音符. 贯穿时域与频域的方法之一就是**傅里叶分析**（Fourier Analysis）. 傅里叶分析包括傅里叶级数和傅里叶变换. 傅里叶级数是对周期函数进行三角级数展开的表现，这在第一节中已经介绍，而对于非周期函数，傅里叶级数就不能用来展开分析了，此时需要引入傅里叶变换对非周期函数进行分析.

一、傅里叶变换的概念

【**傅里叶变换**】设函数 $f(x)$ 在任何有限区间上满足狄利克雷充分条件（傅里叶级数收敛定理）且在 $(-\infty,+\infty)$ 上绝对可积（即 $\displaystyle\int_{-\infty}^{+\infty}|f(x)|\mathrm{d}x$ 存在），则称函数

$$F(\lambda) = \frac{1}{\sqrt{2\pi}} \int_{-\infty}^{+\infty} f(x) e^{-\lambda i x} dx$$

为函数 $f(x)$ 的傅里叶变换，记为 $\mathscr{F}[f(x)]$，即

$$F(\lambda) = \mathscr{F}[f(x)],$$

称

$$f(x) = \frac{1}{\sqrt{2\pi}} \int_{-\infty}^{+\infty} F(\lambda) e^{\lambda i x} d\lambda$$

为 $F(\lambda)$ 的傅里叶逆变换，记为 $f(x) = \mathscr{F}^{-1}[F(\lambda)]$，函数 $F(\lambda)$ 称为函数 $f(x)$ 在傅里叶变换下的象（或象函数），函数 $f(x)$ 称为 $F(\lambda)$ 的象原函数.

【例 6 – 22】求脉冲函数 $f(t)$ 的傅里叶变换，其中，

$$f(t) = \begin{cases} A, & 0 \le t \le 1 \\ 0, & t < 0 \text{ 或 } t > 1 \end{cases}.$$

解 $F(\lambda) = \mathscr{F}[f(t)] = \frac{1}{\sqrt{2\pi}} \int_{-\infty}^{+\infty} f(t) e^{-\lambda i t} dt = \frac{A}{\sqrt{2\pi}} \int_0^1 e^{-\lambda i t} dt = -\frac{A}{\sqrt{2\pi}\lambda i} e^{-\lambda i t} \Big|_0^1 =$

$\frac{A}{\sqrt{2\pi}\lambda i} (1 - e^{-\lambda i})$.

【例 6 – 23】求函数 $F(\lambda) = \sqrt{2\pi}\delta(\lambda)$ 的傅里叶逆变换.

解 $f(t) = \mathscr{F}^{-1}[\sqrt{2\pi}\delta(\lambda)] = \frac{1}{\sqrt{2\pi}} \int_{-\infty}^{+\infty} \sqrt{2\pi}\delta(\lambda) e^{\lambda i t} d\lambda = 1.$

【例 6 – 24】已知输出信号 $F(\lambda) = \frac{1}{\sqrt{2\pi}\lambda i} + \sqrt{\frac{\pi}{2}}\delta(\lambda)$ 是由傅里叶变换得到的，求输入信号函数.

解 $f(t) = \mathscr{F}^{-1}\left[\frac{1}{\sqrt{2\pi}\lambda i} + \sqrt{\frac{\pi}{2}}\delta(\lambda)\right] = \frac{1}{\sqrt{2\pi}} \int_{-\infty}^{+\infty} \left(\frac{1}{\sqrt{2\pi}\lambda i} + \sqrt{\frac{\pi}{2}}\delta(\lambda)\right) e^{\lambda i t} d\lambda$

$= \frac{1}{\sqrt{2\pi}} \int_{-\infty}^{+\infty} \frac{1}{\sqrt{2\pi}\lambda i} e^{\lambda i t} d\lambda + \frac{1}{\sqrt{2\pi}} \int_{-\infty}^{+\infty} \sqrt{\frac{\pi}{2}}\delta(\lambda) e^{\lambda i t} d\lambda$

$= \frac{1}{2} + \frac{1}{\pi} \int_0^{+\infty} \frac{\sin \lambda t}{\lambda} d\lambda$

$= \begin{cases} 1, & t > 0 \\ 0, & t < 0 \end{cases}.$

这恰好是单元阶跃函数 $\varepsilon(t)$，即 $\mathscr{F}[\varepsilon(t)] = \frac{1}{\sqrt{2\pi}\lambda i} + \sqrt{\frac{\pi}{2}}\delta(\lambda)$.

【例 6 – 25】对正弦交流电信号 $i(t) = \sin \omega t$ 进行傅里叶变换.

解 根据欧拉公式 $e^{ix} = \cos x + i\sin x$，$e^{-ix} = \cos x - i\sin x$，则 $\sin \omega t = \frac{e^{i\omega t} - e^{-i\omega t}}{2i}$，因此，

$$\mathscr{F}[i(t)] = \mathscr{F}\left[\frac{e^{i\omega t} - e^{-i\omega t}}{2i}\right] = \frac{1}{\sqrt{2\pi}}\int_{-\infty}^{+\infty}\frac{e^{i\omega t} - e^{-i\omega t}}{2i}e^{-i\lambda t}dt = -i\sqrt{\frac{\pi}{2}}[\delta(\lambda + \omega) - \delta(\lambda - \omega)].$$

二、傅里叶变换的性质

【性质6-6】线性组合性：假设 $\mathscr{F}[f(x)] = F(\lambda)$，$\mathscr{F}[g(x)] = G(\lambda)$，则 $\mathscr{F}[\alpha f(x) \pm \beta g(x)] = \alpha F(\lambda) \pm \beta G(\lambda)$.

注 性质6-6说明两个都满足傅里叶级数收敛定理的函数 $f(x)$，$g(x)$，它们的线性组合的傅里叶变换等于各自傅里叶变换的线性组合. 这个性质是根据线性组合的积分等于积分的线性组合得到的.

【性质6-7】相似性质：$\mathscr{F}[f(\alpha x)] = \frac{1}{|\alpha|}F\left(\frac{\lambda}{\alpha}\right)$，其中 α 是非零常数，特别地，$\mathscr{F}[f(-x)] = F(-\lambda)$.

【性质6-8】平移性质：$\mathscr{F}[f(x + x_0)] = e^{\pm\lambda i x_0}\mathscr{F}[f(x)]$，$\mathscr{F}^{-1}[f(\lambda \mp x_0)] = e^{\pm\lambda i x_0}\mathscr{F}^{-1}[F(\lambda)] = e^{\pm\lambda i x_0}f(t)$.

【性质6-9】微分性质：$\mathscr{F}[f'(x)] = \lambda i F(\lambda)$，$\mathscr{F}[f^{(n)}(x)] = (\lambda i)^n\mathscr{F}[f(x)]$.

注 性质6-9说明可以将一个微分方程通过傅里叶变换后转换为一个代数方程，即可以对一个微分方程两侧同时进行傅里叶变换，变换之后微分方程就变成了代数方程，通过求解代数方程，可以得到代数方程的解，再利用傅里叶逆变换即可得到微分方程的解. 对于傅里叶逆变换也有类似的性质. 假设函数 $f(x)$ 与函数 $\lambda x f(x)$ 均满足傅里叶收敛定理的条件，则 $\mathscr{F}^{-1}[F(\lambda)] = -ixf(x)$，也可以表示为 $[F'(\lambda)] = \mathscr{F}[-ixf(x)]$. 该性质与拉普拉斯变换是等同的. 事实上，拉普拉斯变换可以认为是傅里叶变换的特殊情况.

【性质6-10】对称性质：若 $\mathscr{F}[f(x)] = F(\lambda)$，则 $\mathscr{F}[F(t)] = f(-\lambda)$.

表6-1给出了部分常用的傅里叶变换，在应用时可以直接查表使用.

表6-1 常用的傅里叶变换

序号	$f(x)$	$\mathscr{F}(\lambda)$
1	$f(x) = \frac{1}{\sqrt{2\pi}}\int_{-\infty}^{+\infty}F(\lambda)e^{i\lambda t}d\lambda$	$F(\lambda) = \frac{1}{\sqrt{2\pi}}\int_{-\infty}^{+\infty}f(x)e^{-i\lambda x}dx$
2	$\frac{\sin\omega x}{x}(\omega > 0)$	$\begin{cases}\sqrt{\frac{\pi}{2}}, & |\lambda| < \omega \\ 0, & |\lambda| > \omega\end{cases}$
3	$\begin{cases}e^{i\omega x}, & a < x < b \\ 0, & x < a, x > b\end{cases}$	$\frac{i}{\sqrt{2\pi}}\cdot\frac{e^{ia(\omega - \lambda)} - e^{-ib(\omega - \lambda)}}{\omega - \lambda}$

序号	$f(x)$	$\mathscr{F}(\lambda)$
4	$e^{-ax^2}\ (\operatorname{Re} a>0)$	$\dfrac{1}{\sqrt{2a}}e^{-\frac{\lambda^2}{4a}}$
5	$\cos ax^2\ (a>0)$	$\dfrac{1}{\sqrt{2a}}\cos\left(\dfrac{\lambda^2}{4a}-\dfrac{\pi}{4}\right)$
6	$\sin ax^2\ (a>0)$	$\dfrac{1}{\sqrt{2a}}\cos\left(\dfrac{\lambda^2}{4a}+\dfrac{\pi}{4}\right)$
7	$\dfrac{1}{\sqrt{\|x\|}}$	$-\sqrt{\dfrac{2}{\pi}}\ln\|\lambda\|,\lambda\neq0$
8	$\delta(x)$	$\dfrac{1}{\sqrt{2\pi}}$
9	1	$\sqrt{2\pi}\delta(\lambda)$
10	e^{ax}	$\sqrt{2\pi}\delta(\lambda+ia)$
11	$\sin ax$	$\sqrt{\dfrac{\pi}{2}}i\big[\delta(x+a)-\delta(x-a)\big]$
12	$\cos ax$	$\sqrt{\dfrac{\pi}{2}}i\big[\delta(x+a)+\delta(x-a)\big]$
13	$\dfrac{1}{x}$	$-\sqrt{\dfrac{\pi}{2}}i\operatorname{sgn}\lambda$
14	$\dfrac{1}{x^2}$	$-\sqrt{\dfrac{\pi}{2}}\|\lambda\|$
15	$\dfrac{1}{x^m}$	$(-i)^m\sqrt{\dfrac{\pi}{2}}\cdot\dfrac{\lambda^{m-1}}{(m-1)!}\operatorname{sgn}\lambda$

表 6-1 中, 函数 sgn 是第 1 章第一节中介绍的符号函数.

【例 6-26】 有一个振幅为 1、脉冲宽度为 2 ms 的周期矩形脉冲（图 6-6）, 其周期为 8 ms, 试确定其频谱函数并作出其频谱曲线.

解 矩形脉冲的频谱就是它的傅里叶变换, 因此频谱函数为

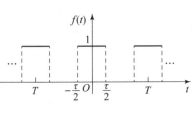

图 6-6

$$F_n(\lambda) = \frac{1}{T}\int_{-\frac{T}{2}}^{\frac{T}{2}}f(t)\mathrm{e}^{-n\lambda\mathrm{i}t}\mathrm{d}t = \frac{1}{T}\int_{-\frac{\tau}{2}}^{\frac{\tau}{2}}\mathrm{e}^{-n\lambda\mathrm{i}t}\mathrm{d}t = \frac{1}{T}\cdot\frac{\mathrm{e}^{-n\lambda\mathrm{i}t}}{-n\lambda\mathrm{i}}\Big|_{-\frac{\tau}{2}}^{\frac{\tau}{2}} = \frac{1}{T}\cdot\frac{\mathrm{e}^{\frac{n\lambda\mathrm{i}}{2}\tau}-\mathrm{e}^{-\frac{n\lambda\mathrm{i}}{2}\tau}}{n\lambda\mathrm{i}}$$

$$= \frac{2}{Tn\lambda}\cdot\frac{\mathrm{e}^{\frac{n\lambda\mathrm{i}}{2}\tau}-\mathrm{e}^{-\frac{n\lambda\mathrm{i}}{2}\tau}}{2\mathrm{i}}\ (\text{利用欧拉公式即可得到下一步})$$

$$= \frac{2}{T}\cdot\frac{\sin\frac{n\lambda\tau}{2}}{n\lambda} = \frac{\tau}{T}\cdot Sa\left(\frac{n\pi\tau}{2}\right).$$

其中，函数 $Sa(t) = \dfrac{\sin t}{t}$ 称为抽样函数，当 $t = 0$ 时，规定 $Sa(0) = 1$. 抽样函数是一个偶函数. 将 $\tau = 1\ \mathrm{ms}$，$T = 8\ \mathrm{ms}$ 代入即可得到该矩形脉冲的频谱函数：

$$F_n(\lambda) = \frac{1}{8}\cdot Sa\left(\frac{n\pi}{2}\right).$$

因此，可以得到该矩形脉冲的频谱曲线，如图 6 - 7 所示.

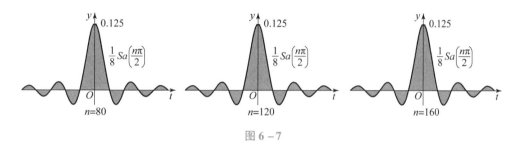

图 6 - 7

【例 6 - 27】 函数 $f(x)$ 的傅里叶变换为 $F(\lambda)$，则称 $\displaystyle\int_{-\infty}^{+\infty}[f(x)]^2\mathrm{d}x = \int_{-\infty}^{+\infty}|F(\lambda)|^2\mathrm{d}\lambda$ 为函数 $f(x)$ 的能量积分公式（帕塞瓦尔等式）. 试计算无穷限广义积分 $\displaystyle\int_{-\infty}^{+\infty}\frac{1-\cos x}{x^2}\mathrm{d}x$ 的值.

解 $\displaystyle\int_{-\infty}^{+\infty}\frac{1-\cos x}{x^2}\mathrm{d}x = 2\int_{-\infty}^{+\infty}\frac{\sin^2\frac{x}{2}}{x^2}\mathrm{d}x = \int_{-\infty}^{+\infty}\left(\frac{\sin u}{u}\right)^2\mathrm{d}u = \int_{-\infty}^{+\infty}\left[\mathscr{F}\left(\frac{\sin u}{u}\right)\right]^2\mathrm{d}u = \int_{-1}^{1}\left(\sqrt{\frac{\pi}{2}}\right)^2\mathrm{d}\lambda = \pi.$

想一想，练一练

1. 求下列函数的傅里叶变换，并验证相应的积分结果.

(1) $f(t) = \mathrm{e}^{-\beta\cdot|t|}\ (\beta > 0)$，$\displaystyle\int_0^{+\infty}\frac{\cos\omega t}{\beta^2+\omega^2}\mathrm{d}t = \frac{\pi}{2\beta}\mathrm{e}^{-\beta t}$；

(2) $f(t) = \mathrm{e}^{-|t|}\cos t$, $\displaystyle\int_0^{+\infty} \frac{\omega^2+2}{\omega^4+4}\cos(\omega t)\,\mathrm{d}\omega = \frac{\pi}{2}\mathrm{e}^{-|t|}\cos t$;

(3) $f(t) = \begin{cases} \sin t, & |t| \leqslant \pi \\ 0, & |t| > \pi \end{cases}$, $\displaystyle\int_0^{+\infty} \frac{\sin\omega\pi\sin\omega t}{1-\omega^2}\,\mathrm{d}t = \begin{cases} \dfrac{\pi}{2}\sin t, & |t| \leqslant \pi \\ 0, & |t| > \pi \end{cases}$.

2. 某种信号的傅里叶变换输出函数为 $F(\lambda) = \dfrac{\sin\lambda}{\lambda}$，试确定该信号的函数表达式.

3. 已知某函数的傅里叶变换为 $F(\lambda) = \pi[\delta(\lambda+\omega_0) - \delta(\lambda-\omega_0)]$，试求该函数的表达式.

4. 求符号函数 $\mathrm{sgn}x$ 的傅里叶变换.

5. 求函数 $f(x) = \dfrac{1}{2}\left[\delta(x+a) - \delta(x-a) + \delta\left(x+\dfrac{a}{2}\right) - \delta\left(x-\dfrac{a}{2}\right)\right]$ 的傅里叶变换.

6. 利用傅里叶变换验证：狄拉克函数 $\delta(t)$ 是偶函数.

7. 三角脉冲函数如图 6-8 所示，试求其频谱函数.

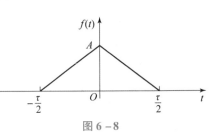

图 6-8

8. 求高斯分布函数 $f(x) = \dfrac{1}{\sqrt{2\pi}\sigma}\mathrm{e}^{-\frac{x^2}{2\sigma^2}}$ 的频谱函数.

9. 求下列函数的傅里叶变换.

(1) $f(x) = \delta(x)\sin\omega x$;

(2) $f(x) = \mathrm{e}^{-\alpha x}\sin\omega x$;

(3) $f(x) = \mathrm{e}^{-\alpha x}\cos\omega x$;

(4) $f(x) = \mathrm{e}^{\alpha\mathrm{i}x}\delta(x)$.

第7章 空间向量与解析几何

学习目标

【知识学习目标】

（1）理解空间向量、平面、曲面、直线和曲线的概念；

（2）理解并掌握空间向量的内积和外积；

（3）理解并掌握空间平面和直线、空间曲面和曲线之间的关系；

（4）理解并掌握空间中点到直线、点到平面的距离的计算方法；

（5）理解并掌握空间区域中曲面与曲线以及直线的位置关系.

【能力培养目标】

（1）能利用向量分析空间坐标位置的移动问题；

（2）能建立空间直角坐标系分析多元函数问题；

（3）会对空间平面、直线、曲面、曲线问题进行建模分析.

【技能培养目标】

（1）能将专业中遇到的问题抽象为空间几何问题；

（2）能利用掌握的数学知识设计工件的测绘方案；

（3）会使用空间平面、直线、曲面以及曲线对工件进行分割分析.

【素质培养目标】

（1）培养将复杂问题简单化处理的辩证思维；

（2）掌握从"严谨分析"到"大胆求证"的学习方法；

（3）建立综合考虑、多重分析的认知观.

工作任务

对现有工件进行测量、绘图以及技术确定的过程称为工件的测绘（图 7 - 1、图

7-2). 在工件的测绘过程中，一般要求图形准确、表达清晰、图面整洁、线条分明. 请结合自己所掌握的知识，设计一套测绘方法，并说明需要储备哪些数学知识.

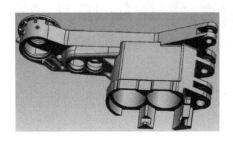

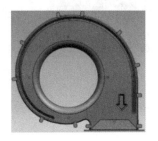

图 7-1   图 7-2

工作分析

要解决工件的测绘问题，需要考虑以下几个问题.

(1) 工件表面每个位置上的点在空间中的信息如何描述？

(2) 如何找到对应的参照系，按照参照系确定工件表面上的点的数学表达式？

(3) 工件表面上的点在空间中的集合有什么规律？

第一节   空间向量的概念与运算

【问题引入】在对工件进行测绘时，需要在空间中寻找一个起始点，从这个起始点出发向工件表面上的任一点连线，这样就可以形成一个既有大小又有方向的有向线段. 这个起点称为坐标原点. 为了能够方便地标记工件表面上任一点的位置信息，从坐标原点出发，按照右手螺旋法则建立一个空间直角坐标系（图 7-3）.

这样，工件表面上任一点 M 的位置就可以用它与坐标原点 O 的连线表示（图 7-4）.

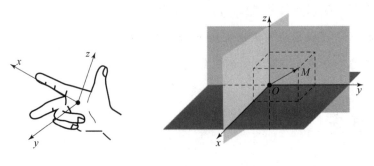

图 7-3   图 7-4

将工件表面上所有点与坐标原点进行连接，这些点所构成的集合就会在空间直角坐标系中形成一个轮廓面，这个轮廓面就可以反映工件表面上的所有点的数据信息．因此，若要准确描述工件的测绘信息，需要有空间直角坐标系、空间向量等基础知识作为支撑．

一、向量与空间的概念

在空间中既有大小又有方向的线段一般称为**向量**（或**矢量**，Vector）．在空间中，从点 A 出发到点 B 终止的有向线段，称为起点在 A、终点在 B 的向量，记为 $\overrightarrow{AB}$．

在空间中，如果一个向量与其起点和终点无关，则称其为自由向量，一般用小写黑体字母（手写时字母头上加箭头）a，b，c（$\vec{a}$，$\vec{b}$，$\vec{c}$）等表示．自由向量可以通过平移以任意点作为起点．本书主要讨论自由向量的概念．由于在空间中平移只改变向量的起点和终点位置，不改变向量的大小和方向，所以可以通过平移的方式将空间中的向量移动到指定的起点处，因此，即使向量从点 A 出发指向点 B，有时也用 $\overrightarrow{AB}$ 等表示自由向量，此时表明只探究向量 $\overrightarrow{AB}$ 的大小和方向，而不考虑它的起点和终点．

通过平移将向量 $\overrightarrow{AB}$ 移动，不改变向量的大小和方向，向量 $\overrightarrow{AB}$，a，$\vec{a}$ 的大小称为向量的模，依次记为 $|\overrightarrow{AB}|$，$|a|$，$|\vec{a}|$．模等于 1 的向量称为单位向量，模等于 0 的向量称为零向量，记为 0 或 $\vec{0}$．

由于自由向量与起点和终点无关，所以两个向量是否表示空间中的同一个向量，即两个自由向量是否相等，完全取决于它们的方向和大小．向量 a 和 b 相等的充要条件是它们的大小和方向都相同，即通过平移之后，它们可以重合．

在空间直角坐标系中，x 轴称为横轴，y 轴称为纵轴，z 轴称为竖轴，它们的交点 O 称为坐标原点．从坐标原点出发，按照右手螺旋法则，规定四指伸直的方向为横轴的正方向，握拳的方向为纵轴的正方向，大拇指的指向就是竖轴的正方向，这样就可以将空间分成 8 个卦限（图 7-5）．此时，在横轴、纵轴、竖轴上分别标记相同尺度的刻度，那么从坐标原点 O 出发向空间中任意一点 M 就可以形成一个向量 $\overrightarrow{OM}$（图 7-6）．此时，M 点在 3 个坐标轴上会有 3 个投影点 R，Q，N，而这 3 个点到坐标原点的距离分别为 M_x，M_y，M_z，此时称点 M 在空间中的坐标为 $M(M_x,M_y,M_z)$．相应地，坐标原点 O 的坐标为 $(0,0,0)$．

在 x 轴上，取一个距离坐标原点为 1 的点 A，则向量 $\overrightarrow{OA}$ 是一个单位向量，此时 $\overrightarrow{OA}=(1,0,0)$，称为 x 轴方向上的单位向量，记为 i，即 $i=(1,0,0)$．同理，可以取 y 轴和 z 轴上的单位向量，分别记为 $j=(0,1,0)$，$k=(0,0,1)$．这样，向量 $\overrightarrow{OM}$ 就可以看成从坐标原点 O 出发，先沿着 x 轴正方向"行走"到点 R，再沿着 y 轴正方向"行走"到点 P（图 7-6），然后沿着 z 轴正方向"行走"到点 M. 用坐标可以这样描述这个运动过程：从坐标原点 O 到点 R，就是 $\overrightarrow{OR} = M_x \cdot \boldsymbol{i}$，其中向量 $\boldsymbol{i}$ 表示"行走"的方向，即 x 轴的正方向，M_x 表示行走的路程. 从点 R 到点 P 可以理解为从坐标原点 O 到点 Q，因为它们是平行且相等的，可以表示为 $\overrightarrow{RP} = M_y \cdot \boldsymbol{j}$，这样沿着 x 轴和 y 轴同时运动后，相当于从坐标原点 O 点到达点 P. 从点 P 到点 M 与从坐标原点 O 到点 N 是一样的. 因此，从坐标原点 O 到点 M 的过程，可以拆分为从坐标原点 O 出发沿着 3 个坐标轴的正方向同时移动一定的距离后的和运动. 其用坐标可以这样描述：

$$\overrightarrow{OM} = M_x \cdot \boldsymbol{i} + M_y \cdot \boldsymbol{j} + M_z \cdot \boldsymbol{k}.$$

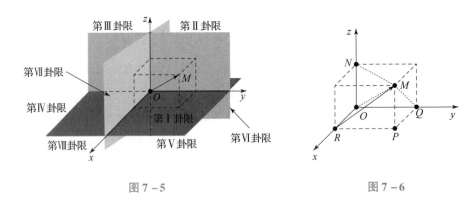

图 7-5　　　　　　　　　　　　图 7-6

这样，点 M 在空间中的坐标 $M(M_x, M_y, M_z)$，就与向量 $\overrightarrow{OM}$ 建立了一一对应的关系：

$$M \leftrightarrow \overrightarrow{OM} = M_x \cdot \boldsymbol{i} + M_y \cdot \boldsymbol{j} + M_z \cdot \boldsymbol{k} \leftrightarrow (M_x, M_y, M_z).$$

因此，以后可以直接用坐标表示向量.

【定义 7-1】假设向量 $\boldsymbol{a}$ 的起点为坐标原点 O，有序数组 (x, y, z) 是其终点的位置，则称 $\boldsymbol{a}$ 的坐标为 (x, y, z)，记为 $\boldsymbol{a} = (x, y, z)$，即向量 $\boldsymbol{a}$ 的坐标就是当它的起点在坐标原点时，其终点的坐标 (x, y, z).

在空间中的向量其起点并不一定都是坐标原点，一般地，空间中任意两点之间的向量，其坐标可以作如下描述.

【定义 7-2】空间中起点为 $A(x_a, y_a, z_a)$、终点为 $B(x_b, y_b, z_b)$ 的向量的坐标表示为终点坐标与起点坐标对应相减，即 $\overrightarrow{AB} = (x_b - x_a, y_b - y_a, z_b - z_a)$.

平移本质上就是一种坐标的移动. 向量 $\overrightarrow{OM}$ 可以理解为，一个质点从坐标原点 O 出发，到达点 M，然后它在空间的位置坐标从 $(0, 0, 0)$ 变成 $M(M_x, M_y, M_z)$. 它留下的路径就是向量 $\overrightarrow{OM}$. 换言之，质点沿着向量 $\overrightarrow{OM}$ 从坐标原点 O 运动到点 M 可以拆分成沿着 3 个坐标轴的运动，即沿着向量 $\overrightarrow{OR}$、$\overrightarrow{OQ}$ 和 $\overrightarrow{ON}$ 三个方向上运动的和运动. 如果知道向量的运算，那么就可以很直观地描述向量 $\overrightarrow{OM}$，从而可以给出工件表面上任一点的在空间中的坐标信息.

二、空间向量的运算

在空间中，点 A 和点 B 的坐标分别为 $A(x_a, y_a, z_a)$，$B(x_b, y_b, z_b)$，则它们分别以坐标原点 O 为起点形成的向量依次为 $\overrightarrow{OA} = (x_a, y_a, z_a)$ 和 $\overrightarrow{OB} = (x_b, y_b, z_b)$，那么向量 $\overrightarrow{AB}$ 可以解释为从点 A 到坐标原点 O，再从坐标原点 O 到点 B，即

$$\overrightarrow{AB} = \overrightarrow{AO} + \overrightarrow{OB},$$

其中，$\overrightarrow{AO}$ 是与 $\overrightarrow{OA}$ 大小相等、方向相反的向量，称为 $\overrightarrow{OA}$ 的负向量，记为 $\overrightarrow{AO} = -\overrightarrow{OA}$.

【向量的加法运算】向量的加法运算满足三角形法则和平行四边形法则.

（1）三角形法则（图 7 - 7）：$\overrightarrow{AC} = \overrightarrow{AB} + \overrightarrow{BC}$；

（2）平行四边形法则（图 7 - 8）：$\overrightarrow{AB} + \overrightarrow{AC} = \overrightarrow{AD}$.

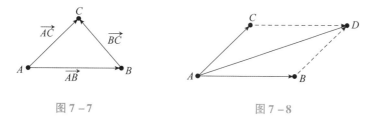

图 7 - 7　　　　　　　　　图 7 - 8

注　向量加法的三角形法则可以这样理解，从点 A 到达点 B，再从点 B 到达点 C，整个过程相当于从点 A 直接到达点 C. 向量的平行四边形法则表示，向量 $\overrightarrow{AB}$ 与向量 $\overrightarrow{AC}$ 的和向量等于以 $\overrightarrow{AB}$ 与 $\overrightarrow{AC}$ 为临边的平行四边形的主对角线向量. 向量的加法如果用坐标表示就是对应坐标相加，即如果 $\boldsymbol{a} = (x_a, y_a, z_a)$，$\boldsymbol{b} = (x_b, y_b, z_b)$，则 $\boldsymbol{a} + \boldsymbol{b} = (x_a + x_b, y_a + y_b, z_a + z_b)$.

根据向量的加法运算，易知向量的加法还满足以下运算律.

（1）交换律：$\boldsymbol{a} + \boldsymbol{b} = \boldsymbol{b} + \boldsymbol{a}$；

（2）结合律：$(\boldsymbol{a} + \boldsymbol{b}) + \boldsymbol{c} = \boldsymbol{a} + (\boldsymbol{b} + \boldsymbol{c})$.

【向量的数乘】常数 λ 与向量 $\boldsymbol{a}$ 的乘积 $\lambda \boldsymbol{a}$ 表示将向量 $\boldsymbol{a}$ 沿着 $\boldsymbol{a}$ 的方向或反向拉长或缩短 $|\lambda|$ 倍，如果向量 $\boldsymbol{a} = (x_a, y_a, z_a)$，则其数乘用坐标表示为 $\lambda \cdot \boldsymbol{a} = (\lambda x_a, \lambda y_a, \lambda z_a)$.

注　当 $\lambda > 0$ 时，$\lambda \cdot \boldsymbol{a}$ 表示与向量 $\boldsymbol{a}$ 的方向相同，当 $\lambda < 0$ 时，$\lambda \cdot \boldsymbol{a}$ 表示与向量 $\boldsymbol{a}$ 的方向相反.

根据向量的数乘的定义，易知其满足如下规则.

（1）$\lambda \cdot (\boldsymbol{a} + \boldsymbol{b}) = \lambda \cdot \boldsymbol{a} + \lambda \cdot \boldsymbol{b}$；　　　　（2）$k(\lambda \cdot \boldsymbol{a}) = (k \cdot \lambda) \cdot \boldsymbol{a}$；

（3）$(k + \lambda) \cdot \boldsymbol{a} = k \cdot \boldsymbol{a} + \lambda \cdot \boldsymbol{a}$；　　　　（4）$|\lambda \cdot \boldsymbol{a}| = |\lambda| \cdot |\boldsymbol{a}|$，$0 \cdot \boldsymbol{a} = \boldsymbol{0}$.

如果 $\lambda = \dfrac{1}{|\boldsymbol{a}|}$，则 $\lambda \cdot \boldsymbol{a}$ 表示的是与向量 $\boldsymbol{a}$ 方向相同的单位向量，这是因为 $|\lambda \cdot \boldsymbol{a}| =$

$$\left|\frac{1}{|a|} \cdot a\right| = \frac{1}{|a|} \cdot |a| = 1,$$ 记为 $e_a = \frac{a}{|a|}$. 如果 $\lambda = -1$，向量 $\lambda \cdot a = -a$ 就是向量 a 的负向量. 因此，向量 a 减去向量 b 就可以表示为向量 a 加上向量 b 的负向量，即 $a - b = a + (-b)$.

【例 7 - 1】 已知 $a = (1,0,3)$，$b = (3,2,0)$，求向量方程组：

$$\begin{cases} 2x - 3y = a \\ 3x + 5y = b \end{cases}.$$

解 如同解实数的二元一次方程组，得 $x = 5a - 3b$，$x = 2b - 3a$，将 a，b 坐标代入，可得

$x = 5(1,0,3) - 3(3,2,0) = (-4,-6,15)$，$y = 2(3,2,0) - 3(1,0,3) = (3,4,-9)$.

一个物体受到外力 F 的作用，沿着水平方向上运动的位移为 s，那么外力对物体做的功就可以表示为 $W = F \cdot s$. 其中外力 F 是一个向量，位移 s 也是一个向量，而外力对物体做的功不是向量.

事实上，物体受外力 F 的作用而运动时，只有水平方向上的分力 $F\cos\theta$ 对物体做功，且

$$W = F \cdot s = F \cdot s \cdot \cos\theta,$$

其中，θ 表示外力 F 与水平位移 s 之间的夹角，F 表示外力 F 的模，s 表示位移 s 的模（图 7 - 9、图 7 - 10）.

图 7 - 9　　　　　　　　　　图 7 - 10

一般地，向量 a 与向量 b 的夹角通常表示为 $(\widehat{a,b})$ 或 $(\widehat{b,a})$. 当两个向量同向时，它们的夹角为 0，当它们反向时，它们的夹角为 π，如果它们的夹角是 $\pi/2$，则称它们垂直. 因此，两个向量的夹角的范围是 $[0,\pi]$.

当两个向量同向或反向时，也称这两向量平行或共线. 类似地，如果将 k 个向量的起点平移到同一个点上，且它们的终点和起点都在同一个平面内，则称它们共面. 特别地，零向量与任意向量都是共线、垂直和共面的.

【定理 7 - 1】 非零向量 a 与向量 b 平行的充要条件是：存在唯一的实数 λ，使 $a = \lambda \cdot b$. 如果用坐标表示，就是它们对应的坐标成比例，即如果 $a = (x_a, y_a, z_a)$，$b = (x_b, y_b, z_b)$，则

$$a /\!/ b \Leftrightarrow \frac{x_a}{x_b} = \frac{y_a}{y_b} = \frac{z_a}{z_b}.$$

【**例 7-2**】假设有点 $A(x_a, y_a, z_a)$ 和 $B(x_b, y_b, z_b)$，点 M 介于 AB 连线段的内部，试确定 M 的坐标.

解 要确定点 M 的坐标，必须首先知道 MA 与 MB 的比例，先假设这个比例是 λ，即 $\overrightarrow{AM} = \lambda \overrightarrow{MB}$，假设点 M 的坐标为 (x, y, z)，则 $\overrightarrow{AM} = (x - x_a, y - y_a, z - z_a)$，$\overrightarrow{MB} = (x_b - x, y_b - y, z_b - z)$，由于 $\overrightarrow{AM} = \lambda \overrightarrow{MB}$，所以

$$(x - x_a, y - y_a, z - z_a) = \lambda(x_b - x, y_b - y, z_b - z),$$

即

$$x - x_a = \lambda(x_b - x), y - y_a = \lambda(y_b - y), z - z_a = \lambda(z_b - z),$$

因此，

$$x = \frac{\lambda}{1 + \lambda}(x_b + x_a), y = \frac{\lambda}{1 + \lambda}(y_b + y_a), z = \frac{\lambda}{1 + \lambda}(z_b + z_a),$$

这就是点 M 的坐标.

例 7-2 的结论称为定点分比公式，其中点 M 称为有向线段 $\overrightarrow{AB}$ 的 λ 分点. 特别地，当 $\lambda = 1$ 时，点 M 表示 A，B 两点的中间点，且坐标为

$$M\left(\frac{x_b + x_a}{2}, \frac{y_b + y_a}{2}, \frac{z_b + z_a}{2}\right).$$

在前文中，我们了解到向量的模就是向量的长度. 在图 7-6 中，如果记 $\overrightarrow{OM} = (x, y, z)$，则根据勾股定理可知，$|\overrightarrow{OM}| = \sqrt{x^2 + y^2 + z^2}$，因此，可以利用向量的坐标计算向量的模.

【**向量的模**】假设向量 $\boldsymbol{a} = (x_a, y_a, z_a)$，则 $|\boldsymbol{a}| = \sqrt{x_a^2 + y_a^2 + z_a^2}$.

由此，易知空间中两点 $A(x_a, y_a, z_a)$ 和 $B(x_b, y_b, z_b)$ 之间的距离公式：

$$|AB| = |\overrightarrow{AB}| = \sqrt{(x_b - x_a)^2 + (y_b - y_a)^2 + (z_b - z_a)^2}.$$

【**例 7-3**】试确定空间中，到定点 $A(x_0, y_0, z_0)$ 的距离等于 r 的点所满足的方程.

解 假设 $M(x, y, z)$ 是满足条件的任一点，则

$$\sqrt{(x - x_0)^2 + (y - y_0)^2 + (z - z_0)^2} = r,$$

两边平方，可得

$$(x - x_0)^2 + (y - y_0)^2 + (z - z_0)^2 = r^2,$$

它表示空间中球心在点 $A(x_0, y_0, z_0)$、半径为 r 的球面.

【**例 7-4**】计算点 $P(4, 5, 6)$ 到球面 $(x - 1)^2 + (y - 1)^2 + (z - 1)^2 = 4$ 的距离.

解 易知所给球面的球心坐标为 $Q(1, 1, 1)$，于是 $|PQ| = \sqrt{(4-1)^2 + (5-1)^2 + (6-1)^2} = 5\sqrt{2}$，球的半径为 $r = 2$，因此，点 P 到球面的距离为 $|PQ| - r = 5\sqrt{2} - 2$.

【**例 7-5**】在 x 轴上找一个点，使其到两点 $A(1, 3, 5)$ 和 $A(-2, 6, 2)$ 的距离相等.

解 由于所求点位于 x 轴上，所以假设其坐标为 $P(x,0,0)$，依题意可知 $|PA|=|PB|$，即

$$\sqrt{(x-1)^2+(3-1)^2+(5-1)^2}=\sqrt{(x+2)^2+(6-1)^2+(2-1)^2},$$

两边平方可得 $x=-\dfrac{3}{2}$，即所求点为 $P\left(-\dfrac{3}{2},0,0\right)$.

在图 $7-10$ 所示外力 $\boldsymbol{F}$ 对物体做功的过程中，实际上只有它在 $\boldsymbol{s}$ 方向上的分力 $F\cos\theta$，这个分力一般称为向量 $\boldsymbol{F}$ 在向量 $\boldsymbol{s}$ 上的投影.

【向量的投影】 向量 $\boldsymbol{a}$ 在非零向量 $\boldsymbol{b}$ 上的投影是向量 $\boldsymbol{a}$ 的模 $|\boldsymbol{a}|$ 与它们夹角 $(\widehat{\boldsymbol{a},\boldsymbol{b}})$ 的余弦值的乘积，记为

$$\operatorname{Prj}_{\boldsymbol{b}}\boldsymbol{a}=|\boldsymbol{a}|\cdot\cos(\widehat{\boldsymbol{a},\boldsymbol{b}}).$$

注 向量 $\boldsymbol{a}$ 在向量 $\boldsymbol{b}$ 上的投影不是向量，但它有正负. 投影表示的是用一束光在同一个平面内垂直照射向量 $\boldsymbol{a}$ 时向量 $\boldsymbol{a}$ 在向量 $\boldsymbol{b}$ 上影子的长度，如果两个向量的夹角是锐角，则长度为正值（图 $7-11$），如果夹角是直角，则长度为零，如果夹角是钝角，则长度规定为负值（图 $7-12$）.

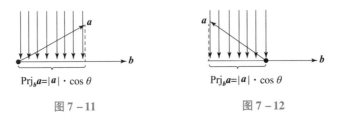

图 $7-11$ 图 $7-12$

由于坐标轴可以用 3 个单位向量 $\mathbf{i}=(1,0,0)$，$\mathbf{j}=(0,1,0)$，$\mathbf{k}=(0,0,1)$ 来表示其方向，因此向量 $\boldsymbol{a}$ 在坐标轴上的投影，可以认为是向量 $\boldsymbol{a}=(x_a,y_a,z_a)$ 在 3 个单位向量上的投影，且

$$\operatorname{Prj}_x\boldsymbol{a}=\operatorname{Prj}_{\mathbf{i}}\boldsymbol{a}=a_x,\quad \operatorname{Prj}_y\boldsymbol{a}=\operatorname{Prj}_{\mathbf{j}}\boldsymbol{a}=a_y,\quad \operatorname{Prj}_z\boldsymbol{a}=\operatorname{Prj}_{\mathbf{k}}\boldsymbol{a}=a_z.$$

【方向角和方向余弦】 向量 $\boldsymbol{a}=(x_a,y_a,z_a)$ 与 3 个坐标之间的夹角称为向量 $\boldsymbol{a}$ 的方向角，分别将其与 x，y，z 轴的夹角记为 α，β，γ. 方向角的余弦值 $\cos\alpha$，$\cos\beta$，$\cos\gamma$ 称为向量 $\boldsymbol{a}$ 的方向余弦. 从图 $7-6$ 易知，

$$\cos\alpha=\frac{a_x}{|\boldsymbol{a}|},\quad \cos\beta=\frac{a_y}{|\boldsymbol{a}|},\quad \cos\gamma=\frac{a_z}{|\boldsymbol{a}|},$$

且

$$\cos^2\alpha+\cos^2\beta+\cos^2\gamma=1.$$

因此，向量 $(\cos\alpha,\cos\beta,\cos\gamma)$ 就是一个单位向量，且

$$(\cos\alpha,\cos\beta,\cos\gamma)=\left(\frac{a_x}{|\boldsymbol{a}|},\frac{a_y}{|\boldsymbol{a}|},\frac{a_z}{|\boldsymbol{a}|}\right)=\frac{1}{|\boldsymbol{a}|}(a_x,a_y,a_z)=\frac{1}{|\boldsymbol{a}|}\cdot\boldsymbol{a},$$

即向量 $(\cos\alpha,\cos\beta,\cos\gamma)$ 表示的是向量 $\boldsymbol{a}$ 的单位化向量. 且 $\boldsymbol{a}=|\boldsymbol{a}|(\cos\alpha,\cos\beta,\cos\gamma)$.

【例 7 - 6】 假设点 A 位于第 I 卦限, 向量 $\overrightarrow{OA}$ 与 x 轴、y 轴的夹角分别为 $60°$ 和 $45°$, 且 $|\overrightarrow{OA}|=6$, 求点 A 的坐标.

解 由 $\alpha=60°$, $\beta=45°$, 且 $\cos^2\alpha+\cos^2\beta+\cos^2\gamma=1$, 可知

$$\frac{1}{4}+\frac{1}{2}+\cos^2\gamma=1,$$

即 $\cos^2\gamma=\frac{1}{4}$, 由于点 A 位于第 I 卦限, 所以 γ 是锐角, $\cos\gamma=\frac{1}{2}$, 于是,

$$\overrightarrow{OA}=|\overrightarrow{OA}|\cdot(\cos\alpha,\cos\beta,\cos\gamma)=6\left(\frac{1}{2},\frac{\sqrt{2}}{2},\frac{1}{2}\right)=(3,3\sqrt{2},3).$$

因此, 点 A 的坐标为 $(3,3\sqrt{2},3)$.

在图 7 - 10 中, 我们了解到向量 $\boldsymbol{F}$ 与向量 $\boldsymbol{s}$ 的乘积可以表示为 $\boldsymbol{F}$ 对物体做的功, 且

$$W=\boldsymbol{F}\cdot\boldsymbol{s}=F\cdot s\cdot\cos\theta.$$

这说明, 两个向量的乘积可以表示为它们的模的乘积再乘以它们夹角的余弦值.

三、向量的内积和外积

向量的乘积分为内积（也称数量积）和外积（也称向量积）, 向量的内积只考虑向量相互作用后的数值, 向量的外积不仅要考虑向量相互作用后的数值, 还要考虑方向. 例如, 在分析外力做功时, 只考虑了向量相互作用后的数值, 但是在分析杠杆平衡时需要使用力矩的概念, 此时不仅要考虑向量相互作用的大小, 还需要考虑力矩的平衡, 即向量相互作用后的方向, 称为力矩平衡.

【向量的内积】 向量 $\boldsymbol{a}=(x_a,y_a,z_a)$, $\boldsymbol{b}=(x_b,y_b,z_b)$ 的内积定义为 $\boldsymbol{a}\cdot\boldsymbol{b}=|\boldsymbol{a}|\cdot|\boldsymbol{b}|\cdot\cos(\widehat{\boldsymbol{a},\boldsymbol{b}})$.

向量的内积用坐标表示则为 $\boldsymbol{a}\cdot\boldsymbol{b}=x_ax_b+y_ay_b+z_az_b$, 因此, 向量 $\boldsymbol{a}=(x_a,y_a,z_a)$, $\boldsymbol{b}=(x_b,y_b,z_b)$ 的夹角可以按照以下方式确定：

$$\cos(\widehat{\boldsymbol{a},\boldsymbol{b}})=\frac{\boldsymbol{a}\cdot\boldsymbol{b}}{|\boldsymbol{a}|\cdot|\boldsymbol{b}|}=\frac{x_ax_b+y_ay_b+z_az_b}{\sqrt{x_a^2+y_a^2+z_a^2}\cdot\sqrt{x_b^2+y_b^2+z_b^2}}.$$

向量的内积计算出来的结果是一个实数, 因此有时候也称向量的内积为向量的数量积或点乘. 根据向量的内积的定义, 易知向量的内积满足如下性质.

(1) $\boldsymbol{a}\cdot\boldsymbol{a}=|\boldsymbol{a}|^2$;   (2) $\boldsymbol{a}\cdot\boldsymbol{b}=\boldsymbol{b}\cdot\boldsymbol{a}$;

(3) $\boldsymbol{a}\cdot(\boldsymbol{b}+\boldsymbol{c})=\boldsymbol{a}\cdot\boldsymbol{b}+\boldsymbol{a}\cdot\boldsymbol{c}$;   (4) $\boldsymbol{a}\perp\boldsymbol{b}\Leftrightarrow\boldsymbol{a}\cdot\boldsymbol{b}=0$.

【例 7 - 7】 已知 3 点 $P(1,0,0)$, $Q(0,1,0)$, $R(0,0,1)$, 求 $\angle PQR$.

解 由于 $\overrightarrow{PQ} = (-1,1,0)$，$\overrightarrow{PR} = (-1,0,1)$，所以

$$\overrightarrow{PQ} \cdot \overrightarrow{PR} = (-1) \cdot (-1) + 1 \cdot 0 + 0 \cdot 1 = 1.$$

因为

$$|\overrightarrow{PQ}| = \sqrt{2}, \quad |\overrightarrow{PR}| = \sqrt{2},$$

所以

$$\cos \angle PQR = \frac{\overrightarrow{PQ} \cdot \overrightarrow{PR}}{|\overrightarrow{PQ}| \cdot |\overrightarrow{PR}|} = \frac{1}{2}.$$

于是，$\angle PQR = \dfrac{\pi}{3}$.

【**向量的外积**】向量 $\boldsymbol{a} = (x_a, y_a, z_a)$，$\boldsymbol{b} = (x_b, y_b, z_b)$ 的外积还是一个向量，且其方向满足右手法则，即四指指向的方向为 $\boldsymbol{a}$ 向量，握拳的方向为 $\boldsymbol{b}$ 向量，那么大拇指指向的就是它们的外积，记为：$\boldsymbol{a} \times \boldsymbol{b}$，且满足：

$$|\boldsymbol{a} \times \boldsymbol{b}| = |\boldsymbol{a}| \cdot |\boldsymbol{b}| \sin(\widehat{\boldsymbol{a}, \boldsymbol{b}}).$$

向量的外积的结果还是一个向量，因此也称其为向量积或叉乘。由于向量的外积满足右手螺旋法则，所以向量的外积不满足交换律，且 $\boldsymbol{b} \times \boldsymbol{a} = -\boldsymbol{a} \times \boldsymbol{b}$，称为反交换律。外积的坐标可以使用三阶行列式来确定：

$$\boldsymbol{a} \times \boldsymbol{b} = \begin{vmatrix} \mathbf{i} & \mathbf{j} & \mathbf{k} \\ x_a & y_a & z_a \\ x_b & y_b & z_b \end{vmatrix} = \begin{vmatrix} y_a & z_a \\ y_b & z_b \end{vmatrix} \cdot \mathbf{i} - \begin{vmatrix} x_a & z_a \\ x_b & z_b \end{vmatrix} \cdot \mathbf{j} + \begin{vmatrix} x_a & y_a \\ x_b & y_b \end{vmatrix} \cdot \mathbf{k},$$

$$= (y_a z_b - z_a y_b) \cdot \mathbf{i} - (x_a z_b - z_a x_b) \cdot \mathbf{j} + (x_a y_b - y_a x_b) \cdot \mathbf{k}.$$

$$= (y_a z_b - z_a y_b, x_a z_b - z_a x_b, x_a y_b - y_a x_b),$$

其中，$\mathbf{i} = (1,0,0)$，$\mathbf{j} = (0,1,0)$，$\mathbf{k} = (0,0,1)$ 是坐标轴上的单位向量。易知，向量的外积满足如下的运算性质。

(1) $\boldsymbol{b} \times \boldsymbol{a} = -\boldsymbol{a} \times \boldsymbol{b}$；　　　　(2) $\boldsymbol{a} \times (\boldsymbol{b} + \boldsymbol{c}) = \boldsymbol{a} \times \boldsymbol{b} + \boldsymbol{a} \times \boldsymbol{c}$；

(3) $\boldsymbol{a} \times \boldsymbol{a} = \boldsymbol{0}$；　　　　　　　(4) $\boldsymbol{a} /\!/ \boldsymbol{b} \Leftrightarrow \boldsymbol{a} \times \boldsymbol{b} = \boldsymbol{0}$.

向量的外积 $\boldsymbol{a} \times \boldsymbol{b}$ 表示的向量是既垂直于向量 $\boldsymbol{a}$，又垂直于向量 $\boldsymbol{b}$ 的向量，即垂直于由向量 $\boldsymbol{a}$ 和向量 $\boldsymbol{b}$ 所确定的平面。

【**例 7-8**】试利用向量确定三角形的面积。

解 如图 7-13 所示，假设三角形 ABC 的 3 个顶点的坐标是已知的，则 $|CD| = |AC| \sin A$，于是，

$$S = \frac{1}{2} |AB| \cdot |AC| \sin A$$

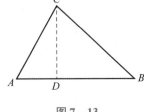

图 7-13

$$= \frac{1}{2} |\overrightarrow{AB}| \cdot |\overrightarrow{AC}| \sin A$$

$$= \frac{1}{2} |\overrightarrow{AB} \times \overrightarrow{AC}|.$$

类似地，还可以得到：$S = \frac{1}{2} |\overrightarrow{BA} \times \overrightarrow{BC}| = \frac{1}{2} |\overrightarrow{CB} \times \overrightarrow{CA}|$.

【例 7 – 9】 假设 $\boldsymbol{a} = (3, -1, -2)$，$\boldsymbol{b} = (1, 2, -1)$，试计算 $\boldsymbol{a} \cdot \boldsymbol{b}$，$2\boldsymbol{a} \cdot (-3\boldsymbol{b})$，$\boldsymbol{a} \times \boldsymbol{b}$，$2\boldsymbol{a} \times \boldsymbol{b}$ 以及 $(\widehat{\boldsymbol{a}, \boldsymbol{b}})$.

解　$\boldsymbol{a} \cdot \boldsymbol{b} = 3 - 2 + 2 = 3$；$2\boldsymbol{a} \cdot (-3\boldsymbol{b}) = -6(\boldsymbol{a} \cdot \boldsymbol{b}) = -18$；

$$\boldsymbol{a} \times \boldsymbol{b} = \begin{vmatrix} \mathbf{i} & \mathbf{j} & \mathbf{k} \\ 3 & -1 & -2 \\ 1 & 2 & -1 \end{vmatrix} = 5 \cdot \mathbf{i} + \mathbf{j} + 7 \cdot \mathbf{k} = (5, 1, 7); \quad 2\boldsymbol{a} \times \boldsymbol{b} = \begin{vmatrix} \mathbf{i} & \mathbf{j} & \mathbf{k} \\ 6 & -2 & -4 \\ 1 & 2 & -1 \end{vmatrix} = 10 \cdot$$

$\mathbf{i} + 2\mathbf{j} + 14 \cdot \mathbf{k} = (10, 2, 14)$；

由于 $\cos(\widehat{\boldsymbol{a}, \boldsymbol{b}}) = \dfrac{\boldsymbol{a} \cdot \boldsymbol{b}}{|\boldsymbol{a}| \cdot |\boldsymbol{b}|} = \dfrac{3}{\sqrt{9+1+4} \cdot \sqrt{1+4+1}} = \dfrac{\sqrt{21}}{14}$，所以 $(\widehat{\boldsymbol{a}, \boldsymbol{b}}) =$

$\arccos \dfrac{\sqrt{21}}{14}$.

注　从例 7 – 9 可以看出，向量的内积和外积都满足：$\lambda\boldsymbol{a} \cdot \boldsymbol{b} = \boldsymbol{a} \cdot (\lambda\boldsymbol{b}) = \lambda(\boldsymbol{a} \cdot \boldsymbol{b})$ 和 $\lambda\boldsymbol{a} \times \boldsymbol{b} = \boldsymbol{a} \times (\lambda\boldsymbol{b}) = \lambda(\boldsymbol{a} \times \boldsymbol{b})$.

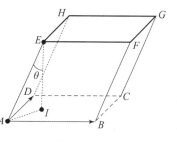

图 7 – 14

【例 7 – 10】 试确定平行六面体的体积.

解　如图 7 – 14 所示，易知 $S_{\square ABCD} = 2S_{\triangle ABC} = |\overrightarrow{AB} \times \overrightarrow{AC}|$，而高 h 为向量 $\overrightarrow{AE}$ 在向量 $\overrightarrow{IE}$ 上的投影，而向量 $\overrightarrow{IE}$ 与向量 $\overrightarrow{AB} \times \overrightarrow{AC}$ 是共线的，因此

$$h = |\mathrm{Prj}_{\overrightarrow{AB} \times \overrightarrow{AC}} \overrightarrow{AE}| = \frac{|\overrightarrow{AE} \cdot (\overrightarrow{AB} \times \overrightarrow{AC})|}{|\overrightarrow{AB} \times \overrightarrow{AC}|},$$

于是，平行六面体的体积为

$$V = S_{\square ABCD} \cdot h = |\overrightarrow{AB} \times \overrightarrow{AC}| \cdot \frac{|\overrightarrow{AE} \cdot (\overrightarrow{AB} \times \overrightarrow{AC})|}{|\overrightarrow{AB} \times \overrightarrow{AC}|} = |\overrightarrow{AE} \cdot (\overrightarrow{AB} \times \overrightarrow{AC})|.$$

注　例 7 – 10 说明，以向量 $\boldsymbol{a}$，$\boldsymbol{b}$，$\boldsymbol{c}$ 为棱边的平行六面体的体积可以表示为

$$V = |(\boldsymbol{a} \times \boldsymbol{b}) \cdot \boldsymbol{c}| = |\boldsymbol{a} \times \boldsymbol{b}| \cdot |\boldsymbol{c}| \cdot |\cos\theta|.$$

一般地，将形如 $(\boldsymbol{a} \times \boldsymbol{b}) \cdot \boldsymbol{c}$ 的向量运算称为向量 $\boldsymbol{a}$，$\boldsymbol{b}$，$\boldsymbol{c}$ 的混合积，记为 $(\boldsymbol{a} \times \boldsymbol{b}) \cdot \boldsymbol{c} = [\boldsymbol{a}\, \boldsymbol{b}\, \boldsymbol{c}]$. 根据平行六面体的形状，易知混合积满足轮换原则，即

$$[\boldsymbol{a}\, \boldsymbol{b}\, \boldsymbol{c}] = [\boldsymbol{b}\, \boldsymbol{c}\, \boldsymbol{a}] = [\boldsymbol{c}\, \boldsymbol{a}\, \boldsymbol{b}].$$

易知，3 个向量共面的充要条件是它们的混合积 $[\,a\ b\ c\,]=0$. 假设 $A(x_a,y_a,z_a)$，$B(x_b,y_b,z_b)$，$C(x_c,y_c,z_c)$，$D(x_d,y_d,z_d)$，则向量 $\overrightarrow{AB}=(x_b-x_a,y_b-y_a,z_b-z_a)$，$\overrightarrow{AC}=(x_c-x_a,y_c-y_a,z_c-z_a)$，$\overrightarrow{AD}=(x_d-x_a,y_d-y_a,z_d-z_a)$ 的混合积可以表示为

$$[\overrightarrow{AB}\ \ \overrightarrow{AC}\ \ \overrightarrow{AD}]=\begin{vmatrix} x_b-x_a & y_b-y_a & z_b-z_a \\ x_c-x_a & y_c-y_a & z_c-z_a \\ x_d-x_a & y_d-y_a & z_d-z_a \end{vmatrix},$$

这是由于

$$\overrightarrow{AB}\times\overrightarrow{AC}=\begin{vmatrix} \mathbf{i} & \mathbf{j} & \mathbf{k} \\ x_b-x_a & y_b-y_a & z_b-z_a \\ x_c-x_a & y_c-y_a & z_c-z_a \end{vmatrix}$$

$$=\begin{vmatrix} y_b-y_a & z_b-z_a \\ y_c-y_a & z_c-z_a \end{vmatrix}\cdot\mathbf{i}-\begin{vmatrix} x_b-x_a & z_b-z_a \\ x_c-x_a & z_c-z_a \end{vmatrix}\cdot\mathbf{j}+\begin{vmatrix} x_b-y_a & y_b-y_a \\ x_c-y_a & y_c-y_a \end{vmatrix}\cdot\mathbf{k}$$

$$=\left(\begin{vmatrix} y_b-y_a & z_b-z_a \\ y_c-y_a & z_c-z_a \end{vmatrix},\ -\begin{vmatrix} x_b-x_a & z_b-z_a \\ x_c-x_a & z_c-z_a \end{vmatrix},\ \begin{vmatrix} x_b-y_a & y_b-y_a \\ x_c-y_a & y_c-y_a \end{vmatrix}\right).$$

因此，$[\overrightarrow{AB}\ \ \overrightarrow{AC}\ \ \overrightarrow{AD}]=(\overrightarrow{AB}\times\overrightarrow{AC})\cdot\overrightarrow{AD}$

$$=(x_d-x_a)\begin{vmatrix} y_b-y_a & z_b-z_a \\ y_c-y_a & z_c-z_a \end{vmatrix}-(y_d-y_a)\begin{vmatrix} x_b-x_a & z_b-z_a \\ x_c-x_a & z_c-z_a \end{vmatrix}+$$

$$(z_d-z_a)\begin{vmatrix} x_b-y_a & y_b-y_a \\ x_c-y_a & y_c-y_a \end{vmatrix}$$

$$=\begin{vmatrix} x_b-x_a & y_b-y_a & z_b-z_a \\ x_c-x_a & y_c-y_a & z_c-z_a \\ x_d-x_a & y_d-y_a & z_d-z_a \end{vmatrix}.$$

想一想，练一练

1. 设向量 a，b 共线，但方向相反，则当 $|a|>|b|>0$ 时，必有（　　）.

A. $|a+b|=|a|-|b|$ B. $|a+b|>|a|-|b|$

C. $|a+b|<|a|-|b|$ D. $|a+b|=|a|+|b|$

2. 下列结论中正确的是（　　）.

A. $|a|\neq0$，$a\cdot b=a\cdot c$，则 $b=c$ B. $|a|\neq0$，$a\times b=a\times c$，则 $b=c$

C. $a\times b=0$，则 $(a\cdot b)^2=|a|^2\cdot|b|^2$ D. $a\cdot b=0$，则 $a\times b=0$

3. 假设 $|\boldsymbol{a}| = \sqrt{3}$，$|\boldsymbol{b}| = 1$，且 $(\widehat{\boldsymbol{a},\boldsymbol{b}}) = \dfrac{\pi}{4}$，则 $|\boldsymbol{a}+\boldsymbol{b}| = $ _____．

4. 已知 $\boldsymbol{a} = (-1,1,-1)$，$\boldsymbol{b} = (1,2,1)$，$k$ 为非零常数，且 $(\boldsymbol{a}+k\boldsymbol{b}) \perp \boldsymbol{b}$，则 $k = $ _____．

5. 已知 $\boldsymbol{a} = (2,-1,4)$，$\boldsymbol{b} = (m,3,n)$，且 $\boldsymbol{a} \times \boldsymbol{b} = \boldsymbol{0}$，则 $m = $ _____，$n = $ _____．

6. 已知 4 点 $A(0,2,1)$，$B(1,3,2)$，$C(1,-2,4)$，$M(x,y,z)$ 共面，试求点 M 满足的关系式．

7. 已知向量 $\boldsymbol{a} = (2,3,1)$，$\boldsymbol{b} = (1,1,-3)$，$\boldsymbol{c} = (1,-2,0)$，计算：

（1）$(\boldsymbol{a} \cdot \boldsymbol{b}) \cdot \boldsymbol{c}$；　　　　　　　（2）$\boldsymbol{a} \cdot (\boldsymbol{b} \cdot \boldsymbol{c})$；

（3）$(\boldsymbol{a}+\boldsymbol{b}) \times (\boldsymbol{b}+\boldsymbol{c})$；　　　（4）$(\boldsymbol{a} \times \boldsymbol{b}) \cdot \boldsymbol{c}$．

8. 假设空间中 3 点坐标为 $M(1,-3,4)$，$N(1,2,-1)$，$P(3,-3,1)$，求 $\angle MNP$．

9. 如果向量 $\boldsymbol{a} = (-2,3,k)$，$\boldsymbol{b} = (1,2,1)$ 互相垂直，则 $k = $ _____．

10. 在 xOy 平面上与向量 $\boldsymbol{a} = (4,3,-7)$ 垂直的单位向量为 _____．

11. 假设 $\boldsymbol{a} = (2,1,2)$，$\boldsymbol{b} = (3,0,4)$，则与向量 $\boldsymbol{a}$ 和 $\boldsymbol{b}$ 都垂直的单位向量为 _____．

12. 已知 $\boldsymbol{a} = (4,3,2)$，$\boldsymbol{b} = (-1,1,3)$，则 $\mathrm{Prj}_{\boldsymbol{b}}\boldsymbol{a} = $ _____．

13. $(\boldsymbol{a} \times \boldsymbol{b})^2 + (\boldsymbol{a} \cdot \boldsymbol{b})^2 = $ _____．

14. 利用向量证明柯西不等式：$|a_1 b_1 + a_2 b_2 + a_3 b_3| \leqslant \sqrt{a_1^2 + a_2^2 + a_3^2} \cdot \sqrt{b_1^2 + b_2^2 + b_3^2}$．

15. 假设向量 $\boldsymbol{a}$，$\boldsymbol{b}$，$\boldsymbol{c}$ 两两垂直，且 $|\boldsymbol{a}| = 1$，$|\boldsymbol{b}| = 3$，$|\boldsymbol{c}| = 2$，求向量 $\boldsymbol{r} = \boldsymbol{a}+\boldsymbol{b}+\boldsymbol{c}$ 的模．

16. 设点 A 的坐标为 $(-1,1,-1)$，向量 $\overrightarrow{AB}$ 的方向角分别为 $30°$，$45°$ 和 γ，且 $|\overrightarrow{AB}| = 5$，求 γ 以及点 B 的坐标．

17. 已知 4 点 $M(1,2,-3)$，$N(4,2,3)$，$P(2,3,4)$，$Q(6,4,6)$，试求向量 $\overrightarrow{MN}$ 在向量 $\overrightarrow{PQ}$ 上的投影．

18. 假设非零向量 $\boldsymbol{a}$，$\boldsymbol{b}$ 不同线，试求常数 λ，使向量 $\lambda\boldsymbol{a}+\boldsymbol{b}$ 与向量 $\boldsymbol{a}+\lambda\boldsymbol{b}$ 共线．

19. 假设 $\boldsymbol{x} = \boldsymbol{a}+3\boldsymbol{b}$，$\boldsymbol{y} = \lambda\boldsymbol{a}+\boldsymbol{b}$，且 $|\boldsymbol{a}| = 1$，$|\boldsymbol{b}| = 3$，$\boldsymbol{a} \perp \boldsymbol{b}$，试问：

（1）常数 λ 等于何值时，$\boldsymbol{x} \perp \boldsymbol{y}$；

（2）常数 λ 等于何值时，以 $\boldsymbol{x}$，$\boldsymbol{y}$ 为临边的三角形面积等于 4．

20. 设 $\boldsymbol{a} = (-1,0,-2)$，$\boldsymbol{b} = (-2,2,1)$，试求模最小的向量 $\boldsymbol{c}$，使 $\boldsymbol{a} = \boldsymbol{b} \times \boldsymbol{c}$．

21. 假设 $\boldsymbol{a}$，$\boldsymbol{b}$，$\boldsymbol{c}$ 均为非零向量，且 $\boldsymbol{a} = \boldsymbol{b} \times \boldsymbol{c}$，$\boldsymbol{b} = \boldsymbol{c} \times \boldsymbol{a}$，$\boldsymbol{c} = \boldsymbol{a} \times \boldsymbol{b}$，试求 $|\boldsymbol{a}| + |\boldsymbol{b}| + |\boldsymbol{c}|$ 的值．

22. 假设 $[\boldsymbol{a}\,\boldsymbol{b}\,\boldsymbol{c}] = 1$，试求 $[(\boldsymbol{a}+\boldsymbol{b}) \times (\boldsymbol{b}+\boldsymbol{c})] \cdot (\boldsymbol{c}+\boldsymbol{a})$．

第二节　空间平面与直线

【问题引入】在对工件表面测绘时，有时会出现某个小范围内的表面比较平坦，某个小范围内的表面比较弯曲的情况，在这种情况下需要对工件表面进行划分，在不同的区域使用不同的数学工具进行描述．同时，工件表面的轮廓线有时也会出现直线段和曲线段的情况，因此，需要建立在空间中描述空间中的平面、直线、曲面和曲线的方法．实际上，无论空间平面还是曲面，它们轨迹上的点都是三维坐标 $P(x,y,z)$，只要找到了点 P 所满足的方程 $F(x,y,z)=0$，就可以通过方程 $F(x,y,z)=0$ 表示这个空间曲面或平面．事实上，空间平面可以认为是特殊的曲面，因此可以用曲面的概念来说明 $F(x,y,z)=0$ 所表示的空间区域．换言之，空间曲面上的点都满足方程 $F(x,y,z)=0$，满足方程 $F(x,y,z)=0$ 的点也都在空间曲面上．

在空间中，将两个方程联立：

$$\begin{cases} F(x,y,z)=0 \\ G(x,y,z)=0 \end{cases}. \tag{7-1}$$

根据初等数学的知识知道方程组式（7-1）是不能解出固定的解的，它有自由解，且这些自由解既在曲面 F 上，又在曲面 G 上，即在它们的交线上．事实上式（7-1）就表示了一条空间曲线．如果 F 和 G 表示的是平面，那么式（7-1）就表示空间直线．本节着重探究空间中的平面和直线以及它们所具有的特性．

描述空间平面时，只需要将平面上任一点 $P(x,y,z)$ 的坐标满足的方程式写出来即可．如果平面上有一个已知坐标的点 $P_0(x_0,y_0,z_0)$，那么向量 $\overrightarrow{P_0P}$ 就是平面上的一个向量，由于点 P 在平面上时任意的，所以 $\overrightarrow{P_0P}$ 就可以表示平面上的任意向量．假设此时有一个向量 $\boldsymbol{n}=(A,B,C)$ 与平面垂直，那么必然有 $\boldsymbol{n}\perp\overrightarrow{P_0P}$，因此，

$$\boldsymbol{n}\cdot\overrightarrow{P_0P}=0.$$

由于 $\overrightarrow{P_0P}=(x-x_0,y-y_0,z-z_0)$，所以

$$A(x-x_0)+B(y-y_0)+C(z-z_0)=0. \tag{7-2}$$

这就找到了平面上任一点所满足的方程，从而也就建立了空间平面的表达式．

一、空间平面的概念

空间中某一区域内任意两点形成的向量都与已知向量 $\boldsymbol{n}$ 垂直，则称该区域为平面，一般用 Π 或 π 表示空间平面，向量 $\boldsymbol{n}$ 称为平面的法向量．

【平面的点法式方程】假设点 $P_0(x_0,y_0,z_0)$ 是平面上任一点，向量 $\boldsymbol{n}=(A,B,C)$ 是

平面的法向量，则称式（7-2）为空间平面的点法式方程（图7-15）.

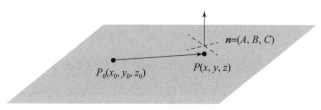

图 7-15

【例 7-11】 求通过点 $A(2,3,5)$，法向量为 $\boldsymbol{n}=(4,1,2)$ 的平面方程.

解 根据空间平面的点法式方程可得 $4(x-2)+(y-3)+2(z-5)=0$，即所求平面为

$$4x+y+2z-21=0.$$

注 在例 7-11 中，点法式方程并不是描述空间平面的最终结果，而是将其化简成以下形式：

$$Ax+By+Cz+D=0. \tag{7-3}$$

一般地，称式（7-3）为空间平面的一般式方程. 在一般式方程中，如果 $D=0$，则说明平面 π 通过原点.

（1） $A=0$ 时，平面与 x 轴平行；$B=0$ 时，平面与 y 轴平行；$C=0$ 时，平面与 z 轴平行.

（2） $A=0$ 且 $D=0$ 时，平面经过 x 轴；$B=0$ 且 $D=0$ 时，平面经过 y 轴；$C=0$ 且 $D=0$ 时，平面经过 z 轴.

（3） $A=0$ 且 $B=0$ 时，平面与 xOy 平面平行；$A=0$ 且 $C=0$ 时，平面与 zOx 平面平行；$B=0$ 且 $C=0$ 时，平面与 yOz 平面平行.

【例 7-12】 假设平面 π 经过 x 轴和点 $A(-3,3,1)$，求该平面的方程.

解 由于所求平面经过 x 轴，所以可以假设其方程为

$$By+Cz=0.$$

将点 $A(-3,3,1)$ 代入方程，有

$$3B+C=0,$$

得 $C=-3B$，即 $By-3Bz=0$，约去 B，得所求平面为 $y-3z=0$.

【例 7-13】 已知平面 π 上 3 个不共线的点分别为 $A(x_1,y_1,z_1)$，$B(x_2,y_2,z_2)$，$C(x_3,y_3,z_3)$，试确定该平面的方程.

解 由于 A，B，C 是平面 π 上不共线的 3 个不同的点，所以可以构成向量

$$\overrightarrow{AB}=(x_2-x_1,y_2-y_1,z_2-z_1)，\overrightarrow{AC}=(x_3-x_1,y_3-y_1,z_3-z_1)，$$

且

$$\overrightarrow{AB} \times \overrightarrow{AC} = \begin{vmatrix} \mathbf{i} & \mathbf{j} & \mathbf{k} \\ x_2 - x_1 & y_2 - y_1 & z_2 - z_1 \\ x_3 - x_1 & y_3 - y_1 & z_3 - z_1 \end{vmatrix}$$

$$= \left(\begin{vmatrix} y_2 - y_1 & z_2 - z_1 \\ y_3 - y_1 & z_3 - z_1 \end{vmatrix}, -\begin{vmatrix} x_2 - x_1 & z_2 - z_1 \\ x_3 - x_1 & z_3 - z_1 \end{vmatrix}, \begin{vmatrix} x_2 - x_1 & y_2 - y_1 \\ x_3 - x_1 & y_3 - y_1 \end{vmatrix} \right),$$

可见 $\overrightarrow{AB} \times \overrightarrow{AC} \perp \pi$，故可以选取 $\boldsymbol{n} = \overrightarrow{AB} \times \overrightarrow{AC}$，根据平面的点法式方程，有

$$\begin{vmatrix} y_2 - y_1 & z_2 - z_1 \\ y_3 - y_1 & z_3 - z_1 \end{vmatrix}(x - x_1) - \begin{vmatrix} x_2 - x_1 & z_2 - z_1 \\ x_3 - x_1 & z_3 - z_1 \end{vmatrix}(y - y_1) + \begin{vmatrix} x_2 - x_1 & y_2 - y_1 \\ x_3 - x_1 & y_3 - y_1 \end{vmatrix}(z - z_1) = 0,$$

根据行列式的性质，易知

$$\begin{vmatrix} x - x_1 & y - y_1 & z - z_1 \\ x_2 - x_1 & y_2 - y_1 & z_2 - z_1 \\ x_3 - x_1 & y_3 - y_1 & z_3 - z_1 \end{vmatrix} = 0, \tag{7-4}$$

这样，式（7-4）就表示空间中通过已知 3 个点的平面，一般称式（7-4）为平面 π 的三点式方程.

如果已知平面经过 3 个点的坐标，可以直接将这些点代入式（7-4）中得到所求平面的方程. 例如，一个平面经过点 $A(a,0,0)$，$B(0,b,0)$，$C(0,0,c)$，则该平面可以表示为

$$\begin{vmatrix} x - a & y & z \\ -a & b & 0 \\ -a & 0 & c \end{vmatrix} = 0,$$

展开 $bc(x-a) + acy + abz = 0$，即 $bcx + acy + abz = abc$，两边同时除以 abc 得

$$\frac{x}{a} + \frac{y}{b} + \frac{z}{c} = 1. \tag{7-5}$$

一般地，称式（7-5）为空间平面的截距式方程.

【例 7-14】已知点 $P_0(x_0, y_0, z_0)$ 是平面 π：$Ax + By + Cz + D = 0$ 外一点，试确定点 P_0 到平面 π 的距离.

解 如图 7-16 所示，假设平面上任一点为 $M(x_1, y_1, z_1)$，因此，$Ax_1 + By_1 + Cz_1 + D = 0$，且 $\boldsymbol{n} = (A, B, C)$，$\overrightarrow{MP_0} = (x_0 - x_1, y_0 - y_1, z_0 - z_1)$，点 P_0 到平面 π 的距离就是 $\overrightarrow{MP_0}$ 在法向量 $\boldsymbol{n}$ 上的投影的绝对值，即

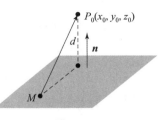

图 7-16

$$d = \mathrm{Prj}_{\boldsymbol{n}} \overrightarrow{MP_0} = \frac{|\overrightarrow{MP_0} \cdot \boldsymbol{n}|}{|\boldsymbol{n}|},$$

而 $\overrightarrow{MP_0} \cdot \boldsymbol{n} = A(x_0 - x_1) + B(y_0 - y_1) + C(z_0 - z_1) = Ax_0 + By_0 + Cz_0 - (Ax_1 + By_1 + Cz_1)$，

$|\boldsymbol{n}| = \sqrt{A^2 + B^2 + C^2}$，因此，

$$d = \text{Prj}_{\boldsymbol{n}} \overrightarrow{MP_0} = \frac{|\overrightarrow{MP_0} \cdot \boldsymbol{n}|}{|\boldsymbol{n}|} = \frac{|Ax_0 + By_0 + Cz_0 + D|}{\sqrt{A^2 + B^2 + C^2}}.$$

注 如果平面 π_1 与 π_2 平行且不重合，则它们之间的距离可以表示为

$$d = \frac{|D_1 - D_2|}{\sqrt{A^2 + B^2 + C^2}}.$$

如果它们不平行，则它们必定相交，因此必定存在一定的夹角，那么如何描述空间平面的夹角大小呢？

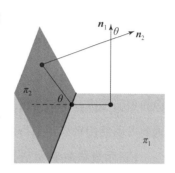

图 7 – 17

【空间平面的夹角】 平面 π_1 与 π_2 的法向量的夹角（取锐角）称为它们的夹角（图 7 – 17）.

平面 π_1 的法向量为 $\boldsymbol{n}_1 = (A_1, B_1, C_1)$，平面 π_2 的法向量为 $\boldsymbol{n}_2 = (A_2, B_2, C_2)$，因此，它们的夹角的余弦值为

$$\cos\theta = |\cos(\widehat{\boldsymbol{n}_1, \boldsymbol{n}_2})| = \frac{|\boldsymbol{n}_1 \cdot \boldsymbol{n}_2|}{|\boldsymbol{n}_1| \cdot |\boldsymbol{n}_2|} = \frac{|A_1A_2 + B_1B_2 + C_1C_2|}{\sqrt{A_1^2 + B_1^2 + C_1^2} \cdot \sqrt{A_2^2 + B_2^2 + C_2^2}}.$$

根据空间平面夹角的定义，易知：

（1） $\pi_1 /\!/ \pi_2 \Leftrightarrow \boldsymbol{n}_1 /\!/ \boldsymbol{n}_2 \Leftrightarrow \boldsymbol{n}_1 \times \boldsymbol{n}_2 = 0 \Leftrightarrow \dfrac{A_1}{A_2} = \dfrac{B_1}{B_2} = \dfrac{C_1}{C_2}$；

（2） $\pi_1 \perp \pi_2 \Leftrightarrow \boldsymbol{n}_1 \cdot \perp \boldsymbol{n}_2 \Leftrightarrow \boldsymbol{n}_1 \cdot \boldsymbol{n}_2 = 0 \Leftrightarrow A_1A_2 + B_1B_2 + C_1C_2 = 0$.

【例 7 – 15】 求通过 Oz 轴，且与已知平面 $\pi: 2x + y - \sqrt{5}z - 7 = 0$ 垂直的平面方程.

解 由于所求平面经过 Oz 轴，所以可以假设其方程为 $Ax + By = 0$，其法向量为 $\boldsymbol{n} = (A, B, 0)$，而已知平面 π 的法向量为 $\boldsymbol{n}_1 = (2, 1, -\sqrt{5})$，于是 $\boldsymbol{n}_1 \cdot \boldsymbol{n} = 0$，即 $2A + B = 0$，所以 $B = -2A$，所求平面方程为 $Ax - 2Ay = 0$，约去 A，即得所求平面的最终方程：$x - 2y = 0$.

【例 7 – 16】 求平面 $2x + y - z - 3 = 0$ 与平面 $2x + y - z + 3 = 0$ 的距离.

解 显然两个平面是平行的，它们的法向量均为 $\boldsymbol{n} = (2, 1, -1)$，$D_1 = -3$，$D_2 = 3$，因此它们的距离为

$$d = \frac{|D_1 - D_2|}{\sqrt{A^2 + B^2 + C^2}} = \frac{|-3 - 3|}{\sqrt{2^2 + 1^2 + (-1)^2}} = \sqrt{6}.$$

【例 7 – 17】 求平面 $x + 3y - 2z + 1 = 0$ 与平面 $2x - y - 10z + 3 = 0$ 的夹角.

解 记平面 $x + 3y - 2z + 1 = 0$ 的法向量为 $\boldsymbol{n}_1 = (1, 3, -2)$，平面 $2x - y - 10z + 3 = 0$ 的

法向量为 $\boldsymbol{n}_2 = (2, -1, -10)$，它们的夹角为 θ，则

$$\cos\theta = \frac{|\boldsymbol{n}_1 \cdot \boldsymbol{n}_2|}{|\boldsymbol{n}_1| \cdot |\boldsymbol{n}_2|} = \frac{|2 - 3 + 20|}{\sqrt{1 + 9 + 4} \cdot \sqrt{4 + 1 + 100}} = \frac{19}{7\sqrt{30}},$$

于是，它们之间的夹角为 $\theta = \arccos\dfrac{19}{7\sqrt{30}}$.

二、空间直线的概念

空间中两个平面如果不平行，它们必定相交（图 7-17）. 这是因为空间平面是可以向周边无限延伸的. 当两个平面相交时，它们交线上的点同时满足两个平面的方程，因此可以使用两个不平行的平面方程的联立来表示空间直线.

【空间直线的表示法】假设平面 $\pi_1: A_1x + B_1y + C_1z + D_1 = 0$ 与 $\pi_2: A_2x + B_2y + C_2z + D_2 = 0$ 是不平行的，那么它们的交线可以表示为

$$\begin{cases} A_1x + B_1y + C_1z + D_1 = 0 \\ A_2x + B_2y + C_2z + D_2 = 0 \end{cases}, \tag{7-6}$$

上式称为空间直线的一般式方程.

在空间中，经过同一条直线的平面可以有无穷多个，因此，表示同一条直线的一般式方程也不是唯一的. 如果已知一个向量 $\boldsymbol{s}$ 与直线 l 平行，且知道 l 上的一个固定点 $M(x_0, y_0, z_0)$，那么直线 l 上任一点 $P(x, y, z)$ 与点 M 就可以形成一个向量 $\overrightarrow{MP} = (x - x_0, y - y_0, z - z_0)$，它与向量 $\boldsymbol{s} = (m, n, p)$ 平行，因此必然有

$$\frac{x - x_0}{m} = \frac{y - y_0}{n} = \frac{z - z_0}{p}, \tag{7-7}$$

上式称为空间直线的点向式方程或对称式方程. 其中，向量 $\boldsymbol{s} = (m, n, p)$ 称为直线 l 的方向向量. 在式（7-7）中，如果方向向量 $\boldsymbol{s}$ 的坐标中有分量等于 0 的情况，也认为它们是有意义的，此时只表示直线上的向量与方向向量平行. 方向向量相同的两条直线平行，方向向量垂直的两条直线垂直.

式（7-7）表示了直线 l 上的向量与方向向量 $\boldsymbol{s}$ 平行时，它们的对应坐标成比例. 如果记这个比例系数为 t，则可以得到

$$\begin{cases} x = x_0 + mt \\ y = y_0 + nt \\ z = z_0 + nt \end{cases}, \tag{7-8}$$

上式称为空间直线的参数式方程. 参数式方程的优点是它实际只有一个变量，即参数 t.

【例 7-18】将直线 l 的一般式方程

$$\begin{cases} x + y + z + 2 = 0 \\ 2x - y + z + 1 = 0 \end{cases}$$

化为对称式方程.

解 直线 l 是由两个平面 π_1: $x + y + z + 2 = 0$ 和 π_2: $2x - y + z + 1 = 0$ 相交得到的,因此直线 l 的方向向量与平面 π_1 和 π_2 的法向量均垂直,记它们的法向量分别为 $\boldsymbol{n}_1 = (1,1,1)$ 和 $\boldsymbol{n}_2 = (2,-1,1)$,则

$$\boldsymbol{n}_1 \times \boldsymbol{n}_2 = \begin{vmatrix} \boldsymbol{i} & \boldsymbol{j} & \boldsymbol{k} \\ 1 & 1 & 1 \\ 2 & -1 & 1 \end{vmatrix} = (2,1,-3),$$

因此可取 $\boldsymbol{s} = \boldsymbol{n}_1 \times \boldsymbol{n}_2 = (2,1,-3)$,在直线 l 上取 $z = 0$ 可得

$$\begin{cases} x + y + 2 = 0 \\ 2x - y + 1 = 0 \end{cases},$$

于是得到直线 l 上的一个点 $M(-1,-1,0)$,所以直线 l 的对称式方程为

$$\frac{x+1}{2} = \frac{y+1}{1} = \frac{z}{-3}.$$

【**例 7 - 19**】求点 $A(2,-1,3)$ 关于平面 $x - 2y - 2z + 11 = 0$ 的对称点.

解 记平面 π: $x - 2y - 2z + 11 = 0$ 的法向量为 $\boldsymbol{n} = (1,-2,-2)$,则过点 $A(2,-1,3)$ 且与平面 π 垂直的直线 l 可表示为

$$\frac{x-2}{1} = \frac{y+1}{-2} = \frac{z-3}{-2},$$

其参数式方程为

$$\begin{cases} x = 2 + t \\ y = -1 - 2t. \\ z = 3 - 2t \end{cases}$$

假设直线 l 与平面 π 的交点为 $P(2+t,-1-2t,3-2t)$,由于点 P 在平面 π 上,故将其代入平面 π 的方程,得

$$(2+t) - 2(-1-2t) - 2(3-2t) + 11 = 0,$$

得 $t = -1$,从而得点 $P(1,1,5)$. 再假设点 $A(2,-1,3)$ 关于平面 π 的对称点为 $A'(x,y,z)$,则点 P 是点 $A(2,-1,3)$ 和点 $A'(x,y,z)$ 的中点,于是

$$\frac{x+2}{2} = 1, \frac{y-1}{2} = 1, \frac{z+3}{2} = 5,$$

所以,对称点为 $A'(0,3,7)$.

【**例 7 - 20**】假设点 $P(x_0,y_0,z_0)$ 是直线 l: $\dfrac{x-x_1}{m} = \dfrac{y-y_1}{n} = \dfrac{z-z_1}{p}$ 外一点,试确定点

P 到直线 l 的距离.

解 如图 7-18 所示,在直线 l 上任取一点 $M(x_1, y_1, z_1)$,则点 P 到直线 l 的距离就是向量 $\overrightarrow{MP} = (x_0 - x_1, y_0 - y_1, z_0 - z_1)$ 的模乘以其与方向向量 $s = (m, n, p)$ 夹角的正弦值,即

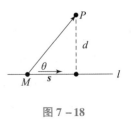

$$d = |\overrightarrow{MP}| \cdot |\sin\theta| = \left| \frac{|\overrightarrow{MP}| \cdot |s| \cdot \sin\theta}{|s|} \right| = \frac{|\overrightarrow{MP} \times s|}{|s|}.$$

图 7-18

上式称为空间中直线外的点到直线的距离公式.

【两直线的夹角】 直线 l_1 与 l_2 的夹角定义为它们方向向量 s_1 与 s_2 夹角的锐角部分,即 θ 是 l_1 与 l_2 的夹角,则

$$\cos\theta = |\cos(\widehat{s_1, s_2})| = \frac{|s_1 \cdot s_2|}{|s_1| \cdot |s_2|}. \tag{7-9}$$

注 需要注意的是,空间中两条直线并不一定在同一个平面内,如果在同一个平面内,它们不平行则必定相交,如果在不同的平面内,由于可以将它们的方向向量平移到同一个起点上,所以还是可以按照式(7-9)给出的方式计算出它们的夹角. 两条不在同一个平面内的直线称为异面直线.

【例7-21】 试确定两条异面直线之间的距离.

解 如图 7-19 所示,假设直线 l_1 和 l_2 是两条异面直线,它们的方向向量分别为 s_1 和 s_2,在两条直线上依次取点 M_1 和 M_2,则形成向量 $\overrightarrow{M_1M_2}$,两条直线的公垂线的方向向量可以表示为

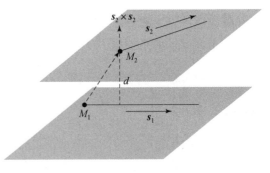

$$s_1 \times s_2,$$

则两直线之间的距离就是向量 $\overrightarrow{M_1M_2}$ 在向量 $s_1 \times s_2$ 上投影绝对值,即

图 7-19

$$d = |\mathrm{Prj}_{s_1 \times s_2} \overrightarrow{M_1M_2}| = \frac{|\overrightarrow{M_1M_2} \cdot (s_1 \times s_2)|}{|s_1 \times s_2|}.$$

注 例 7-21 中的异面直线之间的距离公式不仅能够计算异面直线之间的距离,还能判断两条直线是否异面. 如果通过这个公式计算出来的结果大于零,则说明两条直线异面. 如果这个结果等于零,则说明两条直线共面. 诚然,如果两条直线是平行的,则因 $s_1 \times s_2 = \mathbf{0}$ 而不能再使用上述公式,此时两条直线也是共面的.

在空间中,一条直线 l 要么与平面 π 平行,要么它们相交. 如果直线 l 与平面 π 平行,则 l 要么在平面 π 外,要么在平面 π 内. 此时,称直线 l 与平面 π 的夹角为 0. 如果直线 l 与平面 π 相交,则按照以下方式规定它们之间的夹角.

【直线与平面的夹角】 直线 l 与平面 π 的夹角为

直线 l 与它在平面 π 上的投影直线 $\tilde{l}$ 之间的夹角.

如图 7 – 20 所示,直线 l 与其在平面 π 上的投影

直线 $\tilde{l}$ 之间的夹角 θ 与平面 π 的法向量 n 同直线 l

的方向向量 s 的夹角互余,因此,

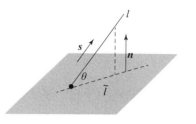

图 7 – 20

$$\cos\left(\frac{\pi}{2} - \theta\right) = \frac{|\,n \cdot s\,|}{|\,n\,| \cdot |\,s\,|},$$

于是,直线与平面的夹角 θ 可以通过

$$\sin\theta = \frac{|\,n \cdot s\,|}{|\,n\,| \cdot |\,s\,|}$$

得到.

【例 7 – 22】 判断直线 $l_1 : \dfrac{x-3}{2} = \dfrac{y}{2} = \dfrac{z-1}{1}$ 与 $l_2 : \dfrac{x+1}{1} = \dfrac{y-2}{0} = \dfrac{z}{1}$ 是否异面.

解 记直线 l_1 和 l_2 的方向向量分别为 $s_1 = (2,1,1)$ 和 $s_2 = (1,0,1)$,点 $M_1(3,-1,1)$ 和点 $M_2(-1,2,0)$ 分别是 l_1 和 l_2 上的点,则

$$s_1 \times s_2 = \begin{vmatrix} \mathbf{i} & \mathbf{j} & \mathbf{k} \\ 2 & 1 & 1 \\ 1 & 0 & 1 \end{vmatrix} = (1,-1,-1), \quad \overrightarrow{M_1 M_2} = (4,-3,1),$$

于是,l_1 和 l_2 的距离为

$$d = \frac{|\,\overrightarrow{M_1 M_2} \cdot (s_1 \times s_2)\,|}{|\,s_1 \times s_2\,|} = \frac{|\,4+3-1\,|}{\sqrt{1+1+1}} = 2\sqrt{3}.$$

【例 7 – 23】 试确定直线 $l : \dfrac{x-3}{1} = \dfrac{y}{2} = \dfrac{z-1}{3}$ 与平面 $\pi : y + 2z - 3 = 0$ 的夹角.

解 记直线 l 的方向向量为 $s = (1,2,3)$,平面 π 的法向量为 $n = (0,1,2)$,夹角为 θ,则

$$\sin\theta = \frac{|\,n \cdot s\,|}{|\,n\,| \cdot |\,s\,|} = \frac{|\,2+6\,|}{\sqrt{1+4+9} \cdot \sqrt{0+1+4}} = \frac{8}{\sqrt{70}},$$

于是,直线 l 与平面 π 的夹角为 $\theta = \arcsin\dfrac{8}{\sqrt{70}}$.

空间直线可以认为是两个平面的交线,由此得出直线的一般式方程,但是通过一条直线的平面在空间中有无穷多个,因此,可以考虑使用所谓的平面束的概念解决一些问题.

假设空间直线 l 是平面 $\pi_1 : A_1 x + B_1 y + C_1 z + D_1 = 0$ 与 $\pi_2 : A_2 x + B_2 y + C_2 z + D_2 = 0$

的交线，即

$$\begin{cases} A_1x + B_1y + C_1z + D_1 = 0 \\ A_2x + B_2y + C_2z + D_2 = 0 \end{cases},$$

显然 π_1 与 π_2 不平行．建立三元一次方程

$$A_1x + B_1y + C_1z + D_1 + \lambda(A_2x + B_2y + C_2z + D_2) = 0, \tag{7-10}$$

其中，λ 是任意实数．由于 π_1 与 π_2 不平行，所以对任意实数 λ，式（7 – 10）中的系数不全为零，故式（7 – 10）表示了一个平面，直线 l 上的点必定在这个平面上，这样式（7 – 10）就表示了通过直线 l 的平面，且当 λ 取不同的值时，对应不同的平面，式（7 – 10）是除了 π_2 外的所有通过直线 l 的平面．这样就得到了通过空间中定直线的所有平面，称为平面束，相应地，式（7 – 10）称为通过直线 l 的平面束方程．

一般地，求直线 l 在平面 π 上的投影时，可以利用平面束方程先确定与平面 π 垂直的平面方程，再将其与平面 π 联立，它们的交线就是直线 l 在平面 π 上的投影直线．

【例 7 – 24】 求直线 l：$\dfrac{x-1}{1} = \dfrac{y}{1} = \dfrac{z-1}{-1}$ 在平面 π：$x - y + 2z - 1 = 0$ 上的投影直线 l_0 的方程.

解 先将直线 l 转换为一般式方程 $\begin{cases} x - y = 1 \\ y + z = 1 \end{cases}$，则通过直线 l 的平面束方程为

$$x - y - 1 + \lambda(y + z - 1) = 0,$$

其法向量为 $\boldsymbol{n} = (1, \lambda - 1, \lambda)$，记平面 π 的法向量为 $\boldsymbol{n}_1 = (1, -1, 2)$，则 $\boldsymbol{n} \cdot \boldsymbol{n}_1 = 0$，于是

$$1 - (\lambda - 1) + 2\lambda = 0,$$

得 $\lambda = -2$，因此通过直线 l 且与平面 π 垂直的平面为 $x - 3y - 2z + 1 = 0$，从而投影直线 l_0 的方程为

$$\begin{cases} x - 3y - 2z + 1 = 0 \\ x - y + 2z - 1 = 0 \end{cases}.$$

注 在例 7 – 24 中，将直线的对称式方程转换为一般式方程，由于通过空间直线 l 的平面有无穷多个，所以可以选择 $\dfrac{x-1}{1} = \dfrac{y}{1}$ 和 $\dfrac{y}{1} = \dfrac{z-1}{-1}$ 形成两个平面方程，再将这两个平面方程联立即可.

想一想，练一练

1. 直线 l：$\dfrac{x}{0} = \dfrac{y}{1} = \dfrac{z}{2}$ 过原点，且（　　）.

A. 垂直于 x 轴　　　　　　　　　　B 垂直于 y 轴，但不平行于 x 轴

C. 垂直于 z 轴，但不平行于 x 轴　　D 平行于 x 轴

2. 坐标原点关于平面 $x - 2y + 3z + 21 = 0$ 的对称点为　（　　）.

A. $(-3, 6, -9)$　　　　　　　　　B. $(-4, -8, 7)$

C. $(-3, 12, 9)$　　　　　　　　　D. $(1, -2, 3)$

3. 过 y 轴且经过点 $A(1, -2, 3)$ 的平面方程为　（　　）.

A. $x - y - z = 0$　　　　　　　　B. $3x - z = 0$

C. $2x - y = 0$　　　　　　　　　　D. $3x + 2y = 0$

4. 直线 l_1: $\dfrac{x-1}{1} = \dfrac{y-5}{-2} = z + 8$ 与直线 l_2: $\begin{cases} x - y - 6 = 0 \\ 2y + z - 3 = 0 \end{cases}$ 的夹角为　（　　）.

A. $\dfrac{\pi}{6}$;　　　　B. $\dfrac{\pi}{2}$;　　　　C. $\dfrac{\pi}{3}$;　　　　D. $\dfrac{\pi}{4}$

5. 与直线 l_1: $\dfrac{x-1}{1} = \dfrac{y-5}{-2} = z + 8$ 和 l_2: $\dfrac{x}{0} = \dfrac{y}{1} = \dfrac{z}{2}$ 都平行的平面方程为：_____.

6. 过点 $A(-1, 2, 3)$、垂直于直线 $\dfrac{x}{4} = \dfrac{y}{5} = \dfrac{z}{6}$ 且与平面 $7x + 8y + 9z + 10 = 0$ 平行的直线方程为_____.

7. 求过点 $A(2, 2, 1)$、与平面 π: $2x - y + z - 3 = 0$ 平行，且与直线 l: $x - 2 = \dfrac{y-2}{3} = z - 1$ 垂直的直线方程.

8. 求通过直线 $\dfrac{x+1}{2} = y - 1 = \dfrac{z+2}{5}$ 与平面 $3x + 2y + z - 10 = 0$ 的交点，且与直线 $\begin{cases} x - y + 2z + 3 = 0 \\ 2x + y - z - 4 = 0 \end{cases}$ 平行的直线方程.

9. 求经过点 $M(5, -4, 3)$，点 $P(-2, 1, 8)$ 以及直线 l: $x - 2 = \dfrac{y-1}{-1} = \dfrac{z}{-3}$ 与平面 π: $x - y + z = 0$ 的交点的平面方程.

10. 求经过点 $M(-1, 0, 4)$、与平面 π: $3x - 4y + z - 10 = 0$ 平行，且与直线 l: $x + 1 = y - 3 = \dfrac{z}{2}$ 相交的直线方程.

11. 已知平面过点 $(2, -3, 1)$ 且与 xOz 平面垂直，又与直线 l: $\dfrac{x-2}{2} = \dfrac{y+1}{-1} = \dfrac{z-3}{3}$ 平行，求该平面方程.

12. 求过点 $M_0(0, 1, 2)$ 且与直线 $x - 1 = 1 - y = \dfrac{z}{2}$ 垂直相交的直线方程.

13. 求点 $A(-1,2,0)$ 在平面 $x+2y-z+1=0$ 上的投影点以及关于平面 $x+2y-z+1=0$ 对称点的坐标.

14. 求直线 $\dfrac{x-1}{3}=\dfrac{y+3}{-2}=z$ 与平面 $x+2y+3z=5$ 的交点坐标.

15. 求过点 $(-1,0,4)$，且平行于平面 $3x-4y+z-10=0$，又与直线 $x+1=y-3=\dfrac{z}{2}$ 相交的直线方程.

16. 求直线 $\begin{cases} 2x-4y+z=1 \\ 3x-7y+2z-3=0 \end{cases}$ 在平面 $4x-y+z-1=0$ 上的投影直线方程.

17. 假设平面 π 经过点 $A(2,0,0)$，$B(0,3,0)$，$C(0,0,5)$，求经过点 $P(1,2,1)$ 且与平面 π 垂直的直线方程.

18. 求过直线 $\dfrac{x}{2}=-y=\dfrac{z+1}{2}$，且与直线 $\begin{cases} x=z \\ y=-z \end{cases}$ 平行的平面方程.

19. 求点 $P(1,0,-1)$ 到直线 $\begin{cases} x-y=3 \\ 3x-y+z=1 \end{cases}$ 的距离.

20. 已知直线 l_1：$\dfrac{x-9}{4}=\dfrac{y+2}{3}=z$，$l_2$：$\dfrac{x-1}{2}=\dfrac{y+1}{9}=\dfrac{z-3}{2}$，试求 l_1 与 l_2 的公垂线方程.

第三节　空间曲面和曲线

在空间中，非一次函数表示的是空间曲面，空间曲面方程可以通过某种特定条件建立，例如在第一节的例 7 - 3 中，根据条件建立了一个球面方程. 当然，空间曲面还可以通过某种旋转得到，例如某条曲线或直线绕另一条直线旋转留下的轨迹也是一个曲面. 下面根据不同情形探究空间曲面的类型.

一、空间曲面之旋转曲面

将平面上一条曲线绕平面上的某条定直线旋转一周所成的曲面称为旋转曲面. 其中，旋转曲线称为曲面的母线，定直线称为旋转轴. 在第 5 章中，学习旋转体的体积时，旋转体的外表面就是旋转曲面.

在 xOy 平面上的已知曲线 C，其方程为 $f(x,y)=0$，它绕 x 轴或 y 轴旋转一周，就可以得到一个以 x 轴或 y 轴为旋转轴的旋转曲面. 下面以曲线 C 绕 x 轴旋转一周为例建立旋转曲面方程.

假设点 $P_0(x_0,y_0,0)$ 是曲线 C 上任一点，则 $f(x_0,y_0)=0$，当曲线 C 绕 x 轴旋转一

周时，点 $P_0(x_0,y_0,0)$ 绕 x 轴转到另一点 $P(x,y,z)$，此时，由于 $x=x_0$ 保持不变，点 P 到 x 轴的距离为

$$d=\sqrt{y^2+z^2}=|y_0|.$$

将 $x=x_0$ 和 $y_0=\pm\sqrt{y^2+z^2}\,|$ 代入方程 $f(x_0,y_0)=0$，可得

$$f(x,\pm\sqrt{y^2+z^2})=0. \tag{7-11}$$

这就是曲线 C 绕 x 轴旋转一周得到的旋转曲面方程.

同理，曲线 C 绕 y 轴旋转一周得到的旋转曲面可表示为 $f(y,\pm\sqrt{x^2+z^2})=0$. 值得注意的是，无论母线是怎样的形状，当它绕坐标旋转时，它上面的某个点都在绕坐标进行圆周运动. 因此，yOz 平面上的曲线 C 绕 z 轴旋转得到的旋转曲面可以表示为 $f(\pm\sqrt{x^2+y^2},z)=0$. 绕 y 轴旋转得到的旋转曲面可以表示为 $f(y,\pm\sqrt{x^2+z^2})=0$，依此类推.

【例7-25】空间中的直线 l 绕与 l 相交的直线旋转一周得到的旋转曲面称为圆锥面（图7-21）. 两直线的交点称为圆锥面的顶点，两直线的夹角 α 称为半顶角. 试建立顶点在原点 O，旋转轴为 z 轴，半顶角为 α 的圆锥面方程.

解　选取 yOz 平面上的直线 l 作为母线，则 l 的方程为 $z=y\cot\alpha$，取 l 上任一点 $P_0(0,y_0,z_0)$，则当其绕 z 轴旋转一周时，$P_0(0,y_0,z_0)$ 变到点 $P(x,y,z)$，$z=z_0$ 保持不变，而点 $P(x,y,z)$ 到 z 轴的距离为

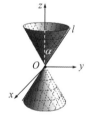

图 7-21

$$d=\sqrt{x^2+y^2}=|y_0|.$$

将其代入直线 l 的方程得

$$z=\pm\sqrt{x^2+y^2}\cdot\cot\alpha,$$

即

$$z^2=a^2(x^2+y^2),$$

其中，$a=\cot\alpha$.

注　在例7-25中，实际上可以根据前文对旋转曲面的分析，直接将 y 变为 $\pm\sqrt{x^2+y^2}$. 例如，xOz 平面上的双曲线

$$\frac{x^2}{a^2}-\frac{z^2}{c^2}=1$$

绕 x 轴旋转一轴得到的旋转曲面，只需将 z 变为 $\pm\sqrt{y^2+z^2}$ 即可，即

$$\frac{x^2}{a^2}-\frac{y^2+z^2}{c^2}=1.$$

其图像如图7-22所示.

如果是绕 z 轴旋转，只需将 x 变为 $\pm\sqrt{x^2+y^2}$ 即可，即

$$\frac{x^2+y^2}{a^2}-\frac{z^2}{c^2}=1.$$

其图像如图 7 – 23 所示.

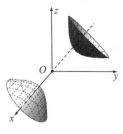 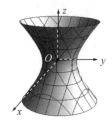

图 7 – 22   图 7 – 23

二、空间曲面之柱面

在空间直角坐标系中，定直线 l 沿着定曲线 C 的轨迹绕行一周，得到的就是空间柱面. 例如，直线 l 沿着 xOy 平面上的定曲线 $x^2+y^2=r^2$ 绕行一周，其留下的轨迹就是一个柱面. 其中，l 称为柱面的母线，C 称为柱面的准线. 方程 $x^2+y^2=r^2$ 中不含自变量 z，因此 z 可以取任意实数，它表示的就是空间柱面（图 7 – 24）. 当然，柱面也可以理解为，在 xOy 平面上的曲线 C，沿着 z 轴的方向上下拉伸得到的空间图形. 再如，将 xOy 平面上的抛物线 $y^2=x$ 看作空间曲面时，它表示的是一个以 z 轴为母线，以抛物线 $y^2=x$ 为准线的抛物柱面（图 7 – 25）.

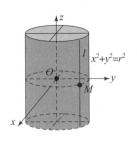 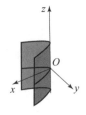

图 7 – 24   图 7 – 25

一般地，在空间中，曲面方程表示为 $F(x,y,z)=0$，如果在曲面方程 F 中缺少了某个自变量，那么该曲面的母线就平行于缺少的那个自变量对应的坐标轴，准线为 $F(x,y,z)=0$ 与剩余自变量对应的坐标平面的截线. 例如，$F(x,y)=0$ 表示母线平行于 z 轴，准线为 xOy 平面上的曲线 $F(x,y)=0$.

三、空间曲面之二次曲线

在空间直角坐标系中，三元二次方程 $F(x,y,z)=0$ 表示的曲面称为二次曲面. 特

别地，可以将平面看作一次曲面. 这与平面几何中的一次函数表示直线、二次函数表示曲线是类似的. 关于二次曲面，仅以椭圆、双曲线和抛物线为出发点介绍以下几种常见的类型，对于其他类型的二次曲面，读者可以使用数学软件（Mathematica 或 Matalab 等）画出其图形.

（1）椭圆锥面：形如 $\dfrac{x^2}{a^2}+\dfrac{y^2}{b^2}=z^2$ 的二次曲面称为椭圆锥面.

它表示的之所以是椭圆锥面，是因为如果用平面 $z=t$ 来截取椭圆锥面，则其截面是一个形如

$$\frac{x^2}{a^2t^2}+\frac{y^2}{b^2t^2}=1$$

的椭圆，而当 $z=0$ 时，它表示的是坐标原点，可见该二次曲面是一个顶点在坐标原点、所有水平横截面都是椭圆面的曲面，故称其为椭圆锥面.

用平面 $z=t$ 来截取二次曲面以确定其曲面类型的方法，通常称为截取法（如同切西瓜时，刀刃可以看作平面，西瓜表面可以看作曲面，将西瓜切开后的横截面就是平面与曲面的截面），平面 $z=t$ 与曲面 $F(x,y,z)=0$ 的交线称为截痕，实际上它在空间中就是一条空间曲线.

一般地，也可以使用所谓的伸缩法来描述二次曲面的类型. 例如，在平面 xOy 上，$x^2+y^2=a^2$ 表示的是一个圆，如果将纵坐标 y 伸缩 $\dfrac{b}{a}$ 倍，则 y 变成了 $\tilde{y}=(b/a)y$，于是 $y=(a/b)\tilde{y}$，将其代入圆的方程，有

$$x^2+\frac{a^2}{b^2}\tilde{y}^2=a^2,$$

化简即可得

$$\frac{x^2}{a^2}+\frac{\tilde{y}^2}{b^2}=a^2.$$

再将 $\tilde{y}$ 写成 y 的形式，则就变成了椭圆. 即一个圆经过拉伸或压缩，就可以变成椭圆.

类似地，在空间中，将圆锥面 $\dfrac{x^2+y^2}{a^2}=z^2$（图 7-21）沿着 y 轴方向伸缩 $\dfrac{b}{a}$ 倍，只需要将 y 变成 $\dfrac{a}{b}y$ 即可，从而得到椭圆锥面 $\dfrac{x^2}{a^2}+\dfrac{y^2}{b^2}=z^2$.

（2）椭球面：将 xOz 平面上的椭圆 $\dfrac{x^2}{a^2}+\dfrac{z^2}{c^2}=1$ 绕 z 轴旋转一周，得到旋转椭球面：

$$\frac{x^2+y^2}{a^2}+\frac{z^2}{c^2}=1,$$

再将旋转椭球面沿 y 轴方向伸缩 $\dfrac{b}{a}$ 倍，则得

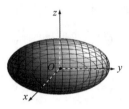

$$\frac{x^2}{a^2}+\frac{y^2}{b^2}+\frac{z^2}{c^2}=1,$$

称为椭球面（图 7 - 26）.

图 7 - 26

（3）将 xOz 平面上的双曲线 $\dfrac{x^2}{a^2}-\dfrac{z^2}{c^2}=1$ 绕 z 轴旋转一周，

得到旋转单叶双曲面

$$\frac{x^2+y^2}{a^2}-\frac{z^2}{c^2}=1,$$

再将旋转单叶双曲面沿 y 轴方向伸缩 $\dfrac{b}{a}$ 倍，则得

$$\frac{x^2}{a^2}+\frac{y^2}{b^2}-\frac{z^2}{c^2}=1,$$

称为单叶双曲面（图 7 - 23）.

如果将 $\dfrac{x^2}{a^2}-\dfrac{z^2}{c^2}=1$ 绕 x 轴旋转一周，则得

$$\frac{x^2}{a^2}-\frac{y^2+z^2}{c^2}=1,$$

再将此曲面沿 y 轴方向伸缩 $\dfrac{b}{c}$ 倍，得

$$\frac{x^2}{a^2}-\frac{y^2}{b^2}-\frac{z^2}{c^2}=1,$$

称为双叶双曲面（图 7 - 22）.

（4）将 xOz 平面上的抛物线 $x^2=a^2z$ 绕 z 轴旋转一周，得到旋转抛物面

$$\frac{x^2+y^2}{a^2}=z,$$

再将该曲面沿着 y 轴方向伸缩 $\dfrac{b}{a}$ 倍，得

$$\frac{x^2}{a^2}+\frac{y^2}{b^2}=z,$$

称为椭圆抛物面.

在空间中，两个曲面方程联立得到的点集的轨迹在空间直角坐标系中表现为一条空间曲线，空间直线有时被认为是特殊的空间曲线.

四、空间曲线的概念

空间中两个曲面的交线称为空间曲线. 假设 $F(x,y,z)=0$ 和 $G(x,y,z)=0$ 是空间

中的两个曲面，则将它们的方程联立得到的点集同时在这两个曲面上．此时它们在空间中的轨迹就是一条空间曲线．

【空间曲线的一般式方程】 假设 $F(x,y,z)=0$ 和 $G(x,y,z)=0$ 分别表示空间中的两个曲面，则

$$\begin{cases} F(x,y,z)=0 \\ G(x,y,z)=0 \end{cases} \tag{7-12}$$

就是空间曲线的一般式方程．

下面通过一些例题来简单了解空间曲线的几种表示方法以及它们所代表的空间曲线形状．

【例 7 – 26】 判断方程组

$$\begin{cases} x^2+y^2=4 \\ 3x+2z=5 \end{cases}$$

表示的是什么曲线．

解　方程组中，$x^2+y^2=4$ 表示的是在 xOy 平面上横截面为以原点为圆心，半径为 2 的圆的圆柱体，$3x+2z=5$ 表示的是一个平面，因此，方程组表示的是平面与圆柱体斜交后的一个封闭的曲线 C．正如将一个塑胶管用工具斜着横切后的塑胶管的外壁曲线（图 7 – 27）．

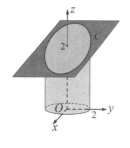

图 7 – 27

正如本章开篇所述，在空间直角坐标系中，空间曲线上的任意一点都可以与坐标原点相连形成一个向量，且由第一节知道，描述向量的位置可以用向量的起点和终点，且向量与坐标轴之间夹角的余弦值可以用来描述向量的方向，向量的长度用向量的模表示，任意一个空间向量都可以分解成由 **i**，**j**，**k** 的线性组合表示．因此，空间曲线还可以用曲线上的点 $P(x,y,z)$ 与坐标原点 $O(0,0,0)$ 的连线形成的向量表示：

$$\overrightarrow{OP}=x\cdot\mathbf{i}+y\cdot\mathbf{j}+z\cdot\mathbf{k} \tag{7-13}$$

这样，只需要建立能够描述点 P 的 3 个坐标的方程，就可以描述空间曲线了．

【空间曲线的参数方程】 假设点 $P(x,y,z)$ 是空间曲线 C 上的任一点，t 为参数，则方程

$$\begin{cases} x=x(t) \\ y=y(t), \\ z=z(t) \end{cases}$$

就是表示空间曲线的参数式方程．

【例 7 – 27】 将例 7 – 26 中的曲线写成参数式方程.

解 在例 7 – 26 中,空间曲面 $x^2 + y^2 = 4$ 的参数式方程可以写成

$$\begin{cases} x = 2\cos t \\ y = 2\sin t \end{cases}, \ t \in [0, 2\pi].$$

将其代入平面方程 $3x + 2z = 5$,可得 $z = \dfrac{1}{2}(5 - 6\cos t)$,于是曲线 C 的参数式方程为

$$\begin{cases} x = 2\cos t \\ y = 2\sin t \\ z = \dfrac{1}{2}(5 - 6\cos t) \end{cases}, \ t \in [0, 2\pi].$$

【例 7 – 28】 某车间需要在一个圆柱体的工件上雕刻出螺旋曲线,如图 7 – 28 所示,试建立该螺旋曲线的参数式方程.

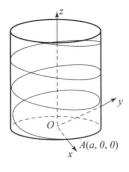

图 7 – 28

解 先假设该圆柱体的在 xOy 平面上的横截面方程为 $x^2 + y^2 = a^2$,再假设在对圆柱体雕刻时,从圆柱体的底部开始,沿着圆柱体向上进行雕刻,取参数 t,其起点坐标记为 $A(a,0,0)$,随后以角速度 ω 绕 z 轴螺旋上升,速度为 v,且 ω 和 v 都是常数,则参数 t 表示的就是时间. 当点 A 运动到点 $P(x,y,z)$ 时,P 点在 xOy 平面上的投影为 $Q(x,y,0)$,于是当点 A 移动时,其投影 Q 沿着圆周运动,且它们绕 z 轴的角速度是相同的,从而有

$$x = |OQ|\cos\angle AOQ = a\cos\omega t, \ y = |OQ|\sin\angle AOQ = a\sin\omega t.$$

由于点 P 沿 z 轴上升,所以 $z = vt$,于是雕刻时的螺旋曲线方程为

$$\begin{cases} x = a\cos\omega t \\ y = a\sin\omega t \\ z = vt \end{cases}.$$

由于角速度与时间的乘积是转角,所以可以这样表示:$\omega t = \theta$. 因此,螺旋曲线也可以表示为

$$\begin{cases} x = a\cos\theta \\ y = a\sin\theta \\ z = b\theta \end{cases},$$

其中,$b = \dfrac{v}{\omega}$,θ 为参数.

想一想，练一练

1. 母线平行于 x 轴，且通过曲线 $\begin{cases} 2x^2 + y^2 + z^2 = 16 \\ x^2 - y^2 + z^2 = 0 \end{cases}$ 的柱面方程为（ ）.

A. $3x^2 + 2z^2 = 16$ B. $x^2 + 2y^2 = 16$

C. $3y^2 - z^2 = 16$ D. $3y^2 - z = 16$

2. 方程 $\begin{cases} x^2 - 2y^2 + z^2 = 16 \\ x = 2 \end{cases}$ 表示的是（ ）.

A. 单叶双曲面   B. 双曲柱面

C. 双曲柱面在平面 yOz 上的投影   D. $x = 2$ 上的双曲线

3. 一个动点与点（1，0，0）的距离为到平面 $x = 4$ 的距离的一半，试确定其轨迹方程，并说明它是哪类二次曲面.

4. 求曲线 $\begin{cases} 2y^2 + z^2 + 4x - 4z = 0 \\ y^2 + 3z^2 - 8x - 12z = 0 \end{cases}$ 关于 yOz 面和 xOy 面的投影柱面的交线方程.

5. 求两个半径相同的直交圆柱面 $x^2 + z^2 = a^2$ 与 $y^2 + z^2 = a^2$ 的交线在各坐标面上的投影曲线方程.

6. 说明下列曲线是怎样形成的：

（1） $\dfrac{x^2}{9} + \dfrac{y^2 + z^2}{16} = 1$；   （2） $x^2 - \dfrac{y^2}{16} + z^2 = 1$；

（3） $x^2 - y^2 - z^2 = 1$；   （4） $x^2 + y^2 - (z - a)^2 = 0$.

7. 求螺旋曲线 $\begin{cases} x = a\cos\theta \\ y = a\sin\theta \\ z = b\theta \end{cases}$ 在 3 个坐标面上的投影曲线的直角坐标方程.

第8章 多元函数微积分

 学习目标

【知识学习目标】

(1) 理解平面区域和多元函数的概念;

(2) 理解并掌握多元函数的偏导数计算法则;

(3) 理解并掌握多元函数偏导数的几何意义与应用;

(4) 理解并掌握最小二乘法;

(5) 理解并掌握重积分的概念与计算方法.

【能力培养目标】

(1) 能利用多个变量对专业问题建立函数关系;

(2) 会利用多元函数的偏导数的知识解决最优解的问题;

(3) 会对电磁场进行数学分析.

【技能培养目标】

(1) 能将专业问题转化为数学问题进行分析;

(2) 能利用掌握的数学知识设计工科问题的分析方案;

(3) 培养严谨的逻辑分析能力.

【素质培养目标】

(1) 培养将复杂问题简单化处理的辩证思维;

(2) 掌握从"严谨分析"到"大胆求证"的学习方法;

(3) 培养综合考虑,多重分析的认知观.

工作任务

合金是由两种或两种以上的金属与金属或非金属经一定方法所合成的具有金属特性的混合物,一般通过熔合成均匀液体后凝固得到. 在制作合金的过程中,不同金属的含量会导致合金具有的不同属性,比如合金的硬度、导电性、柔韧性、可塑性等都

256

是由合金中不同金属与金属或非金属含量的比例不同决定的. 假如某种合金由 n 种金属或非金属加工而成, 那么如何分析该合金的硬度或电导性呢?

◢ 工作分析

要分析合金的硬度或电导性, 需要考虑下几个问题.

(1) 合金的硬度受到哪些因素的影响?

(2) 将不同的因素表示为变量, 则如何用这些变量表示硬度或电导性?

(3) 建立硬度或电导性的函数关系式后, 如何分析这种类型的函数关系式的特性?

第一节 多元函数微分学

【问题引入】合金材料是应用非常广泛的材料. 当向某种单一元素构成的金属 A 中添加其他适量的金属或非金属时, 在熔融冷却后就会形成具有某种有别于金属 A 的合金材料 B. 合金的生成通常会改善元素单质的性质, 例如, 钢的强度大于其主要组成元素铁. 合金的物理性质, 例如密度、反应性、杨氏模量、导电性和导热性可能与合金的组成元素尚有类似之处, 但是合金的抗拉强度和抗剪强度却通常与组成元素的性质有很大不同. 这是由于合金和元素单质的原子排列有很大差异. 假设向某种单质金属 A 中添加 n 种不同的微量金属或非金属元素, 那么金属 A 的硬度会随之发生变化, 如果将 n 种元素的含量分别表示为 x_1, x_2, $\cdots$, x_n, 那么此时合金的硬度 f 就与这些添加的微量元素的含量形成了某种对应关系, 可以将其表示为 $f = f(x_1, x_2, \cdots, x_n)$. 这表明, 当第 i 种微量元素的含量发生变化, 其他微量元素的含量不变时, 合金的硬度只受 x_i 的影响, 此时合金的硬度恰好是 x_i 的函数, 而如果这些微量元素 x_1, x_2, $\cdots$, x_n 都发生变化, 合金的硬度就会随着 n 个变量的变化而发生变化. 像这样, 一个因素随着多种因素的变化而发生变化的现象, 在数学上称为多元函数. 当 $n = 2$ 时, 称为二元函数, 二元函数可以理解成将平面区域上的点映射到数轴上某个区间上的某个点. 当 $n = 3$ 时, 称为三元函数, 三元函数可以理解成将空间中某个区域中的点映射到数轴上某个区间上的某个点. 当 $n > 3$ 时, 则可以将多元函数理解为将 n 维超空间中某个区域上的点映射到数轴上的某个区间上的某个点.

二维平面上的点是由两个有序实数形成的坐标, 表示为 (x, y), 二维平面上的点的集合 (称为点集) 可以理解为满足一定条件的二元有序数组构成的集合:

$$D = \left\{ (x, y) \mid x \in I_x, y \in I_y \right\}.$$

其中，I_x 表示自变量 x 的取值范围，I_y 表示自变量 y 的取值范围．例如：平面上的圆盘可以认为是集合 $D = \{(x,y) \mid x^2 + y^2 \leqslant r^2\}$ 上点的构成的．

三维空间中的点是由 3 个有序实数形成的坐标，表示为 (x,y,z)，三维空间中的点集可以理解为满足一定条件的三元有序数组构成的集合：

$$D = \{(x,y,z) \mid x \in I_x, y \in I_y, z \in I_z\}.$$

例如：空间中球心在原点处的一个球体，可以认为是集合 $D = \{(x,y,y) \mid x^2 + y^2 + z^2 \leqslant r^2\}$ 上的点构成的．

一、多元函数的概念

【二元函数的定义】 假设 D 是平面上的某个非空区域，如果存在某种对应关系 f，可以将 D 上的点对应到数轴上的某个区间 I 上，则称平面区域 D 与数轴上的区间 I 之间存在函数关系 f，记为 $z = f(x,y)$．

其中，平面区域 D 称为定义域，x，y 称为自变量，所有函数值构成的集合 R_f 称为值域．

类似地，假设 D 是三维空间中的某个区域，如果存在某种对应关系 f，可以将 D 上的点对应到数轴上的某个区间 I 上，则称这种对应关系 f 是空间区域 D 到区间 I 上的一个三元函数关系，记为 $w = f(x,y,z)$．

其中，空间区域 D 称为三元函数的定义域，所有函数值构成的集合称为值域，记为 R_f．

注 所谓多元函数，就是指在多个自变量的共同作用下，因变量的变化规律公式．函数表达式中有几个自变量，就称这个函数是几元函数．以二元函数为例（图 8 – 1），它表示的是以空间直角坐标系中的 xOy 平面上的区域 D 作为定义域，而函数值的集合就是图 8 – 1 中 D 上方的空间曲面，即二元函数可以认为是这样的：在空间中底面落在 xOy 平面上，顶面是一个弯曲的曲面（柱体结构），顶面在 xOy 平面上的投影就是这个二元函数

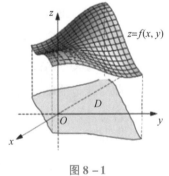

图 8 – 1

的定义域，定义域上任意一点的坐标为 (x,y)，沿着 z 轴方向的直线与曲顶柱体的顶面的交点对应的 z 的值就是二元函数的函数值．因此，二元函数本质上就是将 xOy 平面上的点对应到一个曲面上的点的一种映射关系．换言之，二元函数的图形不像一元函数那样是曲线，而是空间中的曲面（平面可以认为是特殊的曲面）．

【例 8 – 1】 有一个宽为 24 cm 的长方形金属板，把它两边折起来制作一个横截面为

等腰梯形的水槽，假设两边折起来的长度为 x cm，倾斜角为 θ，水槽中水的流量就跟这个横截面的面积有关，而这个横截面的面积与 x，θ 有关，试确定横截面的面积表达式．

解　如图 8 - 2、图 8 - 3 所示，由于所制作的水槽横截面是一个等腰梯形，所以将金属板折起来后形成的等腰梯形的下底长度为 $(24 - 2x)$ cm，上底长度为 $(24 - 2x + 2x\cos\theta)$ cm，于是横截面的面积为

$$S = \frac{1}{2}\big[24 - 2x + 24 - 2x + 2x\cos\theta\big] \cdot x\sin\theta,$$

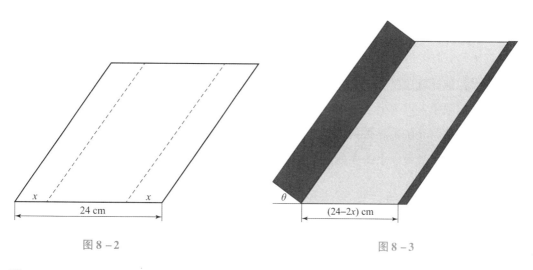

图 8 - 2　　　　　　　　　　　　　　　　图 8 - 3

即

$$S = 24x\sin\theta - 2x^2\sin\theta + x^2\sin\theta\cos\theta \quad \left(0 < x < 12, 0 < \theta \leqslant \frac{\pi}{2}\right).$$

注　例 8 - 1 说明水槽的横截面面积受到两个变量的影响，它是一个二元函数．

在直观上可以发现，水槽的横截面设计成等腰梯形时，必定在某种情况下可使水槽的横截面面积最大，即在定义域中存在某个点 (x_0, θ_0)，在该点处面积 $S(x, \theta)$ 取得最大值 $S(x_0, \theta_0)$．那么如何找到这个最大值点呢？

第 1 章介绍了初等函数在其定义域内都是连续的结论，对于多元函数也有类似的结论，即**多元函数在其定义域内都是连续的**．多元函数连续性的定义类似一元函数连续性的定义：

$$\lim_{P \to P_0} f(P) = f(P_0),$$

其中，P 表示多元函数定义域上的任意点 (x, y)，P_0 表示多元函数定义域上的某个固定点 (x_0, y_0)，即极限值恰好等于函数值，则称多元函数在该点处连续：

$$\lim_{(x, y) \to (x_0, y_0)} f(x, y) = f(x_0, y_0).$$

如果多元函数在其定义域上的所有点处都连续，则称它是其定义域上的连续函数．

如果多元函数在点 P_0 处不满足极限值恰好等于函数值的条件，则称多元函数在点 P_0 处间断（不连续）. 如果多元函数在点 P_0 处的极限存在，则这与其定义域内的任意点 P 沿着什么路径到达点 P_0 是无关的，如果有关，那就说明多元函数在点 P_0 处的极限不存在，因为它违反了"极限如果存在，则必定唯一"的原则.

例如：$\lim\limits_{(x,y)\to(0,0)}\dfrac{\sin xy}{xy}=\lim\limits_{(x,y)\to(0,0)}\dfrac{xy}{xy}=1$ 是存在的，与路径无关；而极限 $\lim\limits_{(x,y)\to(0,0)}\dfrac{xy}{x^2+y^2}$ 不存在，因为如果选取路径 $y=kx$，则极限变为

$$\lim\limits_{(x,y)\to(0,0)}\dfrac{xy}{x^2+y^2}=\lim\limits_{(x,y)\to(0,0)}\dfrac{kx^2}{x^2+k^2x^2}=\dfrac{k}{1+k^2},$$

这是一个与 k 有关的结论，当选取不同的路径（即 k 取不同的值）时，会得到不同的极限结果，这样就违反了"极限如果存在，则必定唯一"的原则. 需要注意的是，上述函数的极限中，点（0，0）都不在其定义域内.

可以模仿一元函数导数的定义给多元函数的导数下定义，下面以二元函数为例给其导数下定义，二元以上的多元函数的导数定义方式与二元函数类似.

二、偏导数的概念与计算

【偏导数的定义】假设函数 $z=f(x,y)$ 在点 (x_0,y_0) 附近有定义，如果极限

偏导数的定义

$$\lim\limits_{\Delta x\to 0}\dfrac{f(x_0+\Delta x,y_0)-f(x_0,y_0)}{\Delta x},$$

存在，则称函数 $z=f(x,y)$ 在点 (x_0,y_0) 处存在关于 x 的**偏导数**（Partial Derivative），记为

$$\left.\dfrac{\partial z}{\partial x}\right|_{(x_0,y_0)},\ \left.\dfrac{\partial f}{\partial x}\right|_{(x_0,y_0)},\ z_x|_{(x_0,y_0)}\ 或\ z'_x|_{(x_0,y_0)},\ f_x(x_0,y_0)\ 或\ f'_x(x_0,y_0).$$

类似地，如果极限 $\lim\limits_{\Delta y\to 0}\dfrac{f(x_0,y_0+\Delta y)-f(x_0,y_0)}{\Delta y}$ 存在，则称函数 $z=f(x,y)$ 在点 (x_0,y_0) 处存在关于 y 的偏导数，记为

$$\left.\dfrac{\partial z}{\partial y}\right|_{(x_0,y_0)},\left.\dfrac{\partial f}{\partial y}\right|_{(x_0,y_0)},z_y|_{(x_0,y_0)}.\ 或\ z'_y|_{(x_0,y_0)},\ f_y(x_0,y_0)\ 或\ f'_y(x_0,y_0).$$

注 二元函数 $z=f(x,y)$ 在点 (x_0,y_0) 处对于 x 的偏导数 $f'_x(x_0,y_0)$ 在图形上表现为：用一个平面 $y=y_0$ 与二元函数的曲顶面相交形成的曲线在点 $x=x_0$ 处相对于 x 轴的切线斜率，且该切线在平面 $y=y_0$ 上. 同理，偏导数 $f_y(x_0,y_0)$ 在图形上表现为：用平面 $x=x_0$ 与二元函数的曲顶面的相交形成的曲线在 $y=y_0$ 处相对于 y 轴的切线斜率，且

该切线在平面 $x = x_0$ 上. 这也说明, 多元函数实际上与一元函数还是有一定区别的. 在一元函数中, 可导必定连续, 但对多元函数这个结论是不一定成立的. 多元函数即使存在偏导数, 也不能说明多元函数是连续的.

如果函数 $z = f(x,y)$ 在其定义域上的所有点处对于 x (或 y) 的偏导数都存在, 则称函数 $z = f(x,y)$ 在其定义域 D 上对自变量 x (或 y) 存在偏导函数, 分别记为

$$\frac{\partial z}{\partial x}, \frac{\partial f}{\partial x}, z_x \text{ 或 } z'_x, f_x(x,y) \text{ 或 } f'_x(x,y)$$

和

$$\frac{\partial z}{\partial y}, \frac{\partial f}{\partial y}, z_y \text{ 或 } z'_y, f_y(x,y) \text{ 或 } f'_y(x,y).$$

在不发生混淆的情况下偏导函数也称为偏导数.

【例 8 - 2】 求函数 $S = 24x\sin\theta - 2x^2\sin\theta + x^2\sin\theta\cos\theta$ 的偏导数.

解　$\dfrac{\partial S}{\partial x} = 24\sin\theta - 4x\sin\theta + 2x\sin\theta\cos\theta,$

$$\frac{\partial S}{\partial \theta} = 24x\cos\theta - 2x^2\cos\theta + x^2\cos 2\theta.$$

【例 8 - 3】 求函数 $z = x^2 + 3xy + y^3$ 在点 （1, 2） 处的偏导数.

解　由于 $\dfrac{\partial z}{\partial x} = 2x + 3y$, $\dfrac{\partial z}{\partial y} = 3x + 3y^2$, 所以

$$\frac{\partial z}{\partial x}\bigg|_{(1,2)} = (2x + 3y)\big|_{(1,2)} = 8, \quad \frac{\partial z}{\partial y}\bigg|_{(1,2)} = (3x + 3y^2)\big|_{(1,2)} = 15.$$

【例 8 - 4】 求函数 $u = \arctan\dfrac{y}{x}$ 的偏导数.

解　$\dfrac{\partial u}{\partial x} = \dfrac{1}{1 + \left(\dfrac{y}{x}\right)^2} \cdot \left(-\dfrac{y}{x^2}\right) = -\dfrac{y}{x^2 + y^2}$; $\dfrac{\partial u}{\partial y} = \dfrac{1}{1 + \left(\dfrac{y}{x}\right)^2} \cdot \dfrac{1}{x} = \dfrac{x}{x^2 + y^2}.$

【例 8 - 5】 已知 $z = x^2 + y^2$, 求 $z_x(0,0)$, $z_y(0,0)$.

解　由于 $\dfrac{\partial z}{\partial x} = 2x$, $\dfrac{\partial z}{\partial y} = 2y$, 所以 $z_x(0,0) = \dfrac{\partial z}{\partial x}\bigg|_{(0,0)} = 0$, $z_y(0,0) = \dfrac{\partial z}{\partial y}\bigg|_{(0,0)} = 0.$

注　当 $f_x(x_0,y_0) = f_y(x_0,y_0) = 0$ 时, 称点 (x_0,y_0) 是二元函数 $f(x,y)$ 的**驻点** （Stagnation Point）.

【例 8 - 6】 已知函数 $f(x,y) = (\cos^2 x + \cos^2 y)^2$, 其在区间 $\{(x,y) \mid -0.5\pi \leqslant x \leqslant 0.5\pi, -0.5\pi \leqslant y \leqslant 0.5\pi\}$ 上的图像如图 8 - 4 所示, 试确定 $f_x(0,0)$ 和 $f_y(0,0)$.

解　由于 $f(x,0) = (\cos^2 x + 1)^2$, 所以 $f_x(x,0) = -2(\cos^2 x + 1)\sin 2x$, 因此 $f_x(0,0) = 0.$

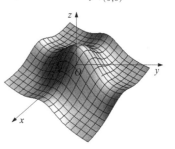

图 8 - 4

同理，因为 $f(0,y)=(1+\cos^2 y)^2$，所以 $f_y(0,y)=-2(\cos^2 y+1)\sin 2y$，因此，$f_y(0,0)=0$.

显然，点 $(0,0)$ 是函数 $f(x,y)$ 的驻点，且从图像上可以看出，在该驻点 $(0,0)$ 处，函数在其定义域上可以取得最大值. 它表现为曲面上的点从某个点出发沿着任意路径均可以到达曲面的最大值点.

在二元函数的曲面上，用平行于平面 xOy 的平面 $z=c$ 切割曲面，每取一个固定的数值 c，都可以得到平面与曲面的一条交线，且这个交线上的二元函数值都是相等的，逐次选择 c 的值，不停地对曲面进行切割，直到平面 $z=c$ 与曲线 $z=f(x,y)$ 相切，则就可以得到二元曲面的峰值（或谷值），即二元函数的**极大值**（或**极小值**）.

一般地，二元函数 $z=f(x,y)$ 在几何上表示的是一个曲面，这个曲面如果用平行于 xOy 平面的平面 $z=c$ 切割曲面 $z=f(x,y)$ 就会留下一条曲线：

$$\begin{cases} z=f(x,y) \\ z=c \end{cases}.$$

这条曲线在 xOy 平面上的投影就是一条曲线，此时如果标记 $z=c$ 的不同值，就可以利用平面图表示空间曲面所表示的二元函数的函数值，在同一个平面 $z=c$ 与曲面的交线上，二元函数的函数值都是相等的，这样的交线称为**等值线**. 等值线的应用非常广泛，比如，在地形图中，可以使用等高线表示一座山的高度，在同一条等高线上，山的高度是相同的，如图 $8-5$ 所示；再如，利用平面曲线可以描绘电荷的等势线、电弧的等压线等.

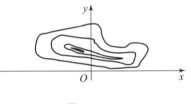

图 $8-5$

沿着二元函数等值线递增（减）的方向，可以快速地到达二元函数的极大（小）值点. 即从某一条等值线上的某个点出发，沿着该点指向极值点的方向到达极值点，是在函数曲面上从某个点出发到达极值点的最短路径.

以前儿童所玩的土电话，是一种古老的具有实用性和娱乐性的工具，它是我们古代先民最早发明的，是电话机最初的原型，曾为人们之间的交流和娱乐立下汗马功劳. 土电话制作简单，用两个圆形纸盒、一根棉线、两支小木棒即可轻松制作. 土电话在古时称作传声筒. 它的原理是在土电话的一端说话时，该端小盒子中的木棒会受到声音的振动而产生振动，并将这种振动以机械波的形式在连接土电话两端的棉线上传递，当振动传递到土电话的另一端时，另一端的木棒也会随之发生振动，导致该端小盒子内的空气产生波动，从而达到传递声音的目的. 那么如何用数学知识来分析土电话的工作原理呢？

在一根截面面积为 S、密度为 ρ 的细棉线上（图 8-6），观察一个小段 $[a,b]$.

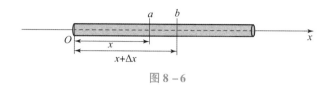

图 8-6

该小段上的声波属于纵波，当声波在棉线中传播时，棉线中的每一段都会不断地受到拉伸和压缩，假定每个小段的长度为 Δx，则体积为 $\Delta V = S\Delta x$，假设在某一时刻这个体积元正在被拉伸，左端面处的胁强（物体单位截面积上所承受的作用力叫作胁强）为 σ（受力方向向左），右端面处的胁强为 $\sigma + \dfrac{\partial \sigma}{\partial x} \cdot \Delta x$（受力方向向右），式中 $\dfrac{\partial \sigma}{\partial x}$ 表示这个时刻胁强随距离的变化率，因此，这段体积元所受到的合力为

$$-\sigma S + \left(\sigma + \frac{\partial \sigma}{\partial x} \cdot \Delta x\right)S = \frac{\partial \sigma}{\partial x} \cdot S \cdot \Delta x.$$

已知体积元的质量为 $\rho S \cdot \Delta x$，如果振动速度为 v，则对体积元运用牛顿第二定律可得

$$\frac{\partial \sigma}{\partial x} \cdot S \cdot \Delta x = \rho S \Delta x \cdot \frac{\partial v}{\partial t},$$

化简可得到

$$\frac{\partial \sigma}{\partial x} = \rho \frac{\partial v}{\partial t}.$$

这是因为声音在棉线中传播时导致的棉线振动的速度不仅与时间有关，还与传播的距离有关. 因此，棉线中的振动速度是时间与距离的二元函数，$\dfrac{\partial v}{\partial t}$ 表示的是振动的加速度. 由于体积元左端的位移为 y，右端的位移为 $y + \Delta y$（图 8-7），所以体积元的长度变化为 Δy，体积元的原长为 Δx，故胁变为 $\dfrac{\Delta y}{\Delta x}$ 或 $\dfrac{\partial y}{\partial x}$.

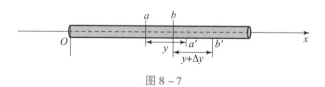

图 8-7

根据郑玄-胡克定律，得胁强为

$$\sigma = Y \frac{\partial y}{\partial x},$$

而振动的速度为 $v = \dfrac{\partial y}{\partial t}$，这样方程 $\dfrac{\partial \sigma}{\partial x} = \rho \dfrac{\partial v}{\partial t}$ 中的 $\dfrac{\partial \sigma}{\partial x} = \dfrac{\partial}{\partial x}\left(Y \dfrac{\partial y}{\partial x}\right)$，$\rho \dfrac{\partial v}{\partial t} = \rho \dfrac{\partial}{\partial t}\left(\dfrac{\partial y}{\partial t}\right)$. 这类

似于一元函数的二阶导数.

事实上，波的振动函数为 $y = A\cos\left[\omega\left(t - \dfrac{x}{u}\right) + \varphi_0\right]$，其中 A 是振幅，ω 是角频率，u 是介质中的传播速度，x 是传播距离，t 是时间，φ_0 是初相位. 它本身就是以距离 x、时间 t 为自变量的二元函数. 一般地，将 $\dfrac{\partial}{\partial t}\left(\dfrac{\partial y}{\partial t}\right)$，$\dfrac{\partial}{\partial x}\left(\dfrac{\partial y}{\partial x}\right)$ 称为二元函数 y 关于自变量 t 和 x 的二阶偏导数，并记为

$$\frac{\partial}{\partial t}\left(\frac{\partial y}{\partial t}\right) = \frac{\partial^2 y}{\partial t^2}, \quad \frac{\partial}{\partial x}\left(\frac{\partial y}{\partial x}\right) = \frac{\partial^2 y}{\partial x^2}.$$

这样，就可以得到棉线中的波动方程：

$$\frac{\partial^2 y}{\partial x^2} = \frac{\rho}{Y} \cdot \frac{\partial^2 y}{\partial t^2}.$$

函数 $y = A\cos\left[\omega\left(t - \dfrac{x}{u}\right) + \varphi_0\right]$ 就是这个**波动方程**的解. 其中，Y 是杨氏模量.

（一）高阶偏导数

【高阶偏导数的定义】 设函数 $z = f(x, y)$ 在区域 D 内具有偏导数：

$$\frac{\partial z}{\partial x} = f_x(x, y), \quad \frac{\partial z}{\partial y} = f_y(x, y).$$

$f_x(x, y)$ 和 $f_y(x, y)$ 都是以 x，y 为自变量的函数，如果这两个函数的偏导数都存在，那么就称它们是函数 $z = f(x, y)$ 的二阶偏导数，按照求导顺序，分别记为

高阶偏导数

$$\frac{\partial}{\partial x}\left(\frac{\partial z}{\partial x}\right) = \frac{\partial^2 z}{\partial x^2} = f_{xx}(x, y), \qquad \frac{\partial}{\partial y}\left(\frac{\partial z}{\partial x}\right) = \frac{\partial^2 z}{\partial x \partial y} = f_{xy}(x, y),$$

$$\frac{\partial}{\partial x}\left(\frac{\partial z}{\partial y}\right) = \frac{\partial^2 z}{\partial y \partial x} = f_{yx}(x, y), \qquad \frac{\partial}{\partial y}\left(\frac{\partial z}{\partial y}\right) = \frac{\partial^2 z}{\partial y^2} = f_{yy}(x, y).$$

其中，$\dfrac{\partial^2 z}{\partial x \partial y} = f_{xy}(x, y)$ 与 $\dfrac{\partial^2 z}{\partial y \partial x} = f_{yx}(x, y)$ 称为混合偏导数，$\dfrac{\partial^2 z}{\partial x \partial y}$ 是先对 x 后对 y 的二阶混合偏导数，$\dfrac{\partial^2 z}{\partial y \partial x}$ 是先对 y 后对 x 的二阶混合偏导数，即混合偏导数中，分母里哪个自变量排在前面（左边）就先对这个自变量求偏导，再对另一个自变量求偏导.

有时，如果函数比较复杂，也用 f_1'，f_2' 分别表示函数对第一个自变量和对第二个自变量求偏导数，用符号 f_{11}''，f_{12}''，f_{21}''，f_{22}'' 分别表示对第一个自变量求两次偏导数、先对第一个自变量再对第二个自变量求二阶混合偏导数、先对第二个自变量再对第一个自变量求二阶混合偏导数、对第二个自变量求两次偏导数. 其他多元函数的高阶偏导数也可以用类似的符号表示.

类似地，三元函数 $u = f(x,y,z)$ 的二阶偏导数可以表示为

$$\frac{\partial}{\partial x}\left(\frac{\partial u}{\partial x}\right) = \frac{\partial^2 u}{\partial x^2} = f_{xx}(x,y,z), \qquad \frac{\partial}{\partial y}\left(\frac{\partial u}{\partial x}\right) = \frac{\partial^2 u}{\partial x \partial y} = f_{xy}(x,y,z),$$

$$\frac{\partial}{\partial x}\left(\frac{\partial u}{\partial y}\right) = \frac{\partial^2 u}{\partial y \partial x} = f_{yx}(x,y,z), \qquad \frac{\partial}{\partial y}\left(\frac{\partial u}{\partial y}\right) = \frac{\partial^2 u}{\partial y^2} = f_{yy}(x,y,z),$$

$$\frac{\partial}{\partial z}\left(\frac{\partial u}{\partial x}\right) = \frac{\partial^2 u}{\partial x \partial z} = f_{xz}(x,y,z), \qquad \frac{\partial}{\partial z}\left(\frac{\partial u}{\partial y}\right) = \frac{\partial^2 u}{\partial y \partial z} = f_{yz}(x,y,z),$$

$$\frac{\partial}{\partial x}\left(\frac{\partial u}{\partial z}\right) = \frac{\partial^2 u}{\partial z \partial x} = f_{zx}(x,y,z), \qquad \frac{\partial}{\partial y}\left(\frac{\partial u}{\partial z}\right) = \frac{\partial^2 u}{\partial z \partial y} = f_{zy}(x,y,z),$$

$$\frac{\partial}{\partial x}\left(\frac{\partial u}{\partial z}\right) = \frac{\partial^2 u}{\partial z^2} = f_{zz}(x,y,z).$$

三元函数的三阶偏导数有 27 种形式，这里不再赘述.

【例 8 – 7】 求下列函数的二阶混合偏导数.

（1） $z = x^2 - 2xy - 3y^2$；（2） $z = x^{y^2}$.

解 （1） 由于 $\dfrac{\partial z}{\partial x} = 2x - 2y$，$\dfrac{\partial z}{\partial y} = -2x - 6y$，所以 $\dfrac{\partial^2 z}{\partial x \partial y} = -2$，$\dfrac{\partial^2 z}{\partial y \partial x} = -2$.

（2） 由于 $\dfrac{\partial z}{\partial x} = y^2 x^{y^2 - 1}$，$\dfrac{\partial z}{\partial y} = 2y x^{y^2} \ln x$，所以

$$\frac{\partial^2 z}{\partial x \partial y} = 2y x^{y^2 - 1} + 2y^3 x^{y^2 - 1} \ln x, \qquad \frac{\partial^2 z}{\partial y \partial x} = 2y x^{y^2 - 1} + 2y^3 x^{y^2 - 1} \ln x.$$

注 从例 8 – 7 可以看到，混合偏导数 $\dfrac{\partial^2 z}{\partial x \partial y} = \dfrac{\partial^2 z}{\partial y \partial x}$，这不是偶然的，一般地，如果二阶混合偏导数连续，则它们必定相等.

【例 8 – 8】 假设 $r = \sqrt{x^2 + y^2 + z^2}$，试验证函数 $u = \dfrac{1}{r}$ 满足拉普拉斯方程 $\dfrac{\partial^2 u}{\partial x^2} + \dfrac{\partial^2 u}{\partial y^2} + \dfrac{\partial^2 u}{\partial z^2} = 0$.

解 可以看出函数 u 是 r 的一元函数，但是 r 是三元函数，因此函数 u 也是一个三元函数，可以认为它是多元复合函数，因此可以用类似一元函数的复合函数求导的链式法则进行计算.

由于 $\dfrac{\partial u}{\partial x} = \dfrac{\mathrm{d}u}{\mathrm{d}r} \cdot \dfrac{\partial r}{\partial x} = -\dfrac{1}{r^2} \cdot \dfrac{\partial r}{\partial x}$，注意到 $\dfrac{\partial r}{\partial x} = \dfrac{2x}{2\sqrt{x^2 + y^2 + z^2}} = \dfrac{x}{r}$，所以 $\dfrac{\partial u}{\partial x} = -\dfrac{1}{r^2} \cdot$

$\dfrac{x}{r} = -\dfrac{x}{r^3}$，于是 $\dfrac{\partial^2 u}{\partial x^2} = \dfrac{\partial}{\partial x}\left(-\dfrac{x}{r^3}\right) = -\dfrac{r^3 - 3xr^2 \dfrac{\partial r}{\partial x}}{r^6} = -\dfrac{r - 3x\dfrac{x}{r}}{r^4} = -\dfrac{r^2 - 3x^2}{r^5}$.

根据对称性，易知 $\dfrac{\partial^2 u}{\partial y^2} = -\dfrac{r^2 - 3y^2}{r^5}$，$\dfrac{\partial^2 u}{\partial z^2} = -\dfrac{r^2 - 3z^2}{r^5}$，所以 $\dfrac{\partial^2 u}{\partial x^2} + \dfrac{\partial^2 u}{\partial y^2} + \dfrac{\partial^2 u}{\partial z^2} =$

$$-\frac{r^2-3x^2}{r^5}-\frac{r^2-3y^2}{r^5}-\frac{r^2-3z^2}{r^5}=-\frac{3r^2-3(x^2+y^2+z^2)}{r^5}=0.$$

注 例 8-8 中，由于在三元函数中自变量 x，y，z 的地位完全相同，所以求出关于 x 的二阶偏导数后，相应地关于自变量 y，z 的二阶偏导数也具有类似的结论. 拉普拉斯方程又名调和方程、位势方程，是一种偏微分方程. 它是因被法国数学家拉普拉斯首先提出而得名. 求解拉普拉斯方程是电磁学、天文学和流体力学等领域经常遇到的一类重要的数学问题，因为这种方程以势函数的形式描写了电场、引力场和流场等物理对象（一般统称为"保守场"或"有势场"）的性质. 如果函数 $u=f(x,y,z)$ 是三元函数，通常将

$$\frac{\partial^2 u}{\partial x^2}+\frac{\partial^2 u}{\partial y^2}+\frac{\partial^2 u}{\partial z^2}$$

称为函数 $u=f(x,y,z)$ 的拉普拉斯算子变换，记为 Δu，符号 Δ 称为拉普拉斯算子. 二元函数的拉普拉斯算子记为

$$\Delta u=\frac{\partial^2 u}{\partial x^2}+\frac{\partial^2 u}{\partial y^2}.$$

【例 8-9】 验证函数 $u=\dfrac{1}{2a\sqrt{\pi t}}\mathrm{e}^{-\frac{(x-b)^2}{4a^2 t}}$（$a$，$b$ 为常数）满足**热传导方程**：$\dfrac{\partial u}{\partial t}=a^2\dfrac{\partial^2 u}{\partial x^2}$.

解 由于 $\dfrac{\partial u}{\partial t}=\dfrac{1}{8a^3 t^2\sqrt{\pi t}}\mathrm{e}^{-\frac{(x-b)^2}{4a^2 t}}\left[(x-b)^2-2a^2 t\right]$，$\dfrac{\partial u}{\partial x}=\dfrac{x-b}{4a^3 t\sqrt{\pi t}}\mathrm{e}^{-\frac{(x-b)^2}{4a^2 t}}$，所以 $\dfrac{\partial^2 u}{\partial x^2}=$

$\dfrac{1}{8a^5 t^2\sqrt{\pi t}}\mathrm{e}^{-\frac{(x-b)^2}{4a^2 t}}\left[(x-b)^2-2a^2 t\right]$，故 $\dfrac{\partial u}{\partial t}=a^2\dfrac{\partial^2 u}{\partial x^2}$.

注 热传导方程在确定金属中热传递的过程分析中具有重要的应用价值，它是一个微分方程，且是偏微分方程.

（二）复合偏导数

【定理 8-1】 如果函数 $u=\varphi(t)$，$v=\psi(t)$ 在点 t 处都是可导函数，二元函数 $z=f(u,v)$ 在点 t 处对应的点 (u,v) 具有连续的偏导数，则复合函数 $z=f[\varphi(t),\psi(t)]$ 此时是 t 的一元函数，且在点 t 处可导：

复合偏导数

$$\frac{\mathrm{d}z}{\mathrm{d}t}=\frac{\partial z}{\partial u}\cdot\frac{\mathrm{d}u}{\mathrm{d}t}+\frac{\partial z}{\partial v}\cdot\frac{\mathrm{d}v}{\mathrm{d}t}.$$

【例 8-10】 已知函数 $z=f(u,v)=\mathrm{e}^{u^2+v^2}$，$u=2x$，$v=x^2+1$，求 $\dfrac{\mathrm{d}z}{\mathrm{d}x}$.

解 方法一（先导后代）：

$$\frac{\mathrm{d}z}{\mathrm{d}x}=\frac{\partial z}{\partial u}\cdot\frac{\mathrm{d}u}{\mathrm{d}x}+\frac{\partial z}{\partial v}\cdot\frac{\mathrm{d}v}{\mathrm{d}x}=\mathrm{e}^{u^2+v^2}\cdot 2u\cdot\frac{\mathrm{d}u}{\mathrm{d}x}+\mathrm{e}^{u^2+v^2}\cdot 2v\cdot\frac{\mathrm{d}v}{\mathrm{d}x}=4x(x^2+3)\mathrm{e}^{x^4+6x^2+1}.$$

方法二 (先代后导)：将函数 $u = 2x$，$v = x^2 + 1$ 代入 $z = f(u,v) = e^{u^2 + v^2}$，得 $z = f(x) = e^{x^4 + 6x^2 + 1}$，这是以 x 为自变量的一元函数，因此 $\dfrac{dz}{dx} = (e^{x^4 + 6x^2 + 1})' = e^{x^4 + 6x^2 + 1} \cdot (x^4 + 6x^2 + 1)' = 4x(x^2 + 3)e^{x^4 + 6x^2 + 1}$.

【例 8 – 11】 已知 $z = f(x^2, \sin x)$，求 $\dfrac{dz}{dx}$.

解 $\dfrac{dz}{dx} = \dfrac{\partial z}{\partial u} \cdot \dfrac{du}{dx} + \dfrac{\partial z}{\partial v} \cdot \dfrac{dv}{dx} = f_1(x^2, \sin x) \cdot (x^2)' + f_2(x^2, \sin x) \cdot (\sin x)' = 2x f_1(x^2, \sin x) + f_2(x^2, \sin x) \cos x$.

【定理 8 – 2】 如果函数 $u = \varphi(x,y)$，$v = \psi(x,y)$ 在点 (x,y) 处都是可导函数，二元函数 $z = f(u,v)$ 在点 (x,y) 处对应的点 (u,v) 具有连续的偏导数，则复合函数 $z = f[\varphi(x,y), \psi(x,y)]$ 在点 (x,y) 处关于 x，y 的偏导数都存在：

$$\frac{\partial z}{\partial x} = \frac{\partial z}{\partial u} \cdot \frac{\partial u}{\partial x} + \frac{\partial z}{\partial v} \cdot \frac{\partial v}{\partial x},$$

$$\frac{\partial z}{\partial y} = \frac{\partial z}{\partial u} \cdot \frac{\partial u}{\partial y} + \frac{\partial z}{\partial v} \cdot \frac{\partial v}{\partial y}.$$

定理 8 – 1 和定理 8 – 2 都是针对多元复合函数情形的导数，根据偏导数的求法，在计算关于自变量 x 的偏导数时，其他自变量暂时按照常数进行处理，很容易得到各种情况下的求导法则.

【例 8 – 12】 设 $u = f(x + y, xy)$，求 $\dfrac{\partial u}{\partial x}$，$\dfrac{\partial^2 u}{\partial x \partial y}$.

解 $\dfrac{\partial u}{\partial x} = f_1(x + y, xy) + y f_2(x + y, xy)$；

$\dfrac{\partial^2 u}{\partial x \partial y} = f_{11}(x + y, xy) + x f_{12}(x + y, xy) + f_2(x + y, xy) + y f_{21}(x + y, xy) + xy f_{22}(x + y, xy)$.

【例 8 – 13】 设 $u = f(x + y + z, x^2 + y^2 + z^2)$，求 $\dfrac{\partial^2 u}{\partial x^2} + \dfrac{\partial^2 u}{\partial y^2} + \dfrac{\partial^2 u}{\partial z^2}$.

解 由于 $\dfrac{\partial u}{\partial x} = f_1(x + y + z, x^2 + y^2 + z^2) + 2x f_2(x + y + z, x^2 + y^2 + z^2) = f_1 + 2x f_2$，所以

$\dfrac{\partial^2 u}{\partial x^2} = f_{11} + 2x f_{12} + 2 f_2 + 2x f_{21} + 4x^2 f_{22} = f_{11} + 4x f_{12} + 4x^2 f_{22} + 2 f_2$，

同理可得 $\dfrac{\partial^2 u}{\partial y^2} = f_{11} + 4y f_{12} + 4y^2 f_{22} + 2 f_2$，$\dfrac{\partial^2 u}{\partial z^2} = f_{11} + 4z f_{12} + 4z^2 f_{22} + 2 f_2$，

因此，$\dfrac{\partial^2 u}{\partial x^2} + \dfrac{\partial^2 u}{\partial y^2} + \dfrac{\partial^2 u}{\partial z^2} = 3 f_{11} + 4(x + y + z) f_{12} + 4(x^2 + y^2 + z^2) f_{22} + 6 f_2$.

注 一般地，如果函数的二阶混合偏导数连续，则它们相等，本题就认为函数 $u = f(x + y + z, x^2 + y^2 + z^2)$ 的二阶混合偏导数是连续的，所以采用了 $f_{12} = f_{21}$ 这个结论.

【例 8 – 14】 设函数 $u = \mathrm{e}^{xyz}$，求 $\dfrac{\partial^3 u}{\partial x \partial y \partial z}$.

解 由于 $\dfrac{\partial u}{\partial x} = yz\mathrm{e}^{xyz}$，所以 $\dfrac{\partial^2 u}{\partial x \partial y} = z\mathrm{e}^{xyz} + xyz^2 \mathrm{e}^{xyz}$，所以 $\dfrac{\partial^3 u}{\partial x \partial y \partial z} = \mathrm{e}^{xyz} + xyz\mathrm{e}^{xyz} + 2xyz\mathrm{e}^{xyz} +$

$x^2 y^2 z^2 \mathrm{e}^{xyz} = \mathrm{e}^{xyz}(x^2 y^2 z^2 + 3xyz + 1)$.

（三）隐函数的导数

【隐函数存在定理 1】 设函数 $F(x, y)$ 在点 $P(x_0, y_0)$ 的附近有连续的偏导数，且 $F(x_0, y_0) = 0$（点 P 在二元函数 $F(x, y)$ 所表示的曲面上），$F_y(x_0, y_0) \neq 0$，则方程 $F(x, y) = 0$ 在点 $P(x_0, y_0)$ 的附近能唯一确定一个具有连续导数的函数 $y = f(x)$，且它满足 $y_0 = f(x_0)$，并有

$$\frac{\mathrm{d}y}{\mathrm{d}x} = -\frac{F_x}{F_y}.$$

注 隐函数存在定理 1 中的上述公式就是第 2 章第二节中介绍的隐函数的求导法则. 这个结论是显然的，因为 $F(x, y) = 0$，所以对这个函数两边同时关于自变量 x 求偏导可得

隐函数存在定理 1

$$F_x(x, y) + F_y(x, y) \cdot \frac{\mathrm{d}y}{\mathrm{d}x} = 0,$$

化简即可得到隐函数求导公式. 利用这种方式，可以得到由隐函数所确定的二阶求导公式，对上式两边同时关于自变量 x 求导，得

$$F_{xx} + F_{xy} \cdot \frac{\mathrm{d}y}{\mathrm{d}x} + F_{yx} \cdot \frac{\mathrm{d}y}{\mathrm{d}x} + F_{yy} \cdot \left(\frac{\mathrm{d}y}{\mathrm{d}x}\right)^2 + F_y \frac{\mathrm{d}^2 y}{\mathrm{d}x^2} = 0,$$

将 $\dfrac{\mathrm{d}y}{\mathrm{d}x} = -\dfrac{F_x}{F_y}$ 代入，得

$$F_{xx} + 2F_{xy} \cdot \left(-\frac{F_x}{F_y}\right) + F_{yy} \cdot \left(-\frac{F_x}{F_y}\right)^2 + F_y \frac{\mathrm{d}^2 y}{\mathrm{d}x^2} = 0,$$

化简可得

$$\frac{\mathrm{d}^2 y}{\mathrm{d}x^2} = -\frac{F_{xx}F_y^2 - 2F_{xy}F_xF_y + F_{yy} \cdot F_x^2}{F_y^3}.$$

【例 8 – 15】 求下列隐函数的一阶、二阶导数.

（1） $x^2 + 2xy - y^2 = 2$；（2） $\ln\sqrt{x^2 + y^2} = \arctan\dfrac{y}{x}$.

解 （1）令 $F = x^2 + 2xy - y^2 - 2$，则 $F_x = 2x + 2y$，$F_y = 2x - 2y$，$F_{xx} = 2$，$F_{xy} = 2$，$F_{yy} = -2$，所以

$$\frac{\mathrm{d}y}{\mathrm{d}x} = -\frac{F_x}{F_y} = \frac{y + x}{y - x},$$

$$\frac{d^2 y}{dx^2} = -\frac{F_{xx}F_y^2 - 2F_{xy}F_xF_y + F_{yy} \cdot F_x^2}{F_y^3}$$

$$= -\frac{2(2x-2y)^2 - 2 \cdot 2(2x+2y)(2x-2y) - 2(2x+2y)^2}{(2x-2y)^3}$$

$$= \frac{(x-y)^2 - 2(x+y)(x-y) - (x+y)^2}{(x-y)^3} = \frac{-2(x^2+2xy-y^2)}{(x-y)^3} = \frac{-4}{(x-y)^3}.$$

（2）由于 $\ln\sqrt{x^2+y^2} = \arctan\frac{y}{x}$，所以令 $F = \frac{1}{2}\ln(x^2+y^2) - \arctan\frac{y}{x}$，则

$$F_x = \frac{x}{x^2+y^2} - \frac{x^2}{x^2+y^2} \cdot \frac{-y}{x^2} = \frac{x+y}{x^2+y^2}, \quad F_y = \frac{y}{x^2+y^2} - \frac{x^2}{x^2+y^2} \cdot \frac{1}{x} = \frac{y-x}{x^2+y^2},$$

故

$$\frac{dy}{dx} = -\frac{F_x}{F_y} = \frac{x+y}{x-y},$$

$$\frac{d^2 y}{dx^2} = \frac{d}{dx}\left(\frac{x+y}{x-y}\right) = \frac{(1+y')(x-y) - (x+y)(1-y')}{(x-y)^2} = \frac{2(xy'-y)}{(x-y)^2}$$

$$= \frac{2x(x+y) - 2y(x-y)}{(x-y)^3} = \frac{2(x^2+y^2)}{(x-y)^3}.$$

【隐函数存在定理 2】设三元函数 $F(x,y,z)$ 在点 $P(x_0,y_0,z_0)$ 的附近有连续的偏导数，且 $F(x_0,y_0,z_0) = 0$，$F_z(x_0,y_0,z_0) \neq 0$，则由三元函数

隐函数存在定理 2

方程 $F(x,y,z) = 0$ 在点 $P(x_0,y_0,z_0)$ 附近能唯一确定一个具有连续偏导数的二元函数 $z = f(x,y)$，它满足条件 $z_0 = f(x_0,y_0)$，且有

$$\frac{\partial z}{\partial x} = -\frac{F_x}{F_z}, \quad \frac{\partial z}{\partial y} = -\frac{F_y}{F_z}.$$

【例 8-16】设 $z^3 - 3xyz = a^3$，a 是常数，求 $\frac{\partial^2 z}{\partial x \partial y}$.

解 令 $F = z^3 - 3xyz - a^3$，则 $F_x = -3yz$，$F_y = -3xz$，$F_z = 3z^2 - 3xy$，所以

$$\frac{\partial z}{\partial x} = -\frac{F_x}{F_z} = -\frac{-3yz}{3z^2 - 3xy} = \frac{yz}{z^2 - xy}, \quad \frac{\partial z}{\partial y} = -\frac{F_y}{F_z} = -\frac{-3xz}{3z^2 - 3xy} = \frac{xz}{z^2 - xy},$$

于是，

$$\frac{\partial^2 z}{\partial x \partial y} = \frac{\partial}{\partial y}\left(\frac{yz}{z^2 - xy}\right) = \frac{\left(z + y\dfrac{\partial z}{\partial y}\right)(z^2 - xy) - yx\left(2z\dfrac{\partial z}{\partial y} - x\right)}{(z^2 - xy)^2}$$

$$= \frac{\left(z + \dfrac{xyz}{z^2 - xy}\right)(z^2 - xy) - yz\left(\dfrac{2xz^2}{z^2 - xy} - x\right)}{(z^2 - xy)^2}$$

$$= \frac{z^3(z^2 - xy) - yz(xz^2 + x^2y)}{(z^2 - xy)^3} = \frac{z(z^4 - 2xyz^2 - x^2y^2)}{(z^2 - xy)^3}.$$

【例 8-17】 设 $x^2 + y^2 + z^2 - 3xyz = 0$，求 $\dfrac{\partial^2 z}{\partial x \partial y}$.

解 令 $F = x^2 + y^2 + z^2 - 3xyz$，则 $F_x = 2x - 3yz$，$F_y = 2y - 3xz$，$F_z = 2z - 3xy$，因此，

$\dfrac{\partial z}{\partial x} = -\dfrac{F_x}{F_z} = \dfrac{3yz - 2x}{2z - 3xy}$，$\dfrac{\partial z}{\partial y} = -\dfrac{F_y}{F_z} = \dfrac{3xz - 2y}{2z - 3xy}$，故

$$\frac{\partial^2 z}{\partial x \partial y} = \frac{\partial}{\partial y}\left(\frac{3yz - 2x}{2z - 3xy}\right)$$

$$= \frac{\left(3z + 3y\dfrac{\partial z}{\partial y}\right)(2z - 3xy) - (3yz - 2x)\left(2\dfrac{\partial z}{\partial y} - 3x\right)}{(2z - 3xy)^2}$$

$$= \frac{\left(3z + 3y\dfrac{3xz - 2y}{2z - 3xy}\right)(2z - 3xy) - (3yz - 2x)\left(2\dfrac{3xz - 2y}{2z - 3xy} - 3x\right)}{(2z - 3xy)^2}$$

$$= \frac{12(z^3 + xz - x^2 z) + 18(xy^3 - yz^2 + x^3 y) - 27x^2 y^2 z - 8xy}{(2z - 3xy)^3}.$$

（四）全微分

根据二元函数 $z = f(x, y)$ 的偏导数 $f_x(x, y)$，$f_y(x, y)$ 的定义，在计算其偏导数时都是将另一个自变量暂时按照常数处理的，这样就有

$$f(x + \Delta x, y) - f(x, y) \approx f_x(x, y)\Delta x,$$

$$f(x, y + \Delta y) - f(x, y) \approx f_y(x, y)\Delta y$$

两个偏增量的近似式. 在将 y 视作常数时，$f_x(x, y)$ 其实就是关于自变量 x 的导数，在将 x 视作常数时，$f_y(x, y)$ 就是关于自变量 y 的导数，因此，将符号 $f_x(x, y)\Delta x$ 和 $f_y(x, y)\Delta y$ 称为二元函数 $z = f(x, y)$ 的偏微分.

假设二元函数 $z = f(x, y)$ 在点 $P(x, y)$ 附近有定义，点 $Q(x + \Delta x, y + \Delta y)$ 也在点 $P(x, y)$ 附近，则函数从点 $P(x, y)$ 附近变化到点 $Q(x + \Delta x, y + \Delta y)$ 时，二元函数 $z = f(x, y)$ 变化到 $z = f(x + \Delta x, y + \Delta y)$ 获得的增量为

$$\Delta z = f(x + \Delta x, y + \Delta y) - f(x, y).$$

这称为二元函数 $z = f(x, y)$ 在点 $P(x, y)$ 相对于自变量 x，y 的全增量. 一般地，多元函数的全增量计算是比较复杂的，类似于一元函数，可以利用自变量的增量 Δx 和 Δy 来近似计算二元函数的全增量.

【全微分的定义】 设函数 $z = f(x, y)$ 在点 $P(x, y)$ 附近有定义，如果函数在点 $P(x, y)$ 的全增量

$$\Delta z = f(x + \Delta x, y + \Delta y) - f(x, y)$$

可以表示成

全微分的定义

$$\Delta z = A\Delta x + B\Delta y + o\left(\sqrt{(\Delta x)^2 + (\Delta y)^2}\right),$$

其中，A 和 B 都是不依赖 Δx 和 Δy，而仅与 x，y 有关的，则称函数 $z = f(x, y)$ 在点 $P(x, y)$ 处可微分，称

$$A\Delta x + B\Delta y$$

为函数在点 $P(x, y)$ 处的**全微分**（Total Differential），记为

$$dz = A\Delta x + B\Delta y.$$

如果函数 $z = f(x, y)$ 在其定义域上的所有点处均可微，则称它是其定义域上的可微函数.

注　多元函数在其定义域上可微与其在定义域上可导并不相同，这与一元函数是有区别的. 一般地，多元函数可微，那么多元函数必定可导，且其对于各自变量的一阶偏导数都存在，但偏导数存在也不能保证多元函数可微. 如果多元函数的一阶偏导数都是连续的，那么多元函数必定是可微的.

【**定理 8 – 3**】如果函数 $z = f(x, y)$ 的一阶偏导数 $f_x(x, y)$ 和 $f_y(x, y)$ 在点 $P(x, y)$ 处均连续，则函数 $z = f(x, y)$ 在点 $P(x, y)$ 处可微，且

$$dz = f_x(x, y)\Delta x + f_y(x, y)\Delta y.$$

与一元函数类似，以后用 $f_x(x, y)dx + f_y(x, y)dy$ 来表示函数全微分，即

$$dz = f_x(x, y)dx + f_y(x, y)dy,$$

且函数值的增量近似为

$$\Delta z = f(x_0 + \Delta x, y_0 + \Delta y) - f(x_0, y_0) \approx f_x(x_0, y_0)dx + f_y(x_0, y_0)dy,$$

即二元函数的微分近似计算公式为

$$f(x_0 + \Delta x, y_0 + \Delta y) \approx f(x_0, y_0) + f_x(x_0, y_0)dx + f_y(x_0, y_0)dy.$$

【**例 8 – 18**】已知函数 $z = f(x, y)$ 由方程 $ze^z = xe^x + ye^y$ 确定，求全微分 dz.

解　令 $F = ze^z - xe^x - ye^y$，则 $F_x = -(x+1)e^x$，$F_y = -(y+1)e^y$，$F_z = (z+1)e^z$，所以

$$\frac{\partial z}{\partial x} = -\frac{F_x}{F_z} = \frac{x+1}{z+1}e^{x-z}, \quad \frac{\partial z}{\partial y} = -\frac{F_y}{F_z} = \frac{y+1}{z+1}e^{y-z},$$

因此

$$dz = \frac{x+1}{z+1}e^{x-z}dx + \frac{y+1}{z+1}e^{y-z}dy.$$

【**例 8 – 19**】计算函数 $z = e^{xy}$ 在点 $(2, 1)$ 处的全微分.

解　由于 $\dfrac{\partial z}{\partial x} = ye^{xy}$，$\dfrac{\partial z}{\partial y} = xe^{xy}$，所以 $\dfrac{\partial z}{\partial x}\Big|_{(2,1)} = ye^{xy}\big|_{(2,1)} = e^2$，$\dfrac{\partial z}{\partial y}\Big|_{(2,1)} = xe^{xy}\big|_{(2,1)} = 2e^2$，

因此 $dz = e^2dx + 2e^2dy$.

想一想，练一练

1. 求下列函数的一阶偏导数.

（1）$z = x^2 y - xy^2$；　　　（2）$z = \dfrac{x^2 + y^2}{xy}$；　　　（3）$z = \ln xy$；

（4）$z = \sin xy + \cos xy$；　（5）$z = \ln\tan\sqrt{x^2 + y^2}$；　（6）$z = x^y$.

2. 求下列函数的二阶偏导数.

（1）$z = \tan\dfrac{x^2}{y}$；　　　（2）$z = \ln(x + y^2)$；　　　（3）$z = \arctan\dfrac{x + y}{1 - xy}$；

（4）$z = \dfrac{1}{\sqrt{x^2 + y^2}}$；　　（5）$u = \left(\dfrac{x}{y}\right)^2$；　　（6）$u = x^{\frac{y}{z}}$.

3. 设 $f(x, y, z) = \sqrt{x^2 + y^2 + z^2}$，求全微分 $\mathrm{d}f(x, y, z)\big|_{(1,1,1)}$.

4. 利用全微分求下列近似值.

（1）$1.002 \times 2.003^2 \times 3.004^3$；　　　（2）$\dfrac{1.03^2}{\sqrt[3]{0.98} \cdot \sqrt[4]{1.05^3}}$；

（3）$\sqrt{1.02^2 + 1.97^2}$；　　　（4）$\sin 29° \tan 46°$.

5. 设矩形的边长为 $x = 6$ m，$y = 8$ m，若第一个边增大 2 mm，第二个边减小 5 mm，问矩形的对角线和面积变化是多少？

6. 已知函数 $u = x\ln xy$，求 $\dfrac{\partial^2 u}{\partial x \partial y}$，$\dfrac{\partial^3 u}{\partial x^2 \partial y}$，$\dfrac{\partial^3 u}{\partial x \partial y^2}$.

7. 已知函数 $u = \arctan\dfrac{x + y + z - xyz}{1 - xy - xz - yz}$，求 $\dfrac{\partial^3 u}{\partial x \partial y \partial z}$.

8. 求 $\dfrac{\partial^3 u}{\partial x \partial y \partial z}$，其中 $u = \mathrm{e}^{xyz}$.

9. 设 $\Delta u = \dfrac{\partial^2 u}{\partial x^2} + \dfrac{\partial^2 u}{\partial y^2}$，求 Δu，条件为：（1）$u = \sin x\cos y$；（2）$u = \ln\sqrt{x^2 + y^2}$.

10. 求下列函数的一阶、二阶偏导数.

（1）$u = f(x^2 + y^2)$；　　　（2）$u = f\left(x, \dfrac{x}{y}\right)$；

（3）$u = f(x, xy, xyz)$；　　　（4）$u = f(x + y, xy)$；

（5）$u = f(x + y, x^2 + y^2)$；　（6）$u = f(x + y + z, x^2 + y^2 + z^2)$.

11. 设 $z = \arctan\dfrac{x}{y}$，而 $x = u + v$，$y = u - v$，求 $\dfrac{\partial z}{\partial u} + \dfrac{\partial z}{\partial v}$.

12. 设函数 $u = f(x, y, z)$，$y = \varphi(x, t)$，$t = \psi(x, z)$，其中函数 f，φ，ψ 可微，求 $\dfrac{\partial u}{\partial x}$，$\dfrac{\partial u}{\partial z}$.

13. 设函数 $z = f(x, y)$ 可微，且 $f(0, 0) = 0$，$f_x(0, 0) = a$，$f_y(0, 0) = b$，如果 $g(t) = f[t, f(t, t^2)]$，求 $g'(0)$.

14. 设函数 $F\left(\dfrac{x}{z}, \dfrac{z}{y}\right) = 0$ 可以确定函数 $z = z(x, y)$，求 $\dfrac{\partial z}{\partial x}$，$\dfrac{\partial z}{\partial y}$.

第二节　多元函数微分学的应用

由第 7 章了解到，在空间中，二元函数 $z = f(x, y)$ 表示的是一个空间曲面，即二元函数上的任意点 $M(x, y, z)$ 都在它所表示的空间曲面上. 那么二元函数的表达式 $z = f(x, y)$ 实际上就是其所表示的空间曲面上坐标值的关系式. 事实上，一元函数的表达式 $y = f(x)$ 也是其所表示的曲线上任意点 $P(x, y)$ 处横、纵坐标的关系式. 对于空间曲面上的任意一点 $M(x, y, z)$ 和坐标原点 $O(0, 0, 0)$，如果将 O，M 两点连接，就会形成一个以坐标原点 O 为起点，以点 M 为终点的向量 $\overrightarrow{OM} = (x, y, z)$，这样空间曲面就可以用它上面的点与坐标原点形成的向量来表示（图 8-8、图 8-9）.

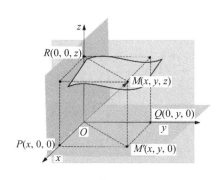

图 8-8

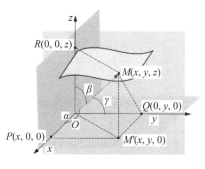

图 8-9

一、向量值函数

空间曲面上的任意一个点 $M(x, y, z)$ 与坐标原点的连线可以形成一个向量，这个向量在 3 个坐标轴上的投影分别为 x，y，z，且这个曲面上的点都可以表示成向量：$\overrightarrow{OM} = x \cdot \mathbf{i} + y \cdot \mathbf{j} + z \cdot \mathbf{k}$. 如果曲面上的点 $M(x, y, z)$ 的 3 个坐标都是 t 的函数：$x = \varphi(t)$，$y = \psi(t)$，$z = \omega(t)$，那么曲面就可以表示成

$$\overrightarrow{OM} = \varphi(t)\mathbf{i} + \psi(t)\mathbf{j} + \omega(t)\mathbf{k}.$$

这种形式的方程称为向量方程，记为 $\mathbf{r}(t) = \varphi(t)\mathbf{i} + \psi(t)\mathbf{j} + \omega(t)\mathbf{k}$. 它代表了将区

间 $[\alpha,\beta]$ 上的点 t 经过一个向量函数 f 映射到空间曲面上. 在平面上也可同样定义向量值函数.

【一元向量值函数的定义】 设区间 $D \subset R$，称将区间 D 上的点对应到空间中的点 $M(x,y,z)$ 的对应关系 f 为一元向量值函数，通常记为 $\boldsymbol{r} = \boldsymbol{f}(t)$，$t \in D$.

注 一元向量值函数的函数值是一个空间的向量. 一元向量值函数的连续性、可微性都是由它的 3 个分量的连续性、可微性决定的，即如果 $\boldsymbol{r} = \boldsymbol{f}(t) = (f_1(t), f_2(t), f_3(t))$，则：

(1) $\lim\limits_{t \to t_0} \boldsymbol{r} = \lim\limits_{t \to t_0} \boldsymbol{f}(t) = (\lim\limits_{t \to t_0} f_1(t), \lim\limits_{t \to t_0} f_2(t), \lim\limits_{t \to t_0} f_3(t))$；

(2) $\boldsymbol{r}' = \boldsymbol{f}'(t) = (f'_1(t), f'_2(t), f'_3(t))$.

一元向量值函数的求导与积分的过程中所遵循的法则与一元函数类似，如果 $u(t)$，$v(t)$ 是定义在区间 D 上的可导向量值函数，$\boldsymbol{C}$ 表示常向量（向量的坐标是常数），则：

(1) $\dfrac{\mathrm{d}}{\mathrm{d}t} \boldsymbol{C} = \boldsymbol{0}$；

(2) $\dfrac{\mathrm{d}}{\mathrm{d}t} [k\boldsymbol{u}(t)] = k\boldsymbol{u}'(t)$；

(3) $\dfrac{\mathrm{d}}{\mathrm{d}t} [\boldsymbol{u}(t) \pm \boldsymbol{v}(t)] = \boldsymbol{u}'(t) \pm \boldsymbol{v}'(t)$；

(4) $\dfrac{\mathrm{d}}{\mathrm{d}t} [\varphi(t) \cdot \boldsymbol{u}(t)] = \varphi'(t) \cdot \boldsymbol{u}(t) + \varphi(t) \cdot \boldsymbol{u}'(t)$；

(5) $\dfrac{\mathrm{d}}{\mathrm{d}t} [\boldsymbol{u}(t) \cdot \boldsymbol{v}(t)] = \boldsymbol{u}'(t) \cdot \boldsymbol{v}(t) + \boldsymbol{u}(t) \cdot \boldsymbol{v}'(t)$；

(6) $\dfrac{\mathrm{d}}{\mathrm{d}t} [\boldsymbol{u}(t) \times \boldsymbol{v}(t)] = \boldsymbol{u}'(t) \times \boldsymbol{v}(t) + \boldsymbol{u}(t) \times \boldsymbol{v}'(t)$；

(7) $\dfrac{\mathrm{d}}{\mathrm{d}t} [\boldsymbol{u}(\varphi(t))] = \boldsymbol{u}'(\varphi(t))\varphi'(t)$；

(8) $\displaystyle\int_\alpha^\beta \boldsymbol{r}\,\mathrm{d}t = \int_\alpha^\alpha \boldsymbol{f}(t)\,\mathrm{d}t = \left(\int_\alpha^\beta f_1(t)\,\mathrm{d}t, \int_\alpha^\beta f_2(t)\,\mathrm{d}t, \int_\alpha^\beta f_3(t)\,\mathrm{d}t\right)$.

【例 8 – 20】 一个人在悬挂式滑翔机上由于快速上升的气流而沿着位置向量 $\boldsymbol{r} = \boldsymbol{f}(t) = (3\cos t, 3\sin t, t^2)$ 的路径螺旋向上，试确定：

(1) 滑翔机在任意时刻 t 的速度方向和加速度向量；

(2) 滑翔机在任意时刻 t 的速率；

(3) 滑翔机的加速度与速度正交（垂直）的时刻.

解 (1) $\boldsymbol{v} = \dfrac{\mathrm{d}\boldsymbol{r}}{\mathrm{d}t} = \boldsymbol{f}'(t) = (-3\sin t, 3\cos t, 2t)$，$\boldsymbol{a} = \dfrac{\mathrm{d}\boldsymbol{v}}{\mathrm{d}t} = \boldsymbol{f}'(t) = (-3\cos t, -3\sin t, 2)$.

(2) 速率就是速度的大小，因此滑翔机在任意时刻 t 的速率为

$$|\boldsymbol{v}| = \sqrt{9\sin^2 t + 9\cos^2 t + 4t^2} = \sqrt{9+4t^2}.$$

这说明随着时间的增加，滑翔机沿着其路径升高时，运动得越来越快.

（3）当 $\boldsymbol{v}\cdot\boldsymbol{a} = 9\sin t\cos t - 9\cos t\sin t + 4t = 0$ 时，速度与加速度正交，此时 $t = 0$，这说明加速度与速度正交的唯一时刻是起始时刻 $t = 0$.

金属棒在磁场中运动时（图 8 – 10）会产生感应电流，电流是由金属棒中电荷的移动产生的，金属棒在磁场中的位置决定了金属棒中电荷沿着金属棒运动的变化率，此即电荷在磁场中沿着金属棒方向的变化率问题. 这些都属于多元函数沿任意方向的变化率问题.

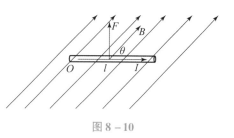

图 8 – 10

二、方向导数

如图 8 – 11 所示，假设 l 是 xOy 平面上以点 $P_0(x_0,y_0)$ 为起始点的一条射线，向量 $\boldsymbol{e}_l = (\cos\alpha,\cos\beta)$ 是与 l 方向相同的单位向量，射线 l 在平面 xOy 上，其上任意一点的坐标为 $P(x,y)$，则向量 $\overrightarrow{P_0P} = (x-x_0,y-y_0)$ 与 $\boldsymbol{e}_l = (\cos\alpha,\cos\beta)$ 是平行的，因此它们的对应坐标一定成比例，即

$$\frac{x-x_0}{\cos\alpha} = \frac{y-y_0}{\cos\beta} = t,$$

其中，t 为比例系数，则射线 l 上任意一点 $P(x,y)$ 满足

$$\begin{cases} x = x_0 + t\cos\alpha \\ y = y_0 + t\cos\beta \end{cases}.$$

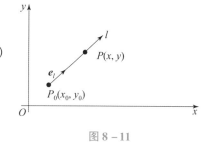

图 8 – 11

如果函数 $z = f(x,y)$ 在点 $P_0(x_0,y_0)$ 的附近有定义，点 $P(x_0+t\cos\alpha,y_0+t\cos\beta)$ 是射线 l 上的另一个点，且函数 $z = f(x,y)$ 在点 $P(x_0+t\cos\alpha,y_0+t\cos\beta)$ 处也有定义，函数值的增量

$$\Delta z = f(x_0+t\cos\alpha,y_0+t\cos\beta) - f(x_0,y_0),$$

与点 P 到点 P_0 的距离 $|PP_0| = t$ 的比值

$$\frac{f(x_0+t\cos\alpha,y_0+t\cos\beta) - f(x_0,y_0)}{t}$$

称为函数沿方向 l 的平均变化率. 如果极限

$$\lim_{t\to 0}\frac{f(x_0+t\cos\alpha,y_0+t\cos\beta) - f(x_0,y_0)}{t}$$

存在，则称这个极限是函数 $z = f(x,y)$ 在点 $P_0(x_0,y_0)$ 沿射线 l 方向的方向导数（Direc-

tional Derivative），记为 $\left.\dfrac{\partial f}{\partial l}\right|_{(x_0,y_0)}$．通常称向量 $\boldsymbol{e}_l=(\cos$
$\alpha,\cos\beta)$ 为射线 l 的单位方向向量，因为它决定了射线 l
的走向．

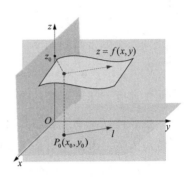

从方向导数的定义易知，方向导数就是函数 $z=f(x,$
$y)$ 在点 $P_0(x_0,y_0)$ 处沿方向 l 的变化率（图 8–12）．如
果 l 是 x 轴，则 $\boldsymbol{e}_l=\mathbf{i}=(1,0)$，即有

$$\left.\frac{\partial f}{\partial l}\right|_{(x_0,y_0)}=\lim_{t\to0}\frac{f(x_0+t,y_0)-f(x_0,y_0)}{t}=f_x(x_0,y_0).$$

图 8–12

如果 l 是 y 轴，则 $\boldsymbol{e}_l=\mathbf{j}=(0,1)$，即有

$$\left.\frac{\partial f}{\partial l}\right|_{(x_0,y_0)}=\lim_{t\to0}\frac{f(x_0,y_0+t)-f(x_0,y_0)}{t}=f_y(x_0,y_0).$$

【定理 8–4】 如果函数 $z=f(x,y)$ 在点 $P_0(x_0,y_0)$ 处可微，那么函数
在该点处沿任意方向 l 的方向导数都存在，且有

$$\left.\frac{\partial f}{\partial l}\right|_{(x_0,y_0)}=f_x(x_0,y_0)\cos\alpha+f_y(x_0,y_0)\cos\beta,$$

方向导数

其中，$\cos\alpha$，$\cos\beta$ 是方向 l 的方向余弦．

注 定理 8–4 提供了计算二元函数沿方向 l 的变化率的计算方法，式中 $\cos\alpha$，
$\cos\beta$ 可以根据方向 l 的单位化得到．三元函数 $u=f(x,y,z)$ 在空间中一点 $P_0(x_0,y_0,z_0)$
沿方向 $\boldsymbol{e}_l=(\cos\alpha,\cos\beta,\cos\gamma)$ 的方向导数为

$$\left.\frac{\partial f}{\partial l}\right|_{(x_0,y_0,z_0)}=f_x(x_0,y_0,z_0)\cos\alpha+f_y(x_0,y_0,z_0)\cos\beta+f_z(x_0,y_0,z_0)\cos\gamma.$$

【例 8–21】 求函数 $z=x^2+y^2$ 在点 $P(1,2)$ 处沿从点 $P(1,2)$ 到点 $Q(2,2+\sqrt3)$ 方向
的方向导数．

解 由于 $\overrightarrow{PQ}=(1,\sqrt3)$，所以向量 $\overrightarrow{PQ}$ 的方向余弦为

$$\cos\alpha=\frac{1}{2},\ \cos\beta=\frac{\sqrt3}{2},$$

而 $f_x(1,2)=2$，$f_y(1,2)=4$，故 $\left.\dfrac{\partial f}{\partial l}\right|_{(1,2)}=2\times\dfrac{1}{2}+4\times\dfrac{\sqrt3}{2}=2\sqrt3+1$．

【例 8–22】 求函数 $f(x,y,z)=xy+yz+zx$ 在点 $P(1,1,2)$ 处沿 l 的方向的方向导数，
其中 l 的方向角分别为 $60°$，$45°$，$60°$．

解 由于方向 l 的方向角分别为 $60°$，$45°$，$60°$，所以方向 l 的方向余弦分别为

$$\cos\alpha=\cos60°=\frac{1}{2},\ \cos\beta=\cos45°=\frac{\sqrt2}{2},\ \cos\gamma=\cos60°=\frac{1}{2}.$$

由于 $f_x(x,y,z)=y+z$，$f_y(x,y,z)=x+z$，$f_z(x,y,z)=y+x$，所以

$$f_x(1,1,2)=3，f_y(1,1,2)=3，f_z(1,1,2)=2.$$

因此，函数在点 $P(1,1,2)$ 处沿 l 方向的方向导数为

$$\left.\frac{\partial f}{\partial l}\right|_{(1,1,2)}=3\times\frac{1}{2}+3\times\frac{\sqrt{2}}{2}+2\times\frac{1}{2}=\frac{5+3\sqrt{2}}{2}.$$

二元函数与三元函数沿某个特定方向的方向导数表现为它沿这个方向的变化率. 对于任意的多元函数，都可以沿任意的方向计算出它的变化率. 如同一元函数的导数可以体现一元函数随自变量的变化其函数值的单调性一样，多元函数的方向导数也表现了它在不同方向上的变化快慢. 这关系到多元函数的极值和最值的确定.

三、梯度的概念与计算

如果二元函数 $z=f(x,y)$ 在其定义域 D 内具有连续的一阶偏导数，则对于任意的点 $P_0(x_0,y_0)\in D$，都可以确定一个向量 $f_x(x_0,y_0)\mathbf{i}+f_y(x_0,y_0)\mathbf{j}$，这个向量称为二元函数 $z=f(x,y)$ 在点 $P_0(x_0,y_0)$ 处的梯度（Gradient），记为 $\mathbf{grad}f(x_0,y_0)$ 或 $\nabla f(x_0,y_0)$，即

$$\mathbf{grad}f(x_0,y_0)=\nabla f(x_0,y_0)=f_x(x_0,y_0)\cdot\mathbf{i}+f_y(x_0,y_0)\cdot\mathbf{j}.$$

其中，∇ 称为奈布拉算子（Nabla Operator），有时也称为向量微分算子.

梯度的概念

对于三元函数，同样可以定义它的梯度：

$$\mathbf{grad}f(x_0,y_0,z_0)=\nabla f(x_0,y_0,z_0)=f_x(x_0,y_0,z_0)\cdot\mathbf{i}+f_y(x_0,y_0,z_0)\cdot\mathbf{j}+f_z(x_0,y_0,z_0)\cdot\mathbf{k}.$$

如果函数是一元函数，那么它的梯度就是它沿 x 轴正方向的方向导数，即随着自变量的增大函数的导函数. 向量 $\boldsymbol{e}_l=(\cos\alpha,\cos\beta)$ 表示与方向 l 同向的单位向量，那么它的方向导数为

$$\left.\frac{\partial f}{\partial l}\right|_{(x_0,y_0)}=f_x(x_0,y_0)\cos\alpha+f_y(x_0,y_0)\cos\beta=\mathbf{grad}f(x_0,y_0)\cdot\boldsymbol{e}_l=|\mathbf{grad}f(x_0,y_0)|\cos\theta.$$

其中，θ 是梯度与 $\boldsymbol{e}_l=(\cos\alpha,\cos\beta)$ 的夹角. 由于方向导数表示的是函数在方向 l 上的变化率，所以当梯度与 l 方向上的单位向量 $\boldsymbol{e}_l=(\cos\alpha,\cos\beta)$ 同向，即 $\theta=0$ 时，函数在方向 l 上的变化率最大；当梯度与 l 方向上的单向量 $\boldsymbol{e}_l=(\cos\alpha,\cos\beta)$ 垂直，即 $\theta=\pi/2$ 时，函数在方向 l 上的变化率为 0；当梯度与 l 方向上的单向量 $\boldsymbol{e}_l=(\cos\alpha,\cos\beta)$ 反向，即 $\theta=\pi$ 时，函数在方向 l 上的变化率最小. 综合而言，有以下结论.

（1）$\theta=0$ 时，$\left.\dfrac{\partial f}{\partial l}\right|_{(x_0,y_0)}=|\mathbf{grad}f(x_0,y_0)|$；

（2）$\theta=\dfrac{\pi}{2}$ 时，$\left.\dfrac{\partial f}{\partial l}\right|_{(x_0,y_0)}=0$；

（3）$\theta=\pi$ 时，$\left.\dfrac{\partial f}{\partial l}\right|_{(x_0,y_0)}=-|\mathbf{grad}f(x_0,y_0)|$.

这表明：函数 $z = f(x,y)$ 沿着其梯度的方向变化时，它的方向导数取得最大值，换言之就是变化率最大；沿着梯度的反方向变化时，其变化率最小（负的最大）；沿着与梯度方向垂直的方向变化时，它的变化率为 0. 由前文已经知道，函数的变化率为 0 的点，称为函数的驻点. 这表明当函数沿与其梯度方程垂直的方向变化时，其路径上的点都是它的驻点.

【例 8 - 23】 设函数 $f(x,y,z) = x^2 + 2y^2 + 3z^2 + xy + 3x - 2y - 6z$，试求：$\mathbf{grad}\, f(1,1,1)$，$\mathbf{grad}\, f(0,0,0)$.

解 由于 $f_x(x,y,z) = 2x + y + 3$，$f_y(x,y,z) = 4y + x - 2$，$f_z(x,y,z) = 6z - 6$，所以 $\mathbf{grad}\, f(1,1,1) = 6\mathbf{i} + 3\mathbf{j} + 0\mathbf{k} = (6,3,0)$，$\mathbf{grad}\, f(0,0,0) = (3,-2,-6)$.

【例 8 - 24】 设有函数 $f(x,y) = \dfrac{1}{2}(x^2 + y^2)$ 和点 $P_0(1,1)$，求：

（1）$f(x,y)$ 在点 P_0 处增大最快的方向以及 $f(x,y)$ 沿这个方向的方向导数；

（2）$f(x,y)$ 在点 P_0 处减小最快的方向以及 $f(x,y)$ 沿这个方向的方向导数；

（3）$f(x,y)$ 在点 P_0 处的变化率为 0 的方向.

解 （1）由于 $f_x(x,y) = x$，$f_y(x,y) = y$，所以 $\mathbf{grad}\, f(1,1) = (1,1)$，这个方向就是函数 $f(x,y)$ 在点 P_0 处增大最快的方向，此方向的方向余弦为

$$\cos\alpha = \frac{1}{\sqrt{2}}, \ \cos\beta = \frac{1}{\sqrt{2}},$$

因此沿此方向的方向导数为 $\left.\dfrac{\partial f}{\partial l}\right|_{(1,2)} = \sqrt{2}$.

（2）函数 $f(x,y)$ 在点 P_0 处减小最快的方向是 $-\mathbf{grad}\, f(1,1) = (-1,-1)$，此方向的方向余弦为

$$\cos\alpha = -\frac{1}{\sqrt{2}}, \ \cos\beta = -\frac{1}{\sqrt{2}},$$

因此沿此方向的方向导数为 $\left.\dfrac{\partial f}{\partial l}\right|_{(1,2)} = -\sqrt{2}$.

（3）由于函数沿与 $\mathbf{grad}\, f(1,1) = (1,1)$ 垂直的方向的变化率为 0，假设这个方向的单位向量为 $s = (x,y)$，则由于 $\mathbf{grad}\, f(1,1) \perp s$，所以 $\mathbf{grad}\, f(1,1) \cdot s = 0$，因此 $x + y = 0$，且 $\sqrt{x^2 + y^2} = 1$，故这个方向上的单位向量为

$$s = \left(-\frac{1}{\sqrt{2}}, \frac{1}{\sqrt{2}}\right) \text{或} \ s = \left(\frac{1}{\sqrt{2}}, -\frac{1}{\sqrt{2}}\right).$$

【例 8 - 25】 求函数 $f(x,y,z) = xy^2z$ 在点 $P_0(1,-1,2)$ 处变化最快的方向，并求沿这个方向的方向导数.

解 由于 $f_x(x,y,z) = y^2z$，$f_y(x,y,z) = 2xyz$，$f_z(x,y,z) = xy^2$，所以方向 $\mathbf{grad}\, f(1,$

$-1,2) = (2, -4, 1)$ 和方向 $-\mathbf{grad} f(1, -1, 2) = (-2, 4, -1)$ 都是函数变化最快的方向，方向 $\mathbf{grad} f(1, -1, 2) = (2, -4, 1)$ 的方向余弦为

$$\cos\alpha = \frac{2}{\sqrt{21}}, \ \cos\beta = -\frac{4}{\sqrt{21}}, \ \cos\gamma = \frac{1}{\sqrt{21}}.$$

函数沿这个方向的方向导数为 $\left.\dfrac{\partial f}{\partial l}\right|_{(1, -1, 2)} = \dfrac{4}{\sqrt{21}} + \dfrac{16}{\sqrt{21}} + \dfrac{1}{\sqrt{21}} = \sqrt{21}.$

与梯度反方向的方向导数为 $\left.\dfrac{\partial f}{\partial l}\right|_{(1, -1, 2)} = -|\mathbf{grad} f(1, -1, 2)| = -\sqrt{21}.$

【例 8 - 26】求函数 $u = xyz$ 在点 $M(1, 1, 1)$ 处沿方向 l 的导数，其中 l 的方向向量为 $s = (\cos\alpha, \cos\beta, \cos\gamma)$，并求函数在该点处的梯度.

解 由于 $f_x(x, y, z) = yz$，$f_y(x, y, z) = xz$，$f_z(x, y, z) = yz$，所以 $\left.\dfrac{\partial u}{\partial l}\right|_{(1,1,1)} = \cos\alpha +$ $\cos\beta + \cos\gamma$，梯度为 $|\mathbf{grad} u|_{(1,1,1)} = \sqrt{3}.$

四、二元函数的极值

与一元函数确定最值时先寻找函数的极值一样，先对二元函数的极值进行定义.

【二元函数的极值】假设函数 $z = f(x, y)$ 的定义域为 D，点 $P_0(x_0, y_0)$ 在定义域内部（不在定义域的边界上），如果在点 $P_0(x_0, y_0)$ 附近非常小的一个小范围内，$z = f(x, y)$ 在点 $P_0(x_0, y_0)$ 处的函数值最大（或最小），则称点 $P_0(x_0, y_0)$ 是函数 $z = f(x, y)$ 的极大（小）值点，在该点处的函数值称为**极大（小）值**. 如果函数 $z = f(x, y)$ 在点 $P_0(x_0, y_0)$ 处的函数值总大（小）于定义域上任意其他点处的函数值，则称点 $P_0(x_0, y_0)$ 是函数的**最大（小）值点**，相应地，该点处的函数值为最大（小）值.

注 二元函数的最值必定在其极值或边界上的某个点处取得，这一点与一元函数是类似的. 在一元函数中，函数的极值在驻点或不可导点处取得，最值在极值点或端点处取得. 对于二元函数也有类似的结论.

【极值的必要条件】如果函数 $z = f(x, y)$ 在点 $P_0(x_0, y_0)$ 处有偏导数，且在点 $P_0(x_0, y_0)$ 处有极值，那么点 $P_0(x_0, y_0)$ 必定是函数的驻点，即

$$f_x(x_0, y_0) = 0, \ f_y(x_0, y_0) = 0.$$

【极值的充分条件】设函数 $z = f(x, y)$ 在点 $P_0(x_0, y_0)$ 附近连续，且有连续的一阶、二阶偏导数，如果点 $P_0(x_0, y_0)$ 是函数 $z = f(x, y)$ 的驻点，即 $f_x(x_0, y_0) = 0$，$f_y(x_0, y_0) = 0$，令

$$A = f_{xx}(x_0, y_0), \ B = f_{xy}(x_0, y_0), \ C = f_{yy}(x_0, y_0),$$

则函数 $z = f(x, y)$ 在点 $P_0(x_0, y_0)$ 处是否取得极值的条件如下.

（1）$AC - B^2 > 0$ 时取得极值，且在 $A > 0$ 时取得极小值，在 $A < 0$ 时取得极大值；

（2）$AC - B^2 < 0$ 时，函数无极值；

（3）$AC - B^2 = 0$ 时，函数可能取得极值，也可能无极值.

注 极值的充分条件是寻找二元函数极值的方法，这个方法有时也称为极值的 "ABC 条件法". 利用这个方法确定二元函数极值的步骤如下.

第一步：解方程 $f_x(x_0, y_0) = 0$，$f_y(x_0, y_0) = 0$，确定函数的所有驻点；

第二步：在每个驻点处求出二阶偏导数，以确定 A，B，C 的值；

第三步：根据 $AC - B^2$ 的符号，确定函数所得驻点处是否取得极值以及取得的是极大值还是极小值.

如果 $AC - B^2 = 0$，则无法使用 "ABC 条件法" 判断函数在驻点处是否取得极值，此时需要结合函数的其他特性来判断其在驻点处是否取得极值. 与一元函数类似，如果二元函数有且仅有一个极值点，则此极值即最值.

【例 8 - 27】 求曲面 $z = x^2 + (y - 1)^2$ 的极值点以及极值.

解 $z_x = 2x$，$z_y = 2(y - 1)$，联立解方程

$$\begin{cases} z_x = 2x = 0 \\ z_y = 2(y - 1) = 0 \end{cases},$$

得唯一驻点 $P_0(0, 1)$，且 $z(0, 1) = 0$，而函数在点 $P_0(0, 1)$ 外的任意点处都有 $z(x, y) > 0$（图 8 - 13），所以点 $P_0(0, 1)$ 是函数的极小值点，亦为最小值点，且最小值为 $z(0, 1) = 0$.

【例 11】 如图 8 - 14 所示，求马鞍面 $z = x^2 - (y - 1)^2$ 的极值.

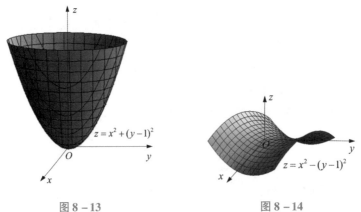

图 8 - 13   图 8 - 14

解 $z_x = 2x$，$z_y = -2(y - 1)$，联立解方程

$$\begin{cases} z_x = 2x = 0 \\ z_y = -2(y - 1) = 0 \end{cases},$$

得唯一驻点 $P_0(0,1)$. 由于 $A = z_{xx}\big|_{(0,1)} = 2$，$B = z_{xy}\big|_{(0,1)} = 0$，$C = z_{yy}\big|_{(0,1)} = -2$，所以 $AC - B^2 = -4 < 0$，故马鞍面没有极值.

【例 8 – 29】 有一个宽为 24 cm 的长方形金属板，把它的两边折起来做一个横截面为等腰梯形的水槽，假设两边折起来的长度为 x cm，倾斜角为 θ，水槽中水的流量就与这个横截面的面积有关，而这个横截面的面积与 x，θ 有关，试确定横截面的面积表达式.

解 如图 8 – 2、图 8 – 3 所示，由于所制作的水槽横截面是一个等腰梯形，所以将金属板折起来后形成的等腰梯形的下底长度为 $(24 - 2x)$ cm，上底长度为 $(24 - 2x + 2x\cos\theta)$ cm，于是横截面的面积为

$$S = \frac{1}{2}\big[24 - 2x + 24 - 2x + 2x\cos\theta\big] \cdot x\sin\theta,$$

即

$$S = 24x\sin\theta - 2x^2\sin\theta + x^2\sin\theta\cos\theta \quad \left(0 < x < 12, 0 < \theta \leqslant \frac{\pi}{2}\right).$$

解方程组：

$$\begin{cases} \dfrac{\partial S}{\partial x} = 24\sin\theta - 4x\sin\theta + 2x\sin\theta\cos\theta = 0 \\[2mm] \dfrac{\partial S}{\partial \theta} = 24x\cos\theta - 2x^2\cos\theta + x^2\cos 2\theta = 0 \end{cases}.$$

由于 x，θ 的范围可知，$x \neq 0$，$\sin\theta \neq 0$，所以上述方程组可化简为

$$\begin{cases} 24 - 4x + 2x\cos\theta = 0 \\ 24\cos\theta - 2x\cos\theta + x(\cos^2\theta - \sin^2\theta) = 0 \end{cases},$$

由此可得 $x = 8$，$\theta = \dfrac{\pi}{3}$. 由于：

$$\begin{cases} \dfrac{\partial^2 S}{\partial x^2} = -4\sin\theta + 2\sin\theta\cos\theta \\[2mm] \dfrac{\partial^2 S}{\partial x\partial\theta} = 24\cos\theta - 4x\cos\theta + 2x(\cos^2\theta - \sin^2\theta), \\[2mm] \dfrac{\partial^2 S}{\partial \theta^2} = -24x\sin\theta + 2x^2\sin\theta - 4x^2\sin\theta\cos\theta \end{cases}$$

易知 $A = S_{xx}\left(8, \dfrac{\pi}{3}\right) = -\dfrac{3}{2}\sqrt{3}$，$B = S_{xy}\left(8, \dfrac{\pi}{3}\right) = 12 - 16 - 8 = -12$，$C = S_{yy}\left(8, \dfrac{\pi}{3}\right) = 96\sqrt{3}$.

因此，$AC - B^2 = 432 - 144 = 288 > 0$，且 $A < 0$，故面积函数在驻点 $\left(8, \dfrac{\pi}{3}\right)$ 处取得极大值. 由于该值是唯一的，所以它是最大值，从而当 $x = 8$，$\theta = \dfrac{\pi}{3}$（即 $60°$）时，横截面的面积最大.

合金是人们经常使用的材料，它在很多时候所表现出来的电导性、韧性、硬度、耐腐蚀性等都比单一元素构成的金属优秀．如果某种合金是由 n 种元素构成的，每种元素在合金中的成分比例分别为 x_1，x_2，$\cdots$，x_n，那么这种合金的电导性就可以表示为 $w = f(x_1, x_2, \cdots, x_n)$，且 $x_1 + x_2 + \cdots + x_n = 1$．这种关系实际上也可以表示合金的韧性、硬度、耐腐性等各种指标，只不过表示不同的指标时，函数的表达式不同罢了，但无论表示什么指标，这个函数的各个自变量的和必定等于1．在这个条件下能否确定某个比例关系，得到函数的最大值或最小值呢？

假设函数 $w = f(x_1, x_2, \cdots, x_n)$ 表示合金的电导性，在满足 $x_1 + x_2 + \cdots + x_n = 1$ 的条件下，如何确定使这种合金的电导性最好的比例呢？这可归结为多元函数在满足某种条件下的极值问题.

五、条件极值

二元函数 $z = f(x, y)$ 在附加条件 $\varphi(x, y) = 0$ 下的可能极值点，可以通过著名的**拉格朗日乘数法**来确定.

【拉格朗日乘数法】 二元函数 $z = f(x, y)$ 在附加条件 $\varphi(x, y) = 0$ 下的极值，可以构造拉格朗日函数

$$L(x, y, \lambda) = f(x, y) + \lambda \varphi(x, y)$$

来确定，其中 λ 是参数．解方程组

$$\begin{cases} L_x(x, y, \lambda) = f_x(x, y) + \lambda \varphi_x(x, y) = 0 \\ L_y(x, y, \lambda) = f_y(x, y) + \lambda \varphi_y(x, y) = 0 \\ L_\lambda(x, y, \lambda) = \varphi(x, y) = 0 \end{cases}$$

可以得到解 x，y，λ，这样得到的驻点 (x, y) 就是函数 $z = f(x, y)$ 在附加条件 $\varphi(x, y) = 0$ 下的可能极值点.

对于三元函数 $u = f(x, y, z)$ 在附加条件 $\varphi(x, y, z) = 0$ 下的极值，可以构造拉格朗日函数

$$L(x, y, z, \lambda) = f(x, y, z) + \lambda \varphi(x, y, z)$$

来确定，通过解方程组

$$\begin{cases} L_x(x, y, z, \lambda) = f_x(x, y, z) + \lambda \varphi_x(x, y, z) = 0 \\ L_y(x, y, z, \lambda) = f_y(x, y, z) + \lambda \varphi_y(x, y, z) = 0 \\ L_z(x, y, z, \lambda) = f_z(x, y, z) + \lambda \varphi_z(x, y, z) = 0 \\ L_\lambda(x, y, z, \lambda) = \varphi(x, y, z) = 0 \end{cases},$$

得到 x，y，z，λ，即可确定驻点 (x, y, z)，这就是三元函数 $u = f(x, y, z)$ 在附加条件

$\varphi(x,y,z)=0$ 下的可能极值点. 同样地, 对于 n 元函数 $w=f(x_1,x_2,\cdots,x_n)$ 在附加条件 $\varphi(x_1,x_2,\cdots,x_n)=0$ 下的极值点, 同样可以按照上述方式得到.

注 利用拉格朗日乘数法得到的驻点, 只是可能的极值点. 如果这个驻点是唯一的, 且问题是具有实际应用背景的, 那么这个驻点必定是极值点. 如果驻点不唯一, 则可以通过二元函数极值的充分条件来判定函数在该点处是否取得极值, 以及取得的是极大值还是极小值. 如果附加的条件不止一个, 而是多个, 如 $\varphi_1(x,y)=0$, $\varphi_2(x,y)=0$, $\cdots$, $\varphi_m(x,y)=0$, 则可以将拉格朗日函数构造成

$$L=f(x,y)+\sum_{i=1}^{m}\lambda_i\cdot\varphi_i(x,y).$$

对上式分别关于 x, y, $\lambda_i(i=1,2,\cdots,m)$ 求偏导, 再令这些偏导数等于 0, 解方程组即可.

【例 8-30】 青铜是由铜、锡两种元素构成的合金, 铜、锡的不同比例会使青铜表现出不同的特性, 例如, 当锡的比例达到 $30\%\sim40\%$ 时, 青铜的硬度最大, 这种比例的青铜比较适合用来制作刀具. 如果某种青铜中铜、锡的比例分别为 x, y, 它的硬度系数与铜、锡比例之间的关系满足 $p(x,y)=x^\alpha y^\beta+\varepsilon$, 其中 α, β, ε 是修正系数, 都是正的常数, 试确定该青铜中铜、锡的比例, 使青铜的硬度达到最大.

解 为了方便计算, 对 $p(x,y)=x^\alpha y^\beta$ 两边同时取对数化简: $z=\ln \bar{p}(x,y)=\alpha\ln x+\beta\ln y$. 由于该青铜完全由铜、锡两种元素构成, 所以必然有 $x+y=1$, 这样问题就转化为求函数 $z=\alpha\ln x+\beta\ln y$ 在条件 $x+y=1$ 下的极值. 令拉格朗日函数为 $L=\alpha\ln x+\beta\ln y-\lambda(x+y-1)$, 解方程组

$$\begin{cases} L_x=\dfrac{\alpha}{x}-\lambda=0 \\[2mm] L_y=\dfrac{\beta}{y}-\lambda=0 \\[2mm] L_\lambda=x+y-1=0 \end{cases},$$

得 $x=\dfrac{\alpha}{\alpha+\beta}$, $y=\dfrac{\beta}{\alpha+\beta}$, $\lambda=\alpha+\beta$.

由于 $z_{xx}=-\dfrac{\alpha}{x^2}$, $z_{xy}=0$, $z_{yy}=-\dfrac{\beta}{y^2}$,

所以 $A=z_{xx}\left(\dfrac{\alpha}{\alpha+\beta},\dfrac{\beta}{\alpha+\beta}\right)=-\dfrac{(\alpha+\beta)^2}{\alpha}<0$, $B=0$, $C=z_{yy}\left(\dfrac{\alpha}{\alpha+\beta},\dfrac{\beta}{\alpha+\beta}\right)=-\dfrac{(\alpha+\beta)^2}{\beta}$, 于是, $AC-B^2=\dfrac{(\alpha+\beta)^4}{\alpha\beta}>0$, 因此驻点 $\left(\dfrac{\alpha}{\alpha+\beta},\dfrac{\beta}{\alpha+\beta}\right)$ 是函数 $z=\ln p(x,y)=\alpha\ln x+\beta\ln y$ 在条件 $x+y=1$ 下的极大值点, 且是唯一的极大值点, 亦为最大值点, 故

当铜、锡比例分别为 $x = \dfrac{\alpha}{\alpha + \beta}$ 和 $y = \dfrac{\beta}{\alpha + \beta}$ 时，青铜的硬度最大.

【例 8 – 31】 小王同学在车间对一个半径为 R 的半球切割（图 8 – 15），他需要切割一个长方体的模件，试问他该如何切割才能得到体积最大的长方体？

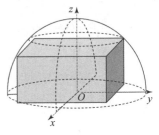

图 8 – 15

解 不妨假设长方体的一个底面与半球所在的底面重合，另外 4 个顶点在半球面上，且半球面在直角坐标系中的方程为 $x^2 + y^2 + z^2 = R^2$，$z \geq 0$.

再假设长方体的长、宽、高分别为 $2x$，$2y$，z（$x > 0, y > 0, z > 0$），长方体的体积为 $V = 4xyz$，求该体积在上述条件下的极值. 设拉格朗日函数为 $L = 4xyz + \lambda(x^2 + y^2 + z^2 - R^2)$，解方程组

$$\begin{cases} L_x(x,y,z,\lambda) = 4yz + 2\lambda x = 0 \\ L_y(x,y,z,\lambda) = 4xz + 2\lambda y = 0 \\ L_z(x,y,z,\lambda) = 4xz + 2\lambda z = 0 \\ L_\lambda(x,y,z,\lambda) = x^2 + y^2 + z^2 - R^2 = 0 \end{cases},$$

可得 $x = y = z = \dfrac{R}{\sqrt{3}}$. 根据常识可以知道，在边界上长方体的体积都是 0，不可能出现最大值点，因此当长方体的长、宽、高分别为 $\dfrac{2R}{\sqrt{3}}$，$\dfrac{2R}{\sqrt{3}}$，$\dfrac{R}{\sqrt{3}}$ 时，其体积最大.

在工程测量时，有时需要根据两个随机变量的几组实验数据找出这两个随机变量之间的函数关系，通常把这样得到的函数的近似表达式叫作**经验公式**. 经验公式建立后，就可以把生产或实验中所积累的某些经验转换为数学公式进行分析. 这在实验中通常称为先定量分析再定性分析. 利用实验数据得到经验公式的方法有很多，其中最著名的是 1809 年著名数学家高斯在其著作《天体运动论》中提出的"最小二乘法". 最小二乘法（又称为最小平方法）是一种数学优化技术. 它通过最小化误差的平方和寻找数据的最佳函数匹配. 利用最小二乘法可以简便地求得未知的数据，并使这些求得的数据与实际数据之间误差的平方和最小.

【最小二乘法】 实验中采集到两个变量 x 和 y 的数据：x_i，$y_i (i = 1, 2, \cdots, n)$. 通过观察发现变量 x 和 y 满足线性关系 $y = ax + b$，其中 a，b 是待定系数，通过采集到的数据得到最可靠的两个待定系数的方法称为最小二乘法. 记所有数据误差的平方和为

最小二乘法

$$M = \sum_{i=1}^{n}(ax_i + b - y_i)^2.$$

为使其值最小，将确定待定系数转化为求方程组

$$\begin{cases} \dfrac{\partial M}{\partial a} = 2\sum_{i=1}^{n}(ax_i + b - y_i)x_i = 0 \\[2mm] \dfrac{\partial M}{\partial b} = 2\sum_{i=1}^{n}(ax_i + b - y_i) = 0 \end{cases}.$$

将上述方程组展开得

$$\begin{cases} a\sum_{i=1}^{n}x_i^2 + b\sum_{i=1}^{n}x_i - \sum_{i=1}^{n}x_iy_i = 0 \\[2mm] a\sum_{i=1}^{n}x_i + nb - \sum_{i=1}^{n}y_i = 0 \end{cases}.$$

解这个方程组，得

$$\begin{cases} a = \dfrac{n\sum_{i=1}^{n}x_iy_i - \left(\sum_{i=1}^{n}x_i\right)\cdot\left(\sum_{i=1}^{n}y_i\right)}{n\sum_{i=1}^{n}x_i^2 - \left(\sum_{i=1}^{n}x_i\right)^2} \\[6mm] b = \dfrac{\left(\sum_{i=1}^{n}x_i^2\right)\cdot\left(\sum_{i=1}^{n}y_i\right) - \left(\sum_{i=1}^{n}x_i\right)\cdot\left(\sum_{i=1}^{n}x_iy_i\right)}{n\sum_{i=1}^{n}x_i^2 - \left(\sum_{i=1}^{n}x_i\right)^2} \end{cases}.$$

此时误差的平方和 M 最小，这样就可以得到实验数据的最可靠拟合直线 $y = ax + b$.

【例 8 – 32】已知一组实验数据 (x_1, y_1)，(x_2, y_2)，…，(x_n, y_n) 的经验公式为一元函数方程 $y = ax^2 + bx + c$，试利用最小二乘法建立经验公式中的待定系数 a，b，c 所满足的三元一次方程组.

解　该经验函数误差的平方和为 $y = ax^2 + bx + c$，$M = \sum_{i=1}^{n}(ax_i^2 + bx_i + c - y_i)^2$.

为了使目标函数的误差的平和最小，解方程组

$$\begin{cases} \dfrac{\partial M}{\partial a} = 2\sum_{i=1}^{n}(ax_i^2 + bx_i + c - y_i)x_i^2 = 0 \\[2mm] \dfrac{\partial M}{\partial b} = 2\sum_{i=1}^{n}(ax_i^2 + bx_i + c - y_i)x_i = 0 \\[2mm] \dfrac{\partial M}{\partial c} = 2\sum_{i=1}^{n}(ax_i^2 + bx_i + c - y_i) = 0 \end{cases}.$$

化简得

$$\begin{cases} a\sum_{i=1}^{n} x_i^4 + b\sum_{i=1}^{n} x_i^3 + c\sum_{i=1}^{n} x_i^2 - \sum_{i=1}^{n} x_i^2 y_i = 0 \\ a\sum_{i=1}^{n} x_i^3 + b\sum_{i=1}^{n} x_i^2 + c\sum_{i=1}^{n} x_i - \sum_{i=1}^{n} x_i y_i = 0 \\ a\sum_{i=1}^{n} x_i^2 + b\sum_{i=1}^{n} x_i + nc - \sum_{i=1}^{n} y_i = 0 \end{cases}.$$

此时将已知数据代入上述方程组即可得到一元二次方程的待定系数 a，b，c. 这个过程非常复杂，通常在工程计算过程中可以借助计算机解决这个问题.

【例 8－33】 为了测定工件的磨损速度，人们设计了一个以时间为顺序的实验：每间隔一定的时间（单位：min），测量一次工件的厚度（单位：mm），得到一组数据（表 8－1）.

表 8－1 实验数据（1）

顺序编号	0	1	2	3	4	5	6	7
时间 t/min	0	1	2	3	4	5	6	7
工件厚度/mm	27	26.8	26.5	26.3	26.1	25.7	25.3	24.8

试根据采集到的数据建立工件厚度 y 与时间 t 之间的经验公式 $y = f(t)$.

解 将采集到的数据在网格板上进行描绘，如图 8－16 所示. 这些数据点均匀地分布在直线的两侧，这说明经验公式是一个一次函数. 假设其为 $y = at + b$，则根据最小二乘法可知所有数据的误差的平方和为 $M = \sum_{i=0}^{7} (ax_i + b - y_i)^2$，为使此值最小，解方程组

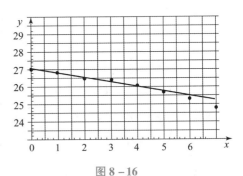

图 8－16

$$\begin{cases} \dfrac{\partial M}{\partial a} = 2\sum_{i=0}^{7} (ax_i + b - y_i) x_i = 0 \\ \dfrac{\partial M}{\partial b} = 2\sum_{i=0}^{7} (ax_i + b - y_i) = 0 \end{cases},$$

得

$$a = \frac{8\sum_{i=0}^{7} x_i y_i - \left(\sum_{i=0}^{7} x_i\right)\cdot\left(\sum_{i=0}^{7} y_i\right)}{8\sum_{i=0}^{7} x_i^2 - \left(\sum_{i=0}^{7} x_i\right)^2} \quad b = \frac{\left(\sum_{i=0}^{7} x_i^2\right)\cdot\left(\sum_{i=0}^{7} y_i\right) - \left(\sum_{i=0}^{7} x_i\right)\cdot\left(\sum_{i=0}^{7} x_i y_i\right)}{8\sum_{i=0}^{7} x_i^2 - \left(\sum_{i=0}^{7} x_i\right)^2}.$$

将采集到的数据代入即可得 $a = -0.303\,6$，$b = 27.125$，这样得到经验公式 $y = -0.303\,6t + 27.125$.

可以看到，利用经验公式计算得到的结果，与实际测量的结果之间存在一定的偏差（表 8-2），这是正常的，因为无论如何，通过观察得到的经验函数类型都会出现偏差. 偏差平方和（记为 M）的算术平方根（$\sqrt{M}$）称为均方误差. 均方误差的大小反映了用经验公式近似表达数据所满足的真实函数关系的近似程度的好坏.

表 8-2　实验数据（2）

顺序编号	0	1	2	3	4	5	6	7
时间 t/min	0	1	2	3	4	5	6	7
测量厚度/mm	27	26.8	26.5	26.3	26.1	25.7	25.3	24.8
计算厚度/mm	27.125	26.821	26.518	26.214	25.911	25.607	25.303	25
偏差/mm	0.125	0.021	0.018	-0.086	-0.189	-0.093	0.003	0.2

想一想，练一练

1. 求函数 $u = xy^2 + z^2 - xyz$ 在点（1,1,2）处沿方向角为 $\alpha = \dfrac{\pi}{3}$，$\beta = \dfrac{\pi}{4}$，$\gamma = \dfrac{\pi}{3}$ 的方向的方向导数.

2. 求函数 $u = xy^2z^2$ 在点（5,1,2）处沿从点（5,1,2）到点（9,4,14）方向的方向导数.

3. 求函数 $z = x^2 + y^2$ 在点（1,2）处沿从点（1,2）到点（$2, 2+\sqrt{3}$）方向的方向导数.

4. 求函数 $u = \ln(x + \sqrt{y^2 + z^2})$ 在点 $A(1,0,1)$ 处沿点 A 指向点 $B(3,-2,2)$ 方向的方向导数.

5. 已知函数 $f(x,y) = x + y + xy$，曲线 C：$x^2 + y^2 + xy = 3$，求函数 $f(x,y)$ 在曲线 C 上的最大方向导数.

6. 求函数 $z = xe^{2y}$ 在点 $P(1,0)$ 处沿点 P 到点 $Q(2,-1)$ 方向的方向导数.

7. 设点电荷 q 位于坐标原点，点 $M(x,y,z)$ 处的电势为 $v = \dfrac{q}{4\pi\varepsilon r}$，其中 ε 是介电系数，$r = (x,y,z)$，$r = |\boldsymbol{r}|$，求电势 v 的梯度.

8. 设函数 $f(x,y) = x^4 + y^4 - 4x^2y^2$，求 $\mathbf{grad}\,f(0,0)$，$\mathbf{grad}\,f(1,1)$.

9. 设 $f(x,y,z) = xy^2 + yz^2 + zx^2$，求 $\mathbf{grad}\,f(0,0,1)$，$\mathbf{grad}\,f(1,0,2)$，$\mathbf{grad}\,f(2,0,1)$，$\mathbf{grad}\,f(0,-1,0)$.

10. 设函数 $u(x,y,z)$，$v(x,y,z)$ 的各阶偏导数都存在且连续，试验证：

(1) $\nabla(cu) = c\,\nabla u$；

(2) $\nabla(u \pm v) = \nabla u \pm \nabla v$；

(3) $\nabla(uv) = v\,\nabla u + u\,\nabla v$；

(4) $\nabla\dfrac{u}{v} = \dfrac{v\,\nabla u - u\,\nabla v}{v^2}$.

11. 求函数 $z = \cos^2 x + \cos^2 y$ 在附加条件 $x - y = \dfrac{\pi}{4}$ 下的极值.

12. 某企业生产某种产品在两个市场同时销售，售价分别为 p_1 和 p_2，销售量分别为 q_1 和 q_2，需求函数分别为 $q_1 = 24 - 0.2p_1$ 和 $q_2 = 10 - 0.05p_2$，总成本函数为 $C = 35 + 40(q_1 + q_2)$. 试问：该企业如何确定两个市场的售价，才能使该企业获得的总利润最大？求出最大总利润.

第三节 多元函数积分学

【问题引入】电流是由大量电荷做定向运动形成的. 电荷的携带者称为**载流子**. 载流子可以是金属中的自由电子，可以是电解液中的正、负离子，可以是气体中的电子和离子，可以是半导体中的电子和带正电的"空穴"等. 这些载流子的定向运动形成的电流叫作**传导电流**. 带电物体做机械运动时也形成电流，这种电流称为**运流电流**. 电流的强弱用电流强度（简称电流）表示. 如果在时间间隔 Δt 内通过导体的电荷量为 Δq，则在这个时间间隔内通过导线的电流为

$$I = \frac{\Delta q}{\Delta t}.$$

这样导线中的电流即

$$I = \frac{\mathrm{d}q}{\mathrm{d}t}.$$

在通有电流的导体内某点处，任取一个面积元 $\mathrm{d}S$，沿着该面积元垂直的方向上的单位向量 e 与正电荷运动方向的夹角为 θ，如果通过该面积元的电流强度为 $\mathrm{d}I$，那么电流密度的大小就等于通过垂直于电流方向的单位截面上的电流强度，即 $\mathrm{d}I = \rho(x,y) \cdot \cos\theta \cdot \mathrm{d}S$，如图 8-17 所示.

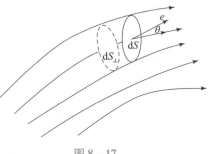

图 8-17

在一根粗细均匀的导线中，其横截面上的电流密度函数为 $\rho(x,y)$，横截面在 xOy 平面上的投影区域为 D，如图 8-18 所示．在任一横截面上，任取一个小的 ΔS_i（即在横截面上分割出 n 个小的面积元，ΔS_i 是这些小的面积元中的一个），由于导线中的电流密度不是恒定的，所以在这个小的面积元上选取一点 (ξ_i,η_i) 作为这个小的面积元 ΔS_i 上的电流密度的均值点，此时在面积元 ΔS_i 上的电流密度为 $\rho(\xi_i,\eta_i)$，通过小的面积元 ΔS_i 的电流强度应为 $\rho(\xi_i,\eta_i)\cdot\Delta S_i$，此时对这些小的面积元上通过的电流作和：

$$\sum_{i=1}^{n}\rho(\xi_i,\eta_i)\cdot\Delta S_i.$$

这个和就是通过导线横截面上的电流的近似值．如果无论如何分割，当所有的面积元都趋于 0 时，上述和式的极限都存在，则类似一元函数的在某个闭区间上的定积分，建立起关于二元函数的积分．

图 8-18　粗细均匀、材质不均匀金属导体

一、二重积分的概念

设二元函数 $z=f(x,y)$ 在有界闭区域 D 上是有界函数，将有界闭区域任意分割成 n 个小区域：

二重积分

$$\Delta s_1,\Delta s_2,\cdots,\Delta s_n,$$

其中，Δs_i 表示第 i 个小闭区域以及它的面积，在每个小闭区域 Δs_i 上，任意选择一点 (ξ_i,η_i) 作乘积 $f(\xi_i,\eta_i)\Delta s_i$，并作和 $\sum_{i=1}^{n}f(\xi_i,\eta_i)\Delta s_i$，如果当所有小区域的面积的最大值 $\lambda\to0$ 时，这个和的极限都存在，其与点 (ξ_i,η_i) 的选择无关，与对区域 D 的分割无关，则称函数 $z=f(x,y)$ 在区域 D 上存在二重积分，记为

$$\iint\limits_{D}f(x,y)\mathrm{d}s=\lim_{\lambda\to0}\sum_{i=1}^{n}f(\xi_i,\eta_i)\Delta s_i.$$

其中，$f(x,y)$ 称为**被积函数**，$f(x,y)\mathrm{d}s$ 称为**被积表达式**，$\mathrm{d}s$ 称为**面积微元**，x，y 称为**积分变量**，D 称为**积分区域**，$\sum_{i=1}^{n}f(\xi_i,\eta_i)\Delta s_i$ 称为**积分和**．

类似地，可以定义三重积分：$\iiint\limits_{\Omega}f(x,y,z)\mathrm{d}v=\lim_{\lambda\to0}\sum_{i=1}^{n}f(\xi_i,\eta_i,\zeta_i)\Delta v_i$，其中 Ω 表示三元函数的积分区域．三重积分与二重积分是解决专业问题时经常使用的一种工具，它们的定义与一元函数的定积分极其类似，都是通过"分割→求和→近似→求极限" 4 个过程得到的．在二重积分中，$\mathrm{d}s$ 称为面积微元，在三重积分中 $\mathrm{d}v$ 称为**体积微元**．如果函数定义在直角坐标系中，那么根据"方中有圆，圆中有方"的思想，可以选择将积分区域分割成无穷多个小的正方形，这样就有 $\mathrm{d}s=\mathrm{d}x\mathrm{d}y$，从而二重积分可以表示为

$$\iint_D f(x,y)\,ds = \iint_D f(x,y)\,dxdy.$$

同理，在三重积分中，体积微元可以认为是一个非常小的正方体的体积，从而有 $dv = dxdydz$，这样三重积分就可以表示为

$$\iiint_\Omega f(x,y,z)\,dv = \iiint_\Omega f(x,y,z)\,dxdydz.$$

类似一元函数的定积分，在计算二重积分和三重积分之前，需要先了解它们的性质，再建立计算法则，从而利用二重积分和三重积分来分析和解决问题. 下面以二重积分为主介绍它所具有的性质，三重积分也具有同样的性质.

二、二重积分的性质

【性质 8 – 1】线性组合性：$\iint_D \left[\alpha f(x,y) \pm \beta g(x,y)\right]ds = \alpha \iint_D f(x,y)\,ds$

性质 8 – 1

$+\beta \iint_D g(x,y)\,ds.$

注 性质 8 – 1 与一元函数的定积分完全一样，它对后续解决两个函数和、差的积分的计算具有重要的意义.

【性质 8 – 2】积分区域的可加性：如果积分区域 D 是由两个不同区域并集得到的，即 $D = D_1 \cup D_2$，且 $D_1 \cap D_2 = \varnothing$，则

性质 8 – 2

$$\iint_D f(x,y)\,ds = \iint_{D_1} f(x,y)\,ds + \iint_{D_2} f(x,y)\,ds.$$

注 性质 8 – 2 说明在一个完整的积分区域上，如果不容易确定被积函数，那么可以将积分区域分割成几个不同的小区域，在这些小区域上求积分再作和就是完整积分区域上的二重积分的值. 它对解决一些复杂问题有重要意义.

【性质 8 – 3】齐次性：如果在积分区域 D 上，函数 $f(x,y) = 1$，那么此时的二重积分就是积分区域 D 的面积：

$$\iint_D 1\,ds = S_D.$$

注 性质 8 – 3 与定积分的积分齐次性完全一样，对于三重积分，如果被积函数 $f(x,y,z) = 1$，那么此时的三重积分就表示积分区域的体积.

【性质 8 – 4】保序性：如果在积分区域 D 上，$f(x,y) \leqslant g(x,y)$，则必有 $\iint_D f(x,y)\,ds \leqslant \iint_D g(x,y)\,ds.$

性质 8 – 4

注 性质 8 – 4 提供了一种计算两个空间区域所围部分的体积的方法，利用大的函数减去小的函数在同一个积分区域上求二重积分即可. 特别地，二重

积分同样满足绝对值不等式：

$$\left| \iint\limits_{D} f(x,y)\,\mathrm{d}s \right| \leqslant \iint\limits_{D} |f(x,y)|\,\mathrm{d}s.$$

性质 8 – 5

【性质 8 – 5】估值不等式：如果二元函数 $f(x,y)$ 在有界闭区域 D 上满足 $m \leqslant f(x,y) \leqslant M$，$S$ 是闭区域 D 的面积，则必然有

$$m \cdot S \leqslant \iint\limits_{D} f(x,y)\,\mathrm{d}s \leqslant M \cdot S.$$

注　性质 8 – 5 之所以被称为估值不等式，是因为它可以估算二重积分的大小范围.

性质 8 – 6

【性质 8 – 6】积分中值定理：设函数 $f(x,y)$ 在闭区域 D 上连续，S 是闭区域 D 的面积，则在闭区域 D 上至少存在一点 (ξ,η)，使

$$\iint\limits_{D} f(x,y)\,\mathrm{d}s = f(\xi,\eta) \cdot S.$$

注　性质 8 – 6 说明连续函数 $f(x,y)$ 在闭区域 D 上的二重积分得到的柱体体积与在曲顶面上的某个点处的横截面与柱体母线相交部分到闭区域 D 形成的平顶柱体的体积是一样的.

三、二重积分的计算

二重积分是以二元函数 $z = f(x,y)$ 在区域 D 上的图形作为曲面的曲顶柱体的体积. 积分变量 x，y 是区域 D 上的变量，而曲顶面是函数 $z = f(x,y)$ 在空间中的表现，因此曲顶面上的值也是由积分区域 D 上的变量 x，y 决定的. 这样二重积分的计算就可以通过积分区域 D 上的形态来进行. 一般地，积分区域 D 上的形态主要分为 X 型和 Y 型两种，如图 8 – 19 和图 8 – 20 所示.

积分区域

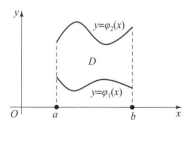

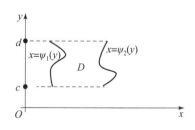

图 8 – 19　X 型区域　　　　　图 8 – 20　Y 型区域

对于以 X 型区域为积分区域的二重积分，其变量 x 是从常数 a 变化到常数 b，y 从函数曲线 $\varphi_1(x)$ 进入，从函数曲线 $\varphi_2(x)$ 出去，可以对积分区域进行这样的划分：横坐标沿着水平方向从左进入，从右出去，纵坐标沿竖直方向从下面曲线进入积分区域，

从上面曲线离开积分区域. 这样, 二重积分可以表示为

$$\iint\limits_{D}f(x,y)\mathrm{d}s = \int_a^b\Big(\int_{\varphi_1(x)}^{\varphi_2(x)}f(x,y)\mathrm{d}y\Big)\mathrm{d}x = \int_a^b\mathrm{d}x\int_{\varphi_1(x)}^{\varphi_2(x)}f(x,y)\mathrm{d}y.$$

同理, 对于 Y 型的积分区域, 二重积分可以表示为

$$\iint\limits_{D}f(x,y)\mathrm{d}s = \int_a^b\Big(\int_{\psi_1(x)}^{\psi_2(x)}f(x,y)\mathrm{d}x\Big)\mathrm{d}y = \int_c^d\mathrm{d}y\int_{\psi_1(x)}^{\psi_2(x)}f(x,y)\mathrm{d}x.$$

积分区域 D 有时可以既是 X 型区域, 又是 Y 型区域, 此时选择哪种积分均可计算出其值, 根据计算的复杂程度选择一个比较容易的方式即可. 诚然, 如果积分区域可以从 X 型转化到 Y 型, 即积分区域既可以表示成

$$D = \{(x,y)\,|\,a\leqslant x\leqslant b,\ \varphi_1(x)\leqslant y\leqslant\varphi_2(x)\},$$

又可以表示成

$$D = \{(x,y)\,|\,c\leqslant y\leqslant d,\ \psi_1(y)\leqslant x\leqslant\psi_2(y)\},$$

那么必然有

$$\iint\limits_{D}f(x,y)\mathrm{d}s = \int_a^b\mathrm{d}x\int_{\varphi_1(x)}^{\varphi_2(x)}f(x,y)\mathrm{d}y = \int_c^d\mathrm{d}y\int_{\psi_1(x)}^{\psi_2(x)}f(x,y)\mathrm{d}x.$$

亦即先对 x 积分再对 y 积分与先对 y 积分再对 x 积分是相等的.

注 $\int_a^b\mathrm{d}x\int_{\varphi_1(x)}^{\varphi_2(x)}f(x,y)\mathrm{d}y$ 表示的是, 先计算定积分 $\int_{\varphi_1(x)}^{\varphi_2(x)}f(x,y)\mathrm{d}y$, 计算出来之后是一个关于 x 的函数 $F(x)$, 它是一个一元函数, 然后再对这个函数 $F(x)$ 在 $[a,b]$ 上求定积分 $\int_a^b F(x)\mathrm{d}x$ 即二重积分的值. 同理, 对 Y 型积分是同样的, 这里不再赘述. 可以看到, 要想计算出二重积分, 需要首先判断积分区域 D 的类型.

类似地, 对于三重积分 $\iiint\limits_{\Omega}f(x,y,z)\mathrm{d}v$ 的积分区域 Ω, 可以从 "底到顶" 的方式来区分, 在平面 xOy 上先看自变量 x,y 的变换范围, 再从底部往上看自变量 z 的变换范围, 即如果积分区域 Ω 为

$$\Omega = \{(x,y,z)\,|\,a\leqslant x\leqslant b,\varphi_1(x)\leqslant y\leqslant\varphi_2(x),\psi_1(x,y)\leqslant z\leqslant\psi_2(x,y)\},$$

则三重积分可以表示为累次积分:

$$\iiint\limits_{\Omega}f(x,y,z)\mathrm{d}v = \int_a^b\mathrm{d}x\int_{\varphi_1(x)}^{\varphi_2(x)}\mathrm{d}y\int_{\psi_1(x,y)}^{\psi_2(x,y)}f(x,y,z)\mathrm{d}z.$$

它遵守从右到左逐次计算的原则. 诚然, 如果积分区域可表示为

$$\Omega = \{(x,y,z)\,|\,c\leqslant y\leqslant d,\varphi_1(y)\leqslant x\leqslant\varphi_2(y),\psi_1(x,y)\leqslant z\leqslant\psi_2(x,y)\},$$

那么, 三重积分可以化为累次积分:

$$\iiint\limits_{\Omega}f(x,y,z)\mathrm{d}v = \int_c^d\mathrm{d}y\int_{\varphi_1(y)}^{\varphi_2(y)}\mathrm{d}x\int_{\psi_1(x,y)}^{\psi_2(x,y)}f(x,y,z)\mathrm{d}z.$$

【例 8 – 34】 求二重积分 $\iint\limits_{D} xy\mathrm{d}s$，其中积分区域 $D = \{(x,y) \mid 0 \leqslant x \leqslant 1, 0 \leqslant y \leqslant 1\}$.

解 由于积分区域是一个矩形状，所以本题采用 X 型与 Y 型均可，于是

$$\iint\limits_{D} xy\mathrm{d}s = \int_0^1 \mathrm{d}x \int_0^1 xy\mathrm{d}y = \int_0^1 \left(\frac{1}{2}xy^2 \Big|_0^1\right)\mathrm{d}x = \int_0^1 \frac{1}{2}x\mathrm{d}x = \frac{1}{4}x^2 \Big|_0^1 = \frac{1}{4}.$$

注 由于积分区域中两个变量 x，y 相互独立，不存依赖关系，且被积函数 $f(x,y) = f_1(x)f_2(y)$，所以此时的二重积分还可以这样计算：

$$\iint\limits_{D} f(x,y)\mathrm{d}s = \int_a^b f_1(x)\mathrm{d}x \int_c^d f_2(y)\mathrm{d}y.$$

因此，

$$\iint\limits_{D} xy\mathrm{d}s = \int_0^1 x\mathrm{d}x \int_0^1 y\mathrm{d}y = \left(\frac{1}{2}y^2 \Big|_0^1\right) \cdot \left(\frac{1}{2}y^2 \Big|_0^1\right) = \frac{1}{2} \cdot \frac{1}{2} = \frac{1}{4}.$$

【例 8 – 35】 将积分 $\int_0^{2a} \mathrm{d}x \int_{\sqrt{2ax-x^2}}^{\sqrt{2ax}} f(x,y)\mathrm{d}y (a > 0)$ 交换积分顺序.

解 积分区域中，自变量与 y 是从圆 $(x-a)^2 + y^2 = a^2 (y \geqslant 0)$ 进入，从抛物线 $y^2 = 2ax (y \geqslant 0)$ 出去，自变量 x 从左侧的 y 轴进入，从右侧的直线 $x = 2a$ 出去，如图 8 – 21 中阴影部分所示，因此交换积分顺序后，就是先对 x 积分，再对 y 积分：

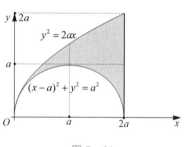

图 8 – 21

$$\int_0^{2a} \mathrm{d}x \int_{\sqrt{2ax-x^2}}^{\sqrt{2ax}} f(x,y)\mathrm{d}y = \int_0^a \mathrm{d}y \left[\int_{\frac{y^2}{2a}}^{a-\sqrt{a^2-y^2}} f(x,y)\mathrm{d}x + \int_{a+\sqrt{a^2-y^2}}^{2a} f(x,y)\mathrm{d}x\right] + \int_a^{2a} \mathrm{d}y \int_{\frac{y^2}{2a}}^{2a} f(x,y)\mathrm{d}x.$$

【例 8 – 35】 计算下列定积分的值.

$(1) \int_0^1 \frac{x^b - x^a}{\ln x}\mathrm{d}x (0 < a < b)$；$(2) \int_0^1 \frac{\arctan x}{x\sqrt{1-x^2}}\mathrm{d}x$.

解 (1) 由于 $\int_0^1 \frac{x^b - x^a}{\ln x}\mathrm{d}x = \frac{x^y}{\ln x}\Big|_a^b = \int_a^b x^y\mathrm{d}y$，所以 $\int_0^1 \frac{x^b - x^a}{\ln x}\mathrm{d}x = \int_0^1 \left(\int_a^b x^y\mathrm{d}y\right)\mathrm{d}x = \int_0^1 \mathrm{d}x \int_a^b x^y\mathrm{d}y$，交换积分顺序，可得

$$\int_0^1 \frac{x^b - x^a}{\ln x}\mathrm{d}x = \int_a^b \mathrm{d}y \int_0^1 x^y\mathrm{d}x = \int_a^b \left(\frac{x^{y+1}}{1+y}\Big|_0^1\right)\mathrm{d}y = \int_a^b \frac{1}{1+y}\mathrm{d}y = \ln(1+y)\Big|_a^b = \ln\frac{b+1}{a+1}.$$

(2) 由于 $\frac{\arctan x}{x} = \frac{1}{x}\int_0^x \frac{1}{1+y^2}\mathrm{d}y = \int_0^1 \frac{1}{1+x^2y^2}\mathrm{d}y$，所以

$$\int_0^1 \frac{\arctan x}{x\sqrt{1-x^2}}\mathrm{d}x = \int_0^1 \frac{1}{\sqrt{1-x^2}} \cdot \left(\int_0^1 \frac{1}{1+x^2y^2}\mathrm{d}y\right)\mathrm{d}x = \int_0^1 \mathrm{d}x \int_0^1 \frac{1}{\sqrt{1-x^2}} \frac{1}{1+x^2y^2}\mathrm{d}y$$

$$= \int_0^1 \mathrm{d}y \int_0^1 \frac{1}{\sqrt{1-x^2}} \cdot \frac{1}{1+x^2y^2}\mathrm{d}x,$$

而

$$\int_0^1 \frac{1}{\sqrt{1-x^2}} \cdot \frac{1}{1+x^2 y^2} dx = \int_0^{\frac{\pi}{2}} \frac{1}{\cos\theta} \cdot \frac{\cos\theta}{1+y^2\sin^2\theta} d\theta = \int_0^{\frac{\pi}{2}} \frac{1}{1+y^2\sin^2\theta} d\theta$$

$$= \int_0^{\frac{\pi}{2}} \frac{\csc^2\theta}{\csc^2\theta+y^2} d\theta = -\int_0^{\frac{\pi}{2}} \frac{1}{\cot^2\theta+1+y^2} d\cot\theta$$

$$= -\frac{1}{\sqrt{1+y^2}} \arctan\frac{\cot\theta}{\sqrt{1+y^2}} \Big|_{0^+}^{\frac{\pi}{2}}$$

$$= \frac{\pi}{2\sqrt{1+y^2}},$$

于是，

$$\int_0^1 \frac{\arctan x}{x\sqrt{1-x^2}} dx = \frac{\pi}{2} \int_0^1 \frac{1}{\sqrt{1+y^2}} dy = \frac{\pi}{2} \ln(y+\sqrt{1+y^2}) \Big|_0^1 = \frac{\pi}{2} \ln(1+\sqrt{2}).$$

【例 8 - 37】将两个直径相同的圆柱体实心钢材切割后拼接成直角状. 试计算切割掉的钢材的体积.

解 将一个圆柱体竖直放置，将另一个圆柱体水平放置，假设切割后拼接在一起时它们本来的横截面的圆心在坐标原点，则问题转换为求半径均为 R 的两个圆柱体垂直相交部分的体积，切割掉的部分就是这部分体积的两倍. 假设这两个圆柱体的方程分别为 $x^2+y^2=R^2$，$x^2+z^2=R^2$，利用对称性可知，只要计算出在第一卦限部分的体积，再乘以 16 即切割掉钢材的体积. 所求立体的体积可以看成一个曲顶柱体，它的底为（图 8 - 22 和图 8 - 23）

$$D = \{(x,y) \mid 0 \leqslant y \leqslant \sqrt{R^2-x^2}, 0 \leqslant x \leqslant R\}.$$

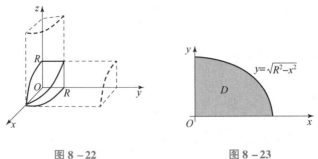

图 8 - 22　　　　　　　　　图 8 - 23

它的顶面是柱面 $z = \sqrt{R^2-x^2}$，于是这部分的体积为

$$V = \iint_D \sqrt{R^2-x^2} dxdy = \int_0^R dx \int_0^{\sqrt{R^2-x^2}} \sqrt{R^2-x^2} dy = \int_0^R (R^2-x^2) dx = \left(R^2 x - \frac{1}{3}x^3\right) \Big|_0^R = \frac{2}{3}R^3.$$

因此，切割掉的钢材的体积应为 $\frac{32}{3}R^3$.

　　类似一元函数的定积分, 有时计算二重积分并不容易, 但将积分变量变换成其他形式会使二重积分的计算变得相对简单, 这种通过变量变换的方式简化计算的过程称为二重积分的换元积分法.

　　【二重积分的换元积分法】设函数 $z = f(x, y)$ 在平面 xOy 平面上的闭区域 D 上连续, 作变换

$$T: x = x(u, v), \ y = y(u, v),$$

且函数 $x(u, v)$, $y(u, v)$ 在其定义域 D' 上满足

$$\frac{\partial x}{\partial u} \cdot \frac{\partial y}{\partial v} - \frac{\partial x}{\partial v} \cdot \frac{\partial y}{\partial u} \neq 0,$$

则

$$\iint\limits_{D} f(x, y)\, dx dy = f[x(u, v), y(u, v)] \cdot \left| \frac{\partial x}{\partial u} \cdot \frac{\partial y}{\partial v} - \frac{\partial x}{\partial v} \cdot \frac{\partial y}{\partial u} \right| du dv.$$

　　为简单记, 通常将 $\dfrac{\partial x}{\partial u} \cdot \dfrac{\partial y}{\partial v} - \dfrac{\partial x}{\partial v} \cdot \dfrac{\partial y}{\partial u}$ 表示成 $J(u, v) = \dfrac{\partial(x, y)}{\partial(u, v)}$, 称为

雅可比行列式

雅可比行列式.

$$J(u, v) = \frac{\partial(x, y)}{\partial(u, v)} = \begin{vmatrix} \dfrac{\partial x}{\partial u} & \dfrac{\partial x}{\partial v} \\ \dfrac{\partial y}{\partial u} & \dfrac{\partial y}{\partial v} \end{vmatrix} = \frac{\partial x}{\partial u} \cdot \frac{\partial y}{\partial v} - \frac{\partial x}{\partial v} \cdot \frac{\partial y}{\partial u},$$

即通过换元可以将二重积分化简为

$$\iint\limits_{D} f(x, y)\, dx dy = f[x(u, v), y(u, v)] \cdot |J(u, v)|\, du dv.$$

　　注　一般地, 如果积分区域或被积函数中含有圆盘状或扇盘状, 则可以采用变换

$$\begin{cases} x = r\cos\theta \\ y = r\sin\theta \end{cases},$$

且此时的雅可比行列式为

$$J(r, \theta) = \begin{vmatrix} \cos\theta & -r\sin\theta \\ \sin\theta & r\cos\theta \end{vmatrix} = r,$$

故

$$\iint\limits_{D} f(x, y)\, dx dy = f(r, \theta) \cdot r\, dr d\theta.$$

这种变换称为**极坐标变换**.

　　【例 8 – 38】计算二重积分 $\iint\limits_{D} e^{-x^2 - y^2} dx dy$, 其中积分区域 D 是以坐标原点为圆心、半径为 R 的圆盘.

解 令 $\begin{cases} x = r\cos\theta \\ y = r\sin\theta \end{cases}$，则 $J(r,\theta) = r$，且 $D' = \{(r,\theta) \mid 0 \leqslant r \leqslant R, 0 \leqslant \theta \leqslant 2\pi\}$，所以

$$\iint\limits_{D} e^{-x^2-y^2} dxdy = \int_0^{2\pi} d\theta \int_0^R re^{-r^2} dr = 2\pi \left(-\frac{1}{2} e^{-r^2} \right) \Big|_0^R = \pi(1 - e^{-R^2}).$$

【例 8 − 39】计算二重积分 $\iint\limits_{D} \arctan\dfrac{y}{x} dxdy$，其中积分区域 D 由圆环 $1 \leqslant x^2 + y^2 \leqslant 4$ 以及 $y = 0$，$y = x$ 围成.

解 令 $\begin{cases} x = r\cos\theta \\ y = r\sin\theta \end{cases}$，则 $J(r,\theta) = r$，$\arctan\dfrac{y}{x} = \theta$，且 $D' = \{(r,\theta) \mid 1 \leqslant r \leqslant 2, \ 0 \leqslant \theta \leqslant \pi/4\}$，所以，$\iint\limits_{D} \arctan\dfrac{y}{x} dxdy = \int_0^{\frac{\pi}{4}} d\theta \int_1^2 \theta r d\theta = \int_0^{\frac{\pi}{4}} \theta d\theta \int_1^2 r d\theta = \left(\frac{1}{2}\theta^2 \Big|_0^{\frac{\pi}{4}} \right) \cdot \left(\frac{1}{2}r^2 \Big|_1^2 \right) = \dfrac{3\pi^2}{64}.$

四、三重积分的计算

对于三重积分的计算，有时可以按照"先一后二"的方式进行：

$$\iiint\limits_{\Omega} f(x,y,z) dv = \iiint\limits_{\Omega} f(x,y,z) dxdydz = \iint\limits_{D} dxdy \int_{\psi_1(x,y)}^{\psi_2(x,y)} f(x,y,z) dz.$$

有时也可以按照"先二后一"的方式进行：

$$\iiint\limits_{\Omega} f(x,y,z) dv = \iiint\limits_{\Omega} f(x,y,z) dxdydz = \int_c^d dz \iint\limits_{D} f(x,y,z) dxdy.$$

无论按照哪种方式，最终都可以认为是化成以下形式的积分进行计算：

$$\iiint\limits_{\Omega} f(x,y,z) dv = \int_a^b dx \int_{\varphi_1(x)}^{\varphi_2(x)} dy \int_{\psi_1(x,y)}^{\psi_2(x,y)} f(x,y,z) dz.$$

有时这些方式并不容易求解三重积分，还需要使用诸如换元等方式进行求解.

【三重积分的换元积分法】设函数 $u = f(x,y,z)$ 在闭区域 D 上连续，作变换

三重积分的
换元积分法

$$T: x = x(u,v,w), \ y = y(u,v,w), \ z = z(u,v,w),$$

且函数 $x(u,v,w)$，$y(u,v,w)$，$z(u,v,w)$ 在其定义域 D' 上满足

$$J = \frac{\partial(x,y,z)}{\partial(u,v,w)} = \begin{vmatrix} \dfrac{\partial x}{\partial u} & \dfrac{\partial x}{\partial v} & \dfrac{\partial x}{\partial w} \\ \dfrac{\partial y}{\partial u} & \dfrac{\partial y}{\partial v} & \dfrac{\partial y}{\partial w} \\ \dfrac{\partial z}{\partial u} & \dfrac{\partial z}{\partial v} & \dfrac{\partial z}{\partial w} \end{vmatrix} = \dfrac{\partial x}{\partial u} \cdot \begin{vmatrix} \dfrac{\partial y}{\partial v} & \dfrac{\partial y}{\partial w} \\ \dfrac{\partial z}{\partial v} & \dfrac{\partial z}{\partial w} \end{vmatrix} - \dfrac{\partial x}{\partial v} \cdot \begin{vmatrix} \dfrac{\partial y}{\partial u} & \dfrac{\partial y}{\partial w} \\ \dfrac{\partial z}{\partial u} & \dfrac{\partial z}{\partial w} \end{vmatrix} + \dfrac{\partial x}{\partial w} \cdot \begin{vmatrix} \dfrac{\partial y}{\partial u} & \dfrac{\partial y}{\partial v} \\ \dfrac{\partial z}{\partial u} & \dfrac{\partial z}{\partial v} \end{vmatrix} \neq 0,$$

则

$$\iiint\limits_{\Omega} f(x,y,z)\,\mathrm{d}v = f[x(u,v,w),y(u,v,w),z(u,v,w)] \cdot |J|\,\mathrm{d}u\mathrm{d}v\mathrm{d}w.$$

注 上述 $J = \dfrac{\partial(x,y,z)}{\partial(u,v,w)}$ 称为雅可比行列式,它是三阶行列式. 一般地,三重积分的换元常用的是"柱坐标变换"和"椭球坐标变换".

柱坐标变换: 令 $\begin{cases} x = r\cos\theta \\ y = r\sin\theta \text{,} \text{ 且 } |J| = r \text{,} \text{ 则} \\ z = z \end{cases}$

$$\iiint\limits_{\Omega} f(x,y,z)\,\mathrm{d}v = f(r\cos\theta, r\sin\theta, z)\,r\mathrm{d}r\mathrm{d}\theta\mathrm{d}z;$$

椭球坐标变换: 令 $\begin{cases} x = ar\cos\theta\cos\varphi \\ y = br\sin\theta\cos\varphi \text{,} \text{ 且 } |J| = abcr^2\cos\varphi \text{,} \text{ 则} \\ z = cr\sin\varphi \end{cases}$

$$\iiint\limits_{\Omega} f(x,y,z)\,\mathrm{d}v = abcf(ar\cos\theta\cos\varphi, br\sin\theta\cos\varphi, cr\sin\varphi)\,r^2\cos\varphi\mathrm{d}r\mathrm{d}\theta\mathrm{d}z.$$

在椭球坐标变换中,当 $a = b = c = 1$ 时,称为"**球坐标变换**"."柱坐标变换"与"球坐标变换"是等价的,对同一个三重积分,它们都能解决,但有时其中一种变换会比较复杂,而另一种变换会相对比较简单,在计算三重积分时需要先判断采用哪种变换更简单.

【**例 8 – 40**】 计算三重积分 $\displaystyle\iiint\limits_{\Omega} \sqrt{x^2 + y^2 + z^2}\,\mathrm{d}x\mathrm{d}y\mathrm{d}z$,其中积分区域 Ω 由曲面 $x^2 + y^2 + z^2 = z$ 所围成.

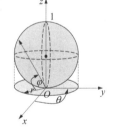

图 8 – 24

解 由于积分区域 $x^2 + y^2 + z^2 = z$ 可化简成球心在点 $\left(0,0,\dfrac{1}{2}\right)$、半径为 $\dfrac{1}{2}$ 的球面(图 8 – 24),所以利用球坐标变换,令

$$\begin{cases} x = r\cos\theta\cos\varphi \\ y = r\sin\theta\cos\varphi \text{,} \\ z = r\sin\varphi \end{cases}$$

则 $|J| = r^2\cos\varphi$. 自变量 x,y 都是球体在平面 xOy 上的投影区域内变换的,且 θ 是在积分区域在平面 xOy 上的投影范围内沿逆时针方向为正方向进行旋转一周进行变换的,因此 $0 \leqslant \theta \leqslant 2\pi$,长度变量 r 从坐标原点出发到积分球面,由于经过换元后球面 $x^2 + y^2 + z^2 = z$ 变为

$$r^2\cos^2\theta\cos^2\varphi + r^2\cos^2\theta\cos^2\varphi + r^2\sin^2\varphi = r\sin\varphi,$$

即 $r = \sin\varphi$,而变量 φ 表示的是从坐标原点出发,沿 z 轴正方向变动的角度,所以 $0 \leqslant$

$\varphi \leq \pi/2$，经过球坐标变换后，积分区域变为

$$\Omega' = \left\{ (\theta, r, \varphi) \mid 0 \leq \theta \leq 2\pi, 0 \leq \varphi \leq \frac{\pi}{2}, 0 \leq r \leq \sin\varphi \right\},$$

于是，

$$\iiint\limits_{\Omega} \sqrt{x^2 + y^2 + z^2}\, dxdydz = \int_0^{2\pi} d\theta \int_0^{\frac{\pi}{2}} d\varphi \int_0^{\sin\varphi} r^3 \cos\varphi\, dr = \frac{1}{4} \int_0^{2\pi} d\theta \int_0^{\frac{\pi}{2}} \sin^4\varphi \cos\varphi\, d\varphi$$

$$= \frac{\pi}{2} \int_0^{\frac{\pi}{2}} \sin^4\varphi\, d\sin\varphi = \frac{\pi}{10} \sin^5\varphi \Big|_0^{\frac{\pi}{2}} = \frac{\pi}{10}.$$

想一想，练一练

1. 交换下列二重积分的积分顺序．

(1) $\displaystyle\int_0^2 dx \int_x^{2x} f(x, y)\, dy$；

(2) $\displaystyle\int_{-6}^2 dx \int_{\frac{x^2}{4}-1}^{2-x} f(x, y)\, dy$；

(3) $\displaystyle\int_0^1 dx \int_{x^3}^{x^2} f(x, y)\, dy$；

(4) $\displaystyle\int_{-1}^1 dx \int_{-\sqrt{1-x^2}}^{\sqrt{1-x^2}} f(x, y)\, dy$；

(5) $\displaystyle\int_1^2 dx \int_{2-x}^{\sqrt{2x-x^2}} f(x, y)\, dy$；

(6) $\displaystyle\int_0^{2a} dx \int_{\sqrt{2ax-x^2}}^{\sqrt{2ax}} f(x, y)\, dy$．

2. 计算下列二重积分．

(1) $\displaystyle\iint\limits_{D} xy^2\, dxdy$，$D$ 是由抛物线 $y = 2px$ 与直线 $x = -\dfrac{p}{2}(p > 0)$ 所围区域；

(2) $\displaystyle\iint\limits_{D} \dfrac{1}{\sqrt{2a-x}}\, dxdy\,(a > 0)$，$D$ 是以点 (a, a) 为圆心，以 a 为半径的圆周的较短弧与坐标轴所围区域；

(3) $\displaystyle\iint\limits_{D} (x^2 + y^2)\, dxdy$，$D$ 是由直线 $y = x$，$y = x + a$，$y = a$，$y = 3a(a > 0)$ 为边的平行四边形；

(4) $\displaystyle\iint\limits_{D} (x^3 + 3x^2 y + y^3)\, dxdy$，$D = \{(x, y) \mid 0 \leq x \leq 1, 0 \leq y \leq x\}$；

(5) $\displaystyle\iint\limits_{D} x\cos(x + y)\, dxdy$，$D$ 是顶点分别为 $(0, 0)$，$(\pi, 0)$，(π, π) 的三角形区域；

(6) $\displaystyle\iint\limits_{D} e^{x+y}\, dxdy$，$D = \{(x, y) \mid 0 \leq |x| + |y| \leq 1\}$．

3. 验证下列换元法．

(1) $\displaystyle\iint\limits_{D} f(x, y)\, dxdy = \int_0^{2\pi} d\theta \int_0^a f(r\cos\theta, r\sin\theta)\, r\, dr$，$D = \{(x, y) \mid x^2 + y^2 \leq a^2\}$；

$(2) \iint\limits_{D} f(x,y)\mathrm{d}x\mathrm{d}y = \int_{-\frac{\pi}{2}}^{\frac{\pi}{2}} \mathrm{d}\theta \int_{0}^{a\cos\theta} f(r\cos\theta,r\sin\theta)r\mathrm{d}r, \ D = \{(x,y)\mid x^2 + y^2 \leqslant ax\}$ $(a > 0)$;

$(3) \iint\limits_{D} f(x,y)\mathrm{d}x\mathrm{d}y = \int_{0}^{2\pi} \mathrm{d}\theta \int_{|a|}^{|b|} f(r\cos\theta,r\sin\theta)r\mathrm{d}r, \ D = \{(x,y)\mid a^2 \leqslant x^2 + y^2 \leqslant b^2\}$;

$(4) \iint\limits_{D} f(x,y)\mathrm{d}x\mathrm{d}y = \int_{0}^{\frac{\pi}{2}} \mathrm{d}\theta \int_{0}^{\frac{1}{\sqrt{2}}\csc\left(\theta+\frac{\pi}{4}\right)} f(r\cos\theta,r\sin\theta)r\mathrm{d}r, \ D = \{(x,y)\mid 0 \leqslant x \leqslant 1, 0 \leqslant y \leqslant 1-x\}$;

$(5) \iint\limits_{D} f\left(\frac{y}{x}\right)\mathrm{d}x\mathrm{d}y = \frac{1}{2}\int_{-\frac{\pi}{2}}^{\frac{\pi}{2}} rf(\tan\theta)\cos^2\theta\mathrm{d}\theta, \ D = \{(x,y)\mid x^2 + y^2 \leqslant x\}$;

$(6) \iint\limits_{D} f(x+y)\mathrm{d}x\mathrm{d}y = \int_{-1}^{1} f(u)\mathrm{d}u, \ D = \{(x,y)\mid |y| + |x| \leqslant 1\}$.

4. 做适当的变换计算下列重积分.

$(1) \iint\limits_{D} x^2 y^2 \mathrm{d}x\mathrm{d}y$，$D$ 是由曲线 $xy=1$，$xy=2$，$y=x$，$y=2x$ 在第一卦限所围区域；

$(2) \iint\limits_{D} \mathrm{e}^{\frac{x}{x+y}}\mathrm{d}x\mathrm{d}y$，$D$ 是由 x 轴、y 轴以及直线 $x+y=1$ 所围成区域；

$(3) \iint\limits_{D} \left(\frac{x^2}{a^2} + \frac{y^2}{b^2}\right)\mathrm{d}x\mathrm{d}y$，$D = \left\{(x,y)\mid \frac{x^2}{a^2} + \frac{y^2}{b^2} \leqslant 1\right\}$;

$(4) \iiint\limits_{\Omega} z\mathrm{d}x\mathrm{d}y\mathrm{d}z$，$\Omega$ 由曲面 $z=\sqrt{2-x^2-y^2}$ 与 $z=x^2+y^2$ 所围成；

$(5) \iiint\limits_{\Omega} \sqrt{x^2+y^2+z^2}\mathrm{d}x\mathrm{d}y\mathrm{d}z$，$\Omega$ 由球面 $x^2+y^2+z^2=y$ 所围成；

$(6) \iiint\limits_{\Omega} (x^2+y^2)\mathrm{d}x\mathrm{d}y\mathrm{d}z$，$\Omega$ 由曲面 $4z^2=25(x^2+y^2)$ 以及平面 $z=5$ 所围成.

5. 某种材质的金属球，其球心为坐标原点，其半径为 R，在其上任意一点处的密度与该点到球心的距离成正比（比例系数为 k），试求这个金属球的质量.

6. 一块金属薄片所占的区域 D 由螺线 $\rho=2\theta$ 上的一段弧 $\left(0\leqslant\theta\leqslant\frac{\pi}{2}\right)$ 与直线 $\theta=\frac{\pi}{2}$ 所围成，它的面密度为 $\mu(x,y)=x^2+y^2$，求这块金属薄片的质量.

第四节　多元函数积分学的应用

第三节介绍了二重积分和三重积分的性质以及计算方法. 根据二重积分和三重积分的定义方式，可以将其应用在多个领域中，下面对几种常见的应用分类讨论.

一、质心坐标的确定

平面薄片的面密度为 $\mu(x,y)$，且该平面薄片所占的区域为 D，那么该平面薄片的质心坐标为

$$\bar{x} = \frac{\iint\limits_{D} x\mu(x,y)\,\mathrm{d}x\mathrm{d}y}{\iint\limits_{D} \mu(x,y)\,\mathrm{d}x\mathrm{d}y}, \quad \bar{y} = \frac{\iint\limits_{D} y\mu(x,y)\,\mathrm{d}x\mathrm{d}y}{\iint\limits_{D} \mu(x,y)\,\mathrm{d}x\mathrm{d}y}.$$

如果物体是空间结构，并且占有空间有界闭区域 Ω，则该空间体的质心坐标为

$$\bar{x} = \frac{\iiint\limits_{\Omega} x\rho(x,y,z)\,\mathrm{d}x\mathrm{d}y\mathrm{d}z}{\iiint\limits_{\Omega} \rho(x,y,z)\,\mathrm{d}x\mathrm{d}y\mathrm{d}z}, \quad \bar{y} = \frac{\iiint\limits_{\Omega} y\rho(x,y,z)\,\mathrm{d}x\mathrm{d}y\mathrm{d}z}{\iiint\limits_{\Omega} \rho(x,y,z)\,\mathrm{d}x\mathrm{d}y\mathrm{d}z}, \quad \bar{z} = \frac{\iiint\limits_{\Omega} z\rho(x,y,z)\,\mathrm{d}x\mathrm{d}y\mathrm{d}z}{\iiint\limits_{\Omega} \rho(x,y,z)\,\mathrm{d}x\mathrm{d}y\mathrm{d}z},$$

其中，$\rho(x,y,z)$ 是该物体的密度.

【例 8－41】 某个密度均匀的工件由曲线 $x^{\frac{2}{3}} + y^{\frac{2}{3}} = a^{\frac{2}{3}}$（$x>0$，$y>0$）所围成，试确定该工件的质心坐标.

解 由于该工件是一个密度均匀的结构，所以密度是一个常数，记为 ρ，则

$$\iint\limits_{D} \rho(x,y)\,\mathrm{d}x\mathrm{d}y = \rho\int_0^a \mathrm{d}x \int_0^{(a^{\frac{2}{3}}-x^{\frac{2}{3}})^{\frac{3}{2}}} \mathrm{d}y = \rho\int_0^a (a^{\frac{2}{3}} - x^{\frac{2}{3}})^{\frac{3}{2}}\,\mathrm{d}x$$

$$= 3a^2\rho\int_0^{\frac{\pi}{2}} (\sin^4\theta - \sin^6\theta)\,\mathrm{d}\theta = \frac{3\pi a^2\rho}{32},$$

$$\iint\limits_{D} x\rho(x,y)\,\mathrm{d}x\mathrm{d}y = \rho\int_0^a \mathrm{d}x \int_0^{(a^{\frac{2}{3}}-x^{\frac{2}{3}})^{\frac{3}{2}}} x\mathrm{d}y = \rho\int_0^a x(a^{\frac{2}{3}} - x^{\frac{2}{3}})^{\frac{3}{2}}\,\mathrm{d}x$$

$$= 3a^3\rho\int_0^{\frac{\pi}{2}} (\sin^4\theta \cdot \cos^5\theta)\,\mathrm{d}\theta = \frac{8a^3\rho}{105},$$

$$\iint\limits_{D} y\rho(x,y)\,\mathrm{d}x\mathrm{d}y = \rho\int_0^a \mathrm{d}x \int_0^{(a^{\frac{2}{3}}-y^{\frac{2}{3}})^{\frac{3}{2}}} y\mathrm{d}y = \rho\int_0^a y(a^{\frac{2}{3}} - y^{\frac{2}{3}})^{\frac{3}{2}}\,\mathrm{d}y$$

$$= 3a^3\rho\int_0^{\frac{\pi}{2}} (\sin^4\theta \cdot \cos^5\theta)\,\mathrm{d}\theta = \frac{8a^3\rho}{105}.$$

因此，质心坐标为 $\bar{x} = \dfrac{\iint\limits_{D} x\rho(x,y)\,\mathrm{d}x\mathrm{d}y}{\iint\limits_{D} \rho(x,y)\,\mathrm{d}x\mathrm{d}y} = \dfrac{\dfrac{8a^3\rho}{105}}{\dfrac{3\pi a^2\rho}{32}} = \dfrac{256a}{315\pi}$，$\bar{y} = \dfrac{\iint\limits_{D} y\rho(x,y)\,\mathrm{d}x\mathrm{d}y}{\iint\limits_{D} \rho(x,y)\,\mathrm{d}x\mathrm{d}y} =$

$\dfrac{\dfrac{8a^3\rho}{105}}{\dfrac{3\pi a^2\rho}{32}} = \dfrac{256a}{315\pi}$.

二、转动惯量的计算

转动惯量（Moment of Inertia）是刚体绕轴转动时惯性（回转物体保持其匀速圆周运动或静止的特性）的量度，用字母 I 或 J 表示. 转动惯量在旋转动力学中的角色相当于线性动力学中的质量，可形式地理解为一个物体对于旋转运动的惯性，它用于建立角动量、角速度、力矩和角加速度等数个量之间的关系.

一个平面薄片所占的区域为 D，其密度函数为 $\mu(x,y)$，则该薄片相对于坐标轴的转动惯量可表示为

$$I_x = \iint\limits_{D} y^2 \mu(x,y)\,\mathrm{d}x\mathrm{d}y, I_y = \iint\limits_{D} x^2 \mu(x,y)\,\mathrm{d}x\mathrm{d}y.$$

如果刚体所占的是空间区域 Ω，它的体密度为 $\rho(x,y,z)$，那么该刚体相对于坐标轴的转动惯量为

$$I_x = \iiint\limits_{\Omega} (y^2 + z^2)\mu(x,y)\,\mathrm{d}x\mathrm{d}y\mathrm{d}z,$$

$$I_y = \iiint\limits_{\Omega} (x^2 + z^2)\mu(x,y)\,\mathrm{d}x\mathrm{d}y\mathrm{d}z,$$

$$I_z = \iiint\limits_{\Omega} (x^2 + y^2)\mu(x,y)\,\mathrm{d}x\mathrm{d}y\mathrm{d}z.$$

【例 8-42】 求由曲线 $(x^2+y^2)^2 = a^2(x^2-y^2)$ 所围区域 S 的极转动惯量：

$$I_0 = \iint\limits_{S} (x^2+y^2)\,\mathrm{d}x\mathrm{d}y.$$

解　利用极坐标变换，曲线 $(x^2+y^2)^2 = a^2(x^2-y^2)$ 在极坐标变换后变成 $r^2 = a^2\cos 2\theta$，利用对称性得

$$I_0 = \iint\limits_{S} (x^2+y^2)\,\mathrm{d}x\mathrm{d}y = 4\int_0^{\frac{\pi}{4}}\mathrm{d}\theta\int_0^{a\sqrt{\cos 2\theta}} r^3\,\mathrm{d}r = 4a^4\int_0^{\frac{\pi}{4}}\cos^2 2\theta\,\mathrm{d}\theta = \frac{\pi a^4}{8}.$$

三、压力的计算

在平面区域 D 上，物体表面的压强分布函数为 $p(x,y)$，那么该物体表面上受到的压力可表示为

$$F = \iint\limits_{D} p(x,y)\,\mathrm{d}x\mathrm{d}y,$$

且该物体表面上的平均压强可以表示为

$$\bar{p} = \frac{\iint\limits_{D} p(x,y)\,\mathrm{d}x\mathrm{d}y}{\iint\limits_{D} \mathrm{d}x\mathrm{d}y}.$$

【例 8-43】 圆柱形容器 $x^2 + y^2 = a^2$，$z = 0$ 内盛有水，水面高度为 $z = h$，求水对容器侧壁 $x \geq 0$ 的压力.

解 用 X 和 Y 分别表示压力在 x 轴、y 轴上的投影，由对称性可知 $Y = 0$，下面计算 X. 由于 $\mathrm{d}S = a\mathrm{d}\theta\mathrm{d}z$，$-\dfrac{\pi}{2} \leq \theta \leq \dfrac{\pi}{2}$，而在面积元 $\mathrm{d}S$ 上的压力在 x 轴上的投影 $\mathrm{d}X = (z\mathrm{d}S)\cos\theta$，所以

$$X = \iint_S z\cos\theta\,\mathrm{d}S = a\iint_S z\cos\theta\,\mathrm{d}\theta\mathrm{d}z = a\int_{-\frac{\pi}{2}}^{\frac{\pi}{2}}\mathrm{d}\theta\int_0^h z\cos\theta\,\mathrm{d}z = ah^2.$$

【例 8-44】 物体对挤压面 $\dfrac{x^2}{a^2} + \dfrac{y^2}{b^2} \leq 1$ 的压强分布由公式 $p = p_0\left(1 - \dfrac{x^2}{a^2} - \dfrac{y^2}{b^2}\right)$ 给出，求物体对挤压面的平均压强.

解 由于挤压面为椭圆面，所以 $\iint_D \mathrm{d}x\mathrm{d}y = \pi ab$，于是

$$\bar{p} = \frac{\iint_D p(x,y)\,\mathrm{d}x\mathrm{d}y}{\iint_D \mathrm{d}x\mathrm{d}y} = \frac{1}{\pi ab}\iint_D p_0\left(1 - \frac{x^2}{a^2} - \frac{y^2}{b^2}\right)\mathrm{d}x\mathrm{d}y = \frac{4p_0}{\pi ab}\int_0^{\frac{\pi}{2}}\mathrm{d}\theta\int_0^{\frac{\pi}{2}}(1 - r^2)\,abr\mathrm{d}r = \frac{p_0}{2}.$$

四、引力的计算

空间中的物体对于物体外一点 $M_0(x_0, y_0, z_0)$ 处单位质量的质点的引力是一个向量，假设该物体所占的空间区域为 Ω，在点 (x, y, z) 处的密度为 $\rho(x, y, z)$，且密度是连续变化的，那么它在 3 个坐标轴方向上的分量分别为

$$F_x = \iiint_\Omega \frac{G \cdot \rho(x,y,z)(x - x_0)}{r^3}\mathrm{d}v, \quad F_y = \iiint_\Omega \frac{G \cdot \rho(x,y,z)(y - y_0)}{r^3}\mathrm{d}v,$$

$$F_z = \iiint_\Omega \frac{G \cdot \rho(x,y,z)(z - z_0)}{r^3}\mathrm{d}v,$$

其中，G 是万有引力常数，约为 6.67×10^{-11} N·m²/kg²，即空间物体对空间外一点的引力为

$$\boldsymbol{F} = \left(\iiint_\Omega \frac{G \cdot \rho(x,y,z)(x - x_0)}{r^3}\mathrm{d}v, \iiint_\Omega \frac{G \cdot \rho(x,y,z)(y - y_0)}{r^3}\mathrm{d}v, \iiint_\Omega \frac{G \cdot \rho(x,y,z)(z - z_0)}{r^3}\mathrm{d}v\right).$$

注 在计算空间物体对其外一点处质点的引力时，是以物体的质心为坐标原点建立空间直角坐标系进行计算的.

【例 8-45】 求密度为 ρ_0 的均匀球锥体对位于其顶点的单位质量质点的引力，设球面半径为 R，而轴截面的扇形的角等于 2α.

解 根据对称性，引力在 x 轴、y 轴上的投影为 0，即 $F_x = F_y = 0$，用球坐标变换，

得引力在 z 轴上的投影为

$$F_z = G\iiint\limits_{\Omega} \frac{\rho_0 z}{(x^2 + y^2 + z^2)^3}\mathrm{d}x\mathrm{d}y\mathrm{d}z = G\rho_0 \int_0^{2\pi}\mathrm{d}\theta \int_{\frac{\pi}{2}-\alpha}^{\frac{\pi}{2}} \cos\varphi\sin\varphi\mathrm{d}\varphi \int_0^R \mathrm{d}r = \pi G\rho_0 R\sin^2\alpha.$$

想一想，练一练

1. 求以下列曲线为边界的均匀薄板的质心坐标.

（1）$ay = x^2$，$x + y = 2a(a > 0)$；　　　　（2）$\sqrt{x} + \sqrt{y} = \sqrt{a}$，$x = 0$，$y = 0$；

（3）线圈 $\left(\dfrac{x}{a} + \dfrac{y}{b}\right)^3 = \dfrac{xy}{c^2}$；　　　　　（4）$r = a(1 + \cos\theta)$，$\theta = 0$；

（5）由曲线 $y = \sqrt{2px}$，$y = 0$，$x = t$ 所围图形的质心在参数 t 的变化时所描绘的曲线；

（6）$z = x^2 + y^2$，$x + y = a$，$x = 0$，$y = 0$，$z = 0$；

（7）$x^2 = 2pz$，$y^2 = 2px$，$x = \dfrac{p}{2}$，$z = 0$；

（8）$\dfrac{x^2}{a^2} + \dfrac{y^2}{b^2} + \dfrac{z^2}{c^2} = 1$，$x \geqslant 0$，$y \geqslant 0$，$z \geqslant 0$；

（9）$x^2 + z^2 = a^2$，$y^2 + z^2 = a^2(z > 0)$.

2. 求由下列曲线所围的面积（且密度均匀）对于坐标轴的转动惯量.

（1）$\dfrac{x}{a} + \dfrac{y}{h} = 1$，$\dfrac{x}{b} + \dfrac{y}{h} = 1$，$y = 0$，$(a > 0, b > 0, h > 0)$；

（2）$(x - a)^2 + (y - a)^2 = a^2$，$x = 0$，$y = 0(0 \leqslant x \leqslant a)$；

（3）$r = a(1 + \cos\theta)$；

（4）$x^4 + y^4 = a^2(x^2 + y^2)$；

（5）$xy = a^2$，$xy = 2a^2$，$x = 2y$，$2x = y$，$x > 0$，$y > 0$.

（6）$\dfrac{x^2}{a^2} + \dfrac{y^2}{b^2} + \dfrac{z^2}{c^2} = 1$；

（7）$\dfrac{x^2}{a^2} + \dfrac{y^2}{b^2} + \dfrac{z^2}{c^2} = 1$，$z = c$；

（8）$\dfrac{x^2}{a^2} + \dfrac{y^2}{b^2} + \dfrac{z^2}{c^2} = 1$，$\dfrac{x^2}{a^2} + \dfrac{y^2}{b^2} = \dfrac{x}{a}$.

3. 验证平面图形 S 对通过其质心 $O(0,0)$ 并与 x 轴正方向成 α 角的直线的转动惯量为

$$I = I_x\cos^2\alpha - 2I_{xy}\sin\alpha\cos\alpha + I_y\sin^2\alpha,$$

其中，I_{xy} 称为惯性积，且 $I_{xy} = \iint \rho xy \mathrm{d}x\mathrm{d}y.$

4. 以 a，b 为边的矩形草地上均匀地覆盖着已收割的干草，其面密度为 p，若运输质量为 M 的货物到距离为 r 的地方所需的功为 $kMr(0 < k < 1)$，则为了把所有干草集中在草地的中心，至少需要消耗多少功？

5. 某种空间物体由曲面 $z = x^2 + y^2$，$z = 2x^2 + 2y^2$，$y = x$，$y = x^2$ 所围成，求其体积.

6. 某个平面图形由曲线 $(x^3 + y^3)^2 = x^2 + y^2$ （$x \geqslant 0$，$y \geqslant 0$）所围成，求其面积.

7. 求由曲线 $z = x + y + 1$，$z = 0$，$x + y = 1$，$x = 0$，$y = 0$ 所围成的空间体的体积.

参 考 文 献

［1］顾央青，曹勃. 应用数学［M］. 杭州：浙江大学出版社，2022.

［2］胡盘新，汤毓骏. 普通物理学简明教程［M］. 北京：高等教育出版社，2007.

［3］颜文勇. 高等应用数学［M］. 2 版. 北京：高等教育出版社，2014.

［4］李心灿，姚金华，邵鸿飞，等. 高等数学应用 205 例［M］. 北京：高等教育出版社，1997.